石油和化工行业"十四五"规划教材

环境矿物材料

苗世顶 宁维坤 徐少南 等著

化学工业出版社

·北京·

内容简介

本书分为环境矿物材料总论及文献管理（上篇）和环境矿物材料各论（下篇）两大篇章。上篇主要包括文献管理，环境矿物材料总论，环境矿物材料加工、改性和再生；下篇主要包括环境矿物材料治理水污染，环境矿物材料治理土壤污染与退化，环境矿物材料与微生物交互作用，环境矿物材料处理固体废物，环境矿物材料治理大气污染，环境矿物材料处理放射性核废物。

全书主要介绍环境矿物材料的概念、基本性质、加工和改性方法、结构和性能表征手段，并给出若干环境矿物材料在环境污染治理中的相关研究成果及应用案例。

本书可作为高等学校无机非金属材料工程、地质工程、矿产资源与加工工程、材料科学与工程等专业本科生、研究生的教材或参考书，也可供从事相关专业的科技开发人员和工程技术人员学习和参考。

图书在版编目（CIP）数据

环境矿物材料 / 苗世顶等著. -- 北京：化学工业
出版社，2024. 4. -- ISBN 978-7-122-45826-1

Ⅰ. P57

中国国家版本馆 CIP 数据核字第 2024VQ4913 号

责任编辑：提　岩　熊明燕　　　　　　　文字编辑：赵　越　师明远
责任校对：刘　一　　　　　　　　　　　装帧设计：王晓宇

出版发行：化学工业出版社
　　　　　（北京市东城区青年湖南街 13 号　邮政编码 100011）
印　　刷：北京云浩印刷有限责任公司
装　　订：三河市振勇印装有限公司
787mm×1092mm　1/16　印张 18　彩插 2　字数 448 千字
2024 年 12 月北京第 1 版第 1 次印刷

购书咨询：010-64518888　　　　　　　　售后服务：010-64518899
网　　址：http://www.cip.com.cn
凡购买本书，如有缺损质量问题，本社销售中心负责调换。

定　　价：56.00 元　　　　　　　　　　　版权所有　违者必究

环境矿物材料是一门融合矿物学、矿物加工学、材料学和化学等多个领域的交叉学科的课程，是环境工程、材料科学与工程、地质工程等专业的一门专业课程。该课程为从事矿物材料加工、应用研究和生产等技术或科研人员提供必备的专业知识，其理论和方法是研究矿物材料工程的基础。

本书从典型环境矿物材料的微观结构出发，介绍矿物的结构、形态及电子结构；从矿物的化学成分出发，分析离子类型、矿物中的水、矿物化学式以及化学成分的变化规律；围绕微观结构和化学成分引出环境矿物材料的物化性质，阐明矿物材料（含固体废物）在环境工程中的应用原理。

开设环境矿物材料课程可使学生了解环境矿物材料在水处理、大气污染治理、固体废物处理处置、土壤污染修复等方面的作用和机理，掌握环境矿物材料的制备、粉磨、改性、表征和评价方法的同时，培养运用多学科（物理、化学、材料科学、矿物科学）知识分析、探究和开拓矿物材料的应用领域并提高其工业价值的能力，并为响应环境可持续发展的理念，促进人类与自然的和谐共生，建设美好世界作出贡献。

由于本课程涉及的内容比较抽象和理论化，学习难度较大，我们进行了一些尝试和探索，希望能够提高学生的学习效果和创新能力。首先教材力求以浅显易懂的语言，结合最新的研究文献、实例、图表、物理化学原理等，阐述环境矿物材料的理论和实践，激发学生的学习兴趣和创新思维；教材在编写过程中，参考了国内外相关领域的研究成果和文献资料，力图反映环境矿物材料的前沿动态和发展趋势；教材在编写中突出应用型和研究型人才培养目标，与材料表征方法相互衔接和配合，使学生能够在掌握环境矿物材料基础知识的同时，提高科研能力和拓宽应用视野。其次，在教学方法上建议配合互联网技术和信息技术，利用翻转课堂混合教学模式为学生提供在线学习资源，让学生在课前自主预习，在课堂上进行交流、讨论、协作和应用等活动，实现教师作引导、学生为主体的教学目标，提高学生的自主学习能力和参与度，激发学生的兴趣和动力，培养学生的创新思维和问题解决能力，拓展学生的知识视野和专业素养，促进教师和学生之间的互动和反馈，提升教学质量和效果。

本书重点针对无机非金属材料科学与工程，以及地质、采矿类专业大学生的矿物材料学相关教学要求而编写，也可用作资源勘查工程、地质工程、勘查技术与工程、矿物加工工程等专业本、专科学生的基础教学教材和相关专业地质技术人员的学习参考书。本教材以吉林大学材料科学与工程学院教学指导委员会制定的教学大纲为依据编写，凸显"工程专业认证"在复杂环境工程中考虑到社会、健康、安全、法律（法规）及文化等因素，树立学生环境保护和可持续发展意识。

本书结合编者多年从事教学、科研和校企合作的实践经验而编写，共分为两篇、九章，其中第 0 章、第 1 章、第 8 章由苗世顶、于春桐编写；第 2 章由司集文编写；第 3 章由彭江涛编写；第 4 章由刘竟文编写；第 5 章由杨芯萍、刘彤彤编写；第 6 章由李静瑶编写；第 7 章由张砚编写。全书由苗世顶、高钱、宁维坤统稿，并对源文献分析、校对，对科学原理、工程技术进行确认，对相关文献的实验过程进行分析与核实。全书各章节结构图等由徐少南设计、绘制及校对。

本书基于编者前期所带 6 轮上课经验，部分资料是本科生在 Seminar 课堂上提供的文献，具有鲜明的时效性，力争反映环境矿物领域的最新研究成果。编写组成员均是本课题组的研究生（司集文、彭江涛、刘竟文、杨芯萍、刘彤彤、李静瑶、张砚、于春桐），多半也是前几轮编者所带的本科生。本书撰写过程中也得到了同行及多位老师的指导与帮助，如蒋引姗、魏存弟、张培萍等人，在此表示衷心的感谢。

由于本教材内容广泛，编者是基于有限的上课经验，也是大胆启用研究生、本科生协同编制教材的一种尝试，书中不足之处在所难免，敬请同行和读者批评指正，以便不断完善。

编者

2024 年 1 月

上篇

环境矿物材料总论
及文献管理

文献管理

文献阅读贯穿于整个学习、科研、教学生活。对于刚接触专业课的本科生来说，大量阅读文献非常重要。随着文献阅读量的增加，手动的文献分类和存储方式不仅浪费时间，还容易造成文献的重复下载、遗漏或丢失，影响文献的完整性和可靠性；难以实现文献的快速检索、筛选和排序，影响文献的可用性和效率；难以实现文献的自动引用和格式化，影响论文的写作和规范。因此，文献管理对于学习、科研十分重要，下面先介绍文献管理。

文献管理是指使用专业的软件或网站来收集、整理、引用和分享文献资料的过程，它可以帮助科研人员高效地处理大量的文献信息，提高学习和写作的效率和质量。文献管理的方法有很多，主流的文献管理软件有 EndNote、NoteExpress、Mendeley、Zotero、Papers 等，它们都可以实现以下基本功能：

① 从各种数据库或网站自动或手动导入文献信息和全文，识别并补全文献元数据；

② 建立文献库，按照不同的主题或分类进行文献分组和标签，方便检索和管理；

③ 在阅读文献时添加批注、笔记、高亮等，方便复习和引用；

④ 在写作论文时，根据不同的期刊或出版社的要求，自动插入参考文献并生成格式规范的参考文献列表；

⑤ 通过云端同步或备份，实现多平台或多设备之间的文献共享和协作。

EndNote 作为一款主流的文献管理软件，目前是研究人员、学生和图书管理员中应用非常广泛的软件之一，它可以方便地完成文献的搜索、管理、索引、分析等功能。本章就以 EndNote 为例讲解在文献阅读过程中如何保存、查询和插入文献。

0.1 用户界面

用户可以通过"File→New..."创建一个新数据库，此时，会在用户指定的文件夹中生成"数据库名.enl"的数据库文件和"数据库名.Data"的文件夹（用以储存导入的 PDF 文档等数据）。数据库创建后，便会显示 EndNote 的基本界面，如图 0.1 所示。

（1）模式按钮　EndNote 包含三种模式：

Local Library Mode：该模式仅显示用户本地的数据库；

Online Search Mode：该模式仅可使用在线搜索（搜索到的文献不会被添加到本地数据库）；

Integrated Library & Online Search Mode：同时显示本地数据库和在线搜索，此时搜索到的文献会被添加到本地数据库的"Unfiled"文件夹中。

图 0.1　编者建立的科研文献数据库

（2）群组面板　该面板显示了用户数据库中的群组。用户可以单击鼠标右键，通过"Creat Group Set"和"Creat Group"创建群组。Library→Group Set→Group 的关系类似于各个层级的文件夹，用以将参考文献分类，Group 中储存了参考文献的条目。

未被分类的文献条目会显示在"Unfiled"群组中，被删除的文献条目显示在"Trash"群组中。

普通的群组已经可以满足大部分文献整理需求，除此之外，右键菜单中还有"Creat Smart Group"和"Creat from Groups"两个选项，前者通过数据库的搜索结果添加，后者会显示多个数据库中的共有文献条目。

（3）期刊引文样式选择　选定某一期刊样式后，若选择参考文献列表中的某一个文献条目，会在参考文献详情面板的"Preview"标签中看到该文献的引用样式。关于如何添加新的引文样式，会在后续内容中介绍。

（4）搜索面板

通过指定关键词、关键词类别及关键词关系等选项来进行本地或者在线数据库的搜索。

（5）参考文献列表　用列表的方式显示添加的参考文献的各个字段，如年份、标题、作者等。显示字段的类型可以在设置中修改（将在下文讲述）。单击某个字段的标题可以按照该字段进行排序。

（6）参考文献详情面板

Reference：给出添加的参考文献条目的详情，可以自行修改相关内容；

Preview：用选定的期刊样式显示选择的参考文献条目的引用样式预览；

Attached PDFs：如果参考文献条目已经附着了 PDF，该处显示 PDF 的预览，如果未附着，也可以点击右侧回形针图标选择对应的 PDF 进行附着。

（7）布局按钮　修改整个界面的布局，给定几种特定的布局，用户可以分别尝试使用喜爱的布局方式。

0.2 基本设置

事先对软件进行一些基本的设置可以帮助以后更加方便地使用 EndNote，用户可以通过"Edit→Preference..."打开设置页面，如图 0.2 所示。下面对一些主要的设置选项进行简要说明。

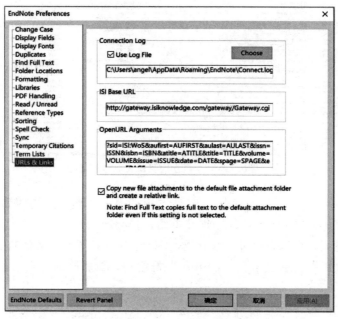

图 0.2　EndNote Preferences 界面

Change Case：EndNote 可以对参考文献条目标题的大小写进行自动化转换，但是某些专有名词不需要修改大小写，该处可以对特例进行添加。

Display Fields：该处可以对显示在参考文献列表中的字段进行修改。如可在最后一栏添加"Research Notes"一栏，用以对参考文献进行简要的标注。可以按照个人习惯对字段的类型和顺序进行修改。

Display Fonts：修改 EndNote 各处的字体。

Duplicates：EndNote 可以对重复添加的参考文献条目进行检索。该处可以选择判定是否为重复条目的标准。

Find Full Text：EndNote 寻找全文功能的设定，一般不用修改。

Folder Locations：EndNote 一些默认文件夹的位置，一般不用修改。

Formatting：引文的格式化设置，一般全勾上即可。

Libraries：选择 EndNote 启动时默认打开的数据库，如：经常使用的数据库，特定的某个数据库或者不打开数据库等。

PDF Handling：附着文献 PDF 后对该文件的重命名格式，建议选择一种喜欢的格式，这样会使 PDF 的名字变得很整齐，也方便以后检索。

Read/Unread：是否阅读过该参考文献的判定方法。EndNote 会在参考文献列表中将未阅读过的参考文献条目加粗，如果觉得未读参考文献过多导致粗体字过多影响观感，可以将

"Show unread references in bold text."前的勾去掉。

  Reference Types：新建参考文献条目的一些规则，一般不用修改。

  Sorting：指定自动排序的规则。一般参考文献标题开始的"a""the"等词都是无意义的，可以选择在排序时忽视掉此类单词。

  Spell Check：拼写自动检查的规则，一般不用修改。

  Sync：同步规则，可以在此输入或者修改 EndNote 的同步账户，以及需要同步的数据库、是否需要自动同步等。

  Temporary Citations：撰写论文时，在文章中插入临时引用参考文献的格式规则。对于临时引文，将在下文中进行讲解。

  Term Lists：条目列表规则，可以都勾选，以在更改发生时自动更新条目。

  URLs & Links：建议勾选最下面的一个选项，以便在每次手动附着参考文献 PDF 时将该 PDF 拷贝至 Data 文件夹并且自动重命名。这样以后迁移或者同步数据时，只需要将前文提到的 .enl 文件和 .Data 文件夹拷贝至新的设备，便可以方便利用 EndNote 访问所有的文献条目以及它们的 PDF。

  在完成对 EndNote 的基本配置，对软件有一些了解后，以下介绍 EndNote 中添加文献的几种方法和注意事项，以及如何利用 EndNote 进行文章撰写过程中的参考文献插入。主要介绍导入文献的四种方法及注意事项、撰写论文时文献的引用和文献数据库的同步。EndNote 文献管理遵循"标准化输入，个性化输出"的原则。以下为该原则的具体表现。

0.3　EndNote 文献导入

0.3.1　直接导入 PDF 文档

  在使用 EndNote 之前，想必大家已经积攒了很多 PDF 文献，如果再使用手动方法一篇篇导入这些文档，显然是个浩大的工程。好在 EndNote 提供了一种识别 PDF 的方法，只要你的 PDF 是从期刊网站上下载的标准文档，在导入的时候 EndNote 便会自动识别，生成文献条目，并且将 PDF 附着上去。

  点击"File→Import→File.../Folder..."来导入单篇 PDF 或者整个文件夹中的 PDF。以导入整个文件夹中的 PDF 为例，会出现图 0.3 所示的对话框。

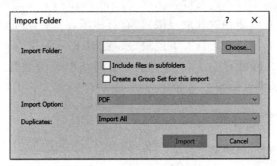

图 0.3　单篇或者整个文件夹中的 PDF 导入 EndNote 对话框

选择想要导入的文件夹。如果该文件夹包含子文件夹，可以勾选"Include files in

subfolders"；如果想要创建一个新的 Group Set 来包含这些文献，勾选 "Creat a Group Set for this import"，否则导入的文献将会被归入 "Unfiled" 群组中；Import Option 选择 "PDF"，Duplicates 选择 "Import All"；在导入单篇 PDF 时会有 "Text Translation" 选项，一般选择为 "No Translation"，仅在导入的文献条目出现乱码等情况时再尝试其他编码。

点击 "Import" 导入后，EndNote 会自动识别 PDF 并添加文献条目，一般最近一些年的 PDF 都可以识别成功。如果未识别成功，该文献条目仅会在 "Title" 字段显示文件名，此时需要用其他方法重新导入。

0.3.2 从在线数据库中导入

对于没法用上述方法导入的文献，或者想检索一些新的文献并添加至数据库中，可以使用 EndNote 自带的在线数据库。将模式切换为 "Online Search Mode" 或者 "Integrated Library & Online Search Mode" 以使用在线数据库。此时会在群组面板中出现 "Online Search" 群组，并显示在线搜索面板，如图 0.4 所示。

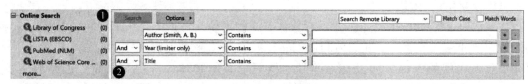

图 0.4　EndNote 文献搜索对话框

选择想要搜索的数据库，如 "Web of Science Core Collection"，在右侧的搜索栏中输入关键词并指定关键词的逻辑关系，按 "＋" 或者 "－" 按钮可以增删关键词数量。如果已经确定想找某一篇特定的文章，那么需要尽可能地将搜索条件精确化（如输入文章全名等），以免搜出很多无用的结果。

点击 "Search" 按钮进行搜索，搜索结束后会给出搜索结果数目，并且可以指定显示特定条数的搜索结果。

需要注意的是，如果使用的是 "Online Search Mode"，搜索结果会被放入 "Online References" 群组中，该群组不会在 "Local Library Mode" 中显示。如果使用的是 "Integrated Library & Online Search Mode"，搜索结果会被放入本地数据库的 "Unfiled" 文件夹中，此时可以将特定条目拖入其他本地群组中。

搜索完成后，对特定条目点击右键，选择 "Find Full Text..." 选项可以进行全文的查询（需要你所在网络有对应期刊的获取权限），有可能出现三种结果：Not found，未找到对应全文；Found PDF，寻找到全文且有下载权限，此时 EndNote 会自行下载全文 PDF 文件并附着至文献条目上；Found URL：寻找到了全文网址但无法下载，此时可以自行点击网址进行下载（PR 系列的期刊似乎都是如此）。

0.3.3 下载数据库文件导入

如果在期刊网站看到想要收藏的文章，也可以方便地下载导入 EndNote 中。以 Applied Clay Science（Appl. Clay Sci.）期刊为例（其他期刊类似），在文章页面点击 "Cite" 按钮，此时会弹出对话框，如图 0.5 所示。选择引文格式为 "EndNote（RIS）" 并点击 "Download" 按钮下载该数据库文件。

Applied Clay Science

Volume 239, July 2023, 106897

Research Paper

Synthesis of Linde A-type zeolite from ball clay with incorporated ruthenium and application in hydrogenation catalysis

Jiwen Si [a], Ruifeng Guo [b], Yan Zhang [a], Weikun Ning [a], Yanbin Sun [a], Wenqing Li [c], Shiding Miao [a] ⚲ ✉

Show more ⌄

➕ Add to Mendeley ⌗ Share ❞ Cite

图 0.5　通过 EndNote 索取并打开的某个 PDF 文件

　　下载的数据库文件可以直接双击打开导入 EndNote，或者在 EndNote 中点击 "File→Import→File..."，选择 "Import Option" 为 "EndNote Library/Import" 进行导入。

　　有些期刊网站只会生成数据库文件内容，此时可以直接将内容拷贝至新建的文本文档中，再利用上述方法导入。导入后的参考文献条目可以利用查找全文的方法附着 PDF，或者直接从期刊网站上下载 PDF 文件并附着上去。

 如何将 ArXiv 上的文献生成数据库文件？

　　ArXiv 上的文献并没有提供直接的数据库文件下载，但是可以通过 NASA ADS 数据库生成数据库文件。点击文章右侧 "Reference & Citations" 栏的 "NASA ADS" 选项，注册属于自己的账号。通过 "Preferences→Set/Review your User Preferences→Reference Format→EndNote format（UTF-8）" 设置 EndNote 数据库文件格式，之后在第一个页面的 "Custom Format" 栏中可以生成 EndNote 的数据库文件，如图 0.6 所示。

SAO/NASA ADS arXiv e-prints Abstract Service

- **Find Similar Abstracts** (with default settings below)
- **Custom Format**
- arXiv e-print (arXiv:1809.07215)
- References in the Article
- Also-Read Articles (Reads History)

- Translate This Page

Title:	High quality factor mechanical resonance in a silicon nanowire
Authors:	Presnov, D. E.; Kafanov, S.; Dorofeev, A. A.; Bozhev, I. V.; Trifonov, A. S.; Pashkin, Yu. A.; Krupenin, V. A.
Publication:	eprint arXiv:1809.07215
Publication Date:	09/2018
Origin:	ARXIV
Keywords:	Condensed Matter - Mesoscale and Nanoscale Physics
Comment:	6 pages; 6 figures
Bibliographic Code:	2018arXiv180907215P

Abstract

Resonance properties of nanomechanical resonators based on doubly clamped silicon nanowires, fabricated from silicon-on-insulator and coated with a thin layer of aluminum, were experimentally investigated. Resonance frequencies of the fundamental mode were measured at a temperature of $20\,\mathrm{mK}$ for nanowires of various sizes using the magnetomotive scheme. The measured values of the resonance frequency agree with the estimates obtained from the Euler-Bernoulli theory. The measured internal quality factor of the $5\,\mathrm{\mu m}$-long resonator, 3.62×10^4, exceeds the corresponding values of similar resonators investigated at higher temperatures. The structures presented can be used as mass sensors with an expected sensitivity $\sim 6 \times 10^{-20}\,\mathrm{g}/\mathrm{Hz}^{-1/2}$.

Bibtex entry for this abstract　Preferred format for this abstract (see Preferences)

图 0.6　设置 EndNote 数据库文件格式后的显示窗口

手动导入

如果采用上述方法均无法导入参考文献条目，此时便需要手动导入。点击"New Reference"按钮或者按"Ctrl＋N"键打开新建参考文献面板（图 0.7）。

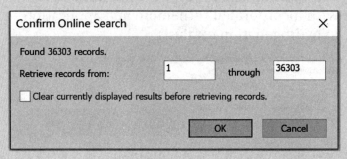

图 0.7 "New Reference"按钮或者按"Ctrl＋N"键打开新建参考文献面板

在这里，我们要开始强调引言中提到的"标准化输入，个性化输出"的要求。EndNote 可以根据需求将参考文献条目个性化地生成各种期刊需要的引文样式，即"个性化输出"。但是前提是，EndNote 内保存的文献条目的格式必须满足 EndNote 规定的格式要求，即"标准化输入"，只有如此，EndNote 才能正确完成文献中各个字段的识别和转换，正确生成相应格式要求的引文。下面介绍各个字段的格式要求：

Reference Type：正确选择文献类型即可，如 Journal Artical、Book 等。

Author：按照作者顺序输入，每个作者占一行。一般由"名（First name）＋姓（Last name/surname）"两个单词组成的姓名直接输入即可，如 Tiberius Rex；如果名或者姓由多个单词组成，为了防止识别错误，采用"姓＋逗号＋名"的方式，如 Miao, S. D.；如果作者有一些特殊称谓（Shiding Miao 等），采用"姓＋逗号＋名＋逗号＋称谓"的格式，如 de Yong, John Robert, Jr.；如果作者为一个团体，采用"团体名＋逗号"的方式以防该名字被简写，如 Jilin University，如果团体名后面需要加地名，采用"团体名＋逗号＋地名"的方式，如 Jilin University, Changchun。作者名一般输入全称，并输入所有作者，这样 EndNote 会根据制定期刊的样式要求对姓名进行简写等操作。值得一提的是 EndNote 也支持汉语的搜索，比如从"中国知网"中下载的文献索引文件非 .ris 文件，而是 .txt 文件，同样也可以导入 EndNote 数据库。例如下载的"王子焱；钟昊天；贾钰；司集文；朱富杰；苗世顶，连续玄武岩纤维生产与制品开发现状分析 . 矿产保护与利用 2020，40(03)，161-178"，其 .txt 文件内容如下：

%0 Journal Article

%A 王子焱

%A 钟昊天

%A 贾钰

%A 司集文

%A 朱富杰

%A 苗世顶

%＋吉林大学材料科学与工程学院；波士顿大学工程学院（注：钟昊天现单位）

%T 连续玄武岩纤维生产与制品开发现状分析

%J 矿产保护与利用

%D 2020

%V 40

%N 03

%K 连续玄武岩纤维；开发；应用；市场；现状分析

%X 连续玄武岩纤维（Continuous Basalt Fiber，CBF）是由天然的玄武岩矿石在高温下拉制而成。相对于石棉、岩棉等短纤维，CBF 具有较高的长径比，不易被肺部吸入，同时在生产过程中耗能低、制备过程无污染，因而被称为绿色材料。相对于玻璃纤维，CBF 具有优良的耐碱性，同时具有宽范围耐温性（－196～700℃），高强、绝热及高介电性能等。但现阶段 CBF 产量并不高，原因是多方面的，包括原料成分、设备和工艺等多诸多问题。本综述论文给出了 CBF 原料中 SiO_2、Al_2O_3、$FeO+Fe\_2O\_3$（因 .txt 格式所限，下角标不能正确显示）等主成分影响拉丝工艺的经验规律，分析了漏板、窑炉均化、浸润剂及熔制技术等影响因素。同时，本文就玄武岩资源与 CBF 产业现状、CBF 复合材料研发及 CBF 应用领域给出了介绍，该内容不仅包括建筑、防火隔热等传统领域，还包括汽车轻量化、过滤环保及电子技术等高技术领域。最后简述了我国开发 CBF 所存在问题，并给出展望。

%P 161-178

%@ 1001-0076

%L 41-1122/TD

%U https：//kns.cnki.net/kcms/detail/41.1122.TD.20200813.1429.004.html

%R 10.13779/j.cnki.issn1001-0076.2020.03.025

%W CNKI

上述举例完毕。

Year：输入年份即可。

Title：输入文献的标题，EndNote 要求按照句子的格式（Sentence case）键入标题，即句子第一个单词首字母大写，其它字母小写，如：The scale and the feather：A suggested evolution。

点击新建参考文献面板上方的"Change Case"按钮可以对句子的大小写格式进行一键转换。同时需注意转换后要把居中的上下标重新标注好，专有名词如 DNA 等仍按照全大写要求进行书写（除了在设置里设置外，专有名词还可以按照文章的做法），拉丁单词要用斜体等。

Journal：期刊名，需要输入期刊全称。

Volume/Issue：按照实际卷数填写；

Pages：按照"×××-×××"格式填写。

Date：按照"November 22"格式填写。

Keywords：每个关键词占一行。

其他字段可以按照需求进行填写，填写完成后保存即可生成一条新的参考文献条目。

通过上述规定发现，用前面三种方法导入的条目也有很多不规范的地方，此时需要手动对它们进行更改。当然，参考文献条目的标准化只会影响个性化生成引文时的格式，如果某篇文章你只是用来收藏，并不准备当作引文使用，只需保证条目自己能看懂就行。但是如果作为引文使用时，必须保证参考文献条目的标准化，否则会导致生成的引文格式不符合要求。

0.4　参考文献条目生成

除了文献的管理，在撰写论文时利用 EndNote 自动生成和更新参考文献条目是大家所喜爱的另一个重磅功能。在安装 EndNote 时，会自动在 Word 中生成 EndNote 的插件，如图 0.8 所示。

图 0.8　安装 EndNote 后 Word 中生成 EndNote 的插件

插入参考文献可以用三种方法：点击"Insert Citation→Insert Citation..."在跳出的菜单中搜索数据库中的条目并点击"Insert"插入；在 EndNote 中选中一篇或者多篇需要插入的条目，再点击"Insert Citation→Insert Selected Citation(s)"插入；在 EndNote 中选中条目，按"Ctrl+C"复制，再在需要插入的地点按"Ctrl+V"粘贴。EndNote 会在指定的位置插入指定的参考文献，并自动更新参考文献的编号。

关于其他重要按钮的说明：

Edit & Manage Citation(s)：打开已插入参考文献的管理面板，此处可以进行多条参考文献中某一条的删除、调整多条参考文献的顺序等操作。

Edit & Library Reference(s)：如果发现插入的某条参考文献对应的条目有错误，可以点击此按钮跳转到 EndNote 中对应的条目进行修改。同时，在编辑 Word 文档时，EndNote 的群组窗口中也会增加一个正在编辑的文档的群组，其中有引用的所有参考文献，也可以在那里找到参考文献条目进行修改。

Style：选择引用的参考文献格式。

Update Citations and Bibliography：修改完参考文献条目后，单击该按钮，对引文进行更新。

Convert Citaions and Bibliography：插入的参考文献是无法在 Word 对其直接进行修改的，否则点击"Update Citations and Bibliography"会自动恢复成原样。在完成整篇论文的参考文献添加后，一般会点击该菜单中的"Convert to Plain text"按钮，将参考文献转换为纯文本，再做细节上的修改。

Configure Bibliography（Bibliography 栏右下角箭头）：修改参考文献的样式，如字体、行间距等。如果在 Word 中直接对插入的参考文献样式进行修改，在点击"Update Citations and Bibliography"后，样式会恢复成原样。

如果不是为了在撰文时引用参考文献，只是单纯想把某些参考文献条目按照特定格式输出，则可以选中这些条目，然后点击"File→Export"进行输出。

小贴士 Style 中没有需要的期刊格式怎么办？

EndNote 有上千种期刊样式库，如果在本地上找不到需要的样式，可以在 EndNote 中点击"Help→EndNote Output Styles"进入网页进行搜索［如中文国标：Chinese Std GB/T 7714(numeric)］，下载后双击打开文件，点击"File→Save As..."将该样式保存进 EndNote（注意去掉名称后的"Copy"）。

小贴士 网站上仍没有需要的样式怎么办？

EndNote 支持自定义新的引用格式，点击"Edit→Output Styles"，选择添加新的样式或者对已有样式进行修改。修改过程较为麻烦，有需要的话可以查看官方帮助文档。

小贴士 引用参考文献时，期刊名称没有正确被缩写怎么办？

有些引用格式中要求使用缩写的期刊名称，一般 EndNote 可以自动转换大多数期刊名称，但是对于 Term List 中没有的名称，软件无法正常转换。此时需要通过"Tools→Define Term Lists..."进行 Term List 的编辑。当然，一个更方便的方法是，将引文转换为纯文本后进行手动编辑。

0.5 数据库同步

若有在不同设备间进行切换的需要，EndNote 也同时支持 Windows、Linux、Mac 等多个平台，采用数据库同步的方法可以方便地在不同平台间使用相同数据库。

在登录账号后，EndNote 会自动将数据库同步至服务器中，也可点击"Sync Library"进行手动同步。同步完成后，在 EndNote Online 上登录账号便可以找到同步的列表。

如果因为网络等原因无法同步，或者感觉同步速度过慢，一个替代方法是将 .enl 数据库文件和 .Data 文件夹放入第三方同步盘中（如 OneDrive），完成同步。此外，也可以用 U 盘将这两个文件拷贝至新的设备中进行使用。

当然，EndNote 还有很多神奇的功能等着大家去探索，比如筛选重复参考文献条目、生成引文报告等。可以点击一下 EndNote 的各个按钮试一试有什么功能，或者点击"Help→Search for Help on.../Getting Started with EndNote/Online User Guided"查看官方帮助文档学习更多的内容。

第1章 环境矿物材料总论

1.1 环境矿物材料的发展过程

环境矿物材料是在环境科学和矿物学的交叉和融合中产生的一门新兴学科[1]。它的起源可以追溯到 20 世纪 70 年代，联合国在瑞典首都斯德哥尔摩召开了第一次人类环境会议（United Nations Conference on the Human Environment），这是国际社会首次就环境问题进行全面的协商，也是环境矿物学作为一门新兴学科开始受到关注的标志[2]。环境矿物学是主要运用地质学、物理学、化学和生物学等学科的研究手段，发展起来的用于研究环境科学与工程问题的交叉学科。其研究领域涉及地球的大气圈、水圈、岩石圈、生物圈，以及人类生存的空间（human sphere），与大气科学、海洋科学、地球和空间科学、生物科学、生命科学等密切相关[3]。

鉴于当前全球环境的日益恶化，这门学科在学术界受到了不同研究领域的学者的重视，是人们系统关注环境问题的开始，尤其是水、大气和土壤的污染，以及固体废物的处理和处置[4,5]。人们发现，天然矿物或者人工合成的矿物材料具有吸附、交换、催化、过滤等性能，可以用于各种环境污染的治理和修复。因此，环境矿物材料作为一种新型的环境功能材料，逐渐引起了学术界和工业界的关注。

基于对材料大类的认识，总结出以下相关定义。

材料：材料是人类用于制造物品、器件、构件、机器或其他产品的物质。

矿物：矿物是指在各种地质作用中产生和发展的，在一定地质和物理化学条件下相对稳定的自然元素的单质和它们的化合物。

矿物材料：矿物材料是指天然产出的具有一种或几种可资利用的物理化学性能或经过加工后达到以上条件的矿物。

环境矿物材料：指由矿物（岩石）及其改性产物组成的与生态环境具有良好协调性或直接具有防治污染和修复环境功能的一类矿物材料。

显然环境矿物材料是材料学、矿物学及环境科学三重交叠的研究内容，其更突出材料的"环境属性"，而非"资源属性"，故从矿物、岩石中提取有价元素（贵金属、大宗金属等）不属于环境矿物材料的研究范畴。

下面介绍一下环境矿物材料的发展简史：

1987 年，美国地质学家罗伯特·伯纳姆（Robert Berner）提出了黄铁矿化、碳酸盐-硅酸盐循环等理论[6]，揭示了沉积成矿对全球碳循环和气候变化的重要影响[7]。

1991 年，美国地球物理联合会（AGU）和欧洲地球科学联合会（EGU）联合举办了第一届国际环境矿物学会议，这是环境矿物学领域最重要的国际学术交流平台之一。

1994 年，美国地质调查局（USGS）发布了《矿物资源、环境和土地利用》报告，系统分析了矿物资源开发对环境和土地利用的影响，并提出了可持续性原则和评价方法。

2019 年，联合国环境规划署（UNEP）发布了《全球尾矿管理行业标准》，这是实现尾矿设施对人和环境零伤害这一远大目标的重要里程碑，并强调需要有效执行该标准。

从环境矿物材料的发展进程来看，主要分为以下四个阶段：

第一阶段：20 世纪 70 年代以前，主要是利用天然矿物的吸附、交换、催化等性能，用于水处理、废气净化、固体废弃物处置等领域。这一阶段的代表性材料有沸石、蒙脱石、活性炭等。

第二阶段：20 世纪 70 年代至 90 年代，主要是对天然矿物进行改性或者合成新型矿物材料，以提高其环境功能性能，用于重金属污染治理、有机污染物降解、放射性废物固化等领域。这一阶段的代表性材料有改性沸石、改性蒙脱石、合成沸石、合成蒙脱石、合成水滑石等。

第三阶段：20 世纪 90 年代至 21 世纪初，主要是利用纳米技术和生物技术，制备高效、安全、可控的环境矿物材料，用于新能源开发、光催化降解、生物修复等领域。这一阶段的代表性材料有纳米氧化铁、纳米二氧化钛、纳米金属/黏土复合材料、生物矿化材料等。

第四阶段：21 世纪初至今，主要是利用多学科交叉和创新，开发具有多功能、智能、可循环的环境矿物材料，用于环境监测、污染控制、资源回收等领域。这一阶段的代表性材料有响应型智能材料、自清洁材料、光电催化材料、生态仿生材料等。

1.2 环境矿物材料的特征和分类

1.2.1 环境矿物的基本特征

环境矿物材料既是矿物材料，又是环境材料，是两者的交集，是环境保护观念指导下开发的矿物材料或是矿物材料环境功能的延伸。它是环境矿物学的重要研究内容之一，是利用天然（或改性）矿物有效治理固（土壤）、液、气三类污染物的环境工程技术。

环境矿物的基本特征：

① 材料本身是以天然矿物或岩石为主要原料；

② 材料具有环境协调性或具有环境修复和污染治理功能；

③ 具有良好的环境污染净化能力。

1.2.2 环境矿物材料的分类

根据环境矿物材料的特点，分为如下 4 种类型。

天然环境矿物材料：能够直接利用其物理、化学性质用作环境治理与修复的矿物（或岩石）功能材料，如膨润土、沸石、珍珠岩、硅藻土、蛭石等。

改性环境矿物材料：指将矿物或岩石进行超细、超纯、改性等加工改造后用作环境治理或修复的矿物（或岩石）功能材料，如超细石英粉、云母粉、高纯超细的高能石墨乳、改性膨润土等。

复合及合成环境矿物材料：指以一种或数种天然矿物或岩石为主要原料，与其他有机和无机材料按适当配比进行烧结、胶凝、黏结、胶连等复合或合成加工改造所获得的用于环境修复的功能材料，如岩棉、活性炭、陶粒等。

工业废弃物：指选矿尾矿、煤矸石、石棉尾矿；火力发电厂排出的粉煤灰；冶炼产生的废钢渣；化学工业排出的电石渣、硫酸渣、赤泥等一类材料。

1.3　环境矿物材料的特性

环境矿物材料主要有膨润土、硅藻土、沸石、海泡石、凹凸棒石、磷灰石、蛭石、电气石、高岭土、石英、方解石、累托石、石墨、重晶石、铁锰矿物、伊利石、白云石、粉煤灰、煤矸石、赤泥、尾矿及废石等。

1.3.1　天然环境矿物材料及特性

1.3.1.1　膨润土

膨润土（bentonite），又名膨土岩、斑脱岩，其主要矿物组分是蒙脱石，含有少量石英及其他黏土矿物。膨润土是一种由压实火山物质在水环境（浅海、微咸水湖）中的成岩和热液蚀变形成的岩石，其主要黏土矿物成分为蒙脱石。蒙脱石是2:1层结构的硅酸盐矿物质，作为一种具有良好吸附特性的吸附剂，在环境污染治理中得到了广泛的应用，主要用于废水净化、油污吸附、废气净化、汽车尾气处理、土地填埋防渗、矿区修复、放射性核废物处理等方面，其中以废水处理的应用最多。

国际黏土学会（the Association International Pour L'Etude des Argiles，AIPEA）下属的联合命名委员会（the Joint Nomenclature Committees，JNCs）给出的黏土（clays）的定义：黏土是天然材料，多是微细粒矿物集合体，呈无序层状堆叠，且层间结构缺陷普遍；在适量的含水条件下，其宏观上表现出塑性，并在干燥或燃烧后变得坚硬[9]。同一文献，也给出了黏土矿物的定义：黏土矿物是层状硅酸盐（页硅酸盐）矿物，呈黏土塑性，且干燥或燃烧后变得坚硬。

1.3.1.2　硅藻土

硅藻土是一种由硅藻及其他微生物的硅质遗体沉积而成的生物硅质沉积岩，具有发达的微孔结构，比表面积巨大，是一种价廉的吸附剂和干燥剂，对废水、废气和土壤中重金属、无机和有机污染物均具有良好的吸附或降解效果，同时也可制成各种形状的调湿材料，并具有绝热、脱臭、吸音等作用。

1.3.1.3　沸石

沸石是沸石族矿物的总称，在地壳中分布广泛，目前已发现的天然沸石有80余种，常见的沸石有方沸石、片沸石、浊沸石、斜发沸石、丝光沸石、钠沸石、菱沸石等。沸石可按生成方式分为天然沸石和人工合成沸石；按成因，沸石可分为内生沸石和外生沸石；按晶体结构可将沸石分为七组，如表1.1所示。

表 1.1 沸石矿物分类

序号	次级单位	代表矿物
1	单 4—环（S4R）	方沸石、浊沸石等
2	单 6—环（S6R）	毛沸石等
3	双 4—环（D4R）	合成沸石 A 型
4	双 6—环（D6R）	菱沸石、八面沸石等
5	复合的 4—1，T_5O_{10} 单位	钠沸石、钙沸石等
6	复合的 5—1，T_8O_{16} 单位	丝光沸石、柱沸石等
7	复合的 4—4—1，$T_{10}O_{20}$ 单位	片沸石、斜发沸石等

　　沸石是具有连通孔道的含水架状铝硅酸盐矿物，沸石族矿物化学通式可以表示为 $M_x D_y$ $[Al_{x+2y} Si_{n(x+2y)} O_{2n}] \cdot mH_2O$，其中 M 为碱金属或其他一价阳离子，D 为碱土金属或其他二价阳离子，且 M、D 均为可交换的阳离子。沸石极易与水溶液中的阳离子发生交换作用，因而具有良好的选择吸附、离子交换及催化等性能，已成为具有重要地位的环境工程材料之一，可用于废水处理（去除氨氮、氟、砷、金属离子及有机物等）、空气净化（去除甲醛、干燥与净化）、土壤污染治理、除臭抗菌、固体废弃物处理和催化剂载体等方面。图 1.1 给出几种典型的沸石照片。

图 1.1　斜发沸石（a）、菱沸石（b）、方沸石（c）和钙沸石（d）典型照片

1.3.1.4　海泡石

　　海泡石是一种富镁链状硅酸盐黏土矿物，其晶体化学式为 $Mg_8(H_2O)_4[Si_6O_{16}]_2$ $(OH)_4 \cdot 8H_2O$。海泡石经活化后制得的吸附剂具有高效、可再生的优点，是一种很有前途的环境材料，可用于水污染治理、大气污染治理、土壤污染治理等方面，如图 1.2（a）

所示。

1.3.1.5 凹凸棒石

凹凸棒石，又名坡缕石，是具层链状结构的含水富镁铝硅酸盐黏土矿物，其晶体化学式为 $Mg_5[Si_8O_{20}](OH_2)_4 \cdot 8H_2O$。凹凸棒石以其独特的结构、大的比表面积和良好的吸附性等受到国内外研究者的青睐，被称为理想的环保材料，在催化剂制备、吸附脱色、废水废气处理、土壤修复等方面具有极大的应用价值，如图1.2(b) 所示。

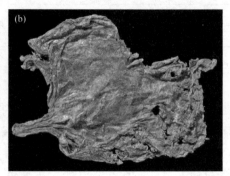

图1.2 海泡石（a）和凹凸棒石（b）典型照片

1.3.1.6 蛭石

图1.3 蛭石典型照片

蛭石（图1.3）是典型的二维层状结构硅酸盐矿物材料，其晶体化学式为 $(Mg,Ca)_{0.5}(Mg,Fe,Al)_3[(Si,Al)_4O_{10}](OH)_2 \cdot 4H_2O$，由于 Al^{3+} 置换了四面体中的 Si^{4+}，因此产生了层电荷，电荷的补偿一方面来自八面体中三价阳离子置换部分镁离子，另一方面则借助层间阳离子的补偿，所以蛭石中存在层间阳离子。

蛭石一般为褐黄色至褐色，珍珠光泽，[001] 解理完全，莫氏硬度为 $1\sim1.5$，密度约为 $2.3g/cm^3$。加热时，由于层间水分子气化形成蒸气压，使蛭石沿c轴方向膨胀发生层裂，形成蛭虫状。膨胀体呈银灰色或古铜色，密度下降为 $0.6\sim0.9g/cm^3$，具有极高的绝热性与隔音性。

蛭石具有较大的比表面积和可交换的层间离子，经结构修饰，蛭石可用作有机物、金属离子和放射性核素的吸附剂、光催化降解材料及重金属污染土壤修复材料等。

1.3.1.7 电气石

电气石是电气石矿物的总称，是以含硼为特征的铝、钠、铁、镁、锂的一类环状硅酸盐矿物，玻璃光泽，莫氏硬度 $7\sim7.5$，密度 $3.03\sim3.25g/cm^3$。电气石化学成分较复杂，其组成可用 $(Na,Ca)(Mg,Fe,Al,Li,Mn)_3Al_6[Si_6O_{18}](BO_3)_3(OH)_4$ 来表示。按化学组成可分为三类：锂电气石，$Na(Li,Al)_3Al_6[Si_6O_{18}](BO_3)_3(OH)_4$；镁电气石，$NaMg_3Al_6[Si_6O_{18}](BO_3)_3(OH)_4$；黑电气石，$NaFe_3Al_6[Si_6O_{18}](BO_3)_3(OH)_4$。三者之间均可形成类质同象置换。黑电气石最为常见，也有呈褐色、绿色、玫瑰红等。

电气石具有永久性的自发电极，电气石微粒的周围存在着以 c 轴轴面为两极的静电场。在电场作用下，水分子发生电解，形成活性分子 H_3O^+，吸引水中的杂质、污垢，净化水质；OH^- 和水分子结合形成负离子，改善人们的生活环境；电场对带电粒子有吸附作用，可以吸附粉尘，净化空气。电气石还具有高的机械化学稳定性。与沸石、蒙脱石等的吸附作用相比，电气石不具有饱和极限，可持续使用，重复利用率高，在环境领域具有很好的发展前景。电气石由于具有热释电性、压电性、天然电极性、红外辐射特性、释放负离子特性，可用于水污染处理（重金属离子吸附、调节水体的酸碱平衡、降解有机物）、空气污染处理、医疗与保健、去污、涂料防腐等方面。黑电气石和锂电气石见图 1.4。

图 1.4　黑电气石（a）和锂电气石（b）典型照片

1.3.1.8　高岭土

高岭土是硅-氧四面体与铝-氧八面体按 1:1 间层排列的层状硅酸盐矿物，其晶体化学式为 $Al_4[Si_4O_{10}](OH)_8$，晶体呈菱片状或六方片状，集合体呈土状或块状，莫氏硬度 2，密度为 $2.61\sim2.68g/cm^3$。对高岭土进行有效改性后，内部孔道有所改善，呈现出选择吸附性能，可有效吸附废水中的重金属、有机污染物以及废气中的 NO_x、SO_2 等。

1.3.1.9　累托石

累托石（图 1.5）是一种二八面体蒙脱石与二八面体云母 1:1 规则间层的硅酸盐矿物，其晶体由云母晶层/蒙皂石晶层构成，化学式为 $(Na,Ca)Al_4[(Si,Al)_8O_{20}](OH)_4 \cdot 2H_2O$。天然产出的累托石一般呈土状，电子显微镜下累托石呈不规则鳞片状、卷曲状、纤维状、板片状等。累托石黏土质软，莫氏硬度小于 1，密度随吸水量变化而变化。

由于累托石内部的蒙脱石与云母均是 2:1 规则排列的层状结构，具有阳离子交换性能，故经过改性处理后，对无机物及有机极性分子具有一定的吸附作用，被广泛应用在单一或复合污染废水的处理领域。

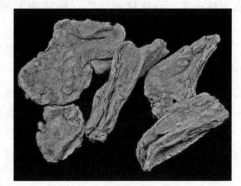

图 1.5　累托石照片

1.3.1.10　伊利石

伊利石是一种含钾量高的层状硅酸盐云母类

黏土矿物，其晶体化学式为 $KAl_2[(Si,Al)_4O_{10}](OH)_2 \cdot nH_2O$，莫氏硬度 $1\sim2$，密度 $2.5\sim2.8g/cm^3$，油脂光泽。伊利石区别于蒙脱石等膨胀性黏土矿物，其 K^+ 被束缚在 Si—O 六元环的附近位置，故不会水化膨胀，但由于其表面存在大量的裸露羟基，伊利石可用于吸附重金属离子。另外，伊利石对放射性核素有高亲和性，也被用作处理高放射性废物的深层地质处置回填材料。此外，伊利石还可用作空气净化、废气处理的材料。

1.3.1.11　石英

石英，一般指低温石英（α-石英），是石英族矿物中分布最广的一种矿物。广义的石英还包括高温石英（β-石英）、柯石英等。石英主要成分是 SiO_2，无色透明，常含有少量杂质成分，而变为半透明或不透明的晶体，质地坚硬。石英是一种物理性质和化学性质均十分稳定的矿产资源，晶体属三方晶系的氧化物矿物。石英块又名硅石，主要是生产石英砂（硅砂）的原料，也是石英耐火材料和烧制硅铁的原料。纯净的石英无色透明，因含微量色素离子或细分散包裹体，或存色心而呈各种颜色，并使透明度降低；玻璃光泽，断口呈油脂光泽；莫氏硬度约 7.0，无解理，贝壳状断口，相对密度 2.65，具压电性。无色、透明的石英被希腊人称为 Krystallos，意思是洁白的冰，他们确信石英是耐久而坚固的冰。我国古代人认为嘴里含上冷的水晶能够止渴。

矿物材料石英，多称之为石英砂，是一种坚硬、耐磨、化学性能稳定的硅酸盐矿物。石英砂的颜色多种多样，常为乳白色、无色、灰色。其化学、热学和机械性能具有明显的异向性，不溶于酸，微溶于 KOH 溶液，熔点 1750℃。石英砂按品质可分为普通石英砂、精制石英砂、高纯石英砂、熔融石英砂。

普通石英砂：$SiO_2 \geqslant 90\%\sim99\%$，$Fe_2O_3$（全铁含量）$\leqslant 0.06\%\sim0.02\%$，耐火度 $1750\sim1800℃$，外观部分大颗粒，表面有黄皮包囊。粒度范围 $5\sim220$ 目（单位"目"是指每英寸筛网上的孔眼数目，50 目就是指每英寸上的孔眼是 50 个，500 目就是 500 个，目数越高，孔眼越多。除了表示筛网的孔眼外，它同时用于表示能够通过筛网的粒子的粒径，目数越高，粒径越小），可按用户要求粒度生产。主要用于冶金、碳化硅、玻璃及玻璃制品、搪瓷、铸钢、水过滤、泡花碱、化工、喷砂等行业。

精制石英砂：$SiO_2 \geqslant 99\%\sim99.5\%$，$Fe_2O_3 \leqslant 0.02\%\sim0.015\%$，精选优质矿石进行复杂加工而成。粒度范围 $5\sim480$ 目，可按用户要求生产，外观白色或结晶状。主要用于高级玻璃、玻璃制品、耐火材料、熔炼石类、精密铸造、砂轮磨材等。

高纯石英砂：$SiO_2 \geqslant 99.5\%\sim99.9\%$，$FeO \leqslant 0.005\%$，是采用 $1\sim3$ 级天然水晶石和优质天然石类，经过精心挑选，精细加工而成。粒度范围 $1\sim0.5mm$、$0.5\sim0.1mm$、$0.1\sim0.01mm$、$0.01\sim0.005mm$ 不等。

熔融石英砂：SiO_2 含量 $99.9\%\sim99.99\%$；Fe_2O_3 含量 $10\sim25ppm$❶；Li_2O 含量 $1\sim2ppm$；Al_2O_3 含量 $20\sim30ppm$；K_2O 含量 $20\sim25ppm$；Na_2O 含量 $10\sim20ppm$；外观为无色透明块状，颗粒或白色粉末；相对密度 2.21；莫氏硬度 7.0；pH 值 6.0；硅微粉外观为灰色或灰白色粉末；耐火度 $>1600℃$；容重 $200\sim250kg/m^3$。

石英砂是重要的工业矿物原料，广泛用于玻璃、铸造、陶瓷及耐火材料、冶金、建筑、化工、塑料、橡胶、磨料等工业。石英砂是平板玻璃、浮法玻璃、玻璃制品（玻璃罐、玻璃

---

❶ ppm 为百万分之一。

瓶、玻璃管等）、光学玻璃、玻璃纤维、玻璃仪器、导电玻璃、玻璃布及防射线特种玻璃等的主要原料，也是生产瓷器的坯料和釉料，还是窑炉用高硅砖、普通硅砖以及碳化硅等的原料。在冶金方面，是硅金属、硅铁合金和硅铝合金等的原料或添加剂、熔剂；在建筑行业，应用于混凝土、胶凝材料、筑路材料、人造大理石、水泥物理性能检验材料（即水泥标准砂）等；在化工行业，石英砂用于生产硅化合物和水玻璃等的原料、硫酸塔的填充物、无定形二氧化硅微粉等；在机械方面，石英砂是铸造型砂的主要原料，应用于研磨材料，如喷砂、硬研磨纸、砂纸、砂布等；在电子行业，石英砂用于高纯度金属硅、通信用光纤、晶振、压电水晶等。石英砂可用于橡胶、塑料填料，提高耐磨性，提升涂料的耐候性。其内在分子链结构、晶体形状和晶格变化规律，使其耐高温、热膨胀系数小、高度绝缘、耐腐蚀以及具有压电效应、谐振以及独特的光学特性。另外，石英其实也是水晶的矿物名称，它们具有相同的化学组成，不同的是宝石级水晶可作为宝石的材料，可加工而成各种饰品。而多晶体石英岩经过染色后，大部分只能作为玉石类的仿制品，例如翡翠、岫岩玉、独山玉等。单晶石英也可先炸裂后经染色仿制碧玺等宝石。虽然石英作为矿物材料其资源属性较为突出，但其环境属性也正在为人们所重视，典型的是其压电特性，能在诸多环境领域得到应用。

1.3.1.12 方解石

方解石［图 1.6(a)］的化学式为 $CaCO_3$，常含有 MgO、FeO、MnO 等形成类质同象变种，有时还含 Zn、Pb、Sr、Ba、Co、Tr 等类质同象替代物。方解石晶胞结构中的 CO_3^{2-} 呈平面三角形垂直于三次轴，并以层排布，同层内的 CO_3^{2-} 三角形方向相同，相邻层中的 CO_3^{2-} 三角形方向相反。Ca 也垂直于三次轴，以层排列，并与 CO_3^{2-} 交替分布，Ca 的配位数为 6，构成［CaO_6］八面体。

图 1.6 方解石（a）和白云石（b）

方解石常依［0001］形成接触双晶，更常依［01$\bar{1}$2］形成聚片双晶。方解石的集合体多种多样，有片层状、纤维状、致密块状、土状、粒状、钟乳状、鲕状、肾状、晶簇状等。质纯方解石为无色或白色，无色透明者称为冰洲石，但多数方解石因含有 Fe、Mn 等杂质元素而呈现浅黄、浅红、褐黑色等颜色。解理［10$\bar{1}$1］完全，莫氏硬度为 2.5～3.75，密度为 2.6～2.9g/cm³。方解石表面上的 Ca^{2+} 可与水溶液中 Pb^{2+}、Mn^{2+}、Cd^{2+} 等阳离子发生交换作用。另外，碳酸钙还可用于水体中磷元素的处理，降低水体中的磷酸盐浓度。

1.3.1.13　白云石

白云石［图1.6(b)］为碳酸钙镁盐，化学式为$CaMg(CO_3)_2$，白云石晶体结构与方解石相似，不同之处在于Ca、Mg沿着三次轴交替有序排列，由于Mg八面体的存在，白云石的对称性低于方解石。白云石晶体呈菱面体状，曲面弯曲成马鞍形，常依（0001）、（10$\bar{1}$0）、（10$\bar{1}$1）、（11$\bar{2}$0）及（02$\bar{2}$1）形成双晶，白云石的这种聚片双晶是区分方解石的重要标志。

纯白云石为白色，常因含铁而呈灰至褐色，玻璃光泽，解离［10$\bar{1}$1］完全，解理面常弯曲，莫氏硬度为3.5～4.0，密度一般为2.85g/cm^3，但随Fe、Mn的含量增大而增大。有些白云石在阴极射线的作用下发鲜明的橙红色光。

白云石可用于酸性土壤的改良、重金属吸附等方面。在城市污泥处理中添加白云石，可使污泥中Cu、Zn和Cd由不稳定态向稳定态转化，降低植物地上部以及根系对Cu、Zn、Cd和As的吸收积累。

1.3.1.14　石墨

石墨，化学式为C，但成分纯净者极少常含有各种杂质。石墨晶体为层状结构，结构层中碳原子以六方网环结构紧密堆积，根据堆积方式可分为2H型石墨与3R石墨。石墨硬度较低，为1～2，平行［0001］解理极完全，密度较小，为2.21～2.26g/cm^3。石墨作为电磁屏蔽材料可防止高频电磁场的影响，在混凝土中添加石墨，可对低频电磁波的某些频带产生一定的屏蔽效果，并且有正增量效果。膨胀石墨对甲醛废气具有较好的吸附效果，与活性炭相比，膨胀石墨对NO_x的吸附性能更好。

1.3.1.15　重晶石

重晶石（图1.7）是以$BaSO_4$为主的硫酸盐矿物，晶体常沿［001］发育呈板状，有时沿a轴或b轴延长呈短柱状，板状集合体常聚成晶簇，少数集合体呈致密块状、粒状、土状等。重晶石一般呈白色，质纯者呈无色透明，性脆，莫氏硬度为3～3.5，密度为4.3～4.5g/cm^3，玻璃光泽，解理面呈珍珠光泽。重晶石能够吸收X射线和γ射线，具有优异的防辐射性能，可用于医疗建筑防辐射工程，同时，将重晶石添加到建材中，可以对氡起到很好的防护和屏蔽效果。

图1.7　重晶石照片

1.3.1.16 磷灰石

磷灰石（图 1.8）是指磷元素以晶质形式存在于火成岩和变质岩中的含磷矿石，是一系列含钙的磷酸盐矿物的总称，其化学式为 $Ca_5(PO_4)_3(F, Cl, OH)$，晶体常呈柱状或板状，集合体呈粒状或致密块状，莫氏硬度 5，解理 [0001] 不完全，密度 $3.18 \sim 3.21g/cm^3$，玻璃光泽，断口呈油脂光泽。磷灰石具有广泛的离子替换特性、独特的晶体结构通道以及选择性的化学活性与表面活性，已有大量的研究表明磷灰石可以有效地固化 Pb^{2+}、Cd^{2+}、Zn^{2+} 等多种毒性重金属离子，磷灰石在水体污染治理、土壤污染治理、核废料处理以及抗菌等方面具有广阔前景。

图 1.8 氟磷灰石典型照片

1.3.1.17 锰矿物

天然锰矿物的化学成分和结构构造决定了其具有独特的物理化学性质，如高吸附性、离子交换性、孔道效应、氧化还原性和纳米效应等，因而是环境属性良好的矿物材料，具有去除或转化污染物的功能，锰矿物及其改性材料对重金属离子工业废水、高浓度与高污染的印染和酚类废水、烟气脱硫等具有很好的处理效果。

（1）黑锰矿 黑锰矿 [图 1.9(a)] 的主要成分是 Mn_3O_4，黑锰矿的化学组成中 Mn^{2+} 和 Mn^{3+} 呈有限类质同象代替；Zn^{2+} 代替 Mn^{2+} 达 8.6%，称为锌-黑锰矿；Fe^{3+} 代替 Mn^{3+} 达 4.3%，称为铁-黑锰矿，莫氏硬度 6，相对密度 4.8。解理完全、不完全，断口不平坦。颜色棕黑色至黑色，不透明，半金属光泽，脆性，不具磁性，溶于盐酸，放出氯气。

黑锰矿为典型的高温热液和接触交代矿物，与磁铁矿相似，系在较为还原条件下形成的；同富含 Mn^{2+} 的矿物，如锰橄榄石、方锰矿、菱锰矿、锰质石榴子石等矿物共生，石英常与褐锰矿、蔷薇辉石和钙蔷薇辉石等共生；黑锰矿亦产于区域变质的沉积锰矿矿床，与褐锰矿、磁铁矿、黑镁铁锰矿以及其他铁、锰的无水氧化物共生；在低级区域变质条件下，锰的氢氧化物经失水作用，软锰矿和褐锰矿经还原作用皆可形成黑锰矿。

图 1.9 黑锰矿（a）、软锰矿（b）和锰钾矿（c）

（2）软锰矿 软锰矿 [图 1.9(b)] 的主要成分是 MnO_2，软锰矿理论成分为 Mn 63.19%，O 36.81%，常含少量吸附水。碱金属、碱土金属、Fe_2O_3、SiO_2 等可能作为机械混入物存在。软锰矿属四方晶型，结构属金红石型。颜色钢灰色至黑色，表面常带浅蓝的金属青色。条痕蓝黑色至黑色，其他锰的氧化物常具褐色至褐黑色条痕。半金属光泽。不透明。解理完全。端口不平坦。硬度随形态和结晶程度不同而异，显晶质软锰矿莫氏硬度 6～6.5，隐晶质软锰矿莫氏硬度 1～2，性脆，易染手，密度 $4.7～5.0g/cm^3$。矿物缓慢地溶于盐酸，放出氯气，溶液呈淡绿色。加 H_2O_2 剧烈起泡。

软锰矿作为高价锰的氧化物在热液矿床中比较少见，主要见于滨海相的沉积锰矿床中。在沉积锰矿床中，在近海岸的浅水带，氧化电位高，形成高价锰矿物，主要是软矿和硬锰矿。距海岸较远，除高价锰矿物外还出现水锰矿。再往深处，随着环境氧化电位低开始形成二价锰的碳酸盐，如菱锰矿、锰方解石等。沉积锰矿矿体通常呈层状、似层状。在矿床氧化带和岩石风化壳，可形成风化成因的"锰帽"，主要矿物有软锰矿、硬锰矿、褐铁矿等。低价锰矿物在氧化带可变为氧化条件下最稳定的软锰矿。

（3）锰钾矿　锰钾矿［图 1.9(c)］的主要成分是 K_2MnO_4，晶体为四方双锥状，单体呈柱状，但少见，通常为块状、葡萄状、钟乳状或放射状、纤维状集合体。新鲜面钢灰色至蓝灰色，风化后呈暗黑色。条痕褐黑色。莫氏硬度 6～7，块状或纤维状集合体硬度很低，甚至低到 1，密度 $4.71～4.78g/cm^3$。

锰钾矿多由原生锰矿层或含锰岩石经风化淋滤形成。含锰钾矿的锰矿体呈似层状、扁豆体状、囊状、细脉状，极不规则形状见于风化岩石中，有的也见于残积层或裂隙溶洞中。

1.3.1.18　氧化铁矿物

氧化铁矿物表面有羟基和水合基，对过渡金属和重金属阳离子均有很高的亲和性，如水铁矿在去除 As、Cd、Zn、Pb 等方面均具有良好的效果。因此，氧化铁矿物可用于土壤污染治理与改良，地表水、地下水、河流污染治理与改善，以及作垃圾场和排污渠的屏障材料[10]，典型矿物如下（图 1.10）：

图 1.10　赤铁矿（a）、磁铁矿（b）、水铁矿（c）和针铁矿（d）照片

（1）赤铁矿　赤铁矿广泛分布于各个时代的岩石中，产于各种地质作用的条件下，主要化学成分为 Fe_2O_3，常含有 Ti、Al、Mn、Cu、Co 等元素。赤铁矿的形态特征与其形成条件有关，一般由热液作用形成的赤铁矿呈板状或片状；接触交代作用形成的赤铁矿呈粒状，沉积作用形成的赤铁矿则呈鲕状或肾状。

（2）磁铁矿　磁铁矿主要化学成分是 Fe_3O_4，磁铁矿单晶常呈八面体和菱形十二面体，集合体为致密块状或粒状。在自然条件下，磁铁矿中的二价铁通常被氧化成三价铁，从而转变为赤铁矿，如果转变为赤铁矿仍然保持原来磁铁矿的晶形，则将其称为假象赤铁矿。

（3）褐铁矿（水铁矿与针铁矿）　褐铁矿实际上并不是一个单独的矿种，而是以针铁矿、水铁矿为主要成分，并包含二氧化硅、黏土等的混合物。针铁矿主要成分是 Fe_2O_3，一般针铁矿是由其他铁矿风化形成。水铁矿是一种铁氢氧化物，常与针铁矿共存。

1.3.2　改性环境矿物材料及特性

1.3.2.1　石英粉

石英粉化学性质稳定，抗蚀性强，表面带有负电荷，可通过接触凝絮作用吸附废水中的悬浮物或胶体，并经过重叠和架桥作用最终形成滤膜，从而达到除去水中悬浮物、胶体、泥沙、铁锈等杂质的目的，是废水处理应用最早、最为广泛的滤料，前文已经论述，在此无须赘述。

1.3.2.2　云母粉

云母粉是云母片经粉碎研磨的片状微细粉体，目前，白云母的超细磨工艺分为干法与湿法两种方式：其中干式超细粉碎的主要设备有高速机械冲击磨、气流磨、旋风或气旋流自磨机等以及相应的干法气流分级机；湿磨绢云母粉的生产设备以砂磨机、研磨剥片机、胶体磨等为主，而湿式精细分级多用水力旋流分级技术。

1.3.2.3　改性膨润土

虽然天然膨润土内表面积较大，吸附性能较好，但是在未改性的条件下，天然膨润土处于水中时，层间离子会出现水解反应，降低其吸附能力，限制了膨润土在污染处理中的应用，因此，有必要对膨润土进行改性处理以提高其污染处理能力。

1.3.2.4　改性沸石

沸石内部含有大量空洞和孔道，且电性不平衡，因此具独特的吸附性和选择离子交换性。沸石孔道中的阳离子可与其他阳离子交换，并保持骨架结构不发生变化。由于阳离子大小不同以及在笼中位置的改变，沸石的孔径会发生变化。又由于阳离子大小不同产生的局部静电场不同，水化阳离子的离析度等影响也不同，因此沸石分子筛的吸附、催化性能也不同。所以，沸石的阳离子交换性能是沸石能够改性的重要原因之一。

如将天然沸石改型成 H 型沸石和 Na 型沸石后用于处理废水，可以提高其水处理效果。其改型方法是：将天然沸石破碎筛分成 0.25～0.38nm 颗粒，在浓度为 3.0mol/L 的盐酸中浸泡 24h 后取出，用蒸馏水洗涤 5～6 次，100℃ 烘干即成 H 型沸石。如将天然沸石在浓度为 4.0mol/L 的氢氧化钠溶液中浸泡 24h 后取出，用蒸馏水洗涤 5～6 次，100℃ 烘干即成 Na 型沸石。

1.3.3　复合及合成环境矿物材料及特性

1.3.3.1　活性炭

活性炭是特异性吸附能力较强的炭材料的统称，由木质、煤质和石油焦等含碳的原料经热解、活化加工制备而成，具有发达的孔隙结构、较大的比表面积和丰富的表面化学基团。

活性炭通常为具有很强吸附能力的粉状或粒状多孔无定形炭。由固态碳质物（如煤、木料、硬果壳、果核、树脂等）在隔绝空气条件下经 $600\sim900℃$ 高温炭化，然后在 $400\sim900℃$ 条件下用空气、二氧化碳、水蒸气或三者的混合气体进行氧化活化后获得。

活性炭是一种常用的吸附剂、催化剂或催化剂载体。活性炭按原料来源可分为木质活性炭、兽骨/血活性炭、矿物原料活性炭、合成树脂活性炭、橡胶/塑料活性炭、再生活性炭等。活性炭按外观形态可分为粉状、颗粒状、不规则颗粒状、圆柱形、球形和纤维状等。除了粉状活性炭和颗粒活性炭两大类外，还有其他形状的，如活性炭纤维、活性炭纤维毯、活性炭布、蜂窝状活性炭、活性炭板等。

活性炭的应用广泛，其用途几乎涉及所有的国民经济部门和人们日常生活，如水质净化、黄金提取、糖液脱色、药品针剂提炼、血液净化、空气净化以及人体安全防护等。随着科学的发展，活性炭的用途也越来越广泛，随着国家对生态环境的重视，活性炭也发挥着越来越大的作用。

1.3.3.2　陶粒

陶粒是原料在回转炉中经高温（ $1050\sim1300℃$ ）快速焙烧、膨胀而成的一种具有坚硬外壳、内有均匀细小而又互相不连续的蜂窝状气孔的陶质粒状物。其粒径一般为 $5\sim30mm$ 。陶粒质轻，密度 $1.0\sim1.8g/cm^3$ 。松散容量为 $300\sim1000kg/cm^3$ 。抗压强度高于规定标准的 $2\sim3$ 倍，达到 $30\sim40kgf/cm^2$ 。吸水率可达到 $5\%/h$ 左右。陶粒具有良好的耐火、耐水、耐化学与细菌腐蚀的特性，能抗冻、抗震与隔热。

以陶粒作滤料可作为工业废水高负荷生物滤料池的生物挂膜载体、含油废水的粗粒化材料、离子交换树脂垫层，可用于自来水的微污染水源、生物滤池的预处理以及微生物干燥贮存；适用于饮用水的深度处理，它可以吸附水体中的有害元素、细菌、矿化水质，是活性生物降解有害物质效果最好的滤料和生物滤池中最好的生物膜载体。

1.3.3.3　岩棉

岩棉是一种新型轻质、节能的人造硅酸盐非连续絮状纤维材料。生产岩棉普遍采用玄武岩、辉绿岩、辉石岩、硅质页岩、白云岩、石灰岩、橄榄岩等。其中以玄武岩生产岩棉最好。此外，还有用角闪岩、阳起片岩和高炉液态炉渣等生产岩棉。

岩棉是以玄武岩或辉绿岩为主要原料，加入适量的白云岩、石灰岩、硅质页岩或矿渣深加工而成的非连续絮状纤维材料。玄武岩的化学成分 SiO_2 $40\%\sim50\%$ ， Al_2O_3 $10\%\sim17\%$ ， Fe_2O_3 $11\%\sim17\%$ ， CaO $9\%\sim14\%$ ， MgO $6\%\sim14\%$ ， K_2O+Na_2O $2\%\sim4\%$ ；白云岩的化学成分 CaO $30\%\sim35\%$ ， MgO $18\%\sim22\%$ ，烧失量小于 5.0% 。

岩棉纤维细，平均直径小于 $8\mu m$ 。质地柔软，富弹性，不脆，不粉化。容量低，小于 $1000g/cm^3$ 。保温、隔热性能好，热导率仅为 $0.029\sim0.046W/(m\cdot K)$ 。化学性质稳定，抗酸、碱，不腐烂。不溶于水，可防水，隔音。软化温度大于 750℃。

岩棉主要用途是加工成保温板、保温毡、保温套管、保温带等，用于各类建筑物以及车、船、锅炉、专业隔音室、干燥间、各种管道的隔热、保温、防火、吸音设备；可与水泥混合作为绝缘喷涂层、墙壁和吸音板的材料；还可作大型建筑物隔音填充剂。环境保护应用主要用于废水处理、水质净化实验研究方面。

1.3.4 工业废弃物及特性

（1）粉煤灰　粉煤灰，是从煤燃烧后的烟气中收捕下来的细灰，是燃煤电厂排出的主要固体废物。粉煤灰比表面积大，含有 Al、Si 等活性物，可用于烟气脱硫、废水处理以及污泥利用和土壤修复等方面。如用粉煤灰去除造纸废水和印染废水，不仅能达到较强的脱色除臭效果，而且价格经济。

（2）煤矸石　煤矸石是在煤矿建井、开拓掘进、采煤和煤炭洗选过程中产生的干基灰分大于 50% 的黑灰色岩石，煤矸石的主要化学成分为 Al_2O_3 和 SiO_2，与沸石的化学成分相同，因此可作为合成分子筛的主要原料。沸石分子筛是一种高效的吸附剂和离子交换剂，可用来处理含铜、铬、钴、镉等的废水，例如：杜明展等[11]用改性煤矸石作为吸附剂吸附氨氮废水，碱改性的煤矸石的氨氮去除率最高为 59.19%。

（3）赤泥　赤泥是从铝土矿中生产氧化铝之后排放出来的工业固体废物，因其富含氧化铁而呈红褐色，故称之为赤泥。赤泥主要化学成分包括 Al_2O_3、SiO_2、Fe_2O_3、TiO_2、K_2O、Na_2O、CaO 及 MgO 等[12]。赤泥的物理性质：颗粒直径 0.088～0.25mm，相对密度 2.7～2.9，容重 0.8～1.0g/cm³，熔点 1200～1250℃。化学性质：赤泥的 pH 值很高，其中浸出液的 pH 值为 12.1～13.0，氟化物含量 11.5～26.7mg/L；赤泥的 pH 值为 10.29～11.83，氟化物含量 4.89～8.6mg/L。由于赤泥具有较大的比表面积，对重金属离子具有吸附、离子交换和化学活性作用。赤泥在水处理应用中可作为廉价的吸附剂和絮凝剂除去污水中的有毒离子以及重金属离子；在土壤修复应用中可以固定重金属、改良土壤酸碱性以及生产肥料等；在废气处理应用中用于处理含硫废气、氮氧化物废气以及其他气体。利用赤泥对含重金属污染物进行处理，具有工艺相对简单、投资少、效果好且二次污染小等优点。

（4）电石渣　电石渣是电石水解制得乙炔后以氢氧化钙为主要成分的废渣。电石渣中含有大量氢氧化钙，粒径较小，反应活性高，因此电石渣是一种典型的可用于替代石灰石的二次资源。在水泥生产中，由于电石渣中 $Ca(OH)_2$ 含量高且分解温度相对较低，有利于水泥烧结过程中硅酸盐矿物的形成和生长，是水泥生产原料——石灰石的优良替代品。电石渣还可与粉煤灰等具有凝胶活性的材料混合制成新型黏结剂，可应用于路基材料。在污水处理方面，电石渣呈碱性，可作为中和剂中和水体中的酸性物质，调节水体的 pH 值。

（5）尾矿及废石　在许多矿山废石和尾矿中，也含有许多环境矿物材料，如高岭土、绢云母、蛭石、伊利石、膨润土等。如采用废石和尾矿作为环境矿物材料，不仅可避免其本身对环境的破坏或污染，又可防治许多其他环境问题，使废石和尾矿化害为利成为可能。特别是在防治重大环境问题上，要求环境材料量大，成本低，而废石和尾矿符合此要求。

1.4 环境矿物材料的物理化学效应

1.4.1 物理效应

1.4.1.1 表面效应

自然界中矿物表面通常是矿物与大气、矿物与液体甚至是两种固体矿物之间的界面。极性表面具有很强的吸附性，矿物晶体碎裂面和生长面的极性强度一般高于解理面。矿物表面吸附作用与矿物表面性质密切相关，一个整体物相的化学性质或反应性取决于其化学组成与原子结构，同样一个表面的化学性质取决于化学成分、原子结构和微形貌，化学反应往往发生在表面上几纳米厚度的范围内。有利于化学吸附的条件是由表面吸附质成键作用的增强和表面内与被吸附分子中成键作用的减弱之间的平衡来决定的，吸附质诱导的表面重构和解离化学吸附只是这种微妙平衡所固有的两个极端情况，其中吸附质与表面之间的强相互作用支配着转变过程[13]。

矿物表面吸附作用研究随着实验技术的不断改进与理论探讨的不断深入，得到了快速发展，目前矿物表面研究已深入到分子甚至原子水平上的表面交互作用、表面表征及表面性质和过程的定量描述、模式与预测等方面[14]。矿物所具有的较高比表面积和可变表面电荷对阳离子和阴离子污染物均有较好的净化能力。水体中色度、有机污染物、氨氮、油类物质及病原细菌等能通过矿物的过滤作用与离子交换作用得以去除。对具有一定吸附、过滤和离子交换功能的天然矿物进行合理改性是提高环境矿物材料性能的新途径。如亲水性天然黏土矿物对无机型污染物具有较好净化功能，利用有机表面活性剂去置换其中存在着的大量可交换的无机阳离子，还可形成具有亲油疏水性的有机黏土矿物[15]。

1.4.1.2 孔道效应

目前广泛使用的矿物滤料有精制无烟煤、精制石英砂、铝矾土陶粒、磁铁矿与软锰矿等。滤料在过滤过程中主要是载留水中的悬浮物和絮状物，从而达到净化的目的。结合表面吸附作用可制得复合型矿物吸附过滤材料，如将铁的氢氧化物固定在普通石英砂表面制成新型吸附过滤材料，不仅具有普通石英砂滤料功能，而且能有效地去除重金属离子。矿物孔道效应包括孔道分子筛、离子筛效应与孔道内离子交换效应等。过去认识到的具有孔道结构并具有良好过滤性的矿物有沸石、黏土、硅藻土、轻质蛋白石等，新近发现磷灰石、电气石、硅胶等均具有良好的孔道性质，蛇纹石、埃洛石管状结构以及蛭石膨胀孔隙等也表现出优良的孔道性能而备受关注。

多数矿物均具有孔道结构特征，如常见的长石类矿物也具有良好的孔道结构，其孔径至少能使 H_2O 得以进入和通过[16]。具孔道特性的矿物应有良好的热稳定性，利用其固有的孔道结构、热膨胀空隙能被制作成多孔材料。而高温条件下具化学活性的矿物确有热不稳定性，利用其热分解后的产物能与二氧化硫等气体产生化学反应，以形成稳定的新物相。这是应用环境矿物材料研究开发燃煤烟尘型大气污染防治方法与技术的基础。

1.4.1.3 结构效应

通常矿物表面的原子结构及电子特性有可能和其内部有很大差异[17]。暴露的矿物表面要进行重构，即表面的不饱和状态会促使其结构进行某些自发的调整。当有被吸附的分子存在时，表面又会以不同的方式在结构上进行重新调整，不同的晶体表面上重构程度也是不同的。一个常被忽略的问题是在矿物表面上吸着物所具有的结构影响。通常与吸着物最近的基底表面上的原子，为了更好吻合吸着物结构会发生空间位移。这种情况发生在吸着物与表面之间往往具有强的交互作用，也就是吸着物与表面具有强的化学活性并有强键形成。

1.4.2 化学效应

1.4.2.1 氧化还原效应

微溶性的金属矿物往往是自然界中一些极不稳定的金属矿物，其化学成分多由变价元素构成，其化学性质不稳定，易被氧化分解，且在水介质条件下可表现出一定的溶解度。此类矿物本身就是一个污染源，可形成矿山酸性废水污染。发挥此类矿物治理污染的作用，实际上体现了以废治废，是污染控制与废弃物资源化并行的典范。研究表明[18]，天然铁的硫化物处理含 Cr^{6+}、Pb^{2+}、Cd^{2+}、Hg^{2+} 等有毒物的废水效果良好，这是该矿物在一定条件下的微溶作用（Fe^{2+}，S^{2-}，S_2^{2-}）所决定，并且是氧化还原作用（S/S^{2-} 与 Cr^{6+}/Cr^{3+} 电对、S/S_2^{2-} 与 Cr^{6+}/Cr^{3+} 电对、Fe^{3+}/Fe^{2+} 与 Cr^{6+}/Cr^{3+} 电对）和沉淀转化作用（S^{2-} 与 Pb^{2+}、Cd^{2+}、Hg^{2+} 及 Cr^{3+}）反应。还新发现了 Cr_2S_3 难溶物，可节省加碱以形成 $Cr(OH)_3$ 沉淀物的传统工艺，大大减少了污泥的产生。以天然铁的硫化物代替常用的化工产品亚硫酸钠还原六价铬，还能提高硫资源的利用率近 4 倍。

天然铁锰铝氧化物及氢氧化物的研究。这些矿物的比表面积和表面电荷密度均较高，表面具有明显的化学吸附性，还具有较完善的孔道特性，尤其是 Fe、Mn 为自然界中少数的但属于常见的变价元素，往往可表现出一定的氧化还原作用。因此铁锰铝氧化物及氢氧化物具有直接的净化污染物的功能。若选择具有一定净化功能的天然矿物作骨料，再将一定形态的氧化铁或氧化铝固定在矿物骨料表面，还能制成性能更加优质的环境矿物材料。

1.4.2.2 离子交换效应

无机非金属矿物具有良好的离子交换作用，主要发生在矿物表面上、孔道内与层间域，如碳酸盐和磷灰石等离子晶格矿物表面、沸石和锰钾矿等矿物孔道内及大多数黏土矿物的层间域。方解石和文石均是 $CaCO_3$ 的天然变体，其表面上的 Ca^{2+} 可与水溶液中 Pb^{2+}、Mn^{2+}、Cd^{2+} 等阳离子发生交换作用。其中 Pb^{2+} 与方解石、文石的反应很强，而 Mn^{2+} 和 Cd^{2+} 仅与文石的反应很强，与方解石不发生反应，它们被固定在碳酸盐表面上的形式分别是碳酸铅、碳酸锰和碳酸镉。磷灰石可在常温常压下用其表面晶格中的 Ca^{2+} 与溶液中阳离子 Pb^{2+}、Cd^{2+}、Hg^{2+}、Zn^{2+}、Mn^{2+} 广泛发生交换作用，易于除去溶液中的 Pb^{2+}。碳酸钙和磷灰石对重金属污染物的去除作用主要为表面晶格离子的阳离子交换作用。天然沸石对一些阳离子有较高的离子交换选择性，水合离子半径小的离子容易进入沸石格架进行离子交换，交换能力就强。黏土矿物在溶液中的分散程度影响到离子交换的动力学性质，分散性又与类质同象程度密切相关。如蒙脱石八面体层中发生的类质同象，可增强结构单元层之间的联系程度而不易分散。但将蒙脱石浸入电解质溶液中被改性后，如钙基蒙脱石处理成钠基蒙脱石，其层间结合力变小而易分散、膨胀与亲水，使得阳离子易于扩散进入层间域，从而大大提高离子交换速率。

1.4.2.3 结晶效应

矿物形成过程尤其是溶液结晶过程，往往可成为污染净化过程。在金属矿山废石堆中形成的含 Hg、Cr 矿物 Hg_4HgCrO_6 和 $Hg_2Hg_3CrO_5S_2$，对防止重金属污染可起到固定化作用。

1.4.3 物理化学作用

1.4.3.1 溶解效应

溶解作用包括溶质分子与离子的离散和溶剂分子与溶质分子间产生新的结合或络合。"相似者相溶"这一经验理论说明，物质结构越相似越容易相溶。严格地说绝对不溶解的"不溶物"是不存在的。组成"难溶物"的阴离子与阳离子浓度由于受某种化学反应的影响而降低时，如硫化物矿物氧化还原反应及氢氧化物矿物溶度积更小的沉淀反应等，该"难溶物"就会不断发生溶解。就矿物本身而言，不同网面密度的晶面发生溶解时网面密度较大的晶面先溶解，此与晶体生长过程恰恰相反。矿物晶体缺陷处易于溶解，因为位错中心释放能量而发生破键溶解。矿物处于不饱和溶液中边缘处也会发生溶解。

1.4.3.2 水合效应

水合作用往往伴随着矿物体积增大，如硬石膏发生水合作用形成石膏后体积可膨胀30%，蒙脱石等黏土矿物遇水膨胀对工程地基具有不可忽视的影响。其中结晶水常以中性水分子出现于具有大半径络阴离子的含氧盐矿物中，有时以一定的配位形式围绕着半径较小的阳离子，形成半径较大的水合阳离子，在矿物晶格中也具有固定位置，其数量与矿物成分成简单比例。含水矿物在调节环境水分功能方面，不亚于植物所起的作用，是自然界中最佳的无机控湿调温物质。

当然，环境矿物材料远不止这些效应，随着科学技术发展，会发现更多的物理效应。

1.4.4 矿物生物交互作用

1.4.4.1 矿物生物交互效应

土壤矿物与微生物相互作用是地球表层系统中重要的生态过程。微生物或生物分子与矿物间的吸附（黏附）是两者相互作用的基础。吸附（黏附）是一个由分子间力、静电力、疏水作用力、氢键和空间位阻效应等多种作用力或作用因素共同决定、影响的物理化学过程。因此，微生物和矿物的表面性质如表面电荷、疏水性和它们所处的环境条件如 pH、电解质浓度、温度等，都影响着矿物-微生物吸附（黏附）过程。微生物细胞或酶可吸附于矿物表面，其结果是细胞代谢或酶活性会发生明显变化，并进一步影响土壤中诸多相关的生态、环境过程。结合 4 种典型的初始吸附理论（表面自由能热力学理论、DLVO 理论、吸附等温线理论和表面复合物理论）及本课题组近年来的研究成果，对土壤矿物与微生物相互作用的类型、机理、作用力和现代研究技术等方面的最新研究进展进行了较为全面的论述，对土壤矿物-微生物相互作用的环境效应进行了讨论，并就该领域今后研究工作的特点及应关注的问题进行了展望。

1.4.4.2 尺寸效应

矿物与生物的交互作用研究，尤其在纳米矿物与纳米生物层次上揭示其交互作用的细节与机理研究，是无机界与有机界交叉渗透型研究课题。事实上无机矿物的形成和变化存在有机生物作用的参与，而有机细菌的繁殖和活动也存在无机矿物作用的参与，这一特征使无机与有机的微观界限在某种程度上变得模糊起来。目前化学家和生物学家对分子、原子、电子与细菌的交互作用机理正在进行积极的探索，也缺少不了矿物学家从纳米矿物角度积极参与研究。纳米矿物呈现出的化学特性是其有效参与纳米生物作用的关键，何况生物作用过程中所形成的矿物也需要矿物学家去深入研究。这方面的研究成果对于保护人类健康与防治生态环境破坏都有着十分重要的理论意义和应用价值。

关于血液中由已知最小的纳米级生物形成生物矿物的作用研究表明[1]，人体中肾结石、牙斑及其他各种组织矿化等病原性矿化作用很可能与此有关。这些纳米生物不仅已从哺乳动物血液中分离出来，而且能在人类血液及肾结石抗原体中检测到。矿化的纳米生物化学成分和形态特征类似于钙化组织细胞与肾结石中的矿物微粒。这一研究不仅对了解病原性矿化作用机理有意义，也可为深入认识骨质和牙质生物矿化过程提供新的研究途径。

利用纳米级水聚合二氧化硅对可溶性金属阳离子的强吸附研究表明[3]，被吸附的金属能够长期稳定存在，而黏土等矿物吸附的金属却容易被解吸出来。正是纳米级的水聚合二氧化硅的特殊化学性质能够使其对过渡金属产生成键吸附。

1.4.5 矿物物理效应

矿物物理效应包括矿物光学、力学、热学、磁学、电学、半导体等性质，如方解石热不稳定性的固硫效应，堇青石热稳定性可用来制作多孔陶瓷的除尘效应，天然蛭石的热膨胀性可改善煤燃烧过程中氧化气氛以防止硫酸钙分解而提高固硫率的效应，磁铁矿的磁性与电气石电性的除杂效应，尤其是金红石的半导体性，其光催化氧化性可分解有机污染物。

1.5 环境矿物材料应用

环境矿物材料主要有以下4种用途：

1.5.1 利用环境矿物材料治理大气污染

人类活动产生大量废气、烟尘杂质，严重污染了大气环境，在人口稠密的城市和大规模排放源附近尤为突出。选择具有吸附性、过滤性、凝絮性、离子交换性以及中和性的环境矿物材料处理工业与生活废气就显得尤为重要。

通常，有害气体多为酸酐，大部分能溶于水，因此可选用碱性矿物如石灰石、方解石、生石灰、方镁石、水镁石等与酸酐发生中和反应，从而吸收酸酐，达到净化废气的目的。目前，使用石灰石作为脱硫剂生产烟气脱硫石膏是目前应用最广泛的烟气脱硫技术。该方法以石灰石为脱硫剂，向吸收塔喷入吸收剂浆液使其与烟气充分混合，使烟气中的 SO_2 与 $CaCO_3$ 充分反应生成石膏，反应方程式为[19]：

$$CaCO_3 + SO_2 + 0.5H_2O \longrightarrow CaSO_3 \cdot 0.5H_2O + CO_2$$

$$2CaSO_3 \cdot 0.5H_2O + O_2 + 3H_2O \longrightarrow 2CaSO_4 \cdot 2H_2O$$

利用黏土矿物、沸石以及改性后的多孔状物质可作有害气体的吸附剂，清除有害气体。如沸石可以作为 NO_x、SO_x、CO、CS_2、H_2S、NH_3 等的吸附剂，白云石可作为沥青烟的吸附剂，海泡石经过改性后也可以作为 SO_2 和 NH_3 的吸附剂。

1.5.2 利用环境矿物材料治理水污染

矿物对污水的净化机理与矿物本身的性能有直接关系，主要是利用矿物表面的吸附作用、矿物孔道的过滤作用、矿物层间的离子交换作用及金属矿物微溶性的化学活化作用等，用矿物处理废水、污水的方法主要包括过滤、中和、混凝沉淀、离子交换、吸附等。处理后的水中所含杂质应低于规定的指标，pH 应为中性，包括过滤用矿物材料、控制水体 pH 值的矿物材料、利用其他性质处理污水的矿物材料。

(1) 过滤用矿物材料 凡在水中稳定，即不溶解、不电离、不与水发生反应，并保持中性的矿物均可作过滤材料。常用的有石英、尖晶石、石榴石、多孔 SiO_2、硅藻土等，板柱状矿物和片状矿物不宜单独作过滤材料，纤维状矿物可作滤网材料用于化工业，但不可用于生活用水的过滤。

(2) 控制水体 pH 值的矿物材料 利用矿物自身的 pH 特征，或者矿物的水解反应及活性特征，能与水体中的 H^+ 或 OH^- 发生反应并且消耗，从而调节水体的 pH 值。方解石、白云石、石灰乳、水镁石、方镁石、橄榄石、蛇纹石、长石等矿物可处理酸性水，其反应方程式为：

$$CaO + 2H^+ \longrightarrow Ca^{2+} + H_2O$$

$$MgO + 2H^+ \longrightarrow Mg^{2+} + H_2O$$

$$Mg(OH)_2 + 2H^+ \longrightarrow Mg^{2+} + 2H_2O$$

石英等酸性矿物可处理碱性水，反应方程式为：

$$2(Na,K)OH + 2SiO_2 \longrightarrow (Na,K)_2SiO_3 + 2H_2O$$

(3) 利用其他性质处理污水的矿物材料 除了采用过滤、调节 pH 方法处理水体外，还利用矿物吸附、离子交换及其他理化性质对污水进行净化处理。

① 利用矿物的荷电性，与水体中具异号电荷的污染物作用产生凝聚，消除污染（高岭石、蒙脱石）。

② 具有良好的吸附性和离子交换性，可用于清除废水中 NH_4^+、PO_4^{3-} 和重金属离子 Hg^{2+}、Cd^{2+}、Pb^{2+} 等（凹凸棒石、坡缕石、海泡石）。

③ 用于脱色和去除部分无机离子（磁铁矿可去除废水中的颜色、悬浮物和铁、铝等）。

1.5.3 利用环境矿物材料修复土壤

土壤是人类赖以生存的主要资源之一。近年来，随着工业化的快速发展和城市规模的不断扩大，矿产资源不合理开采，人为活动引起的大气沉降，化肥农药的大量使用等，导致土壤污染日益严重。目前我国有大面积土壤被重金属污染，因此亟须寻找到能够应用于土壤修复的材料。黏土矿物、铁锰矿物、磷酸盐、碳酸盐和硅酸盐材料是常见土壤重金属修复稳定化材料,常单独使用或几种材料联合使用。

黏土矿物对土壤重金属污染的修复机理,包括吸附和离子交换作用、配合反应和共沉淀三个方面,其中吸附和离子交换作用是修复重金属污染最普遍和最主要的机理[20]。蒙脱石对常见的重金属如 Cu、Pb、Zn、Cd 和 Cr 等的选择吸附性强弱依次为 Cr^{3+} > Cu^{2+} > Zn^{2+} > Cd^{2+} > Pb^{2+};高岭石为 Cr^{3+} > Pb^{2+} > Zn^{2+} > Cu^{2+} > Cd^{2+};伊利石为 Cr^{3+} > Zn^{2+} > Cd^{2+} > Cu^{2+} > Pb^{2+};斜发沸石等对低浓度的重金属离子吸附量为 Hg^{2+} > Ag^{+} > Cd^{2+},对高浓度的离子吸附量为 Cd^{2+} > Ag^{+} > Hg^{2+}。影响黏土矿物修复重金属污染效果的因素包括 pH、温度、黏土矿物的吸附饱和度、黏土矿物粒径、重金属污染程度和类型等。

多孔矿物的孔道结构中含有可交换的阳离子与水分子,具有良好的吸附性与催化性。如天然沸石对重金属 Pb 和 Ni 具有很强的吸附能力,可有效抑制土壤中铅的迁移,其吸附形式主要是离子交换和表面络合反应。在 Pb、Cd 等重金属污染土壤中,添加海泡石、坡缕石等有效降低可交换态重金属浓度,从而降低植物根系对重金属的吸收。

1.5.4 利用环境矿物材料处理放射性污染

1953 年,美国 Hatch[21] 发现少量放射性元素可以长期稳定存在于某些天然矿物种,受此启发,Hatch 提出利用岩石矿物固化放射性核素的构想。1979 年,澳大利亚 Ringwood 的工作使人造岩石固化放射性核废物的研究受到人们的关注[22,23]。

处理放射性污染的常用方法有吸附和固化两种。矿物固化法利用矿物学上的类质同象替代原理,将放射性核素包容到人造晶体矿物中,防止其随地下水流失与迁移。目前主要应用于矿物固化法的矿物有钙钛矿、钙钛锆石、烧绿石、碱硬锰矿、磷灰石等。固化法包括对放射性元素的永久性吸附、包裹或经反应生成安全性固体物质等方法。

石棉、玻璃纤维、人造有机纤维以及某些高吸气性矿物可用于吸附、过滤放射性气体和空气中具放射性的尘埃;沸石、膨润土、蛭石、海泡石、重晶石等可净化被放射性物质污染的水体;软锰矿对放射性元素也有强的吸附作用。如重晶石可用于吸附地下水中的可溶性镭,反应方程式为:

$$2BaSO_4 + Ra^{2+} \longrightarrow Ba(Ra)SO_4 + Ba^{2+}$$

环境矿物材料在环境治理中的应用见表 1.2。

表 1.2　环境矿物材料在环境治理中应用一览表

治理范围	功能	环境矿物材料
水污染治理	过滤,吸附,净化	石英、尖晶石、石榴石、海泡石、坡缕石、膨胀珍珠岩、硅藻土、多孔 SiO_2、膨胀蛭石、麦饭石等用于化工和生活用水过滤;白云石、石灰石、方镁石、水镁石、蛇纹石、钾长石、石英等用于清除水中过多的 H^+ 或 OH^-;明矾石、三水铝石、高岭石、蒙脱石、沸石等用于清除水中的有机物或重金属离子等
大气污染治理	中和,吸附	石灰石、菱镁矿、水镁石等碱性矿物用于中和可溶于水的酸性气体;沸石、坡缕石、海泡石、蒙脱石、白云石、硅藻土等多孔物质用于吸附有毒有害气体
固废处理	吸附,固化	膨润土、海泡石,石膏,浮石,粉煤灰,电石渣
放射性污染治理	过滤,离子交换,吸附,固化	石棉用作过滤材料清除放射性气体及尘埃;沸石、坡缕石、海泡石、蒙脱石等用作阳离子交换剂净化放射性污染水体;沸石、坡缕石、海泡石、蒙脱石、硼砂、磷灰石等可对放射性物质永久性吸附固化;重晶石、方铅矿、赤铁矿等大原子序数、大半径金属元素的矿物可阻挡放射线

治理范围	功能	环境矿物材料
土壤污染治理	中和，吸附	膨润土、海泡石、沸石、珍珠岩、石膏、蛭石、高岭土、石灰石、铁锰矿物、浮石、粉煤灰、电石渣等
噪声污染治理	吸收，反射，隔声	沸石、浮石、蛭石、珍珠岩等轻质多孔非金属矿物可生产用于吸音隔音的建筑材料

 思考题

1. 简述环境矿物材料的由来。
2. 说明环境矿物材料的基本特征。
3. 何为环境矿物材料？举例说明常见的环境矿物材料及其潜在可利用性。
4. 与其他环境材料相比，环境矿物材料在环境治理领域的优势有哪些？
5. 概述环境矿物材料的应用现状。
6. 环境矿物材料在污水处理中的应用需要考虑哪些因素？
7. 概述环境矿物材料的发展趋势。
8. 简述环境矿物材料的结构与性能数据库构建的必要性。

 参考文献

[1] 鲁安怀. 环境矿物材料基本性能——无机界矿物天然自净化功能 [J]. 岩石矿物学杂志，2001（04）：371-381.

[2] SHEN Y J, LEE Y L, YANG Y M. Monolayer behavior and Langmuir-Blodgett manipulation of CdS quantum dots. [J]. Phys. Chem. B, 2006, 110 (19)：9556-9564.

[3] 曾荣树. 国内外环境矿物学发展述评 [J]. 矿物岩石地球化学通报，2002（04）：286-288.

[4] 鲁安怀. 矿物学研究从资源属性到环境属性的发展 [J]. 高校地质学报，2000（02）：245-251.

[5] 鲁安怀. 环境矿物材料在土壤、水体、大气污染治理中的利用 [J]. 岩石矿物学杂志，1999（04）：292-300.

[6] CANFIELD D E, BERNER R A. Dissolution and pyritization of magnetite in anoxie marine sediments [J]. Geochimica et Cosmochimica Acta, 1987, 51 (3)：645-659.

[7] BERNER E K, BERNER R A. Global environment：water, air, and geochemical cycles [J]. Princeton University Press, 2012.

[8] CHRISTIDIS G E, HUFF W D. Geological aspects and genesis of bentonites [J]. Elements, 2009, 5 (2)：93-98.

[9] GUGGENHEIM S, MARTIN R. Definition of clay and clay mineral：joint report of the AIPEA nomenclature and CMS nomenclature committees [J]. Clays Clay Miner, 1995, 43：255-256.

[10] ANTHONY J, BIDEAUX R, BLADH K, et al. Handbook of Mineralogy, Volume Ⅲ [M]. Chantilly, VA：Mineralogical Society of America, 1997.

[11] 杜明展，陈莉荣，李玉梅，等. 煤矸石的改性及其对稀土生产废水中氨氮的吸附 [J]. 化工环保，2012, 32（04）：377-380.

[12] 刘述仁，谢刚，李荣兴，等. 氧化铝厂废渣赤泥的综合利用 [J]. 矿冶，2015, 24（03）：72-75.

[13] 戴瑞，郑水林，贾建丽，等. 非金属矿物环境材料的研究进展 [J]. 中国非金属矿工业导刊，2009（06）：3-9, 14.

[14] 姚亚东，王树根. 矿物的表面结构和表面性质 [J]. 矿产综合利用，1998（04）：36-40.

[15] WAGNER J, CHEN H, BROWNAWELL B J, et al. Use of cationic surfactants to modify soil surfaces to promote sorption and retard migration of hydrophobic organic compounds [J]. Environ. Scie. Technol, 1994, 28 (2)：

231-237.

[16] 袁鹏. 纳米结构矿物的特殊结构和表-界面反应性 [J]. 地球科学，2018，43（05）：1384-1407.

[17] 吉昂. 结构效应对 X 射线荧光光谱分析结果的影响 [A]. 全国第六届 X 射线荧光光谱学术报告会与 X 射线光谱分析研讨会 [C]. 北京：中国地质学会，2005.

[18] 周永章，付善明，张澄博，等 华南地区含硫化物金属矿山生态环境中的重金属元素地球化学迁移模型——重点对粤北大宝山铁铜多金属矿山的观察 [J]. 地学前缘，2008（05）：248-255.

[19] 李喜，李俊. 烟气脱硫技术研究进展 [J]. 化学工业与工程，2006，23（004）：351-354.

[20] 黄丽，洪军，谭文峰，等. 几种亚热带土壤铁锰胶膜和基质的表面化学特征 [J]. 地球化学，2006，35（3）：295-303.

[21] HATCH L. Ultimate disposal of radioactive wastes. Am [J]. Sci，1953，41（3）：410-421.

[22] 段涛，丁艺，罗世淋，等. 回归自然：人造岩石固化核素的思考与进展 [J]. 无机材料学报，2021，36（1）：25-35.

[23] RINGWOOD A E，KESSON S E，WARE N，et al. Immobilisation of high level nuclear reactor wastes in SYNROC [J]. Nature，1979，278（5701）：219-223.

第2章 环境矿物材料加工、改性和再生

（左侧竖排：第2章）

2.1 环境矿物材料微粉加工

在当前环境保护和可持续发展的背景下，大量的矿石、矿砂等被开采和利用，如高岭石、滑石、膨润土、高岭土等，人们对于微粉的粒径与形貌要求越来越高，对环境矿物材料的微细物需求迅速增加。因此，环境矿物材料微粉加工成为一种重要的技术手段。由于微粉颗粒表面积大、活性高，具有更好的反应性和适应性，可以提高环境矿物材料的利用效率，减少废料的产生，降低能耗和环境污染，在建筑材料、化工、冶金、电子等行业中的应用潜力巨大，可以为环境保护和可持续发展做出重要贡献。通过微粉技术加工，将原始的矿石、矿砂等环境矿物材料加工成粒径较小、几何构型较好的粉体，可满足不同行业部门的要求。这项技术要求主要通过超微粉碎、超细粉碎以及微细分级实现。

2.1.1 超细粉碎加工

2.1.1.1 超细粉碎定义

超细粉碎加工是将原材料研磨成微米级别的粉末，以满足特定的应用需求。一般认为，将大块矿石破碎至 $5.0 \sim 6.0 \text{mm}$ 的工艺，称为破碎；碎至 $0.074 \sim 5.00 \text{mm}$，属于碎屑；碎至小于 200 目（$0.074 \text{mm}$）则称为细粉碎。超微（细）粉碎一般指 $10.0 \mu \text{m}$ 以下的粉体，将超微（细）粉碎过程中得到的微米级的粉体产品称为超细粉体，相应的加工技术称为超细粉碎加工技术[1]。

超细粉体产品由于表面积提高，因此其表面能也显著增加，物料的活性和反应速率也得到改善，同时也可以提升物料的流动性和溶解性，使得最终产品具有更好的品质和性能。矿物粉体粒度减小，矿物内部中晶体缺陷也相应减小，因此矿物粉体抵抗外力强度也相对增加。通过添加粉碎助磨剂，可以降低粉体颗粒的强度，提高粉碎效率。

然而，超细粉碎加工过程中，由于超细粉体表面能较大，因此粉体颗粒与颗粒之间具有很强的相互作用力，容易发生超细粉体聚集的现象。此外，超细粉碎加工也存在一些挑战和限制，如设备成本高、易磨损、易产生粉尘等。在超细粉碎过程中，一般需要同时设置精细分级设备，以便及时分级合格微细颗粒，避免微细颗粒的再聚集。因此，在进行超细粉碎加工时，需要根据具体的物料和应用需求来选择合适的加工方法和设备。

2.1.1.2 超细粉碎设备

超细粉碎系统是一种专门用于将物料粉碎到微米级别的加工系统。它通常由粉碎设备、

输送系统、粉尘控制设备和控制系统等组成。超细粉碎系统的设计和选择需要根据具体物料特性、加工要求和产能需求进行，才能确保加工效果和生产效率的最佳匹配。

超细粉碎设备包括超细粉碎机和超微粉碎机，主要包括机械和气流粉碎机两大类。机械粉碎机包括振动磨机、悬辊式粉碎机（雷蒙磨）、搅拌磨机、塔式粉碎机（塔式磨）、高速粉碎机、胶体磨机、离心磨机、挤压磨机等。气流粉碎机主要包括扁平式气流粉碎机、循环管气流粉碎机、喷气流粉碎机和态化床式气流粉碎机等。

机械超细粉碎设备的工作原理是依靠高速旋转的各种粉碎体，如研磨球、粉碎锤头、高速旋转的刀具和粉碎叶轮上的叶片等，将因离心力而分散在粉碎室内壁处的粗矿粒，在撞击、剪切和摩擦的作用下，逐渐粉碎成微米级别的颗粒，或者赋予这些矿粒以线速度，使颗粒之间发生冲击碰撞而被粉碎。

（1）机械超细粉碎机

① 振动磨机　振动磨机通过振荡运动使研磨容器内的样品和研磨介质产生高速相对运动，从而实现有效研磨[2]。其主要由振荡器、研磨容器、研磨介质和控制系统等组成。振荡器产生机械振动，传递给研磨容器，使容器内的样品和研磨介质发生相对运动。研磨容器一般采用圆形或球形结构，可根据需要选择不同大小的容器。研磨介质可以是研磨球、砂砾或其他材料，其大小和材质取决于样品的性质和研磨要求。控制系统用于调节振动磨机的振动频率和振幅，以及设定研磨时间。振动磨机具有快速高效、功能多样、操作简单、产品均质性好等特点，在多个领域中广泛应用。

② 辊式粉碎机　辊式粉碎机常用于粉碎各种硬度的物料，特别适用于研磨中等硬度以下的非金属矿石、粉煤灰和煤等。辊式粉碎机通过高压力使物料在辊子和磨盘之间产生摩擦和研磨，实现粉碎[3]。该机型通常由压力装置、辊子、磨盘和控制系统等组成。辊子是悬辊式粉碎机的核心部件，一般由两个或多个辊子组成，通过高压力使辊子之间形成摩擦力。磨盘位于辊子下方，提供磨碎的工作面。压力装置用于提供辊子之间的高压力，通常通过液压或机械方式实现。控制系统用于调节辊子之间的间隙和压力，并设定工作参数和监测设备状态。悬辊式粉碎机的高效能和高精度使其成为超细粉碎领域的重要设备之一。

③ 搅拌磨机　搅拌磨机能够将物料进行细化和研磨，从而得到所需的颗粒大小和均匀度[4]。研磨过程中使物料在搅拌器和磨盘之间产生摩擦、碰撞和压力作用，物料表面的颗粒会相互摩擦，从而使颗粒破碎和细化，使其尺寸减小，提高研磨效率。同时，搅拌磨机的结构设计和控制系统的调节也能够对研磨过程进行有效的控制和优化。它主要由电机、搅拌器、磨盘和控制系统组成。电机提供动力，使搅拌器和磨盘旋转。搅拌器通常采用多层叶片结构，可以将物料向上抛起和向下压实，实现物料的混合和研磨。磨盘位于搅拌器下方，提供磨碎的工作面。控制系统用于调节搅拌器和磨盘的旋转速度和工作参数，以及监测设备状态。

④ 塔式粉碎机　塔式粉碎机是一种常用的粉碎设备，它采用了冲击破碎和重力分级的工作原理[5]。物料通过进料口进入塔式粉碎机的上部，然后受到高速旋转的转子的冲击破碎作用。转子上装有多个冲击锤，当转子旋转时，冲击锤与物料发生碰撞和摩擦，从而将物料破碎成较小的颗粒。破碎后的物料通过离心力和气流的作用，沿着塔式粉碎机的筛板向下滑落。在滑落的过程中，物料根据其颗粒大小被分级，较大的颗粒被尺寸较大的筛孔挡住，较小的颗粒通过筛孔落入下部的出料口。整个工作过程中，塔式粉碎机通过转子的高速旋转和冲击锤的冲击力，将物料迅速破碎。然后，通过重力分级的作用，将破碎后的物料按照颗

粒大小分级排出，从而实现粉碎和分级的一体化操作。

塔式粉碎机具有结构简单、操作方便、粉碎效率高等优点。与传统的粉碎设备相比，塔式粉碎机具有破碎效率高、能耗低、粉碎质量好等优点。它能够适应各种硬度和脆性的物料，能够粉碎出均匀的颗粒，并且具备较低的噪声和振动。它可以用于粉碎矿石、矿渣、石英砂、水泥熟料等不同的物料。在生产过程中，塔式粉碎机能够提高生产效率，降低粉碎成本，提高产品质量。塔式粉碎机有多种类型，常见的包括锤式塔式粉碎机、齿轮式塔式粉碎机和振动式塔式粉碎机。

锤式塔式粉碎机：锤式塔式粉碎机是一种常见的塔式粉碎机类型，其工作原理是通过转子上的冲击锤对物料进行冲击破碎。物料经过进料口进入粉碎机上部，并受到高速旋转的转子和冲击锤的作用，被破碎成较小的颗粒。破碎后的物料通过重力分级，根据颗粒大小分级排出。锤式塔式粉碎机适用于对硬度较高的物料进行粉碎，能够得到所需的颗粒大小和均匀度。

齿轮式塔式粉碎机：齿轮式塔式粉碎机是一种采用齿轮传动的粉碎设备。其工作原理是通过转子上的齿轮和链条传动，将转子高速旋转，并通过转子上的冲击锤对物料进行冲击破碎。齿轮式塔式粉碎机具有结构简单、工作平稳的特点，适用于对坚硬物料进行粉碎。

振动式塔式粉碎机：振动式塔式粉碎机是一种通过机械振动对物料进行粉碎的设备。其工作原理是通过振动器产生机械振动，使物料在塔式粉碎机内发生碰撞和摩擦，从而实现物料的破碎。振动式塔式粉碎机适用于对一些易于黏结、悬浮的物料进行粉碎，能够有效地解决黏结、堵塞的问题。

⑤ 高速粉碎机　高速粉碎机是一种利用高速旋转的刀片或锤头对物料进行快速粉碎的设备[6]。它具有粉碎效率高、粉碎速度快、能耗低等特点，适用于对各种硬度的物料进行粉碎。高速粉碎机通常由电机驱动，通过高速旋转的刀片或锤头产生强大的冲击力和剪切力，对物料进行粉碎。物料进入粉碎室后，受到刀片或锤头的冲击和剪切作用，被迅速粉碎成所需的颗粒大小。粉碎后的物料通过筛网或风力分离器分离出粉末，而较大的颗粒则继续在粉碎室内循环粉碎，直到达到所需的颗粒大小。高速粉碎机在使用时需要注意安全操作，确保设备稳定运行和物料的粉碎效果。同时，根据不同的物料和粉碎要求，可以选择不同类型和规格的高速粉碎机来满足生产需要。

⑥ 胶体磨机　胶体磨机是一种利用高速旋转的磨盘和固定磨盘之间的剪切力和摩擦力对物料进行细碎和混合的设备[7]。它的工作原理类似于液体的剪切和摩擦，通过高速旋转的磨盘使物料在狭小的间隙中不断剪切和摩擦，从而实现细碎和混合的效果。其主要由电机、磨盘和固定磨盘组成。电机驱动磨盘高速旋转，物料从进料口进入磨盘间隙，受到剪切力和摩擦力的作用，被细碎成微小颗粒。同时，胶体磨机还可以通过调节磨盘之间的间隙来控制物料的细碎程度。胶体磨机还可以根据不同的物料和研磨要求进行调节，如调节转速、磨槽间隙等。胶体磨机按照结构可以分为立式胶体磨机、卧式胶体磨机和分体式胶体磨机。

立式胶体磨机：立式胶体磨机的结构特点是电机和磨盘垂直排列，物料通过顶部进料口进入磨盘，在高速旋转的转子和磨盘之间进行研磨，然后由出料口排出。立式胶体磨适用于研磨颗粒较小的物料，具有研磨效果细腻、结构紧凑等特点。

卧式胶体磨机：卧式胶体磨机的结构特点是电机和磨盘水平排列，物料通过侧面进料口投入磨盘，在高速旋转的转子和磨盘之间进行研磨，然后由出料口排出。卧式胶体磨机适用于研磨颗粒较大的物料，具有研磨效果好、易于清洗等特点。

分体式胶体磨机：分体式胶体磨机的结构特点是电机和磨盘分离，电机可以放置在远离磨盘的地方，通过传动装置将动力传递给磨盘。物料通过进料口进入磨盘，在高速旋转的转子和磨盘之间进行研磨，然后由出料口排出。分体式胶体磨机适用于需要更大的灵活性和可调节性的研磨过程。

⑦ 离心磨机　离心磨机是一种利用离心力对物料进行研磨和分散的设备。它通过高速旋转的离心盘将物料投入到离心力场中，使物料在离心盘和固定环之间产生强烈的碰撞和摩擦，从而实现对物料的细磨和分散。离心磨机主要由电机、离心盘和固定环组成。电机驱动离心盘高速旋转，物料从进料口进入离心盘，受到离心力的作用，被投射到离心盘和固定环之间，在碰撞和摩擦的作用下进行研磨和分散。同时，离心磨机还可以通过调节离心盘的转速和物料的进料量来控制研磨和分散的效果。

离心磨机最大特点是无临界转速，其运动状态介于振动磨机与行星磨机之间。筒体转速越快，筒内物料研磨速度越快。其生产能力与转速成正比，所需功率随筒体转速增加而增加。

⑧ 挤压磨机　挤压磨机是一种利用挤压力和摩擦力对物料进行研磨和分散的设备[8]。它通过高速旋转的磨辊将物料挤压到磨辊之间的狭小间隙中，使物料受到强烈的挤压和摩擦力的作用，从而实现对物料的细磨和分散。挤压磨机主要由电机和两个平行的磨辊组成，其中一个是固定辊，另一个是可调节辊。电机驱动磨辊高速旋转，物料从进料口进入磨辊之间的间隙，受到挤压力和摩擦力的作用，被挤压成细小颗粒。同时，挤压磨机还可以通过调节磨辊间隙的大小和物料的进料量来控制研磨和分散的效果。挤压磨机是一种高效、精确的研磨设备，适用于高黏度物料的研磨和分散。

（2）气流粉碎机　气流粉碎机是一种利用高速气流对物料进行粉碎和分级的设备[9]。其工作原理是将物料通过进料口送入粉碎室，经过高速旋转的喷气流和物料的碰撞和摩擦，使物料被粉碎成细小的颗粒。然后，颗粒通过气流分离器进行分级，得到所需的粉末产品。气流粉碎机的产品粒度一般可达 $1\sim5\mu m$。经过预先磨矿，降低入磨粒度，这种磨机可得到平均粒度小于 $1\mu m$ 的产品。除了产品粒度细外，气流粉碎产品还具有粒度分布较窄、颗粒表面光滑、形状完整、纯度高、活性大、分散性好、高效粉碎、范围广、粒度可调等特点。因此，气流粉碎机作为先进的超细粉碎设备，广泛应用于非金属矿和化工原料的超细粉碎加工。

① 扁平式气流粉碎机　扁平式气流粉碎机采用扁平的碰撞板作为粉碎区域，碰撞板的扁平结构可以使物料得到均匀的冲击和摩擦，提高粉碎效率。其工作原理基于高速气流和碰撞板的作用，通过气流的冲击和摩擦将物料粉碎成所需的细小颗粒。

首先，物料通过进料口进入粉碎区域，然后被高速气流捕获并加速。在高速气流的作用下，物料与碰撞板发生碰撞和摩擦，在这种碰撞和摩擦的作用下，物料逐渐被破碎成细小的颗粒。同时，物料颗粒之间也相互碰撞，进一步促使破碎过程的进行，从而实现粉碎效果。同时，高速气流还能将粉碎后的细小颗粒带走，实现分类的功能。通过调节气流速度和碰撞板的角度等参数，可以控制粉碎效果，满足不同物料和粉碎要求。研究结果表明，80％以上的颗粒是依靠颗粒的相互冲击碰撞粉碎的，只有不到 20％ 的颗粒是由于与粉碎室内壁的冲击和摩擦而粉碎的。

粉碎后的颗粒沿着气流的流动方向，通过气流分离器进行分级。分离器内设有细小的孔洞，只有符合要求的颗粒大小可以通过，而较大的颗粒则被气流带走。这种分级操作可以根据需要得到不同粒度的粉末产品。最后，粉碎后的颗粒被收集器收集。收集器可以是袋式过滤器、旋风分离器等，用于收集和分离粉碎后的颗粒。收集器中的颗粒可以进一步进行处理或用于后续的工艺过程。

扁平式气流粉碎机具有两个缺点，首先能耗较高，扁平式气流粉碎机在粉碎过程中需要消耗大量的气流能量，能耗较高。同时对物料要求高，由于粉碎机采用喷气流动力学原理，对物料的颗粒形状和硬度要求较高，对于某些特殊形状的物料可能不适用。

② 循环管气流粉碎机　循环管气流粉碎机是一种利用高速气流对物料进行粉碎和分类的机械设备。与采用扁平碰撞板结构的扁平式气流粉碎机不同，循环管气流粉碎机的主要特点是通过循环管道结构，将物料和气流在管道内循环流动，实现粉碎和分类的目的。

首先，物料通过进料管道进入粉碎区域，然后被高速气流捕获并加速。在高速气流的作用下，物料与管道内壁发生碰撞和摩擦，从而实现粉碎效果。同时，高速气流还能将粉碎后的细小颗粒带走，实现分类的功能。通过调节气流速度、进料量和出料口的位置等参数，可以控制粉碎细度和分类粒度，满足不同物料和粉碎要求。

循环管气流粉碎机具有多个特点，其中最主要的特点是高效粉碎。其采用循环管道的结构，使得气流在管道内形成高速流动，大大增加了物料与管道内壁的碰撞和摩擦，从而提高了粉碎效率。在相同的工艺条件下，循环管气流粉碎机比传统的粉碎设备具有更高的粉碎效率。此外，循环管气流粉碎机还具有细腻分类的特点。由于气流在管道内的循环流动，粉碎后的细小颗粒会被气流带走，而较大颗粒则会在管道内停留更长的时间，从而实现了对不同粒度物料的分类。这种细腻的分类特点使得循环管气流粉碎机能够生产出更加均匀和一致的粉体产品。

③ 喷气流粉碎机　喷气流粉碎机是一种利用高速气流对物料进行粉碎的设备。它工作原理是将物料送入喷嘴中，同时通过高速喷射的气流与物料发生强烈的碰撞和剪切作用，使物料粉碎为细小颗粒。喷气流粉碎机的关键在于喷嘴内部的高速气流。气流通过喷嘴的喷孔进入，形成高速喷射的状态。当物料进入喷嘴时，与高速气流发生冲击和剪切作用，使物料粉碎为细小的颗粒。同时，喷嘴外围的分类装置通过调节气流速度和方向，将粉碎后的物料进行分级和分离，最终获得所需的细粉体。

喷气流粉碎机的结构主要包括喷嘴、分类装置和收集器。喷嘴是喷气流粉碎机的核心部件，它通常呈圆形或矩形的结构。喷嘴的内部有一个中空的喷孔，通过喷孔进料的物料与高速喷射的气流发生强烈的碰撞和剪切作用，从而实现物料的粉碎。喷嘴一般由耐磨、耐腐蚀的材料制成，以承受高速气流和物料的冲击。分类装置位于喷嘴的外围，主要用于分离和收集粉碎后的物料。分类装置通常由旋风分离器或离心分离器组成。高速喷射的气流会产生离心力，使粉碎后的物料向外扩散，而较粗的颗粒则会被气流带到收集器中，较细的颗粒则会被气流带到下游设备或再次返回喷嘴进行粉碎。收集器用于收集粉碎后的物料，通常是一个封闭的容器。收集器的设计要考虑到物料的流动性和易于清理，以确保粉碎后的物料可以方便地收集和处理。

最常用的喷气流粉碎机是特罗斯特型气流粉碎机。特罗斯特型气流粉碎机粉碎部分采用对喷式结构，分级部分则采用扁平式气流粉碎机结构，兼有对喷式和扁平式两种粉碎机的特点，结构独特，粉碎效果好，尤其是实验室小型机，用途很广。

④ 流态化床式气流粉碎机　流态化床式气流粉碎机是一种利用气流将物料进行粉碎的设备。它通过在床体内形成一定流速的气流，使物料在气流的携带下呈现流态化状态，从而

实现物料的粉碎和分类。工作原理是将物料送入床体中，通过注入一定流速的气体，使床体内的物料呈现流态化状态。在流态化状态下，物料在气流的携带下不断碰撞、摩擦和剪切，从而实现物料的粉碎。同时，喷嘴内的高速气流和分类装置的作用，将粉碎后的物料分级和分离，最终获得所需的细粉体。

流态化床式气流粉碎机是一种用于粉碎物料的设备，它主要由粉碎喷嘴、分级转子、分级轴气封装置、出料管气封装置、出料管、分级电机、加料装置等零部件组成。其中，粉碎喷嘴是将压缩空气变成超声速气流的部件，分级转子是用于分级的部件，分级轴气封装置是用于防止气体泄漏的部件，出料管气封装置是用于防止粉尘泄漏的部件，出料管是用于排放物料的部件，分级电机是用于驱动分级转子的部件，加料装置是用于加入物料的部件。相对于其他粉碎设备，它的优势在于粉碎后成品的杂质引入量少，粒度分布容易控制，且分布集中。在流态化床式气流粉碎机中，物料通过阀门进入料仓，螺旋将物料送入研磨室；空气通过逆喷嘴喷入研磨室使物料呈流态化。被加速的物料在各喷嘴交汇点汇合，在此，颗粒互相冲撞、摩擦、剪切而粉碎。粉碎的物料由上升气流输送至涡轮式超细分级器，细粉产品经出口排出，较粗的颗粒沿机壁返回磨矿室，尾气进入除尘器排出。

常用的流态化床式气流粉碎机是 AFG 流态化床式逆向喷射粉碎机，该机型由于采用了流态化原理和自带平卧式涡轮超细分级器，粉碎效率高、分级精确，因此广泛用于粉碎高纯物料、高硬度物料（如碳化硅、氧化锆、氧化硅、金刚砂等）、难粉碎层状非金属矿（云母、石墨、滑石、高岭土等）及热敏性（炭粉、树脂等）和密集气孔性物料（硅藻土、硅胶等）。此外，它还具有能耗低、磨损较轻、污染小、产品粒度均匀、噪声小、结构紧凑、运转自动化等特点。

2.1.2 超细分级加工

2.1.2.1 超细分级定义

在超细粉碎加工过程中，需要设置精细分级加工，这主要有两个作用：一是保证产品的粒度分布符合应用的要求，二是提高超细粉碎加工作业的效率。许多应用领域对矿物材料的大小和粒度分布都有一定的要求，部分经过超细粉碎后的研磨产物的粒度分布往往较宽，如果不进行分级，难以满足应用生产的要求。另外，在超细粉碎作业中，随着粉碎时间的延长，在物料的粒度会逐渐变得更微细、合格细产物增加的同时，由于微细颗粒的表面能较大，它们会呈现相互聚结的趋势，微细颗粒团聚也增加。当物料达到一定细度时，粉体粒度减小的速度和微细颗粒团聚的速度达到平衡，这就是所谓的粉碎平衡。在达到粉碎平衡的情况下，再延长粉碎时间，产物的粒度不会减小甚至会增大。因此，要提高超细粉碎作业的效率，必须及时地将合格的超细颗粒分离出来，使其不会因为"过磨"而团聚，这就是一些超细粉碎工艺中设置精细分级作业的目的。

2.1.2.2 超细分级设备

在超细粉碎过程中，为了克服超细粉碎过程中物料粉碎与聚结之间的动态平衡，提高粉碎效率和降低能耗，最有效的措施是设置超细分级设备，并与超细粉碎机配合形成闭路。这样可以及时将合格的细粒产品分离出来，而将粗粒返回再磨。通过这种方式，可以充分利用超细粉碎机的粉碎能力，并避免过度粉碎，提高整个加工过程的效率。

超细分级设备主要通过调节气流的速度和方向，将粉碎后的物料按照粒径大小进行分离。较细的颗粒会被气流带到下游设备或收集器中，而较粗的颗粒则会被气流带回超细粉碎机进行再次粉碎。这样，可以保持物料在一定粒度范围内进行循环粉碎，同时通过及时分离出合格的细粒产品，提高整个超细粉碎过程的效率。

超细分级设备的应用不仅能够提高粉碎效率，还能够降低能耗。通过将合格的细粒产品及时分离出来，减少物料的过度粉碎。同时，通过循环粉碎和分级的方式，可以提高物料的利用率，降低废料的产生，进一步减少能源的浪费。

超细粉碎工艺系统中的分级设备分为内设和外置两种。前面所述的扁平式和循环管式粉碎机等都具有自行分级功能，属内设式。外置分级设备对喷式粉碎机等没有自行分级功能，故需外置分级机，与粉碎设备构成闭路。超细分级设备分为干式和湿式两种。与超细粉碎机配套时大多采用干式气流分级机，因为湿式分级机存在着废水处理和产品的过滤、干燥困难等问题。

（1）干式超细分级　干式超细分级是一种干法微米级产品的精细分级方式，多为气力分级[10]。在干式超细分级中，物料颗粒在介质（通常采用空气）中受到离心力、重力、惯性力等的作用，产生不同的运动轨迹，从而实现不同粒径颗粒的分级。其中，干式超细分级按照是否具有运动部件可划分为两大类：静态分级机和动态分级机。静态分级机中无运动部件，如重力分级机、惯性分级机、旋风分离机和射流分级机等。这类分级机构造简单，不需动力，运行成本低。操作及维护较方便，但分级精度不高，不适于精密分级。动态分级机中具有运动部件，主要指各种涡轮式分级机。这类分级机构造复杂，需要动力，能耗较高，但分级精度较高，适于精密分级。

①重力分级机　重力分级机是一种利用空气阻力和重力之间的平衡关系，调整颗粒粒度进行分级的机械装置[11]。其中物料在筛网上受到重力的作用，较大的颗粒受到较大的重力，会直接落入下部的收料箱中，而较小的颗粒则受到较小的重力，会通过筛网进入上部的出料口，分级机的筛分室内通常设置多层筛网，每层筛网的孔径大小不同，从而实现对物料的多级分级。重力分级机的优点是结构简单、容易制造、筛面振动强烈、筛分效率高，主要适用于颗粒较大的物料，如矿石、煤炭等。

②惯性分级机　惯性分级机是一种无运动部件的分级机，由于颗粒质量不同，惯性力也不同，因而其运动形成的运动轨迹不同，进而实现颗粒的分级[12]。被分级的颗粒在叶片头部的导流作用下，含料气体与径向成一夹角进入导流叶片与转子之间的环形空间，此时气流速度开始向径向偏转，较粗的颗粒由于惯性较大而向着原来的方向运动，最后碰到叶片尾部的内侧。由于该部位的气流速度较弱，碰壁的粗颗粒立即失去动量，在自身重力作用下顺着叶片空腔落入粗粉集料锥，较细的颗粒则随气流偏转进入转子叶片间的强制涡流参与更进一步的精细分级作业。

尽管惯性分级机和重力分级机都是静态分级机，它们都没有运动部件，结构简单。但是重力分级机是利用颗粒的重力差异来实现颗粒分级的设备。它通常与空气动力相结合，对粒度在一定范围内的物料进行分级。而惯性分级机则是利用颗粒运动的惯性力来实现颗粒分级的设备。

③旋风分离机　旋风分离机是一种用于气固体系或者液固体系的分离设备[13]。它的工作原理是靠气流切向引入造成的旋转运动，使具有较大惯性离心力的固体颗粒或液滴甩向外壁面分开。旋风分离机利用气固混合物在做高速旋转时所产生的离心力，将粉尘从气流中分离出来。由于颗粒所受的离心力远大于重力和惯性力，所以分离效率较高。常用的切向导入

式旋风分离机的主要结构是一个圆锥形筒，筒上段切线方向装有一个气体入口管，圆筒顶部装有插入筒内一定深度的排气管，锥形筒底有接受细粉的出粉口。含尘气流一般以 12～30m/s 速度由进气管进入旋风分离机，气流由直线运动变为圆周运动。旋转气流的绝大部分，沿器壁自圆筒体呈螺旋形向下朝锥体流动。此外，颗粒在离心力的作用下，被甩向器壁，尘粒一旦与器壁接触，便失去惯性力，而靠器壁附近的向下轴向速度的动量沿壁面下落，进入排灰管，由出粉口落入收集袋里。旋风分离机的主要特点是结构简单、操作弹性大、效率较高、管理维修方便、价格低廉，也常作为流化床反应器的内分离装置，或作为预分离器使用。

④ 射流分级机　射流分级机是干式空气分级机的一种，是一种基于流体动力学原理的固体颗粒分级设备，它通过高速气流和物料的碰撞、摩擦和摩擦加热来实现物料的分级和精细加工。首先，通过压缩机将气体加压并且加热，然后在喷嘴的作用下喷出高速气流。高速气流在喷嘴处初始速度极高，随着气体的稀薄和流速的降低，气流速度不断减小。其次将要处理的颗粒物料通过物料进口进入喷雾室，并随着气流一起进入。喷雾室在气流的冲击下产生剧烈的旋转，形成一个高速旋转的空气涡流。在气流和物料的共同作用下，物料开始向着射流分级机气流的出口被抛出。由于不同的物料粒度和密度，它们会发生不同程度的碰撞、摩擦和摩擦加热效应，从而导致物料不同的运动状态和方向，分出细颗粒和粗颗粒。根据不同的运动状态和方向，气流将粗颗粒直接吹出设备，而将细颗粒通过管道输送到目标位置，完成了精细分级的过程。

⑤ 涡轮式分级机　涡轮式分级机是一种干式气流分级机，它是带有流场调控装置和高速涡轮转子的离心式分级机。涡轮式分级机的工作原理是利用不同大小的颗粒受到的离心力不同来实现分级。当物料由进料口进入分级室，气流由进气口进入可调导板外侧，穿过导板形成涡流，在离心力和气体黏滞力的作用下，大或重的颗粒被甩至分级轮外围至分级机边壁，自然下落到出料口进行收集。小或轻的物料受离心力作用小，在分级轮内部悬停，引风机的引力被带至高处，进入循环室，细粒在这里收集，达到分级目的。该机将鼓风机与分级机组合在一起，结构紧凑，分级效率高，分级粒度范围为 5～50μm，处理量可高达 700kg/h，适用于滑石、高岭土、硅灰石、硅藻土等超细粉的分级。

（2）湿式超细分级　物料颗粒在液体媒介（一般为水）中实现的分级称为湿式分级，在湿法超细磨矿或黏土类矿物的湿法提纯中，需要采用湿法分级设备。常用的湿式超细分级设备有小直径水力旋流器、螺旋式离心分级机等，举例介绍如下：

① 水力旋流器　水力旋流器是一种分级设备，它通过旋转流体，使其产生离心力，利用离心力来加速浆料颗粒的沉降速度，并根据尺寸、形状和密度来分离颗粒，从而将混合物中的固体颗粒和液体分离开来[14]。液体浆液通过涡流探测器进入水力旋流器锥形壁的顶部，该涡流探测器产生切向流，因此在水力旋流器中产生强涡流。旋风分离器中的浆液以高速涡旋旋转。能够保留在悬浮液中的细粉从顶部中央管道排出（溢流）。

水力旋流器的主要结构：下部是一个圆锥形壳体，上部连接一个圆柱形壳体，圆柱壳体上口封死，中间有一层底板，底板中央插入一短管溢流管，在底板下部沿圆柱壳面的切线方向连接有给矿管，在底板之上沿壳体切线方向连接有溢流排出管，锥体下端有可更换的沉砂嘴。水力旋流器构造简单、无运动部件、生产量大、占地面积小，此外在筒体内料浆量少，停留时间短，工作很快达到稳定状态，分级效率较高。但水力旋流器也有磨损较严重，给料浓度、粒度、压力不稳定时影响工作指标等缺点。

② 螺旋式离心分级机　螺旋式离心分级机是一种分级设备，它采用离心沉降法来分离悬浮液中的固体粒子。它具有连续进料、分级和卸料的能力，适用范围广泛。它的工作原理是因为固体粒子的大小和密度不同，在液体中沉降速度也不同，所以细矿粒浮游在水中溢流而出，而粗矿粒沉于槽底。螺旋将粗矿粒推向上部排出，实现机械分级。它能够过滤磨机内磨出的料粉，然后把粗料利用螺旋片旋入磨机进料口，把过滤出的细料从溢流管子排出。

2.1.3　表面改性加工

矿物粉体表面改性是现代高技术、新材料发展的必然产物[15]，广泛应用于非金属矿物填料或颜料如塑料、橡胶、功能性材料及涂料等行业。矿物粉体经过改性后，不仅能大大改善无机矿物填料与有机高分子聚合物的相容性，提高界面结合力，增强材料的机械强度及其综合性能，还可大幅度提高粉体填料的充填量，降低生产成本，同时可赋予产品某些特殊物理化学性能。然而，绝大多数普通非金属矿物材料与有机高分子聚合物基体的界面性能不同，相容性差，直接或大量填充会导致材料的一些力学性能下降。为此，对无机矿物填料进行表面改性就显得非常重要。

粉体表面改性设备主要分为两大类：干法表面改性设备和湿法表面改性设备。通用的干法表面改性设备主要有高速加热式混合机、卧式加热混合机、SLG 型连续式粉体表面改性机和 PSC 型连续式粉体表面改性机等；湿法表面改性设备主要是可控温搅拌反应釜。介绍如下：

2.1.3.1　干法表面改性加工

（1）高速加热式混合机　高速加热式混合机是矿物填料表面改性处理常用的处理设备，主要由混合室、搅拌装置、折流板、回转盖、排料装置和电机等部分组成。高混机的混合室呈圆筒形，由内层、加热冷却夹套、绝热层和外套组成。叶轮是高速混合机的搅拌装置，与驱动轴相连，可在混合室内高速旋转，由此得名为高速混合机。

高速旋转的搅拌叶轮通过其表面与物料之间的摩擦力和侧面对物料的推力，使物料产生沿搅拌桨切线方向的运动。同时，在搅拌叶轮离心力的作用下，物料被推向混合室的内壁，并沿内壁向上运动，到达一定高度后，又在重力的作用下回落到搅拌叶轮的中心，然后又被抛起。因此，在混合过程中，混合室内物料的运动实际上是交替经历的螺旋上升与下降运动。高速混合机是一种高强度、高效率的批量表面改性处理设备，也是塑料行业广泛使用的一种高速混合设备。它的处理时间可长可短，很适合中、小批量粉体（如无机填料）的表面化学改性处理。

（2）卧式加热混合机　卧式加热混合机是一种以卧式筒体和单轴多桨为结构特点的间歇式粉体表面改性机，主要由传动机构、主轴、筒体、端盖等组成。传动主轴上布置了双层螺旋叶片，外部叶片将物料向中间输送，内部叶片将物料向外侧输送。由安装在搅拌轴上的内外径螺旋带动筒体内物料，使搅拌器在筒体内对物料进行大范围的翻动。搅拌装置在工作时，内螺旋带动靠近轴心处物料做轴心旋转，轴向由内至两侧推动，外螺旋带动靠近筒壁物料做轴心旋转，轴向由两侧至内推动。无机粉体，如重质或轻质碳酸钙和表面改性剂在桨叶的作用下，一方面沿内筒体内壁做径向滚动，另一方面物料又沿桨叶两侧面与主轴带有 15°倾斜角的法线方向飞溅，在内筒体整个空间使物料不断地对流、扩散，从而使表面改性剂包覆于粉体颗粒表面。

这种表面改性机针对轻质和重质碳酸钙，设计带有夹层的混合机，夹层内注入导热介质。根据导热介质不同，它分为 A、B 两种机型，其中 A 型加热介质为导热油，B 型加热介质为水蒸气。

（3）SLG 型连续式粉体表面改性机　SLG 型连续式粉体表面改性机是一种用于粉体表面改性的设备[16]。它的工作原理是通过三个成品字形的改性筒，干燥的粉体和经过有效计量的药剂同时进入改性筒，随转子的高速旋转呈流态化螺旋运行，集成冲击、剪切和摩擦力，通过改变气旋涡流等作用对粉体和改性剂进行高强度分散并强制粉体与表面改性剂的冲击和碰撞；在粉体与转子、定子冲击摩擦过程中在有限腔内产生改性剂与粉体颗粒表面作用所需温度；利用变向涡流气旋的紊流作用增加颗粒与表面改性剂的作用机会和确保作用时间。

SLG 型连续式粉体表面改性机是一种干式设备，它将物料和改性剂按一定比例混合后，送入三个圆筒形的改性腔。在这里，高速旋转的转子和定子产生冲击、剪切和摩擦力，使物料表面温度升高到所需水平。温度可以通过调节转子转速、物料流速和风门大小来控制，最高可达 140℃。同时，转子的旋转也使物料松散并成涡流状态，使改性剂能快速均匀地与粉体颗粒表面作用，同时包覆在物料颗粒表面。这样，就实现了粉体和改性剂的良好分散和接触，满足了表面改性的技术要求。

（4）PSC 型连续式粉体表面改性机　PSC 型连续式粉体表面改性机是一种用于粉体表面改性的设备。它采用连续式的生产设计，产量高、耗能低、自动化程度高、无粉尘污染，包覆率可达 96％以上，具有改性剂用量少、颗粒无黏结、不增大等特点。

粉体原料经给料输送机送至主机上方的预混室，在输送过程中由给料输送机特设的加热装置将粉体物料加热并干燥，同时固体状的表面改性剂也在专用加热容器内加热熔化至液态后经输送管道送至预混室。预混室内设有两组喷嘴，均通入由给风系统送来的热压力气流。其中一组有 4 只喷嘴按不同位置分布于预混室内壁，其作用是将由给料输送系统送来的粉体物料吹散，另一组只有 1 只喷嘴与改性剂输送管道相通，将液态表面改性剂吹散雾化。粉体原料和表面改性剂在预混室内预混后随即进入主机，在主机内搅拌棒的高速搅拌下，受到冲击、摩擦、剪切等多种力的作用，使粉体物料与表面改性剂得到更加充分的接触、混合，以完成表面包覆改性。主机夹层内循环流动的高温导热油使机内始终保持着稳定的工作温度。主机出口处高速旋转运动的冲击锤将表面包覆改性后的粉体物料进一步分散和解聚以避免改性后粉体颗粒的团聚。表面包覆改性后的物料输送至成品收集仓。在气流输送过程中，利用输送气流将物料中过高的热量吸收，并经布袋除尘器除尘后排出室外，成品进入收集仓后即可降至可存储的温度。

2.1.3.2　湿法表面改性加工

可控温搅拌反应釜能够在可控的温度范围内进行搅拌反应。它通常由夹套式筒体、传热装置、传动装置、轴封装置、各种接管和其他附属设备组成。可控温搅拌反应釜能够根据不同的工艺要求，通过调节加热和冷却装置来控制反应温度，以保证反应过程的稳定性和产品质量。

反应釜体一般为钢制圆筒，常用的传热装置有两种形式：一是夹套结构，它是最常用的传热结构，由圆柱形壳体和底封头组成，物料在壁外与热媒接触；二是釜内装设换热管，物料在管内与热媒接触。搅拌装置是反应釜的关键部件，它包括搅拌器、搅拌轴、支承结构以及挡板、导流筒等部件。搅拌器的作用是使物料充分混合和反应。

2.2 常见环境矿物材料改性处理

环境矿物材料改性处理是指对环境矿物材料进行改性，以提高其比表面积和活性等，增强其对污染物的吸附能力，有目的地改善矿物或其表面的理化性能。目前，针对环境矿物材料的各种改性方法也不断被研究出来，使得环境矿物材料经改性后在功能和吸附效果上有了很大的提高，改变了矿物结构内部孔隙率和膨胀性，不仅有效改善了环境矿物材料在水体污染治理中的效果，而且提高了其使用价值和开拓了新的应用领域，极大地促进了环境矿物材料走向实际应用的进程。本节主要从物理改性和化学改性等角度，对不同环境矿物的改性进行介绍。

2.2.1 物理改性

环境矿物材料的物理改性是通过物理手段去调控与改变材料理化性质、结构以及微观形貌等，从而改变或赋予环境矿物材料不同的性能，提高在某些领域内的反应性能，扩展其应用范围。

2.2.1.1 机械力改性

机械力改性是指利用机械能对环境矿物材料进行加工处理，使材料的微观组织、结构以及性能发生变化，实现对材料的改性处理[17]。常见的手段包括破碎、干磨、湿磨等。机械改性具有操作简便、工艺流程简单、成本低廉、无二次污染等特点。

(1) 凹凸棒石（坡缕石）机械改性

凹凸棒石或坡缕石机械改性方法一般包括挤压、球磨和磨削。这些方法可以通过机械剪力将紧密结合的杆状凹凸棒石分离出来，然后进行后续处理。但是，如果操作不当，可能会造成杆状凹凸棒石的断裂和长径比的降低，影响其性能。因此，应该选择适当的分离条件，避免过度的机械作用。

坡缕石（palygorskite）和凹凸棒石（attapulgite）的成分和结构相同，实际上两者是名称或叫法不同的同一类矿物。前者于 1862 年首先在俄罗斯乌拉尔地区发现并据地名命名，属于热液成因；后者因 1935 年发现于美国佐治亚州凹凸堡而命名，属于沉积成因。

挤压是矿物加工中常用的方法之一。适度挤压通常会破坏凹凸棒石致密的聚集结构，使凹凸棒石晶体束蓬松，提高后续的解离效率，并且挤压后的凹凸棒石黏度明显高于未挤压的凹凸棒石样品[18]。磨削已被广泛用于提高矿物的质量，一般主要用于减小矿物的粒度，以改变矿物的形貌、微观结构和比表面积。磨削有利于凹凸棒石晶束的分离，增加了比表面积，随着磨削次数的增加，棒状晶体的长径比降低。同时研磨时间的控制是影响杂化结构稳定性的关键。通常磨制 30min 后，就可以得到以单个纳米棒的形式高度分散的凹凸棒石晶体。

(2) 电气石机械处理

机械处理是通过机械方法如粉碎、摩擦等，提高粉体表面活性，促进粉体与其他物质的化学反应或附着，实现改性的目的[19]。电气石研磨后晶格膨胀，一些振动精细结构消失，光谱峰退化并变宽。这说明机械能转化为超细粉末的内部能量,电气石被激活。机械研磨还可提高电气石在特定波长内的红外辐射率和负离子释放量。在湿法研磨中,以水为介质,且使用质量分数为3‰的分散剂,在固液比为1∶1的条件下,保持物料温度在60℃,可以得到纳米级电气室粉末,粒度在30~200nm之间,同时湿法研磨后的电气石对水溶液中的重金属离子的吸附能力得到了极大的提升。

2.2.1.2 煅烧、热处理改性

煅烧、热处理改性是通过高温的方式,使环境矿物材料的某些矿物相或者材料的内部微观结构发生变化,从而使材料的化学成分或者物理化学性质发生改变。

(1)膨润土煅烧热活化 在膨润土煅烧热活化过程中,随着温度的升高,水分子、挥发性有机化合物和其他杂质通过可逆脱水过程从双层膨润土片上去除,因此在黏土表面形成中孔和微孔,导致表面积增大[20]。然而,由于因各种膨润土的化学成分存在差异,以及煅烧加热机制的不同,加热过程中结构和组成发生变化。例如,晶体相的微小变化是在较低温度下加热引起的。另一方面,超过脱羟基温度的过度加热会导致黏土的结构和层间空间不可逆坍塌,影响膨润土的化学和物理性质。由于八面体阳离子在八面体薄片内的运动,层间空间的这种塌陷使颗粒更紧密地聚集在一起,将微孔和中孔转化为大孔,增加了平均孔径,减小了表面积。此外,当膨润土在100℃下活化20min时,对刚果红的吸附达到了最大值,活化后的膨润土的表面积增加了20%以上,吸附量提高了15%。

(2)硅藻土煅烧改性 硅藻土中存在伴生矿物,如长石、方解石、碳酸盐等,这些伴生矿物会影响硅藻土的吸附效果,因此需要通过煅烧的方法来提纯硅藻土,提高其纯度和比表面积。有研究表明[21],原始硅藻土的介孔范围从20nm到50nm,比表面积和孔体积分别为$25.2m^2/g$和$0.065cm^3/g$,且硅藻土的结构和比表面积在低于800℃时没有明显变化,当温度超过1000℃,比表面积和孔体积急剧下降到$4.9m^2/g$和$0.017cm^3/g$,这是由于硅藻土在1000℃煅烧时多孔骨架的解构。在较高温度下(1200℃),方英石相出现,硅藻质无定形二氧化硅消失,硅藻壳介孔结构解构。此外,在最佳温度下煅烧有利于接枝改性剂的产生,使硅藻土表面暴露出更多分离的硅烷醇。

(3)凹凸棒石热处理 凹凸棒石的热处理通常包括在50~800℃的温度范围内脱水和去羟基化,凹凸棒石中有四种水,分别是表面吸附水、沸石水(H_2O)、结晶水和配位水(OH),它们可以在不同温度下脱除[22]。一般来说,表面吸附水在约80℃脱除,沸石水在约200℃脱除,结晶水在约300℃脱除,而结构水在约500℃脱除。无序堆积的针状团簇在热处理后变得疏松多孔,增加了比表面积。在250℃的热处理温度下,凹凸棒石孔道失去部分结晶水,孔道发生折叠,直径减小,导致比表面积增加。但煅烧温度不宜过高,否则会引起凹凸棒石孔洞塌陷,纤维束堆积,孔容减小,比表面积减小。通常超过700℃后,凹凸棒石便失去了大部分结晶水,孔道结构弯折变形,比表面积急速下降。

(4)高岭土高温煅烧处理 通过高温煅烧,可以使高岭土脱去水和其他可挥发物质,同时高岭土表面的部分或者全部羟基脱除[23]。高温煅烧后的高岭土的晶体结构发生变化,由有序的片晶体结构变为无序的高岭土。高岭土在加热过程中一般包括两个阶段:脱水阶段和脱水后产物的转化阶段。

在脱水阶段,自由水在100℃开始脱除,在140℃左右,其他矿物杂质带入的水开始脱除。在440~450℃,晶格水开始排出。温度到800~1000℃,残余水全部排出。在水后产物

的转化阶段，在 900℃ 左右，开始形成铝尖晶石相。温度达到 1200～1400℃，高岭土转化生成莫来石。煅烧后的高岭土粒径增大，表面能降低，结构松散，分散性提高。原晶体内层的部分基团在煅烧后外露，表面活性点数量和类型增多，导致反应活性增大。

（5）电气石热处理　经过较高温度的热处理后，电气石样品的基本形状得以保留，但表面变得粗糙不平[19]。同时电气石更容易被破碎，其中原来均匀的晶体碎片变成了嵌有微米到亚微米大小气泡的玻璃-晶体混合物，这些气泡可能含有挥发的 OH¯ 和 F¯ 物质。在处理温度达到 900℃ 以上，会形成铁氧化物和莫来石晶体，并悬浮在非晶硼硅酸盐玻璃中。热处理会导致电气石的形状变化、易碎性增加、表面纹理变化以及结构被破坏。

（6）海泡石热处理　海泡石的晶体结构中具有吸附水、结晶水以及羟基水等三种形式的水，通过不同温度的处理[24]，可以去掉部分海泡石结构中的水分子，产生极大的空穴，使纤维间距、孔道截面积和孔径孔容增大，还可以释放部分被水分子占据的表面活性中心。同时，较大的海泡石纤维会解束成细小的海泡石纤维，表面形貌由棒状的粗纤维结构转变为层状的细小纤维结构。但过高的温度处理后，海泡石的比表面积和孔容会下降。当处理温度为 600℃ 时，海泡石会发生相转移，且孔道结构开始坍塌，比表面积下降。处理温度达到 800℃ 时，海泡石结构发生完全塌陷，形成石灰化海泡石。

（7）累托石热处理　累托石的热处理具有操作简便、容易控制等优点。经不同温度焙烧后，累托石会逐步失去表面水、水化水以及结构骨架中的结合水，累托石经历脱水（150～300℃）、脱羟基（500～700℃）、晶体坍塌（1000℃）。热处理温度为 500℃ 时，累托石逐渐失去层间水和水化水，其骨架中的 HO¯ 受到破坏，层间可交换阳离子缩在骨架上。经过700℃ 锻烧后仍然具有完好的晶体形态，此时累托石的比表面积和孔径达到最大。但温度过高时会导致累托石的层状结构被破坏，片层剥落，堵塞其孔隙。

（8）蛭石热处理　通过高温煅烧的方法将蛭石进行膨胀，在高温下，蛭石层间水会瞬时气化，产生的特别大的水蒸气压和蛭石的层状结构，使得蛭石能够被撑开。其中热处理温度、层间含水量以及炉内蒸气压是影响蛭石膨胀的关键因素。蛭石经过热处理后，其比表面积会增大，堆积密度会变低。但是热处理温度比较高，容易导致膨胀蛭石发脆，不利于蛭石的应用。

2.2.1.3　微波改性处理

微波改性处理是指利用微波对环境矿物材料表面和内部的辐射作用，使材料的微观结构发生改变。微波是一种波长范围在 1mm～1m，即频率范围为 300MHz～300GHz 的电磁波。矿物材料自身的介电性能决定了微波对材料的作用强弱。此外，微波改性常作为辅助方法配合其他改性操作。

（1）膨润土微波加热表面改性　通常当微波辐射作用于一种材料时，原子尺度上的偶极子旋转可达一百万次每秒。由于材料内部原子和分子之间的摩擦，迅速产生热能，材料迅速加热。微波加热改性能提高膨润土对重金属离子的吸附能力，并且不会对膨润土的结构和微观形貌造成影响。此外，微波辅助相互作用被用于合成表面活性剂修饰的膨润土。Brito 等人提出微波加热是一种快速有效的方法[25]，可以从三种阳离子表面活性剂［十四烷基-(C14)，十六烷基-(C16) 和十八烷基-(C18) 三甲基溴化铵］中提取有机膨润土，在 49℃ 下阳离子交换容量分别为 100% 和 200%。表面活性剂分子嵌入到合成的有机膨润土的层间间距中，基底间距为 1.83～2.00nm，弯曲-c14-200% 在酸性介质中对 Remazol Blue 染料的吸附率为100%。采用微波加热法合成十六烷基三甲氧基溴化铵（CTAB）膨润土。微波加热使表面活性剂阳离子与膨润土中间层牢固结合。因此，它在与水接触时不会浸出。此外，制备的有机膨润土对制药废水中氨苄西林的吸附能力达到100%。

（2）蛭石微波处理　通过微波的高频振荡性和可穿透性，使蛭石膨胀。在微波加热过程中，高频率的微波能够穿透蛭石并作用于层间的水分子，极性水分子吸收微波能量后会快速振荡，由于分子摩擦产生高温，并使得层间水迅速气化，所产生的巨大气化压力撑开蛭石层，最终使蛭石发生膨胀[26]。微波处理的关键因素取决于蛭石粒径以及微波输出频率。粒径大的蛭石比粒径小的蛭石、高频率的微波比低功率的微波输出具有更好的膨胀效果。此外，微波处理主要是对蛭石进行间接加热，因此相较于热处理后蛭石，微波处理的蛭石脆度不高，能够有效地缓解发脆问题。

2.2.2　化学改性

化学改性是通过化学反应的方式对材料的物理、化学性质进行改变。化学改性主要分为无机改性和有机改性。无机改性主要是指使用无机物质（酸、碱、盐）对矿物材料进行改善，例如对矿物材料进行刻蚀，以柱撑的方式增加层状矿物材料层间距离等。有机改性则是利用有机试剂对矿物材料进行改造，通过表面吸附、嫁接改性等方式改善材料的理化性能。

2.2.2.1　酸改性

酸改性是利用无机酸对环境矿物材料进行处理，其主要利用酸性介质对矿物材料金属离子的作用，对材料进行除杂、材料活化等处理。

（1）膨润土酸活化　膨润土经过酸活化后，部分溶解，导致孔隙度、表面积和活性位点增加，从而提高了吸附性能。酸活化可以使用不同的有机酸（如乙酸、柠檬酸和草酸）或无机酸（如 HCl、H_2SO_4 和 H_3PO_4）。无机酸活化时，膨润土层间的无机阳离子被 H^+ 替换，同时蒙脱石层中的八面体离子（如 Fe^{3+}、Fe^{2+} 和 Al^{3+}）和其他微量阳离子也被溶出，这样就增加了膨润土的比表面积和孔隙度。然而，大多数无机酸对设备和人体有害，而有机酸则相对安全，但其活化效率较低。因此，中等强度的无机酸是最佳的酸活化剂。酸活化过程较慢，所以搅拌、停留时间和温度是影响活性黏土质量的重要因素。一般来说，酸活化的适宜温度为30~70℃，高于此温度会产生有害的酸性烟雾，低于此温度会降低活化速度。

Z. Ullah 等人[27]用250mL HCl 溶液（1mol/L）在80℃下回流2h，处理了50g 精制黏土，制备了盐酸活化膨润土。未经处理的黏土孔隙度小，表面不平整，表面积只有929.64m^2/g，染料吸附效果差。相比之下，活性黏土表面凹凸不平，表面积达到1638.66m^2/g，孔隙度也增加了。盐酸活化膨润土的染料吸附量是原料的3倍。此外，吸附过程受 pH 影响，酸性条件（pH＝3）有利于从盐酸活化膨润土表面去除 Acid Blue 129。在酸活化膨润土中加入生石灰等碱性氧化物可以进一步提高阴离子污染物的吸附能力。然而，膨润土的酸性活化虽然提高了吸附能力，但也导致吸附后的黏土固体难以从水溶液中分离。

（2）硅藻土酸处理　酸处理对硅藻土化学成分和结构都有影响。氧化铝和碱性化合物在酸处理后被去除，同时二氧化硅的质量分数从80%增加到92%。处理后硅藻土的结构变化不大，形貌保持不变，但对孔隙结构有积极影响，硅藻土的微/纳米孔数量增加。在不同酸处理下，硅藻土、硅藻土-王水、硅藻土-硫酸和硅藻土-盐酸的比表面积分别为 4.9m^2/g、88m^2/g、116m^2/g 和 124m^2/g，因此，比表面积的增加是由于颗粒的酸腐蚀改变了颗粒的大小分布。因此,焙烧和酸改性可以通过去除吸附、配位水和碳酸盐来增加硅藻土的比表面积、开孔数和羟基,从而提高硅藻土对阳离子的吸附能力。

（3）凹凸棒土酸处理　对凹凸棒土进行酸处理也是常用的活化策略之一。由于凹凸棒石存在同晶替换的现象,因此其晶体结构中存在一定的结构电荷。这些电荷在不改变晶体结构的前提下,很难用其他方法进行调节。但是,凹凸棒石的表面基团可以通过水解等反应产生一些表面电荷。这些电荷可以通过酸来进行控制。

常用的酸包括盐酸、磷酸、硫酸和硝酸。在天然凹凸棒土中,碳酸盐胶体矿物充填在晶体和孔隙中,导致晶体颗粒团聚和孔隙结构及表面形态不规则。酸活化后的凹凸棒土可以溶解通道中的碳酸盐,并去除分布在通道中的杂质,打开通道并增强渗透性。此外,凹凸棒土中含有的阳离子是可交换的,半径较小的 H^+ 可以替换凹凸棒土层中的 K^+、Na^+、Ca^{2+} 和 Mg^{2+},增加孔隙体积并提其吸附性能。此外,凹凸棒石的酸化是从外向内的一种渐进过程,硅-氧四面体与金属-氧八面体会发生不同程度的溶解。在适当的酸浓度（如 5% 盐酸或约 15% 硫酸）处理下,凹凸棒土中的八面体阳离子会部分溶解,大部分硅酸四面体会保留下来,凹凸棒石的孔道就会由于八面体的消失而变得更宽,从而增加了孔隙数量和比表面积。然而,当酸浓度过高时,八面体阳离子几乎完全溶解,由于结构失去了八面体的支撑力,四面体结构崩塌,得到了一种无定形的二氧化硅材料,导致吸附性能损失。并且由于酸的作用,金属被剥离,棒状晶体被切断,表面形成了许多"缺陷"。

（4）高岭石酸处理　高岭石酸处理是指用有机或无机酸对高岭石进行预处理,去除高岭石本身所携带的杂质。对高岭石进行酸改性,不仅使高岭石的表面酸度和比表面积增加,而且会产生大量的孔隙结构。例如,H_2SO_4 改性后的高岭石尺寸变小,呈现崩解现象,高岭石片晶边缘打开,孔径增大,比表面积增大。其次,H_2SO_4 处理改变了高岭石的表面性质,如有效结合位点的数量和表面负电荷。而腐植酸对高岭石进行改性后,部分增加了高岭石表面的总电荷,进一步提高了阳离子交换能力。因此,腐植酸改性的高岭石对重金属的吸附能力提高。

（5）海泡石酸处理　海泡石酸活化处理的主要目的是去除镁离子和其他杂质离子,如钠、钾、钙等。酸处理会破坏海泡石的结构,使其处于"脱离"的状态,从而提高其比表面积,这对于制备高比表面积的载体海泡石很有意义。酸处理过程中,H^+ 替代了骨架中的 Mg^{2+},将—Si—O—Mg—O—Si—键变成两个—Si—O—H—键,打开了海泡石内部通道,增加了孔隙率。酸浓度低时,Mg^{2+} 不易溶出,层间和孔洞内的碳酸盐等杂质仍然存在,海泡石通道未被打开,孔径和微孔隙率没有变化。强酸则会极大地改变海泡石晶体结构,增大孔隙率,甚至可能导致海泡石变成硅胶。

（6）累托石酸处理　累托石酸处理会使累托石中蒙脱土结构的 Al^{3+}、Ca^{2+}、Na^+、Mg^{2+} 等阳离子在一定程度上含量下降,但是 SiO_2 的相对含量增大。溶出离子后,蒙脱石就具备了许多较大的孔洞,扩大了孔隙率,能截留更多的吸附质,从而提高吸附效果。但是酸处理后累托石的 ζ 电位最低点的 pH 值比其他黏土矿物低,因此单一的酸化改性还需进一步提高改进。

（7）蛭石酸处理　蛭石酸处理也是改善蛭石性能结构的常用手段之一,通过一些酸性溶液将蛭石结构层中的硅-氧四面体和铝-氧八面体中心阳离子以及层间物金属离子溶解出来,来改变蛭石表面电荷性质,并且提高蛭石其他方面性质。随着酸处理过程中,蛭石中心阳离子的溶出,蛭石的电性发生负向变化,在电荷平衡吸引作用下,酸溶液中的阳离子会浸入结构层中补充电荷的损失，从而达到蛭石酸改性的目的。酸处理后的蛭石表面的孔数量增多，比表面积增大。此外酸浓度对蛭石的改性有关键影响：酸浓度过高，蛭石的结构容易被破坏，酸改性后的比表面积变小；酸浓度过低，蛭石结构中的阳离子难以溶出，改性效果不好。因此，选择适宜的酸浓度对蛭石进行酸改性非常重要。

（8）玄武岩纤维酸（碱）刻蚀　玄武岩纤维酸（碱）刻蚀处理是利用酸（碱）性溶液对纤维表面进行腐蚀。玄武岩纤维虽然有一定的耐酸、耐碱性，但其表面仍会在酸碱处理后产生凹凸，增加比表面积。这些表面缺陷有利于改性剂的锚定。同时酸碱处理还会提高玄武岩纤维表面活性官能团的含量，增强无机玄武岩纤维与树脂等有机材料的结合能力。但是过度的酸碱刻蚀会导致纤维表面剥落、劈裂等现象，影响 CBF 的力学强度，降低纤维耐冲击能力。

2.2.2.2　碱改性

碱改性是利用无机碱对环境矿物材料进行处理，通过 OH^- 对矿物表面活化以及对矿物材料的刻蚀作用，实现对材料的改性。

以凹凸棒土碱改性为例，凹凸棒土是以凹凸棒石（坡缕石）为主的黏土，并伴有蒙脱石、石英、白云石和方解石等。碱对凹凸棒土的金属阳离子和 Si—O—Si 键都有较强的腐蚀能力，可能通过破坏惰性的 Si—O—Si 键来产生许多新的活性位点，导致凹凸棒土的结构电荷失衡，增强凹凸棒土的吸附活性。此外，随着碱浓度的升高，硅-氧四面体会受到更大的腐蚀，而金属-氧八面体则相对稳定，导致凹凸棒石的结构发生变化，最终形成无定形的金属氧化物聚集体。在碱浓度较低时，碱处理也可以提高凹凸棒石的比表面积等性质。此外，碱还能影响凹凸棒石的相变。在室温下，经过碱处理的凹凸棒石会逐渐转变为蒙脱土。这可能是硅-氧四面体被溶解后重新结晶的结果。

2.2.2.3　盐改性

盐改性是利用无机盐对环境矿物材料改性，使材料表面赋予新的基团或者对矿物材料进行插层、柱撑等功能化作用，改变环境矿物材料的成分、结构、层间距离等性质，实现材料不同功能化应用，举例如下：

（1）硅藻土无机盐改性　硅藻土的无机盐改性主要是向硅藻土表面和孔隙中引入无机大分子，并形成柱层状的缔合结构，孔道中及表面的缔合颗粒使硅藻土的比表面积进一步增大，从而增加了硅藻土表面的吸附空间，容纳更多的吸附质，使硅藻土的吸附能力提高。

利用表面锰改性硅藻土可以提高对重金属离子吸附能力并且锰氧化物的装载量与表面性质、溶液酸度和处理时间有关。Caliskan 等人[28] 通过 NaOH 和 $MnCl_2$ 溶液处理成功地修饰了硅藻土，并且表明硅藻土表面存在 $SiOH^{2+}$ 和 SiO^- 电离，且电荷与 pH 值有关，MnO_2 提供的吸附重金属离子的活性位点的负电荷高于硅藻土的主要成分 SiO_2。此外，改性后的硅藻土表面积也有所增加，这是由于改性硅藻土表面覆盖了更多的羟基。同时改性硅藻土对 Mn(Ⅱ) 的解吸非常低（0.02~0.04ppm，22h）。总之，锰改性硅藻土确实提高了对水溶液中重金属的吸附能力。这是由于表面上有更多的羟基和锰氧化物具有更高的负电荷。静电相互作用和离子交换是主要的吸附机理，且吸附类型为化学吸附或不交换吸附。

氧化铁改性硅藻土也是另一种无机改性方法。Knoerr 等人[29] 在 $Fe(SO_4) \cdot 7H_2O$ 溶液中处理硅藻土，得到硅藻土-Fe。这种方法 Fe 在硅藻土主要以呈纤维状的三价铁羟基氧化物形式存在（纤铁矿 α-FeOOH 和针铁矿 γ-FeOOH）。改性后的硅藻土比表面积增加，这是由于氧化铁相产生了氧化铁晶体。Du 等也通过沉淀-沉积和煅烧法制备了 α-Fe_2O_3 修饰硅藻土[30]。这种方法下，α-Fe_2O_3 以纳米线的形式沉积在硅藻土表面，但由于 α-Fe_2O_3 堵塞了孔隙，导致硅藻土的比表面积下降。研究表明改性硅藻土对砷的吸附能力增强，As(III) 和 As(V) 在 pH 为 3.5 时与 α-Fe_2O_3 形成 As—O—Fe 键，并在 pH 为 8.5 时与 α-Fe_2O_3 表面的 $Fe(OH)_3$ 的 OH—交换。此外，As(III) 和 As(V) 的去除在早期是通过静电吸引的物理吸附，而在后期是通过共价键的化学吸附。

(2) 凹凸棒石无机盐改性　盐改性是一种调节凹凸棒石表面电荷的方法。它可以使凹凸棒石在溶剂中更好地分散。由于凹凸棒石有结构电荷和表面电荷，它可以在电解质溶液中吸附正电荷。当溶剂中有盐类物质时，它们的阳离子和阴离子会在凹凸棒石周围形成双电层。双电层的存在会让凹凸棒石之间有静电斥力，防止棒晶之间的碰撞，提高凹凸棒石的分散性。然而，在进行盐改性实验时，需要注意盐的种类和用量。不同的阴离子和阳离子对凹凸棒石表面电荷的作用不同。比如，氯化锌和氯化铁可以有效地降低凹凸棒石表面的负电荷。用量的大小也会影响分散效果：用量太少时，双电层太薄，凹凸棒石之间的静电斥力太小，分散效果不好；用量太多时，多余的离子会干扰双电层，降低静电斥力，也会影响分散效果。

(3) 高岭石的过渡金属改性　在高岭石层间或表面引入过渡金属，可使高岭石表面质子化，拓宽高岭石的应用范围。由于过渡金属离子带正电，它们具有很强的静电吸引力，并与带负电的天然高岭石矿物进行配体交换。例如，采用硫酸铝 $[Al_2(SO_4)_3]$ 改性高岭石后[31]，对 Pb(II) 的吸附量是原高岭石的 4.5 倍，这是因为改性后的高岭石层被破坏，形成了具有大表面积的纳米/微米级颗粒。Ahmet Sari 等研究了 MnO_2 改性高岭石[32]，用以提高镉离子 Cd(II) 的吸附效率。结果表明，MnO_2 的引入形成了 Mn—OH 基团，通过化学离子交换，实现对 Cd(II) 的吸附。并且改性后的高岭石表面产生的 MnO_2 负电荷密度越高，对 Cd(II) 的吸附容量越大。Sherbini 等研究了用 ZrO_2 改性高岭土[33]，以去除 Cd(II) 的方法。ZrO_2 的加入改善了高岭石的层叠充填，形成了新的微孔，使比表面积增加了 250%。结果表明，ZrO_2/高岭石的吸附性能比未改性的高岭石提高了 3 倍。

(4) 海泡石无机离子交换　离子交换处理是将金属阳离子引入海泡石表面，机理和酸性活化处理类似，即用不同价态的金属离子替换晶格内的镁，离子交换处理可以调节海泡石表面的亲和性和酸碱性。当其高价的金属阳离子替换 Mg^{2+} 时，金属离子溶液特有的酸性首先会产生酸活化，会加强海泡石的酸性，而低价金属离子替换却会加强碱性。离子交换法虽然不会增加海泡石表面积，但是可以避免酸处理破坏海泡石结构的缺点。控制海泡石离子交换能力的重要条件是铝含量，不含铝或铝含量较低的天然海泡石离子交换能力相对较弱，不能作为离子交换的单一材料。进入海泡石晶格的 Al^{3+} 将 Si^{4+} 取代，产生正电荷空位，只能由镁离子来补充，当海泡石被稀酸处理，会溶去补充正电荷的 Mg^{2+}，进而 H^+ 将补充空位正电荷，而金属离子将 H^+ 替换后海泡石由此产生离子交换性能。

此外，磁化改性处理也是海泡石无机改性的方式，通过负载磁性物质到非磁性的海泡石表面，让海泡石具备磁性。磁化改性处理方法有共沉淀法、溶液-凝胶法、溶剂热法等。其中共沉淀法较为常用，即将 Fe^{3+} 和 Fe^{2+} 的可溶性盐与海泡石混合，再加入沉淀剂，使氢氧化物析出，脱水后形成 Fe_2O_3，负载于海泡石表面。由于磁化改性后的海泡石具有磁性，即使海泡石纤维解束，单体纤维较细，也便于从液体中分离出来。

(5) 累托石的钠化改性　累托石通常有两种类型，一种是钠基累托石，一种是钙基累托石。钠基累托石的膨胀性、吸水性和阳离子交换性能都优于钙基累托石，钠基累托石是许多累托石深加工的基础，但我国钠基累托石数量很少，因此需要钠化改性处理。钠化改性原理是利用离子交换反应，采用钠化剂中的钠离子在蒙脱石层间交换钙离子，钠离子比钙离子的电价低、离子半径更大，能形成正电荷亏损。改性后，由于钠离子补偿了层间的负电荷，蒙脱石结构单元的作用力减弱，形成了更薄晶片，有利于吸附。

2.2.2.4 化学插层改性

化学插层改性是指利用层状结构的粉体颗粒晶体层之间结合力较弱（分子键或范德华键）或存在可交换阳离子等特性，通过化学反应或离子交换反应改变粉体性质的改性方法。这种方法可以用于调节粉体的表面性质，如吸附能力、电导率、热稳定性等。化学插层改性的粉体一般具有层状或似层状晶体结构，如蒙脱土、高岭土、膨润土等。化学插层改性的改性剂可以是有机试剂或无机试剂，如碱金属、卤素、有机胺、有机硅等，举例如下：

（1）膨润土的插层改性　膨润土插层改性（柱撑）是一种简单而有效的膨润土化学改性方法。柱撑是利用无机多价阳离子或其水解产物与膨润土层间的阴离子发生离子交换，形成柱状结构的过程。柱状层间黏土具有酸性和催化性，最初被用作裂化催化剂。然而，近年来的研究发现，柱撑黏土矿物也是一种优异的吸附剂材料，能够有效地去除水中的有机和无机污染物。膨润土的柱撑制备通常包括三个步骤：多价阳离子溶液的制备、膨润土的插层和煅烧。在插层过程中，多价阳离子或其水解产物取代膨润土层间的无机阳离子，形成稳定的柱状结构，并保持膨润土的层状特征。在煅烧过程中，柱状结构进一步固化，形成具有微孔和介孔的黏土矿物。这样，膨润土的层间距增大，表面积增加，活性位点增多，从而提高了吸附能力。

水溶性阳离子聚合物改性膨润土是一种新型的吸附材料，它可以避免表面活性剂的沉积。阳离子聚合物是由非极性基团组成的有机阳离子，它可以降低膨润土的极性，使其更疏水。在改性过程中，阳离子聚合物与黏土颗粒发生离子交换，形成插层复合物。这样可以提高碳氮比，增强疏水性，有利于去除废水中的有机污染物。改性膨润土还具有更大的粒径、表面积和净正电荷，有利于吸附应用。

此外，由于柱状剂的插入，柱撑黏土的层间间距、表面积、孔隙结构和孔隙体积都大幅增加，从而加速了重金属、染料和其他环境污染物的吸附。然而，层间柱的数量和大小会影响柱状吸附剂的孔隙率。利用不同的柱状多阳离子或羟基金属多阳离子（Al、Ti、Cu、Ni、Co、Cr、Nb、Fe、Bi、Ta、Mg、Zr、Si、B、Be 和 Mo），已经开发出了各种无机柱撑膨润土。

（2）高岭土的插层改性　利用高岭土的层状结构特性，将有机分子插层到高岭土层间进行改性。由于高岭土层间氢键作用较强，离子交换量比较低，目前研究用于插层高岭土的有机物多以有机小分子为主，通过插层作用，将有机小分子的理化性质与高岭土分散性好、稳定性好的特点相结合，更有助于拓展高岭土的应用范围，提高其实际应用价值。通常利用二甲基亚砜（DMSO）插层的高岭土作为前驱体，通过二次分子交换插层。并且由于层间有大量的有机阳离子可以吸附阴离子，使其成为阴离子吸附剂。

（3）累托石的插层改性　累托石插层改性的原理是利用金属阳离子水解产生的易水解的聚合羟基等大半径无机阳离子，与累托石中蒙托土层的阳离子交换，然后通过高温脱水、脱羟基过程，形成无机阳离子金属氧化物柱撑剂。这种方法改性后，累托石层状结构物质的层间距会增大，但硅酸盐骨架不会被破坏。羟基铝、羟基铁和羟基铁铝是最常用的三种无机柱撑柱化剂。

（4）蛭石的插层改性　蛭石的插层改性是利用无机聚合物阳离子替换蛭石结构层间可交换阳离子，经过煅烧后，前驱体转化为更稳固的柱化氧化物。柱撑后的蛭石拥有更稳定的层状结构和良好的微孔结构。且相较于原蛭石，无机处理后的蛭石具有更大的比表面积、更好的多孔性和更宽的层间距。

有机化合物也是一种常用的蛭石插层改性方式。通过在蛭石的层间结构中插入有机化合物分子、离子和聚合物等，与蛭石层间固有的金属阳离子等（Ca^{2+}、Na^+、Ma^{2+}）和游离水发生离子交换作用，通过共价键、离子键和分子间作用力与蛭石结合，形成有机插层蛭石以对蛭石进行有机改性处理。经过有机改性处理后，具有亲水特性的天然蛭石会具有疏水-亲油的特性，并且有机改性处理蛭石通常可增大蛭石的层间距，优化原蛭石性能。

2.2.2.5　表面化学改性

表面化学改性是指通过环境矿物材料粉体颗粒表面和表面改性剂之间的化学吸附作用或化学反应，改变材料颗粒的表面结构和状态，从而达到表面改性的目的。表面化学改性可以提高粉体的分散性、耐久性、耐候性，提高表面活性，从而使粉体表面产生新的物理、化学、光学特性，适用不同的应用要求，拓宽其应用领域，并显著提高材料的附加值。

（1）膨润土表面化学改性　通过引入无机和有机阳离子对天然膨润土的表面进行改性。含有金属水解物的膨润土具有较大的表面积、层间空间和孔隙体积，适合作为催化剂和吸附剂。但是，它们的亲水表面使得对有机污染物的亲和力不足。用表面活性剂处理柱撑膨润土后，黏土表面由亲水变为疏水。这样产生的有机黏土是一种更优更廉的吸附剂，能高效地去除工业废水中的有机污染物。此外，合成黏土的物理性能也得到改善，改性膨润土的层间距随着用作支柱的羟基阳离子的种类不同而不同。将表面活性剂加入柱状溶液中，表面活性剂分子填充了改性黏土的微孔，使比表面积降低。但是，表面活性剂的存在也使无机-有机改性膨润土的层间间距扩大，防止了黏土聚阳离子的水解。阳离子表面活性剂的亲水部分与黏土表面的离子形成键合力。疏水性长碳链在溶液中自由暴露，并强烈吸附有机染料分子或离子。这种疏水性基团在不同 pH 值的溶液中保持稳定。

（2）硅藻土表面化学改性　硅藻土的表面化学改性主要是在硅藻土表面接枝功能性大分子，以此来提高硅藻土的吸附性能，甚至可以制备出拥有更多其他性能的复合材料，满足更多的应用需求。Caner 等人研究了用壳聚糖修饰硅藻土。他们在硅藻土表面涂上壳聚糖凝胶，制备了壳聚糖/硅藻土。在草酸处理下，硅藻土中封闭的孔被打开，使硅藻土的比表面积和总孔体积增加，壳聚糖/硅藻土对重金属离子的吸附能力也大大提高，但是在 pH<5 时，壳聚糖的氨基位点质子化，其电荷与金属离子相反，因此导致其金属螯合能力降低。通过 3-甲基丙烯酸羟丙基三甲氧基硅烷（MPS）对硅藻土进行改性，硅藻土表面的硅元素流失，暴露出更多新形成的 Si—OH 基团，同时将高极性的羟基和甲基丙烯酸基团引入硅藻土表面，形成了高极性的有机官能团。这些有机官能团增加了硅藻土与有机电解质的亲和性，提高了硅藻土复合隔膜与有机电解质的润湿性。硅藻土的孔隙结构得到进一步调控，提高隔膜的孔隙率和孔径分布，有利于电解质的渗透和离子传输，提高隔膜的离子导电性能。MPS 改性也可以增强硅藻土复合隔膜的热稳定性，使其能够抵抗高温环境下的热变形和收缩。此外，在硅藻土表面功能化不同的官能团也是另一种改性手段，通过接枝—SH、

—NH$_2$或—NH—NH$_2$等有机官能团来代替—OH，可以显著增强硅藻土表面的负电荷。

（3）凹凸棒石表面有机处理　　凹凸棒石或坡缕石表面的氢键可作为受体的基团，使有机官能团对表面进行修饰，并调节凹凸棒石表面的亲疏水性、电荷特性和与磷酸盐形成配合物的能力。有机改性凹凸棒土黏土根据其改性过程和改性剂的分子结构，主要分为两类：第一类与表面活性剂有关，主要是阳离子表面活性剂；第二类与聚合物有关。

阳离子表面活性剂与凹凸棒石黏土的反应主要是通过离子交换机理进行的。晶格中的部分结晶水和吸附水也可以被有机物取代，这扩大了凹凸棒石层之间的间距。凹凸棒石表面还可以结合一些阳离子，使凹凸棒石表面的物理化学势由负向正转变，增加了阴离子污染物吸附的活性位点。虽然表面活性剂可以改善凹凸棒土的吸附性能，但实际的吸附效果并不稳定，经常受到外界水环境的影响。

聚合物改性可以改变凹凸棒石吸附能力。具有三维网络结构的亲水聚合物既可以为纳米金属负载提供足够的活性位点，又可以避免团聚失效，凹凸棒石对三维网络结构起到增韧和强化的作用。

（4）高岭石表面有机改性处理　　根据负载的有机官能团的类型和性质，高岭石可以赋予黏土矿物不同的表面性质。有机改性通常用于用聚合物、表面活性剂和其他有机物对高岭石进行改性。这些有机修饰可以引入高岭石表面的高活性基团，如—SH和—NH$_2$，从而产生高吸附能力和对重金属的独特选择性。偶联剂改性法也是对高岭土表面化学改性常用的方法，将高岭土表面通过化学法接枝有机偶联剂，从而改变高岭土表面性质，由亲水变为亲油，降低表面能，当填充到高分子材料中，改善与高分子材料的相容性。目前常见的偶联剂主要包括硅烷类、钛酸酯类、铝酸酯类、锆铝酸盐类等。

（5）电气石有机表面改性处理　　有机表面改性是利用表面改性剂分子中的官能团和电气石表面上的官能团进行化学吸附或化学反应，从而改变电气石的表面性能，达到电气石表面改性的目的。通过不同改性剂对电气石进行处理发现，所有改性剂改性电气石后都没有改变电气石的晶体结构，但其中阳离子表面活性剂型改性剂的改性效果远低于其他种类的改性剂，认为这与电气石的结构成分相关，电气石表面有金属离子（Na$^+$、Mg^{2+}、Fe^{2+}等）和OH$^-$、F$^-$等，能与反应性试剂、偶联剂、非离子表面活性剂及阴离子表面活性剂发生键合或吸附作用，在电气石表面引入疏水性基团，而难以与阳离子表面活性剂产生有效的作用力，所以阳离子表面活性剂不适合用作电气石的改性剂。

（6）海泡石表面改性处理　　海泡石表面改性处理是通过表面吸附、离子交换作用、形成共价键或接枝的方式将有机大分子物质包裹在海泡石颗粒的表面或其结构孔道中，添加新的有机官能团。常用的有机改性剂包括表面活性剂、偶联剂、有机硅油或硅脂、有机低聚物及不饱和有机酸等，其中表面活性剂和偶联剂较为常用。海泡石经表面改性处理可以进一步改善表面结构特征，增大海泡石间距，提高亲油性、分散性等特性，并增强吸附性能。

（7）累托石表面改性处理　　累托石表面改性处理是利用有机阳离子表面活性剂，如三甲基十六烷基溴化铵、三甲基十八烷基氯化铵等与累托石进行阳离子交换，得到有机累托石。这种方法把累托石层间的无机阳离子替换为有机阳离子，使累托石表面疏水化，同时提高累托石中的有机含量，从而增强累托石去除水中疏水性有机污染物的能力。在这一过程中，活化剂（有机铵）的阳离子嵌入矿物层间，它带正电的一端朝向层面，而不带电的非极性有机部分朝向矿物表面，改变了矿物表面性质。

（8）玄武岩纤维表面改性处理　　玄武岩纤维表面光滑且呈化学惰性，因此不易与其他材料复合，需要对玄武岩纤维进行表面改性处理，在表面引出特殊官能团，使玄武岩纤维能够与其他材料结合，使其具有更优异的特性和更广泛的用途。玄武岩纤维表面改性主要有有机偶联剂改性、表面涂层处理、等离子处理等[34]。

有机偶联剂分子结构中通常含有两种不同性质的有机基团，一端为对无机材料具有亲和力的基团，能与玄武岩纤维表面化学键合，另一端为对有机材料亲和的基团，能与树脂或其他结合材料发生反应，形成类似"分子桥"的作用，从而改善玄武岩无机纤维与有机物之间的界面作用，提高复合材料的性能。这种方法不会损伤纤维本身的力学强度，不仅提高了界面改性能力，还提高了纤维加工性能，使纤维产品具有良好的表面质量及热、生物相容等性能。

表面涂层处理是通过在纤维表面涂覆其他材料，改变纤维的表面性质的一种方法。涂层材料的不同，对玄武岩纤维表面性质的影响也不同，例如，用化学气象沉积（CVD）在玄武岩纤维表面沉积热解碳涂层，既提高了玄武岩纤维的界面性能，又使复合材料具有一定压电效应[35]；用纳米 SiO_2 涂层对玄武岩纤维进行表面处理，可以显著提高玄武岩纤维的粗糙程度，从而增强复合材料间的界面强度[36]。因此涂层材料的多样性增强了玄武岩纤维的多功能性，并且也不会损伤玄武岩纤维。

等离子在外界施加高电压，气体中的分子被电离出含有各种原子、离子、电子的混合气态，并对 CBF 表面发生作用，使纤维表面发生刻蚀或者活化，同时在表面沉积，使 CBF 出现多种基团。由于仅在纤维表面几到几百纳米区间发生作用，对纤维主体不进行破坏，因此在改变纤维表面性质的同时，维持纤维的力学性能。相较于偶联剂改性，尽管偶联剂的作用可能会强于等离子体，但等离子处理过程中无任何化学试剂参与，改性方式较为环保。

2.3 环境矿物材料的再生

环境矿物材料是一种新型的可再生的绿色材料，它们既能满足特定的功能要求，又能在使用后无害地回归自然，同时它们在生产和使用过程中产生的副产品也能实现资源化。为了实现环境矿物材料的循环利用，需要将其进行再生处理。环境矿物材料的再生是指，为了恢复环境矿物材料的性能，需要用物理、化学或生物方法，把吸附在材料表面的污染物去除或分解。再生的方法要根据污染物的种类、性质来选择，并且再生的效率、成本、是否会造成二次污染等都是影响再生方法的重要因素，经济有效的再生方法是今后的发展趋势。

2.3.1 物理再生

物理再生，顾名思义就是通过物理手段实现环境矿物材料的再生，使材料表面上的物质去除。常规的物理改性主要包括热处理再生、微波处理再生和超声波处理再生等。

（1）热处理再生　热处理再生主要是以加热的方式使环境矿物材料再生，通过温度的升高，使材料的吸附-脱附的关系发生变化，使物质在材料上发生解吸脱附，实现了材料的再生。热处理再生效率高、处理时间短、可以处理大多吸附物质。但是，材料的耐热性是制约热处理再生效果的关键，当材料受热不稳定，材料的微观结构在温度升高的情况下可能会受到破坏，使吸附材料自身出现损失，甚至使材料失效。再生后的材料机械强度也会出现下降。同时热处理再生能耗也相对较大，运行成本也比较高昂，因此需要谨慎选择。热处理再生主要分为煅烧再生法、气提再生法等。

煅烧法是通过煅烧、烘干的方式，使材料中吸附的物质分解并释放出去，以此来恢复材料的性能。常用于对吸附氨氮和水物质后的沸石再生，沸石中的氨氮在加热中变为氨气释放出去，以此来重新恢复沸石的孔道、吸附位点等，实现对沸石的再生。煅烧法优点是简便快捷、无需药品，缺点是再生的效果差，且材料需要较高的耐热性。

气提法是过加热的载气间接对材料加热促进吸附物质挥发。在升温过程中，利用通入载气对材料内物质的吸附作用，使吸附质分子脱离材料进入气体，将吸附物质释放出来。例如水蒸气法，这种方法适用于除去具有水溶性且脱附沸点较低的小分子碳氢化合物和芳香族有机物，但对于沸点高的物质脱附能力弱。温度、载气的循环量和处理时间都影响再生效果。再生温度越高、载气流量越大、处理时间越长，再生效果越好。因此需要确定再生的最佳载气循环流量、载气种类、处理温度以及处理时间。

此外，电热再生法也是一种高效的再生方法。这种方法以吸附物质作为电阻，当施加电流的情况下，通过产生焦耳热加热吸附物质，使吸附物质被释放。这种方法解吸时间短，再生效率高。但直接电热处理会出现过热的情况，并且电极布置和绝缘处理方式也会对再生效果产生影响。

(2) 微波处理再生　微波处理再生是指利用微波产生的高温，把材料上的有机污染物转化为碳或者二氧化碳，从而恢复材料的吸附能力。其中，微波是一种电磁波，波长在 $1.0mm \sim 1.0m$ 之间，频率 $300MHz \sim 300GHz$。当微波遇到不同的材料时，会有反射、吸收和穿透的现象，这和材料的介电性、比热、形状和水分等有关。微波加热让材料上的有机污染物脱离活性炭，随着能量的聚集积累，在微波的热效应和非热效应下，有机污染物部分燃烧，部分碳化。微波的功率、微波处理时间和材料上物质的吸附量等因素都决定着材料的再生效率。当微波功率小，处理时间短，材料上物质脱附不明显，再生效果差；微波功率大，处理时间长，材料可能发生损伤。此外，微波再生处理让材料上的有机污染物质能够快速分解、挥发，产生很大的气压，把材料内部孔隙打开，使得再生后的材料具有很好的吸附力。

微波再生处理具有以下优点：受热均匀，不需经过中间媒体，微波场中没有温度梯度，因此热效率高；加热速度快，比常规方法快 $10 \sim 100$ 倍；改善劳动环境和劳动作业条件；由于微波能透过材料的内部进行加热，材料的加热方式不依靠热介质从材料的表面向材料内层传递。同时，材料表面吸附物质的蒸发脱附使得材料表面温度略低于内部温度，使得整个物料的温度呈负温度梯度状态。在微波处理过程中，材料的内部温度高，外部温度低，这与材料内物质脱附的浓度梯度的方向一致，有利于脱附。

(3) 超声波处理再生　超声波处理再生是利用超声波的振动对材料进行搅动，使吸附在表面的物质快速脱附，达到再生的目的。超声波是一种频率超过 $16kHz$ 的声波，在液体中通过球面波的形式传播。超声波作用的时间、材料的粒径、材料对物质的吸附类型等因素影响材料的超声波处理再生效果。这种方法的主要优点是只在局部施加能量就可以实现再生，并且处理过程消耗能量少，工艺和设备简单，对材料损伤小，同时可以实现对吸附物质的回收。然而当超声波处理时间过长时，达到某一临界值后，材料表面容易脱附部分基本达到新的平衡，脱附率也不会明显增加。此外，超声波难以通过孔径小于 $10nm$ 的微孔，很难作用到材料的内部，它的脱附主要发生在材料的表面和大孔里。材料的粒径越小，再生率越高，但粒径太小会导致材料和再生后废液难以分离，而小粒径的材料受到水流阻力、反冲流失等影响。超声波再生只对物理吸附有效。

2.3.2 化学再生

化学再生是指利用化学试剂对使用后的材料进行再生处理，通过化学试剂与吸附的物质间物理化学反应，将吸附的物质从材料上释放出来，从而恢复环境矿物材料的性能，实现材料再生的目的。这种方法适用于处理环境矿物材料中吸附的金属离子和部分可交换盐物质，如对高浓度、低沸点有机废水的吸附。常用的化学试剂包括盐酸、硫酸、硝酸、氢氧化钠和盐溶液等。化学再生法具有再生效率高、再生效果出色等优点。但是化学试剂针对性较强，往往一种试剂只能脱附某些物质，而再生处理过程中需要面对的吸附物质种类繁多，这导致一种特定化学试剂应用范围较窄。此外这种方法需要在溶液中进行，容易产生污染，并且长期用化学试剂再生处理可能会对材料产生腐蚀，多次再生处理后性能明显降低。

电化学再生法是一种新型的环境矿物材料再生技术，这种方法是将材料填充在两个电极之间，随后在电解液里施加直流电场，材料在电场作用下产生极化，形成微电池槽，其中一端为阳极，一端为阴极，因此材料的阴极和阳极处分别发生还原和氧化反应，把吸附在材料上的物质大部分分解，小部分因电泳力而释放出来，实现环境矿物材料的再生。电化学再生通常在间歇搅拌槽电化学反应器或固定床反应器中进行。材料所处的电极、采用辅助电解质的种类、辅助电解质的浓度、电化学再生施加电流大小和处理时间等因素都影响电化学再生法再生效率。材料在阴极上再生效率明显优于在阳极上再生效率。电解质溶液含量越高，施加再生电流强度越大，电化学处理时间越长，材料的电化学再生效率越高，二者呈正比关系。但当处理时间达到临界值后，处理时间长短对再生效率影响不大，甚至没有影响。此外材料的性能也会随着再生次数的增加而稍微降低。这种方法具有操作简单、再生效率高、能耗低、材料损失小、处理对象广泛、不会造成二次污染等特点。

超临界流体再生法是一种利用超临界流体来萃取环境矿物材料上物质，实现材料与物质分离的方法[37]。超临界流体是一种特殊的物质，它在常温常压下对某些物质几乎没有溶解能力，而在超过临界状态后却有很强的溶解能力。在超临界状态下，只要稍微改变压力，溶解度就会发生很大的变化。利用这种特性，可以用超临界流体作为萃取剂，通过调节压力来分离溶质，这就是超临界流体萃取技术。因此，超临界流体的特殊性质和技术原理决定了它可以用来再生环境矿物材料。其中，CO_2是首选的、最常用的萃取剂，这是由于CO_2的临界温度31℃，接近常温，临界压力（7.2MPa）不太高，而且无毒、不燃、不污染环境，容易达到超临界状态。超临界流体再生法的优点是：温度低，并且超临界流体不会改变吸附物和材料的性质和结构，不会造成损耗；可以将收集吸附物质重新利用或集中焚烧，避免二次污染；超临界流体可以把干燥、去除有机物操作一步完成，省去许多繁琐的工艺；超临界流体再生设备小巧，操作周期短，节省能耗。然而超临界流体再生法存在的问题有：超临界流体再生研究的有机污染物很少，难以证明该技术应用的普遍性；超临界流体再生研究理论基础不够深入，缺少基础数据，并且这种再生方法只限于实验研究，没有大规模普及。

2.3.3 生物再生

生物再生法是利用微生物将环境矿物材料吸附的有机物进行降解，使其从材料上脱离出来，达到材料再生的目的。这种方法操作简单、成本低、污染少且无二次污染，并且对吸附物质具有针对性。然而微生物尺寸通常大于$1.0\mu m$，对于多孔的环境矿物材料，微生物很难进入微孔，但是其分泌的胞外酶可大量进入材料的微孔中，将孔隙内部的有机大分子物质氧化分解为小分子物质，将其从材料内部释放出来。生物再生处理不会对材料结构产生破坏。然而，微生物无法降解的物质无法使用这种方法，具有一定局限性。生物再生法的再生速率低，再生周期长，并且，微生物对于外界环境比较敏感，在低温下微生物会失去活性。

2.3.4 复合处理再生

复合处理再生是指借助两种或多种再生手段，分成不同阶段对环境矿物材料进行再生处理。这种方法一般适用于结构成分复杂、无法一次实现预期再生效果的材料。复合处理再生可以根据材料成分以及吸附物质类型采取单独的针对性设计。但也因此面临着工艺复杂、再生处理成分高、再生过程难以控制等缺点。

 思考题

1. 超细粉碎和精细分级的定义是什么？
2. 简述超细粉碎加工的设备类型及各自特点。
3. 简述环境矿物材料改性处理方法。
4. 自选一种环境矿物材料，设计一种改性处理方法，并概述这种方法的改性过程以及目的。
5. 简述什么是环境矿物材料再生处理以及再生处理方法。

参考文献

[1] 裴重华，李凤生，宋洪昌，等. 超细粉体分级技术现状及进展 [J]. 化工进展，1994 (5)：1-5，23.
[2] 龚莉. 粉体振动磨机的设计 [J]. 林业机械与木工设备，2013，41 (11)：48-50.
[3] 朱钦龙. 辊式粉碎机 [J]. 饲料世界，1992 (1)：6-7.
[4] 张国旺，黄圣生，李自强，等. 细搅拌磨机的研究现状和发展 [J]. 有色矿冶，2006 (S1)：123-125.
[5] 母福生，董方，史金东，等. 塔式磨机磨矿机理及关键参数研究 [J]. 中国机械工程，2011，22 (7)：815.
[6] 江国源. 高速粉碎机的改进设计及使用试验 [J]. 粉末冶金技术，1988，6 (2)：80-85.
[7] 杨军浩，周一鹏，殷景杰. 高速胶体磨和高压均质机在染料加工中的应用 [J]. 染料与染色，2004，41 (3)：183-185.
[8] 侯庆喜，李栋，卢晓江，等. 挤压磨浆机械及其研究进展 [J]. 中国造纸，2007，26 (4)：47-50.
[9] 高春晖. 气流粉碎机及其在非金属矿行业中的应用 [J]. 非金属矿，1993 (4)：41-42.
[10] 马振华，张少明，陈永有. 离心逆流式超细粉干式分级机的研制 [J]. 南京化工学院学报，1995，17 (1)：91-94.
[11] 陈惊涛. 重力分级机的操作与使用 [J]. 粮食与饲料工业，1995 (10)：24-25.
[12] 刘家祥，徐德龙. 涡流分级机内惯性反旋涡对颗粒分选的影响 [J]. 西安建筑科技大学学报（自然科学版），1998，30 (1)：63-66.
[13] 李真发，陈建义，刘秀林. 二元颗粒的旋风分离效率 [J]. 中国粉体技术，2016，22 (03)：13-18.
[14] 李枫，赵嵘广，邢雷. 水力旋流器内固相颗粒运动行为分析 [J]. 化学工程，2023，51 (07)：55-60.
[15] TOMBÁCZ E A A，SZEKERES M，BARANYI L，et al. Surface modification of clay minerals by organic polyions [J]. Colloids Surf.，A，1998，141 (3)：379-384.
[16] 郑水林，李杨，骆剑军. SLG 型连续式粉体表面改性机应用研究 [J]. 非金属矿，2002，25 (B09)：25-27.
[17] 刘春琦，马天，李钊，等. 天然矿物的机械力化学活化改性研究进展 [J]. 金属矿山，2021 (10)：75-81.
[18] 彭书传，陈冬，张晓辉，等. 有机改性凹凸棒石的性能表征及应用研究 [J]. 合肥工业大学学报（自然科学版），2010，33 (11)：1690-1693.

[19]　陈旭波，胡应模，汤明茹，等．电气石粉体表面改性及其应用研究进展 [J]．无机盐工业，2013，45（5）：5-8.

[20]　DHAR A K，HIMU H A，BHATTACHARJEE M，et al．Insights on applications of bentonite clays for the removal of dyes and heavy metals from wastewater：a review [J]．Environ. Sci. Pollut. Res. Int，2023，30（3）：5440-5474.

[21]　肖力光，张艺超，庞博，等．低温二次焙烧对硅藻土孔径分布及组分的影响 [J]．硅酸盐通报，2018，37（10）：5.

[22]　MIAO S，LIU Z，ZHANG Z，et al．Ionic liquid-assisted immobilization of Rh on attapulgite and its application in cyclohexene hydrogenation. [J]．Phys. Chem. C，2007，111（5）：2185-2190.

[23]　SI J，GUO R，ZHANG Y，et al．Synthesis of Linde A-type zeolite from ball clay with incorporated ruthenium and application in hydrogenation catalysis [J]．Appl. Clay Sci，2023，239，106897.

[24]　TAO R，MIAO S，LIU Z，et al．Pd nanoparticles immobilized on sepiolite by ionic liquids：efficient catalysts for hydrogenation of alkenes and Heck reactions [J]．Green Chem，2009，11（1）：96-101.

[25]　DE PAIVA L B，MORALES A R，DIAZ F R V．Organoclays：Properties，preparation and applications [J]．Appl. Clay Sci，2008，42（1-2）：8-24.

[26]　彭慧蕴，陈吉明，罗利明，等．膨胀蛭石的微波法制备及在建筑节能减碳中的应用 [J]．矿产保护与利用，2022，42（4）：30-37.

[27]　ULLAH Z，HUSSAIN S，GUL S，et al．Use of HCl-modified bentonite clay for the adsorption of Acid Blue 129 from aqueous solutions [J]．Desalin Water Treat，2016，57（19）：8894-8903.

[28]　CALISKAN N，KUL A R．ALKAN S，et al．Adsorption of Zinc（Ⅱ）on diatomite and manganese-oxide-modified diatomite：A kinetic and equilibrium study [J]．Hazard. Mater，2011，193：27-36.

[29]　KNOERR R，BRENDLÉ J，LEBEAU B，et al．Preparation of ferric oxide modified diatomite and its application in the remediation of As（Ⅲ）species from solution [J]．Microporous Mesoporous Mater，2013，169：185-191.

[30]　DU Y，FAN H，WANG L，et al．α-Fe_2O_3 nanowires deposited diatomite：highly efficient absorbents for the removal of arsenic [J]．Mater. Chem. A，2013，1（26）：7729-7737.

[31]　JIANG M Q，WANG Q P，JIN X Y，et al．Removal of Pb（Ⅱ）from aqueous solution using modified and unmodified kaolinite clay [J]．Hazard. Mater，2009，170（1）：332-339.

[32]　SARI A，TUZEN M．Cd（Ⅱ）dsorption from aqueous solution by raw and modified kaolinite [J]．Appl. Clay Sci，2014：88-89，63-72.

[33]　ABOU-EL-SHERBINI K S，WAHBA M A，DRWEESH E A，et al．Zirconia-intercalated kaolinite：synthesis，characterization，and evaluation of metal-ion removal activity [J]．Clays Clay Miner，2021，69（4）：463-476.

[34]　左传潇，司集文，李静瑶，等．水性聚氨酯成膜剂对连续玄武岩纤维性能的影响 [J]．功能高分子学报，2022，35（04）：1-8.

[35]　HAO B，FORSTER T，MADER E，et al．Modification of basalt fibre using pyrolytic carbon coating for sensing applications [J]．Composites，Part A，2017，101：123-128.

[36]　ZHENG Y X，ZHUO J B，ZHANG P．A review on durability of nano-SiO_2 and basalt fiber modified recycled aggregate concrete [J]．Constr. Build. Mater，2021，304：124659.

[37]　韩布兴．超临界流体科学与技术 [M]．北京：中国石化出版社，2005：62.

下篇

环境矿物材料各论

第3章 环境矿物材料治理水污染

水是自然生命、生态系统和人类社会极其重要的生态资源。当前世界范围内对水的需求持续增长，重要淡水储备丧失，以及人口的增加，80%的污染水未经处理就排放到环境中，导致水质退化。水污染已经成为一个全球性的安全问题。因此，清洁用水已被纳入《2030年可持续发展目标议程》。

根据世界卫生组织的记录，每年有82.9万人因饮用水和卫生设施不足而死亡，每年约有357万人死于与水有关的疾病，这些伤亡中大多数是儿童（约220万）。如图3.1所示，《2022年中国环境状况公报》统计，2022年我国地表水监测的3629个国控断面中Ⅰ～Ⅱ类水质断面占87.9%，比2021年上升3.0个百分点；劣Ⅴ类水质断面占0.7%，比2021年下降0.5个百分点，因此我国地表水总体情况堪忧。分析显示，我国水污染主要为化学需氧量（COD）、高锰酸盐指数和总磷。污水是由于水里掺入了新的物质，或者因为外界条件的变化，特别是人类利用水资源的过程中，排泄出来的新物质，进入水体后，对水质和生态产生影响导致水变质不能继续保持原来使用功能的水。

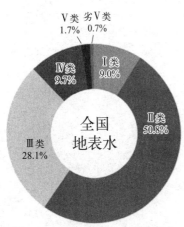

图3.1 2022年我国全国地表水
总体水质状况[1]

污水主要有生活污水、工业废水和农业污水。按照污水来源，污水可以分为四类。第一类：工业废水，来自制造采矿和工业生产活动的污水，包括来自于工业或者商业储藏、加工的废水，以及其它不是生活污水的废水。第二类：生活污水，来自住宅、写字楼、机关或相类似的污水；卫生污水、下水道污水，包括下水道系统中生活污水中混合的工业废水。第三类：商业污水，来自商业设施且某些成分超过生活污水标准的无毒、无害的污水，如餐饮污水、洗衣房污水、动物饲养污水、发廊产生的污水等。第四类：表面径流，来自雨水、雪水、高速公路下水、城市和工业地区的水等，表面径流没有渗进土壤，沿街道和陆地进入地下水。重金属、除草剂、染料、杀虫剂、药品和有机（芳香）化合物是工业废水中常见的污染物。水污染物，包括有机和无机污染物，主要来自工业废水和人类活动，例如过度使用农药和化肥。特别是大量含有有机污染物的工业废水，包括重金属、杀虫剂、生活废弃物、废料、工业排污、洗涤剂等（图3.2），被排放到水体中，这些污染物可能会消耗可用的溶解氧来降解，导致水生生物可利用的溶解氧水平耗尽，并随后威胁到海洋环境。为了保持水资源的清洁和限制高污染废水向水体的排放，近期的研究主要集中在通过经济高效和环境友好的工艺处理工业产生的各种废水。这些污染物对环境构成严重威胁。故水体污染是人类可持续发展过程中亟待解决的重要环境问题之一。

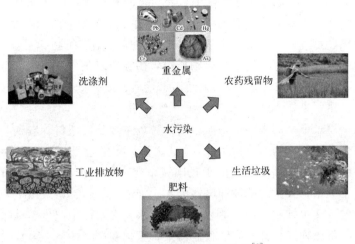

图 3.2　工业废水的典型污染物[2]

下面介绍一下各类废水的特征：

（1）工业废水污染　工业污水是指工业生产过程中产生的污水，其中含有工业生产材料、中间产品、副产品和生产过程中产生的随水流失的污染物。工业废水是水体污染的主要来源，具有范围广、量大、成分复杂等特点。其中一些是剧毒的，很难短期治愈。如电力、矿山等部门的废水主要含有无机污染物，而造纸、纺织、印染、食品等工业部门往往在生产过程中排放大量的废水有机物。工业废水常产生连带的生物需氧量（BOD）超过 2000mg/L，有的达到 3.0×10^4 mg/L，造成微生物降解与环境修复困难。例如氧顶吹转炉炼钢，同一炉钢的不同熔炼阶段，废水的 pH 值可以在 4.0～13.0 之间，悬浮液可以在 250～25000mg/L 之间变化。这一复杂多变的特征使得微生物难以生存。此外，这些废水中的有机物在降解过程中会消耗大量溶解氧，容易导致水质变黑发臭。随着采矿和工业活动的增加，重金属的生产和使用也显著增加，造成湖泊和河流重金属污染严重。由于处理成本高和投资大，工业废水直接排放而不进行处理或排放低于标准，严重污染水资源。

（2）农业污染　农业污染源是指农业生产过程中产生的水体污染源，包括农药、化肥、土壤流失和农业废弃物。例如，化肥和农药的不合理使用会造成土壤污染，破坏土壤结构和土壤生态系统，进而破坏自然生态平衡；降水引起的径流和渗漏将牧场、农场和农副产品加工厂的氮、磷、农药和有机废弃物带入水体，加剧水质恶化，导致水体富营养化。随着化肥施用量的迅速增加，土壤固土耕作质量差，肥料利用率低，土壤和肥料养分易流失，地表水和地下水受到污染。导致产生农业废水的第一个因素是农药。目前我国农药使用量 50 万～60 万吨，品种由 1968 年的 5 种增加到现在近千种。据分析，平均每公顷农药使用量为 2.33kg，有 10%～20% 的农药附着在作物上，而 80%～90% 残留在土壤、水和空气中流失。这些残存农药在灌溉水的淋溶和降水的作用下对水体造成污染。第二个农业污染物是化肥。据统计，中国每年使用化肥 4537 万吨，施用土地面积超过 2.8 亿公顷。这些巨量化肥经地表径流，给水体带来了大量的污染物。化肥从牧场、农副产品加工厂排入水中的有机废弃物，会使水质恶化，造成河流、水库、湖泊等水体污染。

（3）生活污水污染　生活污水是指城市、学校和居民在日常生活中产生的废水，包括厕所排泄物、洗衣洗澡水、厨房和其他家庭排水，以及商业、医院和娱乐场所的排水。我国城市人均日排污量为 150～400L，这些废水中含有大量的有机物，如纤维素、淀粉、糖和脂肪蛋白等，也含有致病菌、病毒和寄生卵。生活废水中也包括无机盐氯化物、硫酸盐、磷酸盐、碳酸氢盐和钠、钾、钙、镁等。生活污水的一般特点是有机物含量高，容易引起腐败，形成恶臭，如硫化氢、硫醇等，这些含硫物质很容易在厌氧条件下滋生。生活污水区一般很泥泞，其 BOD 一般为 300～700mg/L。生活用水量大，成分复杂，未经处理直接进入水体，对水环境造成了严重污染。

(4) 城市生活垃圾带来的水污染　城市生活垃圾主要是废塑料、废纸、碎玻璃、金属制品等城市活动而带来的废弃物。中国人口 14 亿之多，生活垃圾量大，其中城市居民超过 5亿，每人每天产生 1.0kg 生活垃圾。由于我国城市化进程加快，生活垃圾以每年 10％的速度增长。在堆填工程中，大量的酸性和碱性废水，如汞（Hg）、铅（Pb）和镉（Cd），从有毒物质工业和日常生活中排放，渗入地表水或地下水，在水体中产生黑臭味。据统计，我国 60％的河流存在氨氮、挥发组分和高锰酸盐污染，氟化物严重超标。多数沟渠水体失去自净功能，微生物繁殖不可控，生态环境恶化，从而威胁饮用水和农产品的安全。

如图 3.3 所示，Maged[3] 基于已发表文献给出了城市生活垃圾带来的水污染的主要类型，包括重金属、染料及废药物等，来自工业、畜牧及人类日常生活等多个方面。工业的快速发展和人口增长提升了人们对清洁水资源的需求。随着有毒、有害和持久的水污染物的排放，这种情况正在变得更糟，加剧了水资源短缺，成为几乎所有国家都在某种程度上遇到的更大挑战。

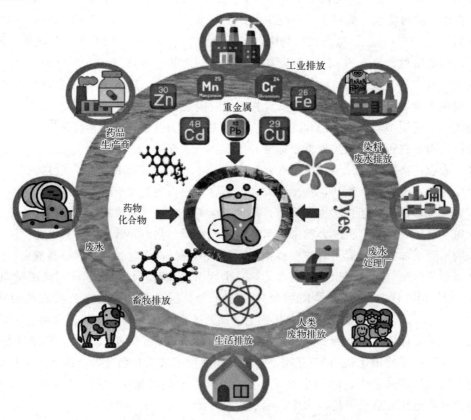

图 3.3　城市生活垃圾带来的水污染的典型污染物[3]

3.1 水污染现状与水退化

全球水污染形式严峻，但我国在水治理方面取得一定成效，例如：2022年，全国统计调查的涉水工业企业废水治理设施共有72854套，化学需氧量去除率为97.9%，氨氮去除率为98.9%；截至2022年底，全国城市污水处理厂处理能力为2.15亿立方米/日；污水排放总量为639.3亿立方米，污水处理总量为625.8亿立方米，污水处理率为97.9%。

3.1.1 全球水资源形势

地球表面的72%被水覆盖，但是淡水资源仅占所有水资源的0.75%，有近70%的淡水固定在南极和格陵兰的冰层中，其余多为土壤水分或深层地下水，不能被人类利用。地球上只有不到1%的淡水或约0.007%的水可被人类直接利用，而中国人均淡水资源只占世界人均淡水资源的四分之一。地球的储水量是很丰富的，共有14.5亿立方千米之多。地球上的水，尽管数量巨大，但是能直接被人们生产和生活利用的，却少得可怜。首先，海水又咸又苦，不能饮用，不能浇地，也难以用于工业。全球淡水资源不仅短缺而且地区分布极不平衡。按地区分布，巴西、俄罗斯、加拿大、中国、美国、印度尼西亚、印度、哥伦比亚和刚果9个国家的淡水资源占了世界淡水资源的60%。约占世界人口总数40%的80个国家和地区约15亿人口淡水不足，其中26个国家约3亿人极度缺水。更可怕的是，预计到2025年，世界上将会有30亿人面临缺水，40个国家和地区淡水严重不足。

许多人把地球想象为一个蔚蓝色的星球，其72%的表面覆盖水。其实，地球上97.5%的水是咸水，只有2.5%是淡水。而在淡水中，将近70%冻结在南极和格陵兰的冰盖中，其余的大部分是土壤中的水分或深层地下水，难以供人类使用。江河、湖泊、水库及浅层地下水等来源的水较易于开采供人类直接使用，但其数量不足世界淡水的1.0%，约占地球上全部水的0.007%。全球每年地表上的降水量约110万亿立方米，扣除大气蒸发和被植物吸收的水量，世界上江河径流量约为42.7万亿立方米。按世界人口计算（1995年），每人每年可获得的平均水量为7300m³，基于2023年统计的世界总人口量，这一数字降低近一成。随着人口的增长及人均收入的增加，人们对水资源的消耗量也加速增长。因此，要加强保护水资源意识，不要让"最后一滴水成为我们的眼泪"。

据联合国教科文组织统计资料，全球人口以50亿～60亿计算，人均占有水量约为8000～10000t。1997年"第一届世界水论坛"报告说，由于世界水资源消费量急剧增加6倍，人均淡水占有量已降到4800m³，相对于1995年7300m³，两年之内减少了近4成。由于淡水量分布不平衡，有60%～65%以上的淡水集中分布在9～10个国家，例如俄罗斯、美国、加拿大、印度尼西亚、哥伦比亚、奥地利等。其中奥地利每年有840亿吨水可满足欧盟3.7亿人口的用水需求，供水收入达10亿欧元/年。而其他占世界人口总量40%的80多个国家为水资源匮乏国家，其中有近30个国家为严重缺水国，非洲占有19个，像卡塔尔仅有91m³，科威特为95m³，利比亚为11m³，马耳他为82m³，成为世界上四大缺水国。遗憾的是几个富水国，如美国、日本等，其水资源消费急剧上升。像美国纽约人均日耗水量为600～800L，日本大阪为575L，法国巴黎443L，意大利罗马为435L，这些数据体现了水资源分配极为悬殊。即便在一定范围进行重新分配，其成本也是极高的。人类要找到一种理想的水替代品，要比寻找石油和木材等资源的替代品困难得多，尽管许多缺水国家已经开始海水淡化工作，但目前在资金和技术上都还远远无法解决水资源短缺问题。

除了以上情况，还有其他一些因素加剧了全球性的水资源危机：①人口的增长使淡水供应紧张。随着人口的增加，工业、农业和其他生活用水量不断扩大，但人类的取水量增长缓慢，导致人均用水量下降。据有学者预测，到21世纪末，人类的人均占水量将下降24%，像非洲的肯尼亚、尼日利亚等一些国家，人均用水量将下降40%~50%。②生态环境的破坏使陆地淡水急剧减少。森林被毁、土壤退化等导致地面对水的吸收保护能力下降，雨季大水泛滥，而旱季严重缺水，使得各地灾情不断，比如我国西南旱灾、南方洪灾，还有国外一些地区雨季洪水泛滥，使得居民的生活受到严重影响。③水资源遭到污染，造成水质量下降。随着现代工业、农业的发展，全球水污染变得日益严重，天然水资源被工业废水、农业废水以及生活污水所污染。大量河流、湖泊的水已不再适于人类生活使用，地下水也在不同程度上受到污染。非洲的尼罗河、美洲的亚马孙河、亚洲的长江等世界著名河流都已经在不同程度上受到污染。④使用管理不当导致水资源的浪费。人们在用水方面还存在很大的浪费，一些水利设施在设计管理使用上不合理，造成大量水资源浪费。从目前来看，水资源缺乏是一个全球性问题，但最为突出的是国家和地区性水资源短缺问题。非洲水资源缺乏比较严重，据预测，6个东非国家和5个邻地中海的北非国家都属于严重缺水的国家，三分之二的非洲地区每年都将面临干旱的威胁。亚洲本是个水资源丰富的地区，但由于人口增长和工农业的发展，也将成为一个水资源紧缺的大陆。一些国际水资源专家的研究报告指出，到22世纪，亚洲大多数国家将会面临缺水问题。南亚地区干旱日益严重，由于大量抽取地下水，印度、巴基斯坦、孟加拉国等地下水资源面临枯竭。中国水资源总量居世界第六，但人均水占有量仅为2400m^3，居世界第109位。中国600多个城市中300多个城市缺水，北方有9个省市人均占水量还不到500m^3，远不到国际规定的最低标准（1000m^3），被列为世界贫水国之一。拉美也是水资源丰富的地区，但由于分布不均，美国西部各州以及墨西哥北部缺少水资源，墨西哥城长期供水困难，大量开采地下水已经使这座古老的城市平均每年下降17cm。由于水资源越来越缺乏，水的质量越来越恶化，水资源变得日益珍贵，所以水资源成为人类生存和发展越来越重要的战略资源。因此，它会像石油等战略物资一样引起国家间的争夺和冲突，引发一系列与水有关的具体问题。

3.1.2 中国水污染现状

我国水资源总量约为2.8124万亿立方米，占世界径流资源总量的6.0%。但我国又是用水量最多的国家，1993年全国取水量（淡水）为5255亿立方米，占世界年取水量12%，由于人口众多，我国人均水资源占有量为2500m^3，约为世界人均占有量的1/4，被列为世界几个人均水资源贫乏的国家之一。另外，我国属于季风气候，水资源时空分布不均匀，南北自然环境差异大，其中北方9省区，人均水资源不到500m^3，实属水少地区。特别是近年来，城市人口剧增，生态环境恶化，工农业用水技术落后，浪费严重，水源污染，更使原本贫乏的水"雪上加霜"，而成为国家经济建设发展的瓶颈。据最近有关媒体报道，我国364个县级以上城市缺水，日缺水量达1300万立方米，年缺水量达58亿立方米，严重缺水城市涉及17个省区，同时有362亿吨污水被排放（其中80%未经处理）。据报道，全国1200条河流，有850条受到污染，足以说明我国水源污染的严峻形势。

我国的水环境目前面临4个主要问题：水体污染、河湖萎缩、地下水超采和水土流失。水体受到人类活动的影响而使水的感观性、物理性质、化学成分、生物组成以及底质状况等发生恶化的现象称为水体污染。水体污染使水的使用价值降低，给水生生物和用水者造成危害，并加剧水资源短缺，是当今最突出的环境问题之一。由于人类社会的发展，工农业和生活用水不断增加，水资源开发力度不断加大，河流天然径流不断减少。水土资源开发利用不尽合理而导致的部分江河断流及部分平原地区的河湖萎缩退化已经成为又一个严重的水环境问题。由于地表水资源贫乏和水污染加剧，一些地区对地下水进行掠夺式开发。当在一定时期和开采水平下，多年平均地下水开采量超过可开采量，会造成地下水位持续下降，或称为地下水超采。在水力、风力、地震、开垦等外部因素的作用下，造成水土资源和土地生产力破坏和损失的现象称为水土流失。水土流失会导致土地资源破坏，耕地养分流失，减少农业耕作面积；山洪泥石流灾害加重，威胁人民生命财产的安全；氮磷和农药进入水系，污染水源等严重的环境问题。值得注意的是这些环境问题往往相互交叉、互为因果，如河湖萎缩退化会降低水体自净能力，加重水体污染；地表水体污染会促使地下水超采和污染；水土流失也会导致水体污染等。

我国水环境问题产生的原因是多方面的，但主要是人类主观因素的影响。长期以来，我国经济增长方式粗放，企业单纯追求经济效益，忽视环境效益和生态效益；建设观念有待更新，建设过程单纯追逐人类获益，不能很好地融入生态友好的理念和技术。区域经济发展和区域环境容量不相适应，也是造成水环境污染的重要原因。以往在确定地区产业发展方向、地区生产力布局时，往往忽视区域环境容量。我国主要江河出现的严重流域性水污染，在很大程度上与流域产业结构和布局不合理有直接关系。自然因素的影响在一定程度上加重了水环境问题的恶化。全球气候变暖导致降水量、蒸发量急剧变化，往往带来旱涝灾害、地下水位下降等问题，同时使地表水体自净能力降低，使水环境恶化。我国水资源地区分布不均，南多北少，相差悬殊，水资源分布与人口、经济和社会发展布局极不协调。北方黄河、淮河、海河、松辽河以及内陆河等流域，总人口占全国的 47% 左右，耕地面积占 65% 以上，GDP 占全国的 45% 以上，而水资源却只占全国水资源总量的 19%，人均占有量仅为南方地区的 1/3，具体表现在以下 4 点：

① 过度开发利用水资源。全国河道外总供水量扣除重复利用水量后的河道外供水消耗量为 4052 亿立方米，相当于全国水资源可利用总量的 49.8%。虽然总体上开发利用程度尚未超过水资源可利用总量，但区域之间差异很大，北方地区普遍存在水资源开发利用过度问题，部分地区已十分严重。

② 挤占河道内用水。北方地区挤占河湖湿地问题十分突出。据调查，20 世纪 80 年代以来，我国特别是北方河流实测径流量较其天然径流量均呈显著的减少趋势，有的河段甚至常年干涸。长期累积性过度开发利用水资源，已导致这些河流和相关地区环境严重退化，其中海河、黄河、辽河、西北诸河区中水资源禀赋条件较差，水资源开发利用程度较高河流（水系）的经济社会用水挤占河道内环境用水，一般约占其环境需水量的 20%～40%。

③ 地下水严重超采。由于地表水资源短缺或遭到严重污染，我国许多地区不得不依靠过度开采地下水维持经济社会发展。北方地区地下水资源开发利用程度普遍较高，特别是近30 年来开采量增长过快，超采十分严重。据调查，全国目前已形成深浅层地下水超采区 400多个，主要分布在北方地区，其中海河平原地下水超采尤为严重。

④ 引发生态环境问题。许多地区出现河口淤积萎缩、地下水位持续下降、地面沉降、海水入侵、土地沙化等一系列与水有关的生态环境问题。据调查，北方地区的黄河、淮河、海河、辽河 4 个水资源一级区入海水量，河西走廊及新疆内陆河常年处于干涸状态，导致林

草干枯、土地沙化、绿洲退化等严重生态后果。

3.1.3 水退化问题

水环境退化（degradation of water environment）是指由人类的活动引起河流、湖泊、海洋等水体质量下降的现象。这种变化直接或间接地影响到人类生活、社会经济和生态系统。对于人体而言，退化的水实际上是一种"病态"的水，不仅不适应人体的需要，而且会对人体产生不良影响。长期饮用这种"病态水"，会使人的免疫功能、代谢疾病罹患率增加，这些疾病都属于营养障碍代谢病。水环境退化的特征表现为：水环境容量减少，水体自净能力降低，水质变差，湖泊富营养化，生物多样性锐减或生物群落组成发生变化，以及在农业、工业、渔业、航运、旅游、水土保持等方面功能的降低。水环境退化的原因除了自然界的变化以外主要是人类活动的影响，如水资源的不合理开发利用。污染物的超标排放引起水质变坏，大型水利工程的修建可能引起水文情势变化的负面影响，土地围垦、森林砍伐加剧了水土流失和洪涝灾害等。水环境的退化影响了水生态环境，降低了水环境的使用价值，增加了处理的费用。

3.1.4 主要水污染物

（1）有机污染物质（染料和抗生素） 常见有机污染物：挥发酚、有机磷农药（OPP）、有机氯农药（BHC、DDT）、多氯联苯（PCBs）等 28 种，挥发性有机物（VOCs）等 54 种，半挥发性有机物（SVOCs）等 35 种[4]。染料被广泛应用于食品、纺织、医药和化妆品等行业，具有色度高、毒性大、化学性质稳定、成分复杂、难降解等特点，一般很难通过水体自净能力降解，影响水生动植物和人体的生命健康。抗生素是生物在生命活动过程中所产生的，能在低浓度下有选择地抑制或影响其他生物功能的有机物质。自 1929 年 Fleming[5]发现青霉素以来，人类开始广泛使用抗生素，并用于畜牧业和水产养殖业。抗生素成为药物和个人护理用品中对人和环境潜在危害最大的污染物之一，抗生素滥用也引发了一系列环境问题，引起了全世界的广泛关注[6]。

（2）无机阴离子（磷酸盐、氮、氟化物等） 各种酸、碱、盐等无机物进入水体（酸、碱中和生成盐，它们与水体中某些矿物相互作用产生某些盐类），使淡水资源的矿化度提高，影响各种用水水质。盐污染主要来自生活污水和工矿废水以及某些工业废渣。另外，由于酸雨规模日益扩大，造成土壤酸化、地下水矿化度增高。常见的有硫酸盐、氰化物、氟化物、氯化物、硼、溴化物、碘化物、碳酸盐（CO_3^{2-}）、硒等。

（3）重金属阳离子（铅、铜、锌、镉、铬等）以及放射性核素 放射性污染是放射性物质进入水体后造成的。放射性污染物主要来源于核动力工厂排出的冷却水，向海洋投弃的放射性废物，核爆炸降落到水体的散落物，核动力船舶事故泄漏的核燃料；开采、提炼和使用放射性物质时，如果处理不当，也会造成放射性污染。水体中的放射性污染物可以附着在生物体表面，也可以进入生物体蓄积起来，还可通过食物链对人产生内照射。重金属水污染是指相对密度在 4.5 以上的金属元素及其化合物在水中的浓度异常使水质下降或恶化。相对密度在 4.5 以上的重金属，有铜、铅、锌、镍、铬、镉、汞和非金属砷等[7]。污染物特性：①重金属在水中，主要以颗粒态存在、迁移与转化，其过程复杂多样，几乎包括水体中各种物理、化学和生物学过程；②多数重金属元素有多种价态，有较高活性，能参与各种化学反应，有不同的化学稳定性和毒性，环境条件的改变，其形态和毒性也发生变化；③重金属易被生物摄食吸收、浓缩和富集，还可通过食物链逐级放大，达到危害顶级生物的水平；④重金属在迁移转化过程中，在某些条件下，形态转化或物相转移具有一定的可逆性，但重金属是非降解有毒物质，不会因化合物结构破坏而丧失毒性；⑤重金属元素之间存在拮抗作用与协同作用。

3.2 环境矿物材料治理水污染研究与应用

目前，常见的水污染物（如有机分子、油类污染或重金属离子）从工业中随意排放到生态系统中已成为一个首要的环境问题。未经净化的水进入土壤或地下水，由于含有剧毒或不可生物降解的成分，不仅危害动植物，而且危害人类健康。因此，迫切需要开发先进的材料或多用途的环境修复技术。

近年来，矿物材料由于具有高比表面积或可控的表面化学性质，成为环境污染修复领域的一颗新星。值得注意的是，矿物材料直接作为水修复材料应用于水净化时可能不方便使用，而且大多数矿物材料还可能对生态系统和人体健康构成潜在的安全风险。考虑到可回收和安全应用，这些材料比传统的污水处理材料表现出更突出的性能。这类材料更容易收集，在重金属离子吸附、有机污染物去除和油水分离等许多应用中更为重要。在土壤和水中最广泛使用和有效吸附重金属的黏土矿物是膨润土、蒙脱土和凹凸棒土。这些已被证明在吸附土壤、废水、污泥和合成污染溶液中的不同类型的重金属方面是有效的。这些黏土矿物经常被使用，因为它们具有高的比表面积（SSA）、阳离子交换容量（CEC）和一定的水化/加热膨胀能力。

黏土矿物主要是层状硅酸盐矿物，其特征是由一个或两个硅-氧四面体（SiO$_4$）层与一个铝（镁）-氧八面体（AlO$_6$等）形成堆叠。SiO$_4$四面体薄片有一个Si$_2$O$_6$(OH)$_4$单元，由四个羟基组成，以四面体排列围绕每个硅原子。相比之下，八面体排列是由铁、镁或铝原子被六个羟基或氧原子包围，如Al$_2$(OH)$_6$。矿物通常有三种不同的内表面、边缘及外表面。在离子交换和吸附过程中，层间和外表面特性容易发生变化。大多数黏土矿物由于同形取代而产生少量的净负表面电荷。此外，黏土矿物的颗粒边缘可能会根据悬浮液的pH值产生电荷，这是原生键（如Si—O和Al—O）断裂造成的。矿物具有多种物理性质，如颗粒细度、硬度、塑性、结合性好，收缩率适宜，耐火度高，表面装饰能力强等。矿物具有较小的颗粒尺寸和较高的比表面积，这是其复杂的多孔结构导致的，有利于与溶解物质发生物理和化学相互作用。这些相互作用是由结晶性、静电排斥、吸附和一些阳离子交换反应引起的。高孔隙表面积表明黏土表面具有较高的结合力。根据矿物内层结构的不同，可将其分为无定形和结晶两种类型。结晶矿物的晶体结构可分为1∶1型层（高岭石）、1∶1型管状（埃洛石）、2∶1型层（蒙脱石、蛭石）、规则混合层型（绿泥石群）和2∶1型层链型（凹凸棒石、海泡石）。随着对矿物材料晶体结构、表面活性、化学组成、孔道结构、纳米效应等物理化学特性和改性技术研究的深入，纳米矿物材料在污染治理和环境修复领域发挥了独特的作用[8]，如图3.4所示。

图3.4 坡缕石处理工业废水设计示意图[9]

3.2.1 天然环境矿物（岩石）材料处理废水

天然矿物是指在地壳各种物质的综合作用（地质作用）下形成的天然单质或化合物，并具有化学式表达的特有的化学成分和相对固定的化学成分。天然黏土矿物材料由于其独特的结构（纤维状、管状及层状），可以捕获易燃挥发物、阻隔热和质的传递。天然多孔矿物在孔隙结构、吸附特性、离子交换特性、催化特性、微溶效应等多方面呈现明显特殊性和优异性。天然矿物包括铁氧化物、沸石、铝土矿、黏土类等，会裸露出各种不同的优势晶面，具有丰富的表面活性位点，构成不同的催化活性中心，还具有不同价态金属元素，在电子转移方面具有先天优势，可以作为活性组分催化剂或载体参与催化氧化反应；另外，其在自然界储量巨大，价格低廉，利用天然矿物作为高级氧化催化剂具有非常大的潜力。由于天然矿物的广泛存在和经济优势突出，学者们开展了大量天然矿物作为污水处理技术研究。天然多孔矿物的资源特性和环境属性非常适合于我国废水的应用条件，具有重要的研究和经济意义。下面主要从天然多孔矿物处理废水中染料、微生物以及有机污染物、重金属、放射性核素四方面重点论述，为天然多孔矿物在污水处理研究中使用提供必要的技术依据。

3.2.1.1 有机污染物质（染料和抗生素）

武汉大学常春雨等报道了一种利用可再生薄膜纤维素纳米晶体（TCNCs）和低成本的坡缕石（Pal）配方制备坚固膜的方法——功能性油/水乳液分离。TCNC/Pal膜具有厚度可调的纳米孔结构，表面具有超亲水性和水下超疏油性，可有效分离具有高水通量和高排油性能的"微纳乳液"。所得膜具有高的机械强度，良好的可回收性，以及在恶劣条件下良好的稳定性。更重要的是，TCNC/Pal薄膜可以去除油水分离过程中的水溶性污染物（染料或重离子），引领多功能水净化，如图3.5所示。

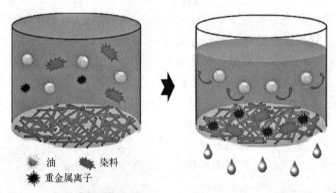

油　　　染料

重金属离子

图3.5　TCNC/Pal薄膜去除油水分离过程中的水溶性污染物示意图[11]

坡缕石是一种价格低廉、化学性质相互作用的矿物，具有带状层链结构，宏观上呈层棒状晶体。由于其多孔结构、吸附阳离子和较大的比表面积，可作为去除溶液中染料和重离子的吸附剂。然而，由于纳米棒之间的氢键和范德华相互作用，Pal以聚集体的形式存在。被囊状纤维素纳米晶体（TCNCs）是通过硫酸水解从无根海洋生物的地幔中分离出来的，由于其表面存在负电荷，因此在水中分散良好。因此，在混悬液中加入TCNCs可以显著改善Pal的分散性。通过简单的真空辅助过滤TCNC/Pal悬浮液在支撑膜上制备了超亲水和水下超疏油的TCNC/Pal膜。操作方法是在TCNC悬浮液（250mL）中加入一定量的Pal粉末，然后在25℃下超声处理混合悬浮液1.0h。在0.5bar压力下过滤后，将悬浮液（1.0mL）在

TCNC/Pal 重量比分别为 0、0.5、1.0 和 2.0 的空气中干燥后转化为复合膜。为了控制 TCNC/Pal 膜的厚度，用于制造膜的 TCNC/Pal 悬浮液（TCNC/Pal 重量比：1.0）的剂量从 $0.17g/m^2$（1.0mL）到 $10.88g/m^2$（64.0mL）不等，装置如图 3.6 所示。

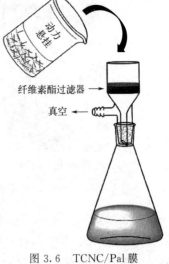

图 3.6 TCNC/Pal 膜
制备装置示意图[10]

采用豆油、泵油、己烷、异辛烷 4 种油制备微乳液（油滴直径为 $1.0 \sim 100\mu m$）和纳米乳液（油滴直径 $< 1.0\mu m$），并根据前期工作制备表面活性剂稳定乳液。油水分离试验在真空过滤装置上进行，有效过滤面积为 $13.85cm^2$。在一个典型的分离过程中，在 0.5bar 的压力下，将 150mL 乳剂倒入膜上，然后水迅速渗透通过膜，滤液被容器收集，用于评估水通量和排油率。

根据式（3.1），以滤液的体积计算 5min 内的水通量 J $[L/(m^2 \cdot h \cdot bar)]$：

$$J = V/At\Delta P \qquad (3.1)$$

式中，V 为渗透水的体积；A 为有效过滤膜面积；t 为渗透时间；ΔP 为膜上的吸力压力。

弃油量 R_1 根据式（3.2）计算：

$$R_1 = (1 - C_f/C_0) \times 100\% \qquad (3.2)$$

式中，C_f 和 C_0 分别为油渗透浓度和原始乳化液浓度，mg/mL。采用红外分光光度法测定了含油量。

为测试 TCNC/Pal 膜的循环性能，根据上述方法测定了膜的水通量和排油率，并在循环结束后用乙醇洗涤膜。为研究 TCNC/Pal 膜在恶劣环境下的稳定性，将 TCNC/Pal 膜分别浸入 NaOH（1.0mol/L）、HCl（1.0mol/L）和 NaCl（1.0mol/L）水溶液中，测量其水下-油接触角。

针对 TCNC/Pal 膜在多功能水处理中的应用，对油水分离过程中亚甲基蓝（MB）和重金属离子等水中污染物进行了去除研究。分层的油/水混合物可以很容易地通过不同的颜色来区分，其中上层是苏丹Ⅲ染色的异辛烷（红色），下层是含有 MB 的水（蓝色）。经 TCNC/Pal 膜过滤后，滤液呈无色，红色层不能穿透膜，说明在油水分离过程中，膜对 MB 有效吸附，油相被膜有效剔除。而在油水混合物的分离过程中，支撑膜（纤维素酯）几乎不能去除 MB，表明 TCNC/Pal 膜对水中 MB 的去除起主导作用。此外，在油水分离过程中，TCNC/Pal 膜除能去除 MB 外，还能去除部分有毒重金属离子。图 3.7（c）显示了 TCNC/Pal 对各种水污染物的去除率。在油水分离过程中，MB、Cr^{3+}、Mn^{2+}、Fe^{3+}、Ni^{2+} 和 Cu^{2+} 的去除率分别为 $97.63\% \pm 0.03\%$、$55.91\% \pm 0.34\%$、$62.13\% \pm 0.84\%$、$77.00\% \pm 0.44\%$、$61.39\% \pm 0.38\%$ 和 $88.72\% \pm 0.28\%$。实验结果表明，在油水分离过程中，TCNC/Pal 膜可以同时降低水相中各种污染物的浓度。

Ahmad 等[12] 采用凝胶铸造技术研究了球泥膜作为水过滤材料（MAM）。凝胶浇铸是将赛永球黏土与溶剂、单体、分散剂、引发剂和催化剂按一定比例混合，在 1300℃ 的烧结温度下，通过控制凝胶浇铸单体（5、10、15、20）的比例，设计并制备管状膜。在不同比例的 MAM 下进行了物理测量（收缩率、表观孔隙率、容重）、微观结构分析、过滤过程

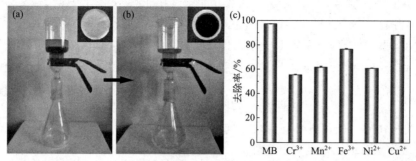

图 3.7　油/水混合物分离前（a）和后（b）过滤设备和膜的照片，其中油（异辛烷）和水分别用苏丹红Ⅲ和亚甲基蓝染色；（c）油水分离过程中 TCNC/Pal 膜对 MB 及各种金属离子的去除率[10]

（流速）和水质评价（pH、颜色、COD、SS）。用阿基米德法测定了膜的孔隙率和密度。利用 FESEM 研究了单体含量对膜微观结构的影响。实验表明，在 1300℃下烧结 20min，含 5％ MAM 的赛永球泥凝胶铸件的表观孔隙率和容重分别为 15.39％和 1.87g/cm³。与其他产品相比，它以最低的悬浮固体（192mg/L）、最低的 COD（4mg/L）和大多数无色（1.1 加德纳单位）过滤废水改善水质。

Zhao 等[13] 研究利用多价离子凝胶化的方法，将水滑石包封在海藻酸盐基质中，以避免柱膜的堵塞，制备了具有不同 Mg/Al 比例的水滑石。对间歇式反应器中甲基橙（MO）的吸附动力学和等温线进行了分析。通过 DRX 对 LDH 粉末吸附 MO 前后进行分析，用以确定其结构，更好地了解 MO 吸附机理。结果表明，水滑石和混合水滑石/海藻酸盐珠能有效去除 MO。然而，包封过程略微降低了批处理体系的吸附量，并且扩散系数与颗粒大小有关。作者进行填充柱实验，考察和模拟了流速和初始染料浓度对突破曲线的影响。在动态系统中，由于吸附量急剧下降，扩散机制似乎是一个限制因素，基于菲克第二定律的扩散模型最符合实验结果。

袁东课题组[14] 采用焙烧锌镁铝水滑石降解甲基橙（MO）。采用 XRD、SEM、FT-IR 对吸附剂进行了表征。结果表明：在 500℃下煅烧 5h 后，ZnMgAl 层状结构消失，吸附 MO 阴离子后恢复为层状水滑石结构；讨论了溶液初始 pH 值、吸附剂用量、溶液初始浓度等对吸附行为的影响。吸附动力学过程分别用拟一级方程、拟二级方程和颗粒内扩散方程拟合，发现二级方程拟合效果较好。MO 的平衡等温线可以用朗缪尔（Langmuir）模型和弗化德利希（Freundlich）模型描述，但更符合 Langmuir 模型（$R_2 > 0.98$）。吸附实验表明，ZnMgAl 水滑石对废水中的甲基橙有良好的吸附能力。

Grabka 等[15] 研究了 prometryn [4,6-双异丙胺基-2-甲巯基-1,3,5-三嗪] 在埃洛石矿物上的吸附行为，以考虑该吸附剂在水净化中的应用。通过 ASAP、SEM/EDS 对不同活化方式的埃洛石进行了表征。采用间歇式和流动系统，采用 prometryn 水溶液，研究了两种系统的各种参数。吸附量是吸附质浓度、最佳接触时间、最佳剂量和吸附剂破碎度的函数。结果表明：当 pH＝5 时，96％ H_2SO_4 对埃洛石的吸附性能最好。这种吸附符合 Langmuir 和 Freundlich 模型，与拟二级动力学模型吻合较好。还研究了埃洛石中 prometryn 的解吸。研究发现 96％ H_2SO_4 处理的埃洛石具有去除水中杂质如 prometryn 的巨大潜力。

水滑石沉淀法是一种很有前途的酸性矿井水现场处理技术[16]。该技术的基础是水滑石的合成，可以有效地去除各种污染物。然而，水滑石沉淀对酸性矿山废水（acid mine drainage，AMD）中硫酸盐的去除能力有限。因此，本书评估了生物硫酸盐还原与水滑石沉淀耦合以最大限度地去除硫酸盐的可行性。采用水滑石沉淀法首次处理了某金矿（pH 4.3，硫酸盐2000mg/L，含 Al、Cd、Co、Cu、Fe、Mn、Ni、Zn 等多种金属）产生的 AMD。随后，在乙醇流化床反应器（FBR）中对水滑石沉淀后出水进行生物处理，水力停留时间（HRT）为 0.8~1.6d。水滑石沉淀很容易中和 AMD 的酸性，去除 10%的硫酸盐和 99%以上的 Al、Cd、Co、Cu、Fe、Mn、Ni、Zn。经过 FBR 处理后，总体硫酸盐去除率提高到73%。基于 16SrRNA 基因的 454 焦磷酸测序，鉴定出硫酸盐还原菌属包括 Desulfovibrio、desulfoicroum 和 Desulfococcus。本研究表明，水滑石沉淀与生物硫酸盐相结合可有效处理富硫酸盐型 AMD。

Sidarenka 等[17] 以工业水滑石 $Mg_6Al_2(CO_3)(OH)_{16}\cdot 4H_2O$ 为吸附剂，研究其对粪便指示菌大肠杆菌 BIM B-378 和粪肠球菌 BIM B-1530 的水净化效果，如图 3.8 所示。研究结果表明，在高细菌负荷（2×10^{10} CFU/L）下，将水滑石（5g/L）悬浮液暴露 4h，可去除水中约 40%的大肠菌群和 25%的肠球菌，并且当水中同时存在大肠杆菌和粪肠杆菌时，大肠杆菌和粪肠杆菌的去除效率没有显著变化。此外，随着悬浮液中水滑石浓度（0.5~10g/L）的增加、接触时间（1~7h）和 pH（5.5）的降低，细菌去除率也随之增加，在较低的培养温度（16℃）下，细菌去除率降低。最后，水滑石不表现出杀菌活性，细菌的滞留是可逆的。因此，商业合成水滑石有可能用于细菌污染的水处理技术。

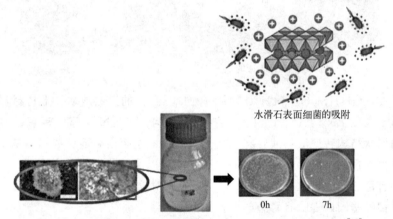

水滑石表面细菌的吸附

图 3.8　合成水滑石作为纳米吸附剂用于去除污染水中的细菌[17]

3.2.1.2　重金属阳离子（铅、铜、锌、镉、铬等）以及放射性核素

Mantia 等[18] 制备了两种不同的类水滑石化合物，并将其用电化学法去除水溶液中极毒污染物阳离子［如 Cd（Ⅱ）、Pb（Ⅱ）］，并对其进行后续回收，以获得进一步的潜在应用。通过沉积在水滑石电极上，可以去除初始 5.2mmol/L 的 $CdCl_2$ 溶液中 75%的 Cd（Ⅱ），随后回收并在一步中浓缩至 14.3mmol/L。Pb（Ⅱ）的去除率几乎达到 100%。它的恢复在很大程度上阻碍了几个惰性相的形成，其中有一些稳定的羟基碳酸盐的形成。我们的研究结果表明，通过电沉积和吸附两个平行过程的结合，类水滑石化合物可以去除这些污染物。对 Cd（Ⅱ）和 Pb（Ⅱ）的去除率可达 763mg/g 和 1039mg/g，表明这种新方法可能是传统吸附废水处理的环保替代方案。

华南理工大学吴平霄等[19] 采用水热工艺重新排列埃洛石层，并暴露丰富的铝醇基团，如图 3.9 所示。随着偏硅酸钠比例的增加，硅酸钠逐渐形成。同时，形成了一个均匀的蘑菇状结构，从孔口延伸到中空管的中间，最终形成一个球体。一方面，部分埃洛石管破裂，膨胀成片层状，最终形成一个小球体。偏硅酸钠使埃洛石管内表面的 Al—O—Si 基团断裂，形成许多铝醇基团。另一方面，埃洛石的平均孔径增大，表明大量的埃洛石中孔变为地开石大孔。因此偏硅酸盐首先与埃洛石管内部的铝醇基团结合时，埃洛石管展开成片状。改性后的埃洛石对 Pb^{2+}、Cd^{2+} 和 Cr^{3+} 的吸附能力分别提高了近 20、12 和 10 倍，比天然埃洛石矿物的吸附能力强。

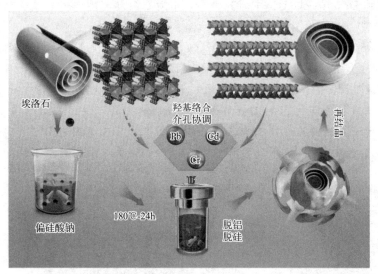

图 3.9　埃洛石纳米管的展开及其在重金属离子去除中应用[19]

埃洛石 $[Al_2(OH)_4Si_2O_5 \cdot nH_2O]$ 是一种广泛存在的天然纳米黏土材料，具有卷曲管状结构。它属于高岭土族，具有 1:1 型二八面体结构。当硅氧键靠近铝氧键时，晶格配位错乱，原来的层状结构转变成卷曲管状结构。其内表面主要由高活性的铝醇基团组成，而其外表面则由硅氧惰性羟基组成。黏土表面的铝醇基团可以通过分子间相互作用，即介孔配位和羟基络合去除有毒金属。相比之下，Si—O—Si 基团对这种金属离子的能力较差。因此，暴露和重新调整铝醇基团以去除有毒金属变得至关重要。

埃洛石的异构体地开石 $[Al_2Si_2O_5(OH)_4]$ 在其表面具有属于高岭土基团的铝醇基团。它也具有 1:1 型二八面体结构，但具有二维互联通道。与埃洛石相比，地开石具有更小的层间距和比面积，而其表面位点具有更高的活性和对微量金属的固定意义。由于地开石具有丰富的层间铝硅酸盐，因此其表面具有大量的羟基和丰富的接触位点。这些层通过共享相同的氧原子，遵循二氧化硅四面体（T）层和氧化铝八面体（O）层的特定排列。大约三分之一在这些八面体的中心是中空的，形成一个四面体的腔框架。此外，所有层通过相对稳定的氢键在二氧化硅四面体（T）层和氧化铝八面体（O）层之间通过 TO—TO 编组顺序与周围层结合。最重要的是，如果我们能将 Hal 转化为地开石，铝醇基团将暴露并重新排列。图 3.10 是吴课题组给出的埃洛石和地开石 TEM 图像和点阵条纹，从微观揭示了相关物相变化规律与吸附机制[19]。

吴平霄等[19] 给出的吸附实验的具体过程：吸附实验在十通道磁力搅拌器（MS-M-S10 型号）上进行。以 Pb^{2+}（1.45mmol/L）、Cd^{2+}（0.90mmol/L）和 Cr^{3+}（1.92mmol/L）为溶

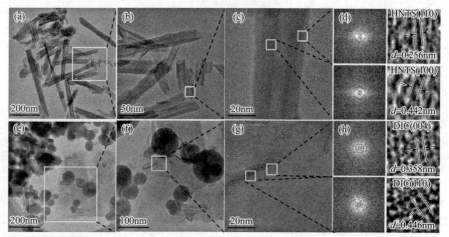

图 3.10 埃洛石 [(a)~(d)] 和地开石/1∶1 [(e)~(h)] 的 TEM 图像和点阵条纹

液，研究了 pH、配比效应和吸附动力学。达到预定反应时间后，用 $0.45\mu m$ 膜过滤溶液。

吴平霄等[19] 还研究了 Pb^{2+} 溶液（0.48mmol/L、0.96mmol/L、1.45mmol/L、1.92mmol/L、2.40mmol/L）、Cd^{2+} 溶液（0.36mmol/L、0.72mmol/L、1.08mmol/L、1.44mmol/L、1.80mmol/L）和 Cr^{3+} 溶液（0.77mmol/L、1.54mmol/L、2.30mmol/L、3.07mmol/L、3.84mmol/L）浓度梯度下的吸附等温线模型。通过在反应体系中加入 0.1g 材料（地开石/1∶0、地开石/1∶1、地开石/1∶2、地开石/1∶3、地开石/1∶4 和 Hal），确定了最佳吸附量比，研究了 pH 对 Pb^{2+}（pH=2、3、4、5、6）、Cd^{2+}（pH=3、5、6、7、8）和 Cr^{3+} 溶液（pH=3、5、6、7、8）吸附的影响。实验中使用的所有重金属离子溶液体积均为 100mL。所有批次吸附实验（动力学、等温、依赖 pH）中每个吸附剂（地开石，1∶1）的用量均为 0.1g。然后，用火焰原子吸收光谱法（AA7000 系列，岛津，日本东京）测定吸附量。吸附量估计如式(3.3)所示。

$$q=(C_0-C_e)V/M \qquad (3.3)$$

式中，q 为吸附量，mmol/g；V 为 Pb^{2+}、Cd^{2+} 或 Cr^{3+} 溶液的体积，mL；C_0 为 Pb^{2+}、Cd^{2+} 或 Cr^{3+} 溶液的初始浓度，mmol/L；C_e 为 Pb^{2+}、Cd^{2+} 或 Cr^{3+} 溶液的最终含量，mmol/L；M 为吸附剂使用量，mmol。

文献 [19] 采用拟一阶 [式(3.4)] 和拟二阶 [式(3.5)] 模型对吸附动力学（吸附-吸附剂界面介质反应速率的经验结果）进行了评估。

$$q_t=q_e[1-\exp(-k_1t)] \qquad (3.4)$$

$$q_t=(k_2q_e^2t)/(1+q_ek_2t) \qquad (3.5)$$

式中，q_e 为 Pb^{2+}、Cd^{2+} 或 Cr^{3+} 的吸附量，mmol/g；q_t 为 t 时刻 Pb^{2+}、Cd^{2+} 或 Cr^{3+} 的吸附量，mmol/g；k_1 为一级动力学常数，min^{-1}；k_2 为二阶动力学常数，g/(mmol·min)。

Langmuir 和 Freundlich 等温线模型评估了吸附剂对 Pb^{2+}、Cd^{2+} 和 Cr^{3+} 的表面能或表面张力。实验数据与模型的吻合程度决定了模型的最佳拟合和平衡吸附容量。所涉及的 Langmuir 和 Freundlich 方程如下：

$$q_e=(Q_{max}K_LC_e)/(1+K_LC_e) \qquad (3.6)$$

$$q_e = K_F C_e^{1/n_F} \qquad\qquad (3.7)$$

式中，q_e 为 Pb^{2+}、Cd^{2+} 或 Cr^{3+} 的吸附量，mmol/g；C_e 为 Pb^{2+}、Cd^{2+} 或 Cr^{3+} 溶液的平衡浓度，mmol/L；Q_{max} 为 Pb^{2+}、Cd^{2+} 或 Cr^{3+} 的理论吸附量，mmol/g；K_F 为 Freundlich 平衡常数，mmol/g；n_F 为 Freundlich 指数（无量纲）；K_L 为与平衡常数（L/mmol）直接相关的 Langmuir 系数。

兰州大学张红霞课题组对埃洛石纳米管（图 3.11）进行了表征，并采用间歇法研究了接触时间、吸附剂用量、pH、离子强度、初始 U(Ⅵ) 浓度和温度对 Th(Ⅳ) 和 U(Ⅵ) 在埃洛石纳米管上的吸附作用。同时，探讨了铀和钍在埃洛石纳米管上的吸附机理。显微结果表明，埃洛石纳米管呈管状，多孔，比表面积高达 $55.65m^2/g$。结果表明，U(Ⅵ) 和 Th(Ⅳ) 在埃洛石纳米管上的吸附符合准二级动力学模型。U(Ⅵ) 和 Th(Ⅳ) 的吸附表现出与埃洛石纳米管表面的强络合作用。Th(Ⅳ) 和 U(Ⅵ) 的吸附随温度升高而增加，为吸热自发过程。Th(Ⅳ) 和 U(Ⅵ) 的吸附等温线可以用 Freundlich 和 D-R 模型更好地描述。离子强度对钍在埃洛石纳米管上吸附的影响远大于对铀的影响（几乎不受影响），说明 Th(Ⅳ) 在埃洛石纳米管上的吸附很可能是基于球内配合物的形成，而 U(Ⅵ) 的吸附是基于球外配合物在边缘表面的形成。Th(Ⅳ) 和 U(Ⅵ) 在埃洛石纳米管上的吸附-脱附等温线表明吸附过程是不可逆的。埃洛石纳米管吸附的选择性顺序为 Th(Ⅳ)>U(Ⅵ)。埃洛石纳米管对 Th(Ⅳ) 具有较高的吸附效率，可用于 pH 为 4.1~4.3 的 U(Ⅵ) 水溶液中 Th(Ⅳ) 的选择性分离。这种新型的环境友好型吸附材料对废水溶液中钍的提取是可行的。

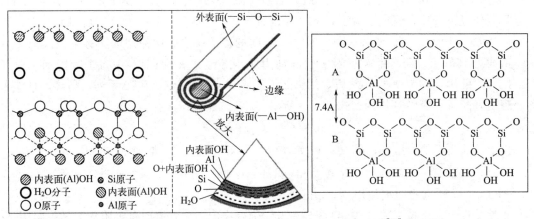

图 3.11　埃洛石纳米管（左）及其化学结构（右）[20]

Guo 等[21] 针对高浓度的硼，利用了阴离子黏土矿物水滑石（HT），从水中去除硼。本书提出了水滑石的分层策略，并证明了该策略对加速硼的吸附是有效的。在最终分离前，用丙酮冲洗共沉淀的水滑石（FHT），可获得少层水滑石纳米片，达到硼吸附平衡的速度比水滑石快 10 倍左右。二维纳米片的形貌不仅有助于 FHT 在硼溶液中更充分地分散，而且可以在其外表面暴露更多的活性位点。结果表明，FHT 有效缩短了硼从本体溶液转移到活性吸附位点的路线，最终实现了硼的快速脱除。在这项研究中，作者提出并证明了将三维水滑石分层成二维纳米片可以有效地加速水中硼的去除过程。合成了传统的三维水滑石和二维水滑石，进行了硼吸附动力学和等温实验，并对吸附行为和机理进行了探讨。

3.2.2 改性环境矿物材料处理废水

天然矿物一般具有较高的晶格能和稳定的理化性质，导致其反应活性不足，在资源开发或作为功能材料应用时受到一定限制，因而需要对天然矿物进行一定的活化改性处理。矿物表面改性是指用物理、化学、机械等方法对矿物粉体表面进行处理，根据应用的需要有目的地改变粉体表面的物理化学性质，如表面晶体结构和官能团、表面能、表面润湿性、电性、表面吸附和反应特性等，以满足现代新材料、新工艺和新技术发展的需要。表面改性为开发矿物产品的性能、提高其使用价值和开拓应用领域提供了新的技术手段，对相关应用领域的发展具有重要的实际意义。因此，表面改性是当今非金属矿最重要的深加工技术之一。在塑料、橡胶、胶黏剂等高分子材料工业及复合材料领域中，无机矿物填料占有很重要的地位。这些矿物填料，不仅可以降低材料的生产成本，还能提高材料的吸附性、硬度、尺寸稳定性以及赋予材料某些特殊的物理化学性能，如耐腐蚀性、阻燃性和绝缘性等。但由于这些无机矿物填料与基质相容性差，因而难以在基质中均匀分散，直接或过多地填充往往容易导致材料的某些力学性能下降以及易脆化等缺点。目前，天然纳米矿物吸附剂的改性方法主要有酸处理、焙烧活化和引入有机官能团等。酸、热改性可改善纳米矿物如凹凸棒石、硅藻土的表面酸性，增加其孔隙和孔道开放度，从而增大比表面积。下面对改性环境矿物材料处理废水中磷酸盐、微生物以及有机污染物、放射性核素、染料、含油废水进行综合阐述，为矿物材料在污水处理研究中使用提供必要的技术依据。

3.2.2.1 无机阴离子（磷酸盐、氮、氟化物等）

Santos 等研究评估了在硝酸盐、硫酸盐和磷酸盐存在下，焙烧水滑石上锑矿和锑酸盐的吸附-解吸过程。对锑矿和锑酸盐进行了间歇平衡吸附和解吸实验，并用 X 射线荧光（XRF）对吸附后的固体进行了分析。吸附数据采用 Langmuir-Freundlich 双模模型拟合较好（$R_2 > 0.99$），解吸数据采用 Langmuir 模型拟合较好。煅烧水滑石的最大吸附量为 $617 \sim 790 mg/kg$。竞争阴离子强烈影响锑的吸附。EDXRF 分析和数学模型表明，硫酸盐和磷酸盐分别对锑矿和锑酸盐吸附有较大的影响。吸附剂颗粒小、表面积大，具有较高的吸附效率（SE＝99%）和吸附量。正滞后指数和低动员因子（MF＞3%）表明 LDH 对锑的解吸能力很低。这些煅烧水滑石的特性对于从水溶液中吸附锑是理想的。

水滑石是一种层状双氢氧化物，是一种阴离子黏土，由 Mg^{2+} 和 Al^{3+} 在类似水镁石的带正电层中形成，由碳酸盐和水分子补偿。层状双氢氧化物可以通过煅烧去除层间阴离子，在复水化过程中由其他阴离子取代，恢复其原有的层状结构。形成的混合氧化物多为无定形，具有较高的比表面积和在水溶液中恢复层状结构的能力。煅烧后的水滑石吸附性能最令人感兴趣的是表面积大、阴离子交换容量大和热稳定性好。外表面吸附、阴离子交换插层、煅烧产物重构插层等机制均参与了该材料对水溶液中阴离子的吸收，称为记忆效应[22]。图 3.12 给出了锑（Sb）配合离子在煅烧水滑石上的吸附-解吸示意图，并给出表面结构和竞争阴离子的红外光谱。

Ye 等[23] 分别应用酸活化和热处理法对凹凸棒石进行改性处理以提高除磷效率。未改性凹凸棒石对模拟含磷污水中磷酸盐的 Langmuir 模型理论最大吸附容量仅为 $3.73 mg/g$，而经浓度为 $2mol/L$ 的盐酸在 70℃浸泡处理 2h 后，吸附容量上升至 $6.64 mg/g$，再经过 320℃焙烧 2h 后，磷吸附容量进一步上升至 $8.31 mg/g$。此外，经酸、热处理后的凹凸棒石

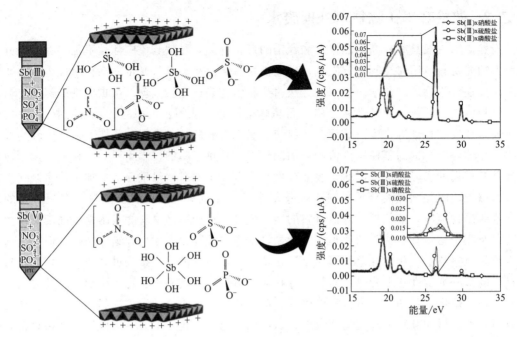

图 3.12　锑配合离子（Sb^{x+}）在煅烧水滑石上的吸附-解吸、表面结构和竞争阴离子的控制[22]

吸附磷酸盐速率加快。对改性后材料进行表征分析可知，酸处理使凹凸棒石晶体中的八面体阳离子和四面体硅结构部分溶解，导致凹凸棒石内孔通道打开，因而具有更大的比表面积。而经过热处理后，凹凸棒石有部分金属原子脱离晶格与磷酸盐发生表面沉淀，从而促进对磷酸盐的吸附。

Huang 等[24] 制备出 $La(OH)_3$ 改性脱屑蛭石，并对磷酸盐去除性能进行了批量试验研究。在 5.00mmol/g La/脱落蛭石（EV）溶液中合成的 La_5EV 吸附剂的 BET 比表面积显著增加，孔径和总孔体积均大于未改性的 EV。La_5EV 对磷酸盐的吸附量比 EV 高约一个数量级。文中考察了初始磷酸盐浓度、接触时间、温度、pH 和共存离子对 La_5EV 吸附能力的影响。Langmuir 模型（最大吸附量为 79.6mg P/g）比 Dubinin-Radushkevich 模型和 Freundlich 模型更符合实验平衡数据，表明吸附特征是单层的。同时，磷酸盐吸附动力学可以用拟二阶模型很好地描述，吸附过程可能受边界层（膜）扩散控制。作者测定出 ΔG^0、ΔH^0 和 ΔS^0，发现磷酸在 La_5EV 上的吸附是自发的、放热的。La_5EV 对磷酸的吸附是 pH 依赖的，在 3.0～7.0 的 pH 范围内表现出较高的吸附能力。0.1mol/L 的存在使磷酸盐吸附量降低了 54.3%；另一方面，F^-、Cl^-、NO_3^- 和 SO_4^{2-} 除磷能力的影响可以忽略不计。在磷浓度为 2mg P/L 的合成二级处理废水中，前 10min 达到最终吸附容量的 97.9%，在 50μg P/L 以下，磷酸盐浓度急剧下降。废 La_5EV 可循环利用于磷酸盐吸附；第 3 次吸附-解吸循环中，可脱除 70% 以上的磷酸盐。

中国科学院环境地球化学研究所吴丰昌院士课题组[25] 研制了一种新型分散氧化镁纳米片改性硅藻土吸附剂（MOD），用于去除过量 PO_4 恢复富营养化湖泊。该课题组考察了不同的吸附条件，如 pH、温度和接触时间。总体而言，吸附量随温度和接触时间的增加而增加，随 pH 的增加而降低。Langmuir 等温线和拟二阶模型都能很好地描述 PO_4 的吸附。在实验条件下，MOD 对 PO_4 的理论最大吸附量为 44.44～52.08mg/g。利用 X 射线粉末衍射

（XRD）、X 射线光电子能谱（XPS）和固体 ^{31}P 核磁共振对 PO_4 吸附在 MOD 上的表征表明，静电吸引、表面络合和原位化学转化是吸附 PO_4 的主要作用力。原位形成的 $Mg(OH)_2$ 在 MOD 表面带净正电荷，吸附 PO_4^{3-} 和 HPO_4^{2-} 阴离子形成表面络合物，逐渐转化为 $Mg_3(PO_4)_2$ 和 $MgHPO_4$。富营养化湖水中添加 300mg MOD/L 对 PO_4 的去除率可达 90%。研究结果表明，通过去除过量的 PO_4，MOD 可用于恢复富营养化湖泊。

Ileana 等[26] 在较宽的磷酸盐浓度范围内（5~160μmol/L），研究了碳酸钙蒙脱土（方解石-m）对磷酸盐的吸附。他们的研究结果表明，磷酸盐的吸附依赖于 pH；吸附随 pH 值的降低而增加。磷酸盐的初始浓度和离子强度也影响除磷过程，磷酸盐的初始浓度低于 100μmol/L 时，吸附占优势，而在较高的磷酸盐浓度和离子强度时，有利于 HAP 和碳酸盐磷灰石的表面沉淀。拉曼光谱显示了吸附和表面沉淀之间的转变，并形成了 Ca-P 化合物。竞争对手的存在，如腐植酸，减少磷酸盐的吸附，并表明两种离子在竞争表面位置。根据吸附剂加入的顺序，腐植酸首先加入时，还原率较高。相反，当首先加入磷酸盐时，相对于在没有腐植酸的情况下获得的值，吸附量显著增加。腐植酸可以阻止 Ca-P 化合物的沉淀，使更多的磷酸盐留在溶液中被吸附。

3.2.2.2 有机污染物质（染料和抗生素）

Belaroui 等[27] 采用化学共沉淀法制备了阿尔及利亚斜长石/磁性氧化铁，并用红外光谱、X 射线衍射和 X 射线荧光对其进行了表征。结果表明，在坡缕石上形成了一种具有磁性的红色砖粉，显示出高比例的氧化铁。为了验证磁性坡缕石保留有机污染物的能力，对三种不同的样品进行了评估，以吸附水中样品中的杀菌剂苯那利莫：筛选的坡缕石，纯化的坡缕石和 Fe_2O_3/坡缕石。考察了吸附剂质量、反应时间、初始农药浓度和解吸稳定性对吸附效果的影响。Fenarimol 吸附动力学符合准二级模型。经筛选、纯化和 Fe_2O_3/坡缕石的吸附率分别为 11%、50% 和 70%。Langmuir 和 Freundlich 模型均可用于描述经筛选和纯化的坡缕石对苯醚胺的吸附。然而，只有 Freundlich 模型可以拟合 Fe_2O_3/坡缕石的吸附数据，这可能是由于吸附剂的非均质性。三种样品的苯那利摩尔解吸稳定性表明，在研究期间（15天），Fe_2O_3/坡缕石解吸苯那利摩尔的程度保持不变。

Zhao 等通过对天然埃洛石纳米管的内外管进行简单的选择性修饰，构建了一种用于超灵敏检测 TC 的智能银增强荧光平台，如图 3.13、图 3.14 所示。该平台的厚管壁提供了天然的防御，促进了金属增强的荧光效应，从而加快了对 TC 的检测。埃洛石 HNTs 是一种具有管状形态的天然黏土矿物。这种材料由最外表面的二氧化硅和最内表面的氧化铝组成。这些天然纳米管的外部和内部组成的差异决定了其内部和外部管中的各种化学反应。最近对高通量辐射管的修改主要集中在其外表面。同时，在不破坏 HNTs 结构的情况下对其最内层表面进行选择性修饰仍然是一个挑战。为了解决这些问题，本书设计了 Ag@HNTs-Cit-Eu 纳米复合材料，方法是用银纳米粒子选择性地修饰 HNTs 的管腔，并用 Cit-Eu 络合物对其外壁进行理想的修饰。管壁的厚度为 MEF 效应提供了天然的防御。荧光输出的信号可以被大大放大，以方便高灵敏度检测 TC。类似于碳纳米管，纳米管材料可以为催化反应提供有限的空间。此外，修饰银纳米颗粒的纳米平台可以诱导 SPR，从而加速了电子和空穴的分离。这样的智能平台不仅放大了检测 TC 的"有用"信号，还增强了 TC 降解的光催化活性。以下部分全面表征了上述智能纳米复合材料，并仔细检查了其对 TC 的选择性、灵敏度、可降解性和可重复性。结果表明，该纳米复合材料具有高灵敏度、高选择性、高效降解和良好的可重复使用性。

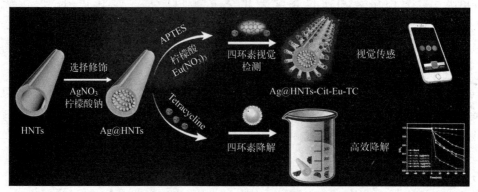

图 3.13　埃洛石纳米管腔包封纳米银对四环素的金属增强荧光检测与降解[28]

图 3.14　Ag@HNTs-Cit-Eu 纳米复合材料的制备策略及 TC（四环素）的检测与降解[28]

管腔负载银埃洛石纳米管的合成（Ag@HNTs）将总量为 0.40g 的 HNTs 分散在 50.0mL 的超纯水中，温度为 85℃，pH 调节为 12.1。随后，逐渐滴入 0.16mL AgNO$_3$ 溶液（0.12mol/L）。剧烈搅拌 1.0h 后，加入 25.0mL 乙醇，连续搅拌 1.0h。然后逐渐加入含有 0.16mL AgNO$_3$（0.12mol/L）和 0.16mL 柠檬酸钠（0.23mol/L）的混合水溶液，再搅拌 1.0h。得到的 Ag@HNTs 经离心收集，用乙醇和超纯水洗涤三次，直至上清变为无色透明。然后将产品在 80℃真空下干燥。上述实验步骤是制备银含量为 1% 的催化剂。其他催化剂的制备方法与上述类似，均以相同比例增加各组分的用量。

氨基修饰 Ag@HNTs 纳米复合材料的制备：将 200mg Ag@HNTs 超声分散于 25.0mL 甲苯溶液中。加入 0.4mL APTES，90℃搅拌 8.0h。胺功能化杂化物（Ag@HNTs-NH$_2$）最终通过离心收集，并用超纯水洗涤三次。

Ag@HNTs-Cit-Eu 纳米复合材料的制备：将 50.0mg 柠檬酸和 10.0mg EDC、NHS 和 DCC 三种药剂溶于 25.0mL 含 DMF 和超纯水（$V/V=1:1$）的溶液中。取 200mg Ag@HNTs-NH$_2$ 与 5.0mL 超纯水混合，磁力搅拌均匀 24h。得到的 Ag@HNTs-Cit 纯化后分散

到 20mL 乙醇中，然后加入 5mL Eu(NO$_3$)$_3$·6H$_2$O(0.053mol/L)。在 60℃下加热 5h 后收集最终的 Ag@HNTs-Cit-Eu，用水洗涤三次纯化。

为实现对实际样品的简单、快速检测，研制了一种简便、经济的 Ag@HNTs-Cit-Eu 渗透滤纸。投下不同浓度的 TC（图 3.15）后，在 365nm 紫外灯下，基于试纸的视觉探针立即显示出明显的荧光颜色从海军蓝切换到紫色。荧光色彩数字化定量分析是通过使用智能手机上的色度分析程序实现的。用智能手机相机提取检测图像中的红色（R）和蓝色（B）的颜色值，利用色度分析程序可以计算出每个颜色值所代表的不同 TC 浓度，也非常适合现场快速定量分析。在 0～4μmol/L 范围内，R/B 比（y）与 TC 浓度（x）呈良好的线性关系，其线性方程为：

$$y = 0.275x + 0.282$$

该试纸探针的最低检测浓度约为 0.1μmol/L，低于牛奶中 TC 的最大残留限量 0.676μmol/L 和 0.225μmol/L。本研究结果为 TC 的超敏检测提供了一种无需特殊反应介质和复杂设备的 TC 检测方法。尽管作者不擅长估算成本，并且实现新检测的实际成本是不确定的，但仍然提供了使用测试卷进行 TC 检测的大致成本。根据辅助信息部分的计算，纸质 TC 测试的总费用低至 0.28 元。

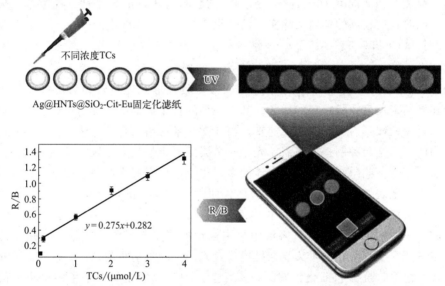

图 3.15　Ag@HNTs-Cit-Eu 试纸在 365nm 紫外灯下不同浓度
（从左到右分别为 0μmol/L、0.1μmol/L、1.0μmol/L、2.0μmol/L、3.0μmol/L、4.0μmol/L）
TC 的视觉分析荧光彩色图像，彩色扫描 APP 获得的 R/B 与 TC 浓度的对应关系[28]

Szczepanik 等[29] 研究了未经改性酸活化的埃洛石对水溶液中 3,4-氯苯胺和 3,4-二氯苯胺的批量去除效果，研究了消化埃洛石所用酸浓度、接触时间和氯苯胺溶液浓度对埃洛石溶出性能的影响。结果表明，经硫酸处理的高岭土对 4-氯苯胺的吸附效果明显优于未经改性的埃洛石。对氯苯胺在酸处理过的埃洛石上的吸附动力学模型进行了拟一级、拟二级和颗粒内扩散动力学模型的比较。发现化学吸附伪二级动力学模型与实验数据有较好的相关性。经酸处理的埃洛石-氯苯胺体系对 4-氯苯胺和 3,4-二氯苯胺的吸附机理符合 Langmuir 模型，对 3-氯苯胺的吸附机理符合 Freundlich 模型。

Yuan 等[30] 采用氧化还原-沉淀法制备了埃洛石-CeO_x（$x=1.5\sim2.0$）纳米复合材料，并对所得材料的 As（Ⅲ）去除性能进行了评价。这些复合材料是通过在化学改性的埃洛石基体上负载 CeO_2 纳米颗粒而形成的。用氢氧化钠对埃洛石进行改性后，其内表面和内羟基显著增加。由于静电相互作用，这些增加的基团显著增强了 CeO_2 纳米颗粒涂层的分散性。优化后的 $Hal_{0.01}Ce$ 复合材料的比表面积和孔体积分别为 $91.1m^2/g$ 和 $0.16cm^3/g$。该复合材料对 As（Ⅲ）的吸附能力为 $209.3mg/g\ CeO_2$，远高于未改性的埃洛石-CeO_2 复合材料（$158.5mg/g\ CeO_2$）和未负载的 CeO_2 纳米颗粒（$61.9mg/g$）。As（Ⅲ）在该复合材料上的吸附机制包括表面络合物的形成和部分 As（Ⅲ）的氧化，然后是 As（Ⅴ）的吸附。此外，$Hal0.01Ce$ 复合材料对共存离子存在下的 As（Ⅲ）也有选择性吸附，经过 3 次再生循环后仍保持 91.4% 的 As（Ⅲ）去除率。这些结果表明，该复合材料可以作为去除污染水中 As（Ⅲ）的潜在候选材料。

Isloor 等[31] 采用先进纳米材料对中空纤维膜进行表面功能化后，其亲水性、选择性和渗透性均有所提高。本书采用相转化法在聚砜（PSf）膜基质中加入单宁酸功能化埃洛石纳米管（THNTs）制备了一种简单的新型松散纳滤（NF）膜。通过 FT-IR、zeta 电位测定、TGA、TEM 和 EDX 分析证实了改性的成功。膜渗透研究采用一系列盐（NaCl 和 Na_2SO_4）和染料（活性黑 5 和活性橙 16）进行。所制备的膜具有较好的亲水性、孔隙率、吸水性和防污性能，同时具有较高的染料去除率（活性黑 5>99%，活性橙 16>90%）和较低的盐去除率（2.5% NaCl 和 7.5% Na_2SO_4）。纳米复合膜的纯水通量最高，为 $92L/(m^2\cdot h)$，而原始膜的纯水通量为 $18L/(m^2\cdot h)$，是污水净化的理想选择。

微纳米火箭作为一类管状微纳米马达，能够将其他形式能量转化为机械能驱动自身运动，并能在微纳米尺度执行特定的任务。基于强劲的自主运动以及货物运载能力，微纳米火箭在环境修复等领域具有广阔的应用前景。当前微纳米火箭的合成方法主要包括卷曲法和模板辅助沉积法，而这两种制备方法需要光刻、金属溅射、超临界干燥等复杂的设备。昂贵的成本和复杂的制造工艺限制了微纳米火箭的多元化应用和大规模制备。埃洛石作为天然铝硅酸盐黏土矿物，地表储量丰富，具有不对称卷曲管状结构，满足微纳米火箭运动的几何条件。本书基于埃洛石不对称管状结构和内外表面理化性质差异等特点，通过简单的合成工艺，成功制备一系列可以在 H_2O_2 溶液中自主运动的埃洛石基纳米火箭。利用功能化修饰与负载，本书研究了埃洛石纳米火箭在磁场或者光照下的运动行为，同时探究了埃洛石基纳米火箭在环境修复、抗菌和催化领域的应用性能。编者课题组研究了微纳米火箭的合成路线[32-35]，为埃洛石基微纳米马达的开发与应用提供了设计依据，具体有以下几个工作。

基于埃洛石内外表面的物理化学异性，选择性地将 Pt 纳米粒子负载在埃洛石内腔表面，Fe_3O_4 纳米粒子负载在外表面，成功制备 $Fe_3O_4/HNTs/Pt$ 纳米火箭。纳米火箭可以在 H_2O_2 溶液中进行气泡推进的自主运动，H_2O_2 浓度为 5.0% 时纳米火箭的速度高达 $368\mu m/s$。在运动过程中，纳米火箭展现出收集行为，可以自组装成"类鱼形"的聚集体。Fe_3O_4 的催化活性配合强劲高速的自运动，埃洛石纳米火箭可以在无需外部搅拌的情况下通过 Fenton 反应实现对污水中 RhB 染料分子的高效去除。此外，利用 Fe_3O_4 的磁性，通过外加磁场可以实现对纳米火箭运动方向的调控和污水修复后样品的简便回收。除了体相溶液，埃洛石纳米火箭还可以在微流体中实现对污水的修复。埃洛石纳米火箭在 30min 内对 RhB 的去除率为 96%，是不能自主运动的 $Fe_3O_4/HNTs$ 去除效率的 3 倍。实验结果证明[35]，自运动可以有效促进样品与污染物的接触以及活性物质的传输与扩散，提升污染物去除效率。

鉴于 α-Fe_2O_3 的光催化活性和 Ag 的化学催化活性，通过简单的湿化学法成功制备出具有光增强运动能力的 Ag-Fe_2O_3/HNTs 纳米火箭[33]。在无光条件下，Ag 催化 H_2O_2 分解产生气泡进行运动。施加光照后，Ag-Fe_2O_3/HNTs 纳米火箭的速度大幅提升。光强为 $80mW/cm^2$ 的可见光照射下，纳米火箭在 3.0% H_2O_2 溶液中的平均运动速度高达 $480\mu m/s$，是无光照条件下的 1.7 倍。不仅可以通过改变 H_2O_2 浓度，还可以通过简单改变光照强度来实现 Ag-Fe_2O_3/HNTs 速度的调节。通过控制可见光照射的"开/关"，可以实现纳米火箭高度可逆和可控的"强/弱"运动。可见光照射下，纳米火箭可以实现对水中盐酸四环素（TC-H）的光催化降解，实现了污水的修复。自运动能力配合光催化活性，纳米火箭展现出优异的降解性能；在 50min 内 TC-H 的降解率高达 91%，降解速度是不具备自运动能力样品的 3 倍，同时对光增强运动机理和光催化降解 TC-H 的机理以及降解路径进行了研究。

利用埃洛石内外表面电荷异性和内腔的毛细作用，选择性地在埃洛石内腔表面负载 Ag，外表面负载 MnO_x 和 Ag，成功制备出具有抗菌性能的 MnO_x-Ag/HNTs 纳米火箭[36]。纳米火箭在 2.0% H_2O_2 溶液中的平均运动速度高达 $138\mu m/s$，并且即使在 H_2O_2 溶液浓度低至 0.2% 条件下也可以有效地进行运动。基于所负载 Ag 和运动过程中产生的 Ag^+ 和 $\cdot O^{2-}$ 的强抗菌活性，MnO_x-Ag/HNTs 纳米火箭可以有效杀死大肠杆菌。纳米火箭强劲的运动可以带动周围流体流动引起对流效应，从而增强抗菌物质的传质作用，提升抗菌性能。纳米火箭在 2.0min 内的抗菌效率高达 97%，是不具备自主运动能力样品的 3 倍。实验结果表明抗菌组分通过破坏大肠杆菌的结构来使其失去生物活性。

本组使用 1-羟乙基-2,3-二甲基咪唑氯盐离子液体对埃洛石进行改性，将 Pd 纳米粒子选择性地负载到埃洛石的内腔表面，成功制备出 Pd-IL-HNTs 催化纳米火箭，并用于 H_2O_2 体系中的苯甲醇选择性氧化[37]。纳米火箭可以在 H_2O_2 和苯甲醇溶液中进行高效气泡驱动运动，在 30.0% H_2O_2 溶液中的平均运动速度高达 $276\mu m/s$。离子液体的修饰增强了催化剂的疏水性能，使其能够在运动过程中与苯甲醇充分接触。基于强劲的运动能力以及催化活性，Pd-IL-HNTs 纳米火箭展现出优异的催化性能，苯甲醇的转化率高达 99.6%，苯甲醛选择性高达 100%，TOF 值为 $118.1h^{-1}$，优于不能进行自主运动的蒙脱石和高岭石基催化剂。Pd 与离子液体之间存在电子转移，对催化性能具有提升作用。催化剂还展示了优异的循环性和稳定性，在循环 5 次之后催化性能无明显的衰减。

本部分利用埃洛石成功制备了高性能纳米火箭，拓宽了纳米火箭的合成路线，为埃洛石的开发和设计提供了依据[32-35]。

3.2.2.3 含油废水

Menino 等[38] 研究的重点是获得一种用于选择性处理模拟含油废水的吸附剂。为此，制备了具有疏水性和磁性的改性水滑石样品，并对其进行了表征。首先，评估了十二烷基硫酸钠（SDS）用量对吸附剂特性的影响（$266 \sim 800mg_{SDS}/g_{LDH}$）。含有 $533mg_{SDS}/g_{LDH}$（LDH-SDS2）的疏水滑石（LDH-SDS）具有较高的层间空间，表面活性剂分子垂直于片层排列，有利于更好地进入水滑石孔隙，有利于油类化合物的选择性吸附。此外，疏水特性与超润湿和有效黏附油对 Fe_3O_4 的协同作用有利于模拟含油废水在疏水性和磁性水滑石（LDH-MSDS）上的选择性吸附，有利于后处理分离。动力学分析表明，在 120min 内达到吸附平衡，拟二级模型最适合模拟含油废水中总有机碳（TOC）的去除。Langmuir 模型很好地描述了平衡实验数据，LDH-MSDS 去除 TOC 的最大吸附量为 659.9mg/g。因此，该研究制备的改性水滑石所具有的固有特性使其成为一种有前途的选择性处理含油废水的吸附剂。

3.2.3 复合及合成环境矿物材料处理废水

合成矿物又称人造矿物，是在工厂和实验室中由人工方法制成的与天然矿物相同或类同的物质，如人造金刚石、人造压电石英、人造红宝石等，可以满足生产上对某些矿物的迫切需要，并由合成过程进一步阐明有关天然矿物的成因。合成矿物有很多突出的物理化学性能，纯度远高于天然矿物，例如在熔融莫来石中莫来石的含量可高达 99%，而从自然界中得到的天然莫来石矿物的莫来石含量一般仅为 93%～94%。熔融氧化铝中的氧化铝含量也可高达 98%，而从自然界中得到的高铝矿物——天然刚玉的氧化铝含量一般仅为 75%～90%。下面对复合及合成环境矿物材料处理废水中微生物以及有机污染物、放射性核素、染料、含油废水、重金属进展进行了综合阐述，为矿物材料在污水处理研究中使用提供必要的技术依据。

3.2.3.1 有机污染物质（染料和抗生素）

Gianni 等[39] 基于不同的坡缕石与 TiO_2 比例（40∶60 和 10∶90），开发了两种不同的纳米催化剂，研究了纳米复合材料在水中光催化降解常用杀菌剂乙唑（TEB）的性能。采用 X 射线粉末衍射、衰减全反射-傅里叶变换红外光谱、扫描电镜和 N_2 比表面积（SSA）分析技术对样品进行了表征。TiO_2 纳米粒子成功地分散在矿物表面，当坡缕石与 TiO_2 的比例为 40∶60 时，光催化活性达到 88.4%，通过总孔容和 BET 参数（比 10∶90 时的 $0.49cm^3/g$ 和 $258m^2/g$ 或 $0.33cm^3/g$ 和 $220m^2/g$）证明了 TiO_2 纳米粒子的分散效果更好。该材料的光催化效率显著高于 Degussa P25（33.2%），这使得坡缕石-TiO_2 纳米复合材料在水生环境中杀菌剂降解方面具有很大的应用前景。

Szczepanik 等[40] 采用波兰埃洛石进行酸处理，制备了 TiO_2 和 Fe_2O_3-埃洛石纳米复合材料。以异丙醇钛为前驱体，在 65℃ 水热条件下合成了 TiO_2-埃洛石纳米复合材料。采用溶胶-凝胶法制备了 Fe_2O_3-埃洛石纳米复合材料。采用凝胶状的氢氧化铁作为铁前驱体。利用波长色散 X 射线荧光（WDXRF）、X 射线衍射（XPRD）、电子显微镜（TEM）、红外光谱（FTIR）技术和 N_2 吸附/脱附等温线研究了这些纳米复合材料的化学和物相组成、颗粒形态和物理性质。测定了 TiO_2 和 Fe_2O_3-埃洛石纳米复合材料在紫外照射下对苯胺、2-氯和 2,6-二氯苯胺的光催化降解活性。TiO_2 和 Fe_2O_3-埃洛石纳米复合材料对苯胺及其氯衍生物的光催化活性明显高于商用 TiO_2、商用光催化剂 P25，且埃洛石表面含有分散的天然 TiO_2。

Yin 等[41] 在无添加剂的情况下，采用微波辐照-回流法成功制备出具有多级纳米结构的方解石，相较于商业的方解石材料，所制备的具有多级纳米结构的方解石对银纳米颗粒表现出优异的吸附效果，即使是在 Cl^-、NO_3^-、SO_4^{2-} 和 CO_3^{2-} 等常见的阴离子共存的条件下也不影响去除率（图 3.16）。吸附等温线表明，PVP-AgNPs 和 PVA-AgNPs 的最大去除率分别为 55mg/g 和 19mg/g，对应的分配系数（PCs）分别为 0.55mg/(g·μmol/L) 和 0.77mg/(g·μmol/L)。它们的去除机制可归因于多级纳米结构的方解石和聚合物包覆银纳米颗粒之间的静电吸引和化学吸附。同时，吸附在方解石上的 AgNPs 对有机污染物 4-硝基苯酚具有较高的催化活性和良好的可重复使用性。

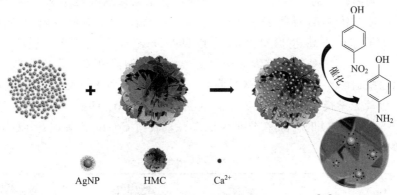

图 3.16　层状介孔方解石对纳米银的去除和回收[41]

碳酸钙作为一种无毒、低成本、环保的材料，不仅被广泛用作涂料、塑料、造纸等传统工业填料，而且在重金属离子捕获、有机染料去除、氟化物吸附等方面也有很好的应用前景。然而，据我们所知，关于 $CaCO_3$ 从水溶液中去除 AgNPs 的信息缺乏。最近，DLVO 计算涉及方解石（在环境条件下 $CaCO_3$ 的一种热力学稳定的多晶型）和表面带负电荷的纳米粒子（如右旋糖酐包覆的磁铁矿纳米粒子）之间的相互作用，结果表明相互作用能具有吸引力，并且随着两个表面相互接近，吸引力呈指数增长。因此，可以预期有机配体稳定的 AgNPs 与方解石之间也会发生类似的相互作用。此外，考虑到块状方解石的吸附能力有限，吸附速率低，分层介孔方解石（HMC）可能具有大量来自纳米级构建块的活性吸附位点。

批量 Ag 纳米颗粒（NPs）吸附实验将一定量的吸附剂（HMC）加入 25mL AgNP 分散液中，在 25℃ 磁力搅拌（400r/min）下进行批量吸附实验。AgNPs 的浓度为 2.16～21.6mg/L，用于模拟报告的环境浓度。分散液的 pH 由 HNO_3 和/或 NaOH 调节。采用相同的方法研究了 pH、接触时间、AgNPs 初始浓度、共存阴离子（Cl^-、NO_3^-、SO_4^{2-} 或 CO_3^{2-}）和聚合物对 AgNPs 去除的影响。作为比较，也使用商业方解石（CC）去除 AgNPs。AgNPs 吸附后的吸附剂样品在相对离心力（RCF）2100r/min 下低速离心 5min（TD5A-WS）。用紫外-可见分光光度计测定 AgNPs 残留浓度，同时制备校准曲线 [浓度范围 0.0216～10.80mg/L；决定系数（R_2）≥0.9986；相对标准误差（RSE）<3%]。注意，合成的 AgNPs 的紫外可见光谱在离心前后几乎没有变化。所有实验都进行了三次，并报告了平均值。在任意时刻 t 的去除率 R、吸附容量 Q_t（mg/g）、平衡吸附容量 Q_e（mg/g）、分配系数 PC [mg/(g·μmol/L)] 由式 3.8～3.11 计算：

$$R = (C_0 - C_t)/C_0 \times 100\% \tag{3.8}$$

$$Q_t = (C_0 - C_t) \times V/m \tag{3.9}$$

$$Q_e = (C_0 - C_e) \times V/m \tag{3.10}$$

$$PC = (Q_e/C_e) \times (108/1000) \tag{3.11}$$

其中，C_0、C_t 和 C_e 分别为初始时刻、任意时刻 t 和平衡时 AgNP 浓度，mg/L；V 为 AgNP 分散体的体积，L；m 为加入吸附剂的质量，g。式（3.11）中，108 为银的原子量[41]。

编者课题组[42] 以沸石咪唑酯骨架结构材料（ZIF-67）为牺牲模板，制备出了具有分级多孔结构的中空花球状硼酸根插层的 CoMgAl-LDH（图 3.17），经锻烧后得到了相同形貌及结构的 CoMgAl-LDO，该 LDO 具有密度低、比表面积大、孔径分布大、扩散路径短等优点，应该有利于吸附较大的染料分子。模拟吸附试验结果显示其对阴离子刚果红（CR）及甲基橙（MO）具有优异的吸附表现，CoMgAl-硼酸盐 LDO 对刚果红（CR）和甲基橙（MO）的最大吸收量分别高达 1493.3mg/g 和 990.1mg/g，这是由于其层次化中空多孔结构、"记忆效应"、阴离子染料与阳离子吸附剂表面之间的静电相互作用、氢键和离子交换等，超过了以往报道的大多数 LDH-基吸附剂。CR 和 MO 的整个吸附过程遵循 Langmuir 等温线和拟二级动力学模型。此外，经过 5 次循环后，CoMgAl-硼酸盐 LDO 对 CR 的去除率仍可达 86.5%，对 MO 的去除率仍可达 84.3%，表明 CoMgAl-硼酸盐 LDO 是一种非常有前途的高效吸附剂。

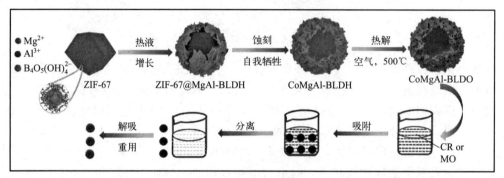

图 3.17　对刚果红和甲基橙具有优异吸附性能的多孔孔洞硼酸钙 LDH 球花的制备及其煅烧产物[42]

3.2.3.2　重金属阳离子（铅、铜、锌、镉、铬等）以及放射性核素

如图 3.18 所示，Wu 等人[43]合成了一种表面富含羟基官能团的镁磁铁矿（$MgFe_2O_4$）纳米片，表现出对低浓度的 As(Ⅴ) 的卓越吸附能力。当 As(Ⅴ) 初始浓度为 1mg/L 时，吸附平衡后溶解 As(Ⅴ) 的浓度可降至 4.9μg/L，达到 WHO 饮用水标准（10μg/L），明显强于常用的氧化铁吸附剂（Fe_3O_4，γ-Fe_2O_3，α-Fe_2O_3）。机理研究证明，优越的吸附能力归因于：①表面缺陷导致的表面羟基数量增加；②形成三齿六核表面配合物，而不是双齿双核配合物；③形成过量的 Mg-OH 表面羟基和 As-Mg 单齿单核表面配合物。

如图 3.19 所示，Duan 等人[44]通过简单的一锅法合成了核壳结构的 $FeS@Fe^0$ 纳米颗粒，并将其应用到水中 U(Ⅵ) 的处理。分析表明，U(Ⅵ) 通过吸附和还原作用被成功去除，在还原过程中，Fe^0 发挥了主要的作用，其次是 $FeS@Fe^0$ 纳米颗粒上的吸附 Fe(Ⅱ) 以及结构 Fe(Ⅱ)。这种独特的 FeS 包裹 FeO 颗粒的设计可以避免 Fe^0 被水或溶解氧腐蚀，从而减轻了 Fe^0 的表面钝化，保存了材料的反应活性。老化 180d 后，固定化 U 在缺氧条件下保持稳定，而暴露于空气 180d 后，固定化 U 的再活化率约为 26%。其长期稳定性归因于 CMC-FeS 的保护性还原潜力、铀矿的形成和相关的抗氧化结构以及 FeS 氧化产物对 U(Ⅵ) 的高亲和力。

万泉课题组[45]研究制备了埃洛石/Ag_2O 复合材料，对其进行了表征，并将其用于去除水中的碘离子（I^-）。Ag_2O 纳米颗粒主要存在于复合材料中埃洛石的管腔中，制备过程中可以通过调节 Ag^+ 的浓度来控制其数量和大小。此外，复合材料对 I^- 快速吸附，其动力学遵守伪二阶模型。当料液比为 50mg/20mL，初始 pH 为 7.5±0.2 时，Ag_2O 含量约为 0.98% 和 2.42% 的复合材料的最大 I^- 吸附量分别为 13.7mg/g 和 39.99mg/g，分别是原埃

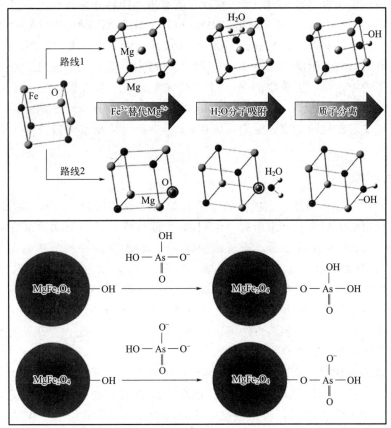

图 3.18 缺陷铁酸镁纳米片对 As(V) 的吸附：表面羟基的作用[43]

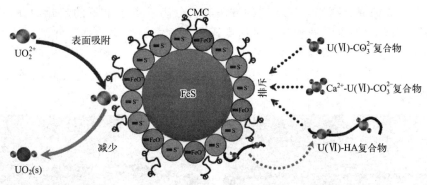

图 3.19 稳定的硫化铁纳米颗粒固定化 U(VI)：水化学效应、机制和长期稳定性[44]

洛石的 48 倍和 142 倍。重要的是，复合材料表现出对 I^- 的高选择性吸附，并且它们的 I^- 去除效率几乎不受 Cl^-、Br^- 或 SO_4^{2-} 存在的影响。复合材料的高吸附能力是由于埃洛石管腔的空间限制以及 Ag_2O 颗粒与埃洛石内壁之间新形成的纳米孔所导致的 Ag_2O 颗粒尺寸小。在捕获放射性 I^- 后，由于埃洛石壁提供的屏蔽作用，复合材料预计将构成低辐射危害。综上所述，这些结果表明，埃洛石/Ag_2O 复合材料可能是一种有前途的吸附剂，适用于有效去除核废水中的放射性 I^-。

田熙科课题组[46] 成功地合成了一种新型的"哑铃状"磁性 Fe_3O_4/埃洛石纳米复合材

料，在天然埃洛石纳米管（HNTs）表面接枝含氧有机基团，并在改性埃洛石纳米管的尖端选择性聚集均匀的 Fe_3O_4 纳米球。采用 XRD、TEM、IR、XPS 和 VSM 对该埃洛石纳米杂化物进行了表征，并对其形成机理进行了探讨。$Cr(Ⅵ)$ 离子吸附实验表明，Fe_3O_4/埃洛石纳米杂化物具有较高的吸附能力，在 303K 下的最大吸附容量为 132mg/L，比未改性的埃洛石纳米管提高了约 100 倍。更重要的是，随着 Fe_3O_4 的还原和含氧有机基团的电子给体效应，$Cr(Ⅵ)$ 离子很容易被还原成低毒性的 $Cr(Ⅲ)$，然后吸附在高岭土纳米杂化物表面。此外，由于磁铁矿纳米颗粒的聚集，吸附设施在 Cr 污染吸附后与水溶液分离，观察到明显的磁化作用。

3.2.3.3　含油废水

Li 等[47] 展示了在铜网基材上喷涂坡缕石和聚氨酯混合物制备的水下超疏油性坡缕石涂层网，然后使用水下超疏油网来研究一系列油/水混合物的重力驱动油水分离，其中只允许油/水混合物中的水通过网渗透。通过涂膜网对煤油-水混合物的分离效率可达 99.6%。此外，在 50 次分离循环后，坡缕石涂层网的表面形貌几乎没有变化，仍然保持了 99.0% 以上的高分离效率和稳定的可回收性。此外，坡缕石涂层网在一系列恶劣条件下表现出优异的环境稳定性，可用于分离油和各种腐蚀性和活性水溶液的混合物，包括强酸性、碱性或盐水溶液，甚至热水。本书提出的制造方法可以应用于涂覆大面积表面，并开发大型油水分离设施，用于油和各种腐蚀性和活性水混合物。

所制备的坡缕石涂层具有化学稳定性和水下超疏油性，可有效分离腐蚀性和活性油/水混合物。坡缕石涂层对腐蚀性油水混合物的分离能力测试如图 3.20 所示。将坡高尔斯基涂层固定在两根玻璃管之间，将用油红 O 和 1mol/L HCl 溶液染色的煤油混合物倒在预湿的坡高尔斯基涂层网上。腐蚀性水溶液在重力的驱动下快速通过筛网，煤油则由于其水下超疏油性而被保留在上层玻璃管中。煤油/1mol/L NaOH、煤油/1mol/L NaCl、煤油/85℃热水等 3 种混合物均采用相同的方法成功分离。由于水下的超疏油性，煤油被保留在网上面，而腐蚀性水溶液和热水迅速渗透通过坡缕石涂层的网，并落入下面的烧杯。分离后，水中几乎不存在可见的油。在恶劣的环境应用中，坡缕石涂层网的化学惰性是一个非常重要的考虑因素，这将为工业和日常生活提供重要的机会，例如溢油清理和生活废油分离。

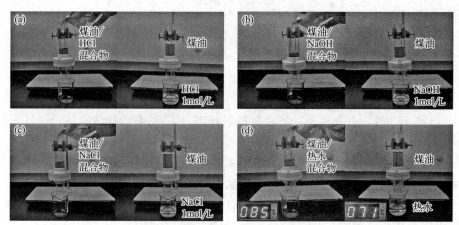

图 3.20　坡缕石涂层网对煤油与各种腐蚀性水溶液混合物的分离实验

（a）1mol/L HCl；（b）1mol/L NaOH；（c）1mol/L NaCl；（d）热水（85℃）[47]

3.2.4　工业废弃物处理废水

工业废弃物是指工业企业生产过程中排入环境的各种废渣、粉尘和其他固体废物。工业废弃物可分为两类：①一般工业废物，如高炉渣、钢渣、粉煤灰、废石膏、盐泥等。②工业有害固体废物，包括有毒的、易燃的、有腐蚀性的、能传播疾病的、有较强化学反应的固体废物。工业废弃物具有数量庞大、种类繁多、成分复杂、处理困难的特点。堆存工业废弃物不仅占用大量土地，还容易通过淋溶污染土壤和水体。废弃物随风飞扬，污染大气，有的还散发臭气和毒气，影响生物生长，危害人身健康。随着工业生产的发展，工业废弃物的数量和种类正在不断增加，因此，如何运用经济有效的方法，最大限度地实现工业废物资源化是一个迫切需要解决的环境经济问题。工业废弃物本是需要进行处理处置的废弃物，但由于许多工业副产物中含有铁、铝、钙、镁、钛等金属元素，采用适当方法对工业废弃物进行改性处理可使其转化为良好的废水材料，既解决了工业固废的环境污染问题，又能实现废物利用。下面对工业废弃物处理废水中微生物以及有机污染物、重金属、放射性核素、无机阴离子、含油废水研究进展进行综合阐述。

3.2.4.1　有机污染物（染料和抗生素）

北京大学刘阳生课题组[48]以铁尾矿为原料，以粉煤灰、城市污泥为添加剂，制备出轻质多孔陶粒。用陶粒处理城市污水，结果表明：①在最佳烧结参数下，铁矿尾矿可用于制备轻质多孔陶粒；②重金属浸出浓度远低于中国地表水环境质量标准（CEQS）规定的标准；③以轻质多孔陶粒为生物介质的 BAF 反应器对 COD 和氨氮的去除率分别为92％和62％，去除率较高。因此，铁矿尾矿生产的轻质多孔陶粒适合作为城市污水处理中的生物介质。

Feng 等[49]用废炉矿渣、黏土和多孔泡沫材料按 3∶2∶1 的比例制备高炉水渣，高炉水渣与陶粒相比，具有比表面积大、密度小的特点。将两种材料用于处理城市污水，结果表明，在溶氧量＞4.00mg/L，水力停留时间从 1h 到 5h 时高炉水渣对 COD 和 NH_3-N 的去除率比陶粒的去除率高。

3.2.4.2　重金属阳离子（铅、铜、锌、镉、铬等）以及放射性核素

Nishiwaki 等研究了大量使用钢渣作为填充物对地表水和地下水水质的影响。对某建筑工地周边的钢渣渗滤液和地下水进行了收集、分析，并与《国家工业废水和地下水水质技术规程》规定的阈值进行了比较。虽然钢渣中含有微量重金属和放射性物质，但 9 个月后确认所有污染物均在可接受范围内。虽然需要进一步的长期测量，但很明显，钢渣是建筑工地使用的自然资源有前途的替代品。由于在现实世界条件下进行这种大规模实验并不容易获得，因此本书为在建筑和其他应用中再利用类似的工业废物提供了有用的信息，研究了钢渣作为地表水和地下水的回填材料对环境的影响。为了对原料进行评价，对选定的钢渣进行了危险性和放射性研究（图 3.21）。结果表明，所选钢渣为非危险废物，其辐射性能低于建筑和回填材料的标准。以 100％钢渣为回填材料的实际施工现场为研究对象，研究了钢渣中重金属对周围环境的浸出行为影响。虽然钢渣中含有微量重金属，但将其浸出能力与 QCVN 40∶2011/BTNMT 限值进行比较表明，所有污染物均在可接受范围内。pH 值是一个需要在使用前进一步考虑提供适当控制措施的因素。钢渣是一种很有前途的替代自然资源的建筑材料。在本书中，使用大量钢渣在现实条件下进行了长期实验。由于在其他地方很少进行如

此大规模的实验，因此研究结果尤其具有信息性。这些见解不仅对钢渣的再利用有用，而且对利用其他类型废物的建筑工地也有用。

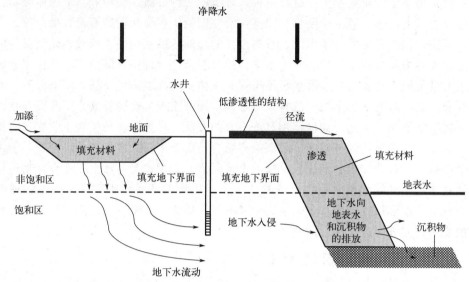

图 3.21　模拟真实垃圾填埋场环境对地下水和地表水的影响[50]

Wang 等[51]以钢渣为原料，采用酸改性法制备了一种新型吸附材料，采用静态吸附法分析了改性钢渣的制备条件，以及改性钢渣对铀的吸附性能。结果表明，在最佳条件下，改性钢渣对铀的吸附效率为 98.5%。此外，还通过 SEM-EDS、BET、FTIR、ICP-OES 对改性前后的钢渣进行了表征。改性钢渣的氢氧化物和 BET 显著增加，更有利于铀在改性钢渣上的吸附。确定了钢渣原料改性的最佳条件：初始钢渣粒度为 180 目，用浓度为 1% 的硫酸处理 24h、500℃ 煅烧。最佳吸附条件为初始铀浓度 10.00mg/L，初始溶液 pH 为 4.00，改性钢渣用量为 0.30g，吸附时间为 3h，在此条件下吸附效率最高可达 98.5%，吸附量为 6.41mg/g。BET 和 SEM 分析表明，与未改性钢渣相比，改性钢渣经过酸处理和热处理后，表面变得粗糙且有老茧，孔隙结构丰富，比表面积大。改性钢渣的 BET 比表面积为 8.61m^2/g，是未改性钢渣比表面积的 18 倍。活性的增加提高了改性吸附材料的吸附效率。EDS 和 FTIR 分析结果证实，与未改性钢渣相比，改性钢渣含有更多的官能团，如氢氧化物。上述官能团的存在是 U(Ⅵ) 络合吸附的基础。

Changalvaei 等[52]研究将电弧炉炉渣改性后作为工业废渣，用于去除工业废水中的镍和锌金属。通过 SEM、XRD 和 XRF 分析对改性渣进行了表征，证明其可以作为一种高效的新型吸附剂。在 25℃、35℃ 和 50℃ 的不同温度条件下对重金属的去除效率进行了实验和热力学评价。此外，为了使该工艺达到工业规模，对接触时间、金属离子浓度、吸附剂用量、吸附剂粒度、温度、pH 等参数进行了优化。结果表明：吸附剂用量为 30mg/L、吸附剂粒径小于 75μm、吸附时间为 3h 时，对镍和锌离子的吸附效果最佳，并且通过提高处理温度可以提高吸附效率。动力学研究表明，金属离子的吸附更符合准一阶模型，而不符合准二阶模型和扩散模型。此外，相关系数表明 Freundlich 吸附模型比 Langmuir 吸附模型更准确地预测了镍和锌金属离子的吸附。

Hoda 等[53]寻找炼钢过程中产生的水喷电弧炉 WS-EAF 渣的合适用途，该材料被收集、粉碎、研磨，并在化学成分、形态和相方面进行了表征。结果表明：WS-EAF 渣的主要相为磁铁矿（Fe_3O_4）、方铁矿（$Fe_{0.940}O$）、硅酸钙（Ca_2SiO_4）和麻纹岩（$Ca_{12}Al_{14}O_{33}$）；采用几个参数评价了 WS-EAF 渣去除水溶液和废水中 Cd(Ⅱ) 和 Mn(Ⅱ) 的性能。讨论了镉、锰离子的吸附动力学。还考察了 WS-EAF 渣去除废水中其他重金属（Zn、Fe、Ni、Pb 和 Co）的适用性。结果表明，吸附剂粒径为 $10\mu m$、吸附剂质量为 0.5g、溶液 pH 为 8、接触时间为 90min、初始金属离子浓度为 10mg/L 时，对 Cd 和 Mn 的去除率分别为 99.99% 和 99.96%。采用二阶模型与 Cd 和 Mn 的吸附数据吻合较好，因此 WS-EAF 渣是一种很有前途的吸附去除工业废水中竞争性重金属的材料。

3.2.4.3 无机阴离子（磷酸盐、氮、氟化物等）

Kumari 等[54] 以钢铁工业废渣铁合金电弧炉渣为原料制备了一种新型吸附剂，如图 3.22 所示。它是多种氧化物的来源，可用于除氟。热活化和酸活化增强了其吸附性能。通过各种分析方法对所合成的吸附剂进行了表征，确定了成功活化炉渣和废吸附剂的形成。等温线实验研究和动力学研究表明，该模型较好地拟合 Langmuir 等温线模型和拟二级动力学模型。吸附剂在 45℃时的吸附性能为 13.43mg/g。热力学研究揭示了氟吸附的过程是吸热和自发行为。活性 FEAF 渣吸附剂在间歇式和塔式中应用，除氟效果显著提高，除氟率为 68.98%～97.42%，处理量为 24～54 床，活性渣吸附剂在工业废水除氟方面具有一定的应用前景。因此，它一次达到两个目的（即工业废料的再利用和废水的处理），这是所制备

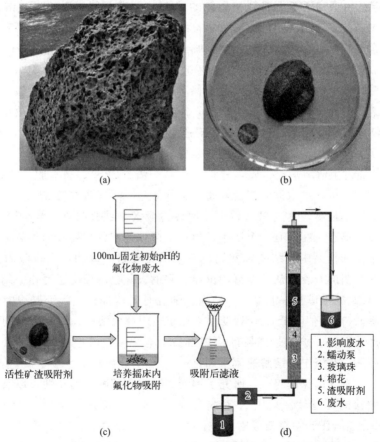

图 3.22　以铁合金电弧炉渣为原料制备新型吸附剂的除氟特性：
间歇式、塔式研究及工业废水处理[54]

的吸附剂的独特之处，其次是利用 FEAF 渣的热酸活化法制备了一种新型的除氟吸附剂。热活化在 600℃ 下进行，酸活化在硫酸中进行。表征（SEM/EDX、XRF、XRD、BET、FTIR、pH、粒度分析）表明目标吸附剂（即活性 FEAF 渣吸附剂）的成功合成，其理化性质和废吸附剂的形成。在最佳 pH(4) 和吸附剂剂量（36g/L）下，活性渣吸附剂除氟率为97.42%。活性渣的 pH 值为 6.47，表明所制备的吸附剂在 pH＝4（优化 pH）时具有正电性。活性渣对氟的吸附表现为 Langmuir 等温线和拟二级动力学模型。在 45℃ 时，活性渣的最大平衡吸附量为 13.43mg/g。氟在活性渣上的固定是吸热的、自发的和化学吸附的。活性渣吸附剂在间歇（68.98%～97.42%）和柱式(24～54 床体积处理) 操作模式下的吸附性能均优于原渣。活性渣对工业废水的除氟潜力（3.187mg/L）低于世界卫生组织允许限值（1.5mg/L）。因此热酸活化 FEAF 渣可作为处理含氟废水的吸附剂。此外，它还可用于工业废物（即 FEAF 渣）的再利用，用于废水处理。

Pramanik 等[55] 研究了利用工业废渣（炼钢渣）作为吸附剂，在正向渗透（FO）工艺浓缩之前，选择性地将磷从城市污水中分离出来。将吸附在炉渣上的磷提取出来，使吸附介质再生，得到的富磷溶液，在化学沉淀回收磷之前被 FO 进一步富集。批量试验结果表明，在 45min 内，渣介质上的磷吸附达到平衡，吸附量为 3.8mg/g。在连续流柱试验中，炉渣对废水中磷去除率稳定在 82%，此后约 88% 的磷酸盐可以从吸附介质中提取出来。当吸附剂中提取的富磷溶液通过 FO 膜时，FO 可保留 98% 的磷酸盐。然而，在水回收率为 90% 时，通过 FO 膜的水通量逐渐下降到初始值的约 20%，这可能是由于进料溶液的浓度越来越高。浓缩料中磷的富集为无定形磷酸钙的自发沉淀提供了有利条件。本研究表明，所提出的吸附-FO 联合工艺可以有效地去除并回收城市污水中的磷，炉渣吸附与 FO 过滤相结合可有效去除并回收城市污水中的磷。然而，共存阴离子对磷酸盐吸收的影响需要在未来的研究中加以解决。值得注意的是，随着时间的推移，炉渣上的吸附可能会逐渐减少，这就需要更换材料。渣是否会将有毒物质浸出到废水中，需要进一步研究进行检验。故该文提出后续研究需要解决 FO 膜的污染问题，包括其机制，但这超出了目前的研究范围。了解该过程的经济可行性对于实际实施也至关重要，因此还需要分析系统的成本。

Zuo 等[56] 通过生活污水柱试验，评价了由高炉渣（BFS）、氩氧脱碳渣（AOD）和电弧炉渣（EAF）组成的 5 种双滤池组合对磷的去除效果。用废水饲养 24 天，仅添加 EAF 的色谱柱对磷的去除率最高，达到 93% 以上。用 k-边缘 X 射线吸收近边缘结构（XANES）光谱分析了结合磷的形态。在所有 5 个塔中，出口室中填料渣的主要磷的种类为无定形磷酸钙（ACP）。在进水室的样品中，结晶磷酸钙、三水铝石吸附的磷和水合铁吸附的磷的贡献通常要大得多，这表明随着废水从入口流向出口，磷的去除机制发生了变化。结果有力地证明了磷主要通过 ACP 的形成被炉渣除去。然而，随着时间的推移，由于矿渣中碱性硅酸盐矿物的溶解逐渐降低，pH 值降低，ACP 变得不稳定，因此再溶解，改变了磷的形态。结果表明，这一过程严重影响了炉渣过滤器的使用寿命。电炉渣除磷性能最好，BFS 最差，这可能反映了碱性硅酸盐在渣中的溶解速率不同。

北京科技大学杨丽韫课题组[57] 研究了钢渣去除水中硝酸盐的特性，以及钢渣作为土壤添加剂去除硝酸盐的可行性。采用 X 射线荧光（XRF）、X 射线衍射（XRD）、扫描电镜（SEM）和红外光谱（IR）对钢渣吸附剂进行了表征。通过一系列间歇式实验，测定了吸附剂用量，钢渣粒度，反应时间，硝态氮初始浓度，钢渣浸出的 Al、Fe、Si 离子与水溶液中残留硝酸盐的关系等参数。随着钢渣用量的增加，其对硝酸盐的吸附能力增大。此外，减小钢渣粒径也能提高吸附效率。水溶液中硝酸盐的去除主要与钢渣中 Al、Fe、Si 和 Mn 的浸出有关。实验数据符合二级动力学和 Freundlich 等温吸附方程，表明钢渣对硝酸盐的吸附是在单层吸附作用下的化学吸附。最后，确定了钢渣作为土壤添加剂去除硝酸盐可行的策略。

3.2.4.4　含油废水

Mirghaffari 等[58]以钢渣为催化剂，采用非均相 Fenton 法处理炼油废水，降低其化学需氧量（COD）。考察了反应时间（0.5h、1.0h、2.0h、3.0h 和 4.0h）、pH（2.0、3.0、4.0、5.0、6.0 和 7.0）、钢渣浓度（12.5g/L、25.0g/L 和 37.5g/L）和 H_2O_2 浓度（100mg/L、250mg/L、400mg/L 和 500mg/L）等参数对 Fenton 工艺的影响。在此基础上，研究了微波辐照对工艺效率的影响。结果表明：采用 25.0g/L 钢渣和 250mg/L H_2O_2，在 pH＝3.0 条件下，2.0h 后 COD 可降低 64％；微波辐照可将处理时间由最佳条件下的 120min 缩短至 25min，但能耗较高。由此可见，钢渣在 Fenton 法处理炼油废水中具有很大的应用潜力。

在低 pH 条件下，由于 H^+ 浓度较高，这些离子起到了清除羟基自由基的作用，降低了 COD 的去除效率。另一方面，随着溶液 pH 的增加，铁离子的溶解度可能降低，这对羟基自由基产生不利影响。在高 pH（＞4.0）下，由于铁离子与氢氧根离子反应产生铁-羟基络合物［式(3.12) 和式(3.13)］，羟基自由基的产生会变慢；根据式(3.14)、式(3.15)、式(3.16) 所示的反应，配合物在 pH 4.0～7.0 有聚合倾向。因此，超出酸性 pH 范围会促进铁离子驱动混凝，降低有机物的去除效率。然而，在较低的 pH 值（例如＜4.0）下，凝血的可能性非常低。因此，在 pH＝3.0 时，最大的 COD 去除是由于与羟基自由基的反应，混凝可以忽略不计。

$$Fe[(H_2O)_6]^{3+} + H_2O \longrightarrow Fe[(H_2O)_5OH]^{2+} + H_3O^+ \tag{3.12}$$

$$[Fe(H_2O)_5OH]^{2+} + H_2O \longrightarrow [Fe(H_2O)_4(OH)_2]^{2+} + H_3O^+ \tag{3.13}$$

$$2[Fe(H_2O)_5OH]^{2+} \longrightarrow [Fe_2(H_2O)_8(OH)_2]^{4+} + 2H_2O \tag{3.14}$$

$$[Fe_2(H_2O)_8(OH)_2]^{4+} + H_2O \longrightarrow [Fe(H_2O)_7(OH)_3]^{3+} + H_3O^+ \tag{3.15}$$

$$[Fe(H_2O)_7(OH)_3]^{3+} + [Fe(H_2O)_5(OH)]^{2+} \longrightarrow [Fe_3(H_2O)_5(OH)_4]^{5+} + 2H_2O \tag{3.16}$$

清洁水供应的迅速减少、水质的恶化和全球变暖对世界水安全和自然环境产生了重大的负面影响。这促使全球科学家寻找新的环保废水处理方案。黏土基地聚合物被认为是废水回收的有利材料。为了实现可持续发展目标，在这一背景下，应该努力将这些丰富的低成本材料升级为有益的产品。其本质是对最流行的废水回收方法给予更多的关注，以克服它们面临的挑战。应努力开发更具成本效益的合成方法，使黏土基地聚合物在水处理中得到更广泛的应用。利用黏土基地聚合物从水溶液中去除表面活性剂的新研究应该进行，因为它尚未在文献中被确定。大多数实验只在实验室规模上进行，这表明在使用黏土基地聚合物作为水净化的合适材料之前，显然需要进一步的研究。此外，必须制定安全处置黏土基地聚合物的战略，因为它们不可生物降解，如果处置不当，可能会造成环境危害。建议对含有污染物的材料的可回收性/再增值进行更深入的机械研究，因为这是长期经济可行性和环境相容性的重要调节因素。确保其可行性的潜在未来可能性之一是将废水管理与数据驱动技术（如机器学习、人工神经网络、技术经济分析和生命周期评估）相结合，以提高工艺性能，同时解决更好的可重用性和最终产品质量。采用标准方案并对废水清理进行持续评估可能是数据量化的有效解决方案。否则，黏土基地聚合物与其他材料的能力可能会潜在地提高它们对不同水污染物的活性。然而，为了大规模的工业应用，还需要进行更多的经济研究。此外，新冠肺炎大流行也导致废水处理量增加。应更加重视废水的监测和循环利用，以实现零液体排放，实现循环经济。最后，评估与黏土基地聚合物用于废水处理有关的所有方面，包括原料、合成路线、作用模式和性能发现，对其在废水处理中的发展很有意义。

黏土/黏土基地聚合物已成为污水处理的理想材料，以实现更可持续的环境，以满足水资源不可控制的短缺和水质的恶化。值得注意的是，它们具有优异的稳定性、大表面积和长期耐用性等独特的物理化学特性。当前的综述文章独特地阐述了有关黏土/黏土基地聚合物的最新重要信息，包括最近的合成、改性和表征策略。它们被视为符合全球可持续循环经济理念的替代材料。黏土及其基地聚合物的成分有潜力取代目前在废水处理中使用的传统吸附剂。在经济上，应系统地检查与黏土及其基地聚合物的商业放大有关的技术经济分析和生命周期评估的充分研究。此外，对自然资源中廉价的黏土/黏土基地聚合物制造工艺进行更深入的分析应强调更全面的未来愿景。为了能推进天然矿石催化氧化技术在水处理中的应用，还需要对以下方面进行深入研究：①天然矿石催化剂的主要优点在于其便于回收后再次利用，但现有的循环利用实验发现，在有限的轮次实验后催化活性已经呈下降趋势，需要进一步减少天然矿物催化剂活性组分尤其是负载金属的流失，提高其重复利用潜力。②若天然矿物在形成时是以硅酸盐等主要造岩矿物为主，过渡金属化合物含量较低，表面羟基等催化活性位点密度不高，需要加大催化剂投加量才能达到与人工制备负载型金属催化剂相同的催化效果，后续研究应考虑通过浸渍、焙烧等方式进一步改善此类催化剂孔道结构，提高金属负载量，增加催化剂表面活性位点，以期强化天然催化剂的催化活性。③目前天然矿物催化氧化技术研究中，处理对象多为模型化合物，其在处理真实废水中的应用效果及在复杂物质存在时的催化作用机理还需进一步探索。

3.3 补充知识

3.3.1 矿物吸附水中污染物的机理

吸附机理与吸附剂的表面性质和吸附物的性质直接相关。吸附剂中掺入其他材料会改变吸附剂的表面性质并影响相互作用，最终影响吸附机理。本小节综述了黏土/矿物对有机水污染物的吸附机理：化学吸附（如共价键）、静电相互作用、范德华作用、疏水相互作用、氢键作用、离子交换、n-π相互作用、表面络合作用和π-π相互作用。主要的吸附机制取决于有机污染物的化学性质和黏土矿物复合材料的结构、表面性质和官能团。此外，pH和离子强度等吸附条件会影响吸附机理，因为这些条件能够改变吸附剂的表面性质。

离子交换被定义为吸附剂和吸附物之间具有相同电荷的离子的交换。它发生在吸附剂从溶液中吸附离子并将等效离子释放回溶液以保持溶液电中性时。离子交换是一种常见的吸附机制，特别是在黏土/矿物-壳聚糖和黏土/矿物-聚合物复合材料中，离子交换可以通过 Na^+ 或配体的交换发生。π-π相互作用是一种弱相互作用，发生在吸附剂和吸附质的芳香环上的不饱和键之间。这是黏土/矿物-碳质复合材料和黏土/矿物-聚合物复合材料的一种常见吸附机理。溶液 pH 对 π-π 相互作用有影响。此外，n-π 相互作用可能是黏土矿物复合材料的吸附机制。这种相互作用可以通过—OH、—COOH 和—COH 等官能团与芳环相互作用产生 n-π 相互作用来实现；氢键是一种偶极-偶极吸引，其中氢原子（H）与电负性原子（氮、氧和氟）成键，大多数黏土/矿物复合材料倾向于与有机污染物形成氢键，这是一种很强的相互作用类型。疏水相互作用是指水基体系中非极性物质之间的相互作用。黏土矿物一般是疏水性的，与其他材料特别是金属氧化物结合后，往往会产生一定程度的疏水性。事实上，一些研究将金属氧化物与黏土/矿物结合以增强疏水性，从而增强其吸附能力。此外，大多数有机污染物的水溶性较低，因此，有机污染物很容易吸附在黏土矿物复合表面。黏土矿物与有机污染物的相互作用可能与表面络合作用有关。表面络合是吸附剂与吸附质的静电相互作用，而吸附离子保留其水合球。这是由于黏土/矿物复合材料中含有电子轨道未填充的金属离子，金属离子可能通过与配体的配位吸附有机污染物。路易斯相互作用也被认为是黏土矿物对有机水污染物的吸附机制。这种相互作用是吸附剂上存在的孤对电子，它们作为路易斯碱位点与强路易斯酸（即吸附物）相互作用。

3.3.2　吸附等温线和动力学模型

简要讨论了不同类型吸附等温线和动力学模型[59]。迄今，包括 Langmuir、Freundlich、Temkin 和 Redlich-Peterson 等吸附等温线模型在本书的研究中得到了广泛的应用。吸附等温线描述了在一定温度下，液相平衡吸附剂浓度与固相吸附剂表面的平衡吸附量之间的关系。下面分别介绍。

（1）Langmuir isotherm　这是最广为人知的等温线模型，适用于低压和高压。Langmuir 等温线基于以下假设：①分子在吸附剂表面的离散活性位点上吸附；②每个活性位点只能吸附一个分子；③吸附表面是均匀的；④被吸附分子之间没有相互作用。Langmuir 等温线方程如下：

$$q_e = bq_{max}C_e/(1+bC_e)$$

式中，q_e 为吸附分子量，mg/g；b 为 Langmuir 平衡常数，L/mg；q_{max} 为最大吸附量，mg/g；C_e 为平衡吸附质浓度，mg/L。

（2）Freundlich isotherm　它是基于 Langmuir 模型没有考虑到的假设，比如：①吸附层的非均质性；②吸附分子之间的相互作用。Freundlich 等温线方程的表达式如下：

$$q_e = K_F C_e^{1/n}$$

式中，q_e 为吸附分子量，mg/g；C_e 为平衡态吸附质浓度，mg/L；K_F 为 Freundlich 分配系数，mg/g；n 为 0～1 之间的经验常数。

（3）Temkin isotherm model　这个等温线模型也基于许多假设，例如：①吸附是多层的；②它忽略吸附剂与浓度极高或极低的吸附剂之间的相互作用；③它认为热的吸附是温度的函数。Temkin 等温线模型的方程如下：

$$q_e = (RT \ln A_T C_e)/b_T$$

式中，q_e 为吸附分子量，mg/g；C_e 为平衡吸附物浓度，mg/L；R 为通用气体常数；T 为温度，K；b_T 为 Temkin 等温线常数，J/mol；A_T 为平衡结合常数，L/mg。

（4）Redlich-Peterson isotherm model　R-P 等温线模型是 Langmuir 模型和 Freundlich 模型的经验混合模型。因此，R-P 等温线模型可以应用于许多均相或非均相吸附系统。它与浓度呈线性关系，可以在很大的浓度范围内表示吸附平衡。R-P 等温线模型方程如下：

$$q_e = K_R C_e/(1+a_R C_e^g)$$

式中，q_e 为吸附分子量，mg/g；C_e 为平衡态吸附物浓度，mg/L；K_R（L/g）和 a_R（mg/g）为常数，g 为指数（$0 \leqslant g \leqslant 1$）。

（5）Pseudo-second-order kinetics　伪二级吸附动力学是反应速率和吸附质分子在定压或定浓度条件下在孔隙中的扩散与时间关系的重要研究。伪二级动力学模型与伪一级动力学模型是界面过程动力学研究中应用最广泛的模型之一。它基于速率决定步骤是化学吸附的假设，这意味着吸附速率仅取决于吸附剂的吸附能力。伪二级动力学一般表示为：

$$t/q_t = 1/k_2 q_e^2 + t/q_e$$

其中 q_e 和 q_t 为平衡态和 t 时刻的吸附量，mg/g，k_2 为伪二阶模型的平衡速率常数，mg/(min·g)。

思考题

1. 污水可以分为哪几类？
2. 环境矿物材料治理水污染的优势、原因以及机理是什么？
3. 常见的吸附等温线和动力学模型有什么？

参考文献

[1]　中华人民共和国生态环境部 [N]. 中国生态环境状况公报，2022.

[2]　GU S, KANG X, WANG L, et al. Clay mineral adsorbents for heavy metal removal from wastewater: a review [J]. Environ. Chem. Lett, 2019, 17 (2): 629-654.

[3]　MAGED A, EL-FATTAH H A, KAMEL R M, et al. A comprehensive review on sustainable clay-based geopolymers for wastewater treatment: circular economy and future outlook [J]. Environ. Monit. Assess, 2023, 195 (6): 693.

[4]　SAMSAMI S, MOHAMADIZANIANI M, SARRAFZADEH M-H, et al. Recent advances in the treatment of dye-containing wastewater from textile industries: Overview and perspectives [J]. Process. Saf. Environ, 2020, 143: 138-163.

[5]　FLEMING A. On the antibacterial action of cultures of a penicillium, with special reference to their use in the isolation of B. influenzae [J]. Br. J. Exp. Pathol, 1929, 10 (3): 226.

[6]　YANG Y, OK Y S, KIM, K-H, et al. Occurrences and removal of pharmaceuticals and personal care products (PPCPs) in drinking water and water/sewage treatment plants: A review [J]. Sci. Total Environ, 2017, 596: 303-320.

[7]　李振. 浅谈重金属水污染现状及监测进展 [J]. 可编程控制器与工厂自动化，2012 (7): 20.

[8]　王灿，陈天虎，刘海波，等. 纳米矿物材料净化甲醛污染的研究进展 [J]. 材料导报，2020，34 (15): 15003-15012.

[9]　WANG Y, FENG Y, JIANG J, et al. Designing of recyclable attapulgite for wastewater treatments: A Review [J]. ACS Sustain. Chem. Eng, 2019, 7 (2): 1855-1869.

[10]　WANG J, CHENG Q, FENG S, et al. Shear-aligned tunicate-cellulose-nanocrystal-reinforced hydrogels with mechano-thermo-chromic properties [J]. Mater. Chem. C, 2021, 9 (19): 6344-6350.

[11]　ZHAN H, ZUO T, TAO R, et al. Robust tunicate cellulose nanocrystal/palygorskite nanorod membranes for multifunctional oil/water emulsion separation [J]. ACS Sustain. Chem. Eng, 2018, 6 (8): 10833-10840.

[12]　AHMAD N, BINTI MOHD ZAIDAN N, MOHD BAZIN M. Fabrication and Characterization of ceramic membrane by Gel Cast technique for water filtration [J]. Adv. Mater. Res, 2013, 686, 280-284.

[13]　ZHAO L, BASLY J P, BAUDU M. Sorption of anionic dye by hybrid hydrotalcite/alginate beads in batch and in a

fixed bed reactor [J]. Desalin. Water Treat, 2021, 237: 241-250.

[14] YUAN D, ZHOU L, FU D. Adsorption of methyl orange from aqueous solutions by calcined ZnMgAl hydrotalcite [J]. Appl. Phys. A, 2017, 123 (2): 146.

[15] GRABKA D, RACZYŃSKA-ŻAK M, CZECH K, et al. Modified halloysite as an adsorbent for prometryn from aqueous solutions [J]. Appl. Clay Sci, 2015, 114: 321-329.

[16] YAN S, CHENG K Y, MORRIS C, et al. Sequential hydrotalcite precipitation and biological sulfate reduction for acid mine drainage treatment [J]. Chemosphere, 2020, 252: 126570.

[17] SIDARENKA A V, LEANOVICH S I, KALAMIYETS E I, et al. Commercial synthetic hydrotalcite as an adsorbent nanomaterial for removal of bacteria from contaminated water [J] Environ. Eng. Res, 2023, 28 (3): 220063.

[18] GONZÁLEZ M A, TRÓCOLI R, PAVLOVIC I, et al. Capturing Cd(ii) and Pb (ii) from contaminated water sources by electro-deposition on hydrotalcite-like compounds [J]. Phys. Chem. Chem. Phys, 2016, 18 (3): 1838-1845.

[19] NIU W, QIU X, WU P, et al. Unrolling the tubes of halloysite to form dickite and its application in heavy metal ions removal [J]. Appl. Clay Sci, 2023, 231: 106748.

[20] WANG X, GUO H, WANG F, et al. Halloysite nanotubes: an eco-friendly adsorbent for the adsorption of Th (Ⅳ)/U(Ⅵ) ions from aqueous solution [J]. Radioanal. Nucl. Ch, 2020, 324 (3): 1151-1165.

[21] SHU Z, GUO Q, CHEN Y, et al. Accelerated sorption of boron from aqueous solution by few-layer hydrotalcite nanosheets [J]. Appl. Clay Sci, 2017, 149: 13-19.

[22] CONSTANTINO L V, QUIRINO J N, ABRÃO T, et al. Sorption - desorption of antimony species onto calcined hydrotalcite: Surface structure and control of competitive anions [J]. Hazard. Mater, 2018, 344: 649-656.

[23] YE H, CHEN F, SHENG Y, et al. Adsorption of phosphate from aqueous solution onto modified palygorskites [J]. Sep. Purif. Technol, 2006, 50 (3): 283-290.

[24] HUANG W, LI D, LIU Z, et al. Kinetics, isotherm, thermodynamic, and adsorption mechanism studies of La $(OH)_3$-modified exfoliated vermiculites as highly efficient phosphate adsorbents [J]. Chem. Eng. J, 2014, 236: 191-201.

[25] XIE F, WU F, LIU G, Et al. Removal of Phosphate from Eutrophic Lakes through Adsorption by in Situ Formation of Magnesium Hydroxide from Diatomite [J]. Environ. Sci. Technol, 2014, 48 (1): 582-590.

[26] PERASSI I, BORGNINO L. Adsorption and surface precipitation of phosphate onto $CaCO_3$ - montmorillonite: effect of pH, ionic strength and competition with humic acid [J]. Geoderma, 2014, 232-234: 600-608.

[27] OUALI A, BELAROUI L S, BENGUEDDACH A, et al. Fe_2O_3-palygorskite nanoparticles, efficient adsorbates for pesticide removal [J] Appl. Clay Sci, 2015, 115: 67-75.

[28] XU J, ZHANG B, JIA L, et al. Metal-enhanced fluorescence detection and degradation of tetracycline by silver nanoparticle-encapsulated halloysite nano-lumen [J]. Hazard. Mater, 2020, 386: 121630.

[29] SZCZEPANIK B, SŁOMKIEWICZ P, GARNUSZEK M, et al. Adsorption of chloroanilines from aqueous solutions on the modified halloysite [J]. Appl. Clay Sci, 2014, 101: 260-264.

[30] SONG Y, YUAN P, DU P, et al. A novel halloysite - CeOx nanohybrid for efficient arsenic removal [J]. Appl. Clay Sci, 2020, 186: 105450.

[31] IBRAHIM G P S, ISLOOR A M, MOSLEHYANI A, et al. Bio-inspired, fouling resistant, tannic acid functionalized halloysite nanotube reinforced polysulfone loose nanofiltration hollow fiber membranes for efficient dye and salt separation [J]. Water Process Eng, 2017, 20: 38-148.

[32] ZHANG P, SUN X, GUO J, et al. Deep-sea clays using as active Fenton catalysts for self-propelled motors [J]. Am. Ceram. Soc, 2022, 105 (6): 3797-3808.

[33] WANG J, SI J, HAO Y, et al. Halloysite-based nanorockets with light-enhanced self-propulsion for efficient water remediation [J]. Langmuir, 2022, 38 (3): 1231-1242.

[34] WANG J, ZHANG Y, NING W, et al. Self-propelling nanomotor made from halloysite and catalysis in Fenton-like reaction [J]. Am. Ceram. Soc, 2021, 104 (9): 4867-4877.

[35] WANG J, SI J, LI J, et al. Self-propelled nanojets for fenton catalysts based on halloysite with embedded Pt and outside-grafted Fe_3O_4 [J]. ACS Appl. Mater. Interfaces, 2021, 13 (41): 49017-49026.

[36] WANG J, WU S, ZHANG W, et al. Selective decorating Ag and MnO_x nanoparticles on halloysite and used as micromotor for bacterial killing [J]. Appl. Clay Sci, 2022, 216: 106352.

[37] WANG J, ZHANG Y, XU Y, et al. Halloysite-based nanomotors with embedded palladium nanoparticles for selective benzyl alcohol oxidation [J]. ACS Appl. Nano Mater, 2022, 5 (9): 2806-12816.

[38] MIOTTO MENINO N, DA SILVEIRA SALLA J, DO NASCIMENTO M. S, et al. High-performance hydrophobic magnetic hydrotalcite for selective treatment of oily wastewater [J]. Environ. Technol, 2023, 44 (10): 1426-1437.

[39] GIANNI E, PANAGIOTARAS D, GIANNAKIS I, et al. Palygorskite-TiO_2 nanocatalysts for photocatalytic degradation of tebuconazole in water [J]. Water Environ, 2023, 37 (2): 351-358.

[40] SZCZEPANIK B, ROGALA P, SŁOMKIEWICZ P M, et al. Synthesis, characterization and photocatalytic activity of TiO_2-halloysite and Fe_2O_3-halloysite nanocomposites for photodegradation of chloroanilines in water [J]. Appl. Clay Sci, 2017, 149: 118-126.

[41] YIN W, LIU M, ZHAO T, et al. Removal and recovery of silver nanoparticles by hierarchical mesoporous calcite: Performance, mechanism, and sustainable application [J]. Environ. Res, 2020, 187: 109699.

[42] MIAO J, ZHAO X, ZHANG Y, et al. Preparation of hollow hierarchical porous CoMgAl-borate LDH ball-flower and its calcinated product with extraordinary adsorption capacity for Congo red and methyl orange [J]. Appl. Clay Sci, 2021, 207: 06093.

[43] WU C, TU J, TIAN C, et al. Defective magnesium ferrite nano-platelets for the adsorption of As(V): The role of surface hydroxyl groups [J]. Environ. Poll, 2018, 235: 11-19.

[44] DUAN J, JI H, ZHAO X, et al. Immobilization of U(Ⅵ) by stabilized iron sulfide nanoparticles: Water chemistry effects, mechanisms, and long-term stability [J]. Chem. Eng. J, 2020, 393: 124692.

[45] YU W, WAN Q, TAN D, et al. Removal of iodide from water using halloysite/Ag_2O composites as efficient adsorbent [J]. Appl. Clay Sci, 2021, 213: 106241.

[46] TIAN X, WANG W, TIAN N, et al. Cr(Ⅵ) reduction and immobilization by novel carbonaceous modified magnetic Fe_3O_4/halloysite nanohybrid [J]. Hazard. Mater, 2016, 309: 151-156.

[47] LI J, YAN L, LI H, et al. Underwater superoleophobic palygorskite coated meshes for efficient oil/water separation [J]. Mater. Chem. A, 2015, 3 (28): 14696-14702.

[48] LIU Y, DU F, YUAN L, et al. Production of lightweight ceramisite from iron ore tailings and its performance investigation in a biological aerated filter (BAF) reactor [J]. Hazard. Mater, 2010, 178 (1): 999-1006.

[49] FENG Y, YU Y, QIU L, et al. The characteristics and application of grain-slag media in a biological aerated filter (BAF) [J]. Ind. Eng. Chem, 2012, 18 (3): 1051-1057.

[50] LE S T, LE A T, CAO M T T, et al. Assessment of water quality under real-world conditions: effects of steel slag backfills on ground and surface water [J]. Environ. Sci-Wat. Res, 2022, 8 (12): 3043-3053.

[51] CHEN Q, WANG H, HU E, et al. Efficient adsorption of uranium (Ⅵ) from aqueous solution by a novel modified steel slag adsorbent [J]. Radioanal. Nucl. Ch, 2020, 323 (1): 73-81.

[52] CHANGALVAEI M, NILFOROUSHAN M R, ARABMARKADEH A, et al. Removal of Ni and Zn heavy metal ions from industrial waste waters using modified slag of electric arc furnace [J]. Mater. Res. Exp, 2021, 8 (5): 055506.

[53] ABD EL-AZIM H, EL-SAYED SELEMAN M M, SAAD E M. Applicability of water-spray electric arc furnace steel slag for removal of Cd and Mn ions from aqueous solutions and industrial wastewaters [J]. Ind. Eng. Chem, 2019, 7 (2): 102915.

[54] KUMARI U, BISWAS S, MEIKAP B C. Defluoridation characteristics of a novel adsorbent developed from ferroalloy electric arc furnace slag: Batch, column study and treatment of industrial wastewater [J]. Environ. Technol. Innov, 2020, 18: 100782.

[55] PRAMANIK B K, ISLAM M A, ASIF M B, et al. Emerging investigator series: phosphorus recovery from

municipal wastewater by adsorption on steelmaking slag preceding forward osmosis: an integrated process [J]. Environ. Sci-Wat. Res, 2020, 6 (6): 1559-1567.

[56] ZUO M, RENMAN G, GUSTAFSSON J P, et al. Dual slag filters for enhanced phosphorus removal from domestic waste water: performance and mechanisms [J]. Environ. Sci. Poll. Res, 2018, 25 (8): 7391-7400.

[57] YANG L, PING X, MAOMAO Y, et al. The characteristics of steel slag and the effect of its application as a soil additive on the removal of nitrate from aqueous solution [J]. Environ. Sci. Poll. Res, 2017, 24 (5): 4882-4893.

[58] HEIDARI B, SOLEIMANI M, MIRGHAFFARI N. The use of steel slags in the heterogeneous Fenton process for decreasing the chemical oxygen demand of oil refinery wastewater [J]. Water Sci. Technol, 2018, 78 (5): 1159-1167.

[59] HNAMTE M, PULIKKAL A K. Clay-polymer nanocomposites for water and wastewater treatment: A comprehensive review [J]. Chemosphere, 2022, 307: 135869.

第 4 章

环境矿物材料治理土壤污染与退化

4.1 土壤污染问题

4.1.1 土壤污染现状

土壤在水循环、生物多样性、生物燃料、全球粮食安全、动态生态系统、对全球变化的控制和响应等方面发挥着重要作用。土壤可当作一个生命体对待，其自身具备一定的承受能力和净化能力，然而随着工业化进程的加快，人类活动所产生的各种废物大量进入到土壤系统当中，当这些废物总量超过了土壤的承受能力和自净能力时，就形成了土壤污染。近年来土壤污染愈发严重，污染事件频发，环境污染呈现全球化趋势（图 4.1，来自于《全球土壤污染评估报告》），治理土壤污染的问题已经刻不容缓。

土壤污染的危害有以下几点。①影响农业安全：污染土壤中的有害物质会被农作物吸收并积累，进而进入人类食物链。这可能导致食品中存在有害物质，对人体健康产生潜在风险。例如，重金属污染土壤中的农作物可能含有铅、汞等有毒物质，人体摄入后可能对神经系统和肾脏造成损伤。②威胁生态系统：土壤是生态系统的重要组成部分，土壤污染会破坏土壤中微生物的生存环境，破坏土壤的生态功能。导致生物多样性减少，进而影响农田生产力和自然生态系统的稳定性。③污染地下水系：受污染土壤中的有害物质可能通过渗滤和径流进入地下水，并污染地下水资源。④损害大气环境：污染土壤中的有害物质可能通过风化、侵蚀和气候变化等因素释放到环境中，进而影响大气环境质量。这会进一步扩大污染范围，增加环境风险。

土壤污染的特点是：①长期性：土壤污染通常是长期积累的结果。有害物质在土壤中的滞留时间较长，可能需要数年甚至数十年才能降解或清除（图 4.2，来自于《全球土壤污染评估报告》）。②隐蔽性：相对于空气和水体，土壤是一个相对封闭和隐蔽的环境。土壤污染不容易被直接观察到，而且在地下深处的污染更难被察觉。这种隐蔽性导致土壤污染在很长时间内可能不会被发现，直到对人类健康或环境产生明显影响时才会引起关注。③累积性：有害物质在土壤中的积累是逐渐发生的。每次污染源的释放都会导致土壤中有害物质的积累，因此，随着时间的推移，土壤污染程度可能会逐渐加剧。这种累积性使得土壤污染的清理和修复变得更加复杂和困难。④多样性：土壤污染通常由多种不同的污染源引起。工业废物、农药、化肥、废水排放等都可能成为土壤污染的来源。除此之外土壤污染涉及的污染物种类繁多，包括重金属、有机化合物（如农药、石油类化合物）等。这些污染物具有不同的性质和毒性，对土壤环境和生态系统产生不同程度的影响。⑤空间异质性：土壤污染的程

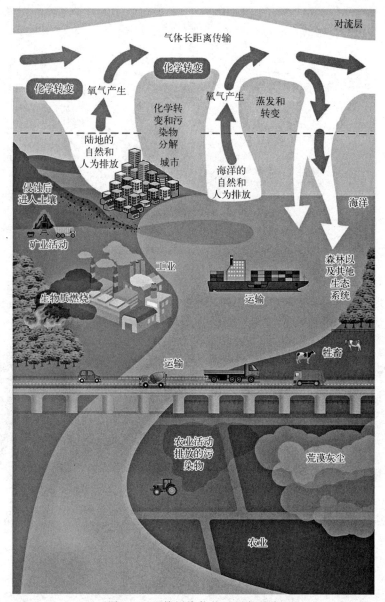

图 4.1　环境污染物的远距离迁移

度和分布通常在空间上呈现出一定的异质性。不同地点的土壤污染程度可能存在差异。这种空间异质性需要在监测和评估中考虑,因地制宜地制定有效的土壤污染管理措施。

综上所述,土壤污染具有长期性、隐蔽性、累积性、多样性以及空间异质性等特点。这些特点使得土壤污染的治理和修复工作非常困难,需要综合考虑多个因素,并采取周密的措施来减少土壤污染对环境和人类的影响。

土壤污染的来源非常广泛,可以分为自然因素和人为因素两大类。人为因素导致的土壤污染有:①工业活动:包括工厂排放的固、液、气态废弃物,如化工厂的有机物和重金属废水、电子厂的电子废弃物、燃油燃烧产生的空气污染物等[1]。②农业活动:包括化肥、农药的使用,这些化学物质和有机物可能渗入土壤并导致污染。③城市活动:包括城市垃圾填埋场、建筑工地和城市下水道的排放,可能携带着有毒物质随着系统循环进入土壤。④采矿

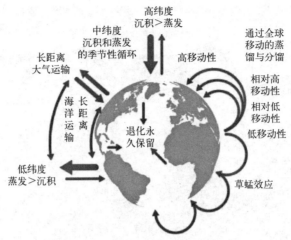

图 4.2　造成土壤污染的全球运输过程

活动：包括矿石开采和矿石加工过程中产生的有毒废弃物和副产物。⑤水体污染：受污染的河流、湖泊和地下水可经过水循环渗透到土壤中[2]。自然因素导致的土壤污染来源包括火山喷发、地质活动过程中释放的天然放射性物质和有害元素（图 4.3）。

图 4.3　（a）燃煤电厂是汞的重要排放源；（b）氧化铁在溪水中的沉积；（c）丢弃不当的空农药容器可能是土壤污染的重要来源；（d）菲律宾火山碎屑流从马荣东南侧下降

　　2014 年 4 月发布的《全国土壤污染状况调查公报》显示，全国土壤环境状况总体较差，部分地区土壤污染较重，耕地土壤环境质量堪忧，工矿业废弃地土壤环境问题突出。全国土壤总超标率为 16.1％。污染类型以无机型为主，有机型次之，复合型污染比重较小，无机污染物最为严重，超标数达到了 82.8％。污染的主要原因是工矿业、农业等人为活动以及土壤环境背景值高。（注：土壤环境背景值指的是特定地区土壤中某种特定化学物质或参数的自然存在水平，它是指在没有人为干扰或外部污染源的情况下，土壤中特定物质的平均含量或浓度，土壤环境背景值通常通过对大量土壤样品进行采集和分析来确定。)

众所周知，中国仅用7％的土地就能养活世界22％的人口。如果中国的农业土壤受到严重污染，中国的粮食安全无疑将受到更大的威胁。20世纪末中国多次爆发食品安全事件，如有毒农药残留、农产品伪劣等问题，引发公众对食品质量和安全的关切。2002年起中国政府发布有机农产品认证制度，开始推动有机农业发展，引导农民减少化学农药和化肥的使用。2008年中国国家有机产品认证机构设立，2013年中国修订食品安全法，逐步强调食品质量和安全的重要性，加强了对食品生产、加工、销售的监管。当下全球绿色食品市场扩大，诸多国家加入了世卫粮农组织，一些国家对进口农产品的质量和安全有严格要求，土壤污染可能导致中国农产品在国际市场受到限制，甚至引发贸易纠纷。根据中国农业科学院的研究，中国每年因土壤污染导致的农业生产损失可能高达二百亿元人民币。根据联合国环境规划署的一份报告，全球土壤退化和污染可能导致的经济损失在数百亿到数千亿美元之间。这包括了农业减产、环境修复、医疗费用等多个方面的损失。

4.1.2 土壤污染物

（1）无机污染物　无机污染物是指由人类活动引起的、具有无机元素的化学物质，它们可以对土壤产生不同程度的污染。无机污染物主要包括重金属、氮化物、磷酸盐、硫化物等。

① 重金属是指相对密度较大、具有较高的原子量的金属元素，如汞、铅、镉、铬、砷等[3]。重金属污染主要来源于工业废水、废弃物堆放、农药、肥料等。重金属在土壤中的富集会导致土壤污染，对土壤生态系统和农作物生长产生不利影响[4,5]。

中国的工业化进程导致大量的重金属污染物排放到环境中，其中包括镉、铅、汞、铬等。工业废水和废气中的重金属进入土壤后，会通过植物吸收途径进入食物链，对人体健康构成潜在威胁。例如，江苏、广东、湖南等地的一些农田土壤中镉超标严重，由于人们长期食用受污染的农产品，导致镉中毒事件频发。

镉（Cd）：镉是一种高度有毒的重金属，同时也是中国土壤中最为严重的重金属污染物之一，对人体健康有严重影响。摄入过量的镉可能导致肾脏损伤、骨质疏松、癌症等健康问题。对植物来说，镉会抑制植物的生长和光合作用，导致产量下降。中国农业区域的镉污染主要来自于煤燃烧、矿山开采、冶炼和农药使用等活动。2013年，中国环境保护部发布的《中国农田土壤环境质量基准》将农田土壤镉的背景值限制在0.3mg/kg以下。然而，许多地区的农田土壤镉超标，对农产品安全和农民健康构成了巨大威胁[6]。

铅（Pb）：铅是一种广泛存在的重金属，对人体健康有害。长期暴露于铅环境中可能导致神经系统损伤、智力发育问题、贫血等。对植物来说，铅会干扰植物的生长和发育，降低产量和品质。

汞（Hg）：汞是一种高度有毒的重金属，对人体健康和生态系统都有严重影响，当下无论是中国还是世界上其他国家都受到了汞污染土壤的威胁。摄入过量的汞可能导致神经系统损伤、免疫系统问题、生殖系统问题等。对植物来说，汞会抑制植物的生长和光合作用，影响植物生长[7]。

铬（Cr）：六价铬［Cr(Ⅵ)］是一种有毒的重金属，对人体健康有害，可以通过吸入、摄入和皮肤接触进入人体。吸入高浓度的六价铬气体或颗粒物，可以对呼吸系统造成刺激和损伤。长期暴露于铬离子环境中会引发呼吸系统疾病，如慢性支气管炎和肺癌。Cr(Ⅵ)对胃肠道有一定的毒性，长期摄入可能引发胃肠道疾病和消化系统损伤。长时间接触含有六价铬的物质，如皮肤接触铬化合物、铬酸盐和铬酸等，可能导致接触性皮炎和皮肤溃疡。

铬离子的毒性主要与其氧化还原性质有关，六价铬在体内可以被还原为三价铬，此过程中会产生高度反应性的自由基，损伤细胞和 DNA，引发细胞毒性和基因毒性作用。

解决重金属污染问题的方法包括土壤修复、污染源治理和减少重金属排放。我国政府已经采取了一系列措施，包括加强工业企业的环境监管和排放标准，推动清洁生产，加强农田土壤修复和农产品质量监管等。

② 氮化物是指由氮元素形成的化合物，如氨气、硝酸盐、亚硝酸盐等。氮化物污染主要来自于农业活动、工业排放、废水排放等。氮化物对土壤的污染主要表现为土壤酸化、氮素累积和土壤生态系统失衡。

氮化物对土壤的污染主要影响如下：a. 土壤酸化：氮化物在土壤中分解产生氨气，进而生成硝酸盐和亚硝酸盐，这些化合物会使土壤酸化，影响土壤的肥力和微生物活性；b. 氮素累积：氮化物会进入土壤中，被植物吸收和固定，使土壤中的氮素含量增加，过量的氮素会改变土壤的营养平衡，导致土壤肥力下降；c. 土壤生态系统失衡：氮化物的过量输入会改变土壤中微生物的种类和数量，破坏土壤生态系统的平衡，影响土壤的生物多样性。

③ 磷酸盐是一种含有磷元素的化合物，主要来自于农业和城市生活的废水，对土壤产生不良影响。

磷酸盐对土壤的污染主要表现为以下几个方面：a. 土壤养分失衡：过量的磷酸盐会增加土壤中的磷素含量，改变土壤中的养分平衡，导致土壤肥力下降；b. 水体富营养化：磷酸盐被冲刷到水体中，容易引发水体富营养化，导致水体水质下降，出现藻类过度繁殖等问题；c. 土壤酸化：磷酸盐的过量输入会导致土壤酸化，影响土壤的理化性质和微生物活性。

④ 硫化物是指由硫元素形成的化合物，如硫酸盐、硫化氢等。硫化物污染主要来自于石油、煤炭开采和加工过程中的废气排放、工业废水排放等。硫化物对土壤的污染主要表现为土壤酸化、土壤毒性增强。

硫化物对土壤的污染主要影响如下：a. 土壤酸化：硫化物在土壤中分解生成硫酸，使土壤酸化，降低土壤的肥力和适宜植物生长的 pH 值范围；b. 土壤毒性增强：硫化物的过量输入会增加土壤中的硫含量，超过植物生长的适宜范围，对植物生长产生抑制作用，甚至导致植物死亡。

综上所述，无机污染物主要包括重金属、氮化物、磷酸盐、硫化物等，它们对土壤生态系统和农作物生长产生不利影响。为了保护土壤环境，减少无机污染物对土壤的污染，需要控制污染源的排放，合理利用农药肥料，推广环境友好型的农业生产方式。

（2）有机污染物　当谈到土壤中的有机污染物时，我们可以列举出多种类型的化合物，包括石油和石油产品、农药、化学溶液、挥发性有机化合物、微塑料等。

① 石油和石油产品是常见的土壤有机污染物之一。石油是一种复杂的混合物，由多种碳氢化合物组成。当石油泄漏或被不当处理时，其中的有机化合物可能渗入土壤，并对土壤产生污染，它们具有较高的挥发性和毒性，对土壤和生物产生负面影响。

② 农药是用于农业生产中的化学物质，用于杀死或抑制害虫、杂草和病原体。农药的使用可以提高农作物产量，但同时也可能对土壤产生污染。农药可以通过残渣、漂移、不当

使用和不当处置等途径进入土壤。常见的农药类型包括杀虫剂、除草剂、杀菌剂等。这些化合物可能在土壤中残留，并对土壤中的微生物、植物和其他生物产生毒性影响。

③ 化学溶液主要用于工业和实验用途。这些溶液常常被排放到土壤中，导致土壤的有机污染。常见的溶剂包括苯、甲苯、二甲苯、氯化物等。这些有机溶剂具有较高的挥发性和毒性，可以对土壤生态系统产生不可逆的影响。

④ 挥发性有机化合物是一类易挥发的化合物，常用于工业当中。这些化合物可以通过蒸发、挥发和排放进入土壤。挥发性有机化合物包括甲苯、二甲苯、氯化物、醇和醚等。这些化合物具有较高的毒性和挥发性，可能对土壤微生物和植物产生负面影响。

⑤ 微塑料是指直径小于 5mm 的塑料颗粒或碎片。其进入土壤的途径多种多样，包括垃圾填埋、土壤改良、污泥施用、废水灌溉、堆肥和有机肥料、农业覆膜残留、轮胎磨损、大气沉降等（图 4.4）。微塑料的存在严重降低了土壤质量，它们会影响土壤的物理性质，如土壤结构和水分蒸发。微塑料在高度污染的土壤中的迁移和营养转移对生态系统产生重大风险，可能会被土壤生物摄食，进而进入食物链，对生物体造成伤害。此外，微塑料还可以吸附其他有害物质，如农药和重金属，进一步加剧土壤污染[8-9]。

图 4.4　英国圆山的塑料覆盖物

总的来说，土壤中的有机污染物类型繁多，包括石油和石油产品、农药、化学溶液、挥发性有机化合物、微塑料等。这些有机污染物对土壤生态系统和人类健康都可能产生负面影响。因此对于土壤中有机污染物的监测、控制和修复是非常重要的。

（3）复合污染物　当在同一土壤内有两种或两种以上共同发生作用的污染物时，称为复合污染物。复合污染物因其污染物类型繁多、污染物作用机理复杂成为治理土壤污染问题中最棘手的存在。

Bliss 在《毒物联合使用时的毒性》（The toxicity of poisons applied jointly）一文中最早提到协同作用等术语[10]，形成了复合污染物的一个雏形。在 20 世纪中叶，环境污染问题引起了国际社会的广泛关注，包括土壤污染的问题。1962 年美国生态学家雷切尔·卡森（Rachel Carson）出版了《寂静的春天》，引起了公众对农药和环境的潜在危害的关注，这本书被认为是环保运动的重要里程碑，并促进了对土壤污染和生态系统健康的更深入研究。1972 年斯德哥尔摩召开的联合国人类环境会议（United Nations Conference on the Human Environment）提出了环境问题的全球意识，强调了不同污染物的相互作用和累积效应。20 世纪 80 年代中期美国环境保护署开始关注土壤复合污染，并开展了相关研究和监测工作。20 世纪 90 年代国际上的研究机构、学术界和政府部门开始广泛研究和讨论土壤复合污染的问题，并提出了一些相关的理论和方法。21 世纪以来随着环境污染问题的日益严重，对土壤复合污染问题的研究和关注进一步加强。研究者们探索了复合污染对生态系统和人类健康的潜在影响，并提出了更多的解决方案和政策措施来降低复合污染的风险。

复合污染的类型有很多，例如无机-无机复合污染、重金属-有机污染物复合污染、有机-

有机复合污染等各种类型。它们的存在相较于单一污染物具有更大的危害。首先复合污染物之间可能存在协同效应，即不同污染物的毒性相互增强。这可能导致更严重的健康和环境风险。其次某些复合污染物可能具有生物累积性，即它们会在生物体内积累并逐渐增加。这可能导致食物链中的生物体受到更高水平的污染物暴露，从而对生态系统和人类健康造成潜在危害。最后复合污染物之间可能存在相互作用，其中一个污染物可能改变另一个污染物的行为和效应，从而导致不可预测的影响和结果。

因此，对于处理复合污染物，需要更进一步的科研探索和更高层次的学术讨论，确保能够对复合污染物进行有效的控制。

4.2 土壤退化问题

土壤退化是指土壤质量下降、土壤功能减弱、土壤生产力降低的过程。它可以由多种因素引起，包括过度耕作、过度放牧、过度使用化肥农药、水土流失、城市化和工业化等。土壤退化主要是指土壤的自然属性和功能受到破坏，导致土壤质量下降，从而影响农业生产和生态环境。而土壤污染是指土壤中的有害物质或化学物质超过一定限制标准的现象。因此，土壤退化是一个更广泛的概念，包括了土壤质量的下降和功能的减弱。土壤退化可以包含土壤污染，作为其中的一个重要因素，但其表现并不仅限于土壤污染。

具体来说，土壤退化表现在以下几个方面：①土壤侵蚀：土壤侵蚀是指水流、风力和重力等因素导致的土壤颗粒和养分的流失。这会导致土壤层次减少，土壤贫瘠，无法满足植物的生长需求。②土壤结构破坏：长期的过度耕作、过度使用化肥和农药、过度放牧等活动会破坏土壤的结构，导致土壤颗粒聚结不良，土壤通气性和保水性下降，影响植物根系的生长和养分吸收。③土壤酸化和碱化：不当的农业管理和过度使用化肥会导致土壤酸化，使土壤pH值降低。而盐碱地的形成则是由于土壤中盐分积累过多，导致土壤碱化。酸化和碱化会改变土壤中的养分含量和微生物活性，影响植物的生长和发育。④养分流失：过度施用化肥和农药会导致养分的过度积累，而不当的土壤管理和水土流失会导致养分的流失。养分流失会导致土壤肥力下降，影响作物的生长和产量。

土壤退化对农业生产和生态环境造成了严重的影响。它减少了土壤的肥力和产量，导致农作物的减产和质量下降；同时，土壤退化还会加剧水土流失、水源污染、生物多样性减少和气候变化等问题。

为了解决土壤退化问题，需要采取一系列土壤保护和恢复措施，如合理耕作、有机农业、水土保持、植被恢复、土壤污染治理等。这些措施旨在保护土壤资源，提高土壤质量，恢复土壤生产力，保护生态环境的平衡。

4.3 环境矿物材料治理土壤污染和退化研究与应用

土壤污染作为制约人类社会可持续发展的基本问题正受到日益广泛的关注，受污染土壤的修复已成为环境科学研究的一个重点。土壤污染治理问题关系到人民身体健康、生态系统安全以及社会稳定发展，它直接影响着土壤质量、水质质量、作物生长、农业产量、食品安全等等。因此，土壤污染的治理和修复非常重要。

中国政府于2016年发布了《土壤污染防治行动计划》，该计划旨在加强土壤环境保护和修复，2022 年中国的土壤污染防治资金预算达到了 44 亿元。美国环保署发布了《土壤污染清理法案》和《资源保护与恢复法案》，用于指导土壤污染的清理和修复工作。根据美国环保署的数据，仅超基金计划（CERCLA）一项，在过去的四十年中拨款已超过 500 亿美元。日本政府发布了《土壤污染对策基本法》和《土壤污染对策基本计划》，用于规范土壤污染治理的目标和措施，并提供相应的资金支持，每年约有 100 亿日元用于土壤污染的清理和修复工作。德国与英国用于土壤污染治理的开销也分别达到了 2 亿欧元和 1.5 亿英镑，并且这个数字仍呈现出逐年上升的趋势。

近年来，国际上对受污染土壤的修复开展了大量的研究，黏土材料由于其自身特点在这一方面取得了较大进展：①黏土材料具有大量的孔隙结构和表面吸附位点，可以吸附污染物，从而减少其在土壤中的浓度；②黏土材料具有优良的离子交换性能，可以将有害离子与土壤中的其他离子进行交换；③黏土材料具有一定的还原性，可以在合适的条件下还原土壤中的有害物质，使其转化为无害物质；④黏土材料具有良好的黏结性和胶凝性，可以改善土壤的结构和性质；⑤黏土材料可以作为载体，提供生物修复所需的基质和微环境。

土壤改良是应对土壤退化的一种重要手段，其通过改变土壤的物理、化学或生物性质，以提高土壤质量并促进植物生长。沸石能增加土壤的孔隙度，改善土壤的水分和营养物质保持能力，从而提高土壤的肥力。膨润土具有很强的吸水和离子交换能力，能吸附和放出不同的营养元素，从而提高土壤的肥力。由于其独特的膨胀性，膨润土还可以改善重质黏土土壤的排水性，并增加沙质土壤的保水能力。高岭土由于其良好的黏性和塑性，能增加土壤的结构稳定性，防止风蚀和水蚀。同时，高岭土中富含的铝和硅元素有助于提供营养物质，促进植物生长。石灰石可以中和土壤中的酸性物质，从而改善土壤的生物活性和营养物质有效性，增加作物的产量。

4.3.1　天然环境矿物（岩石）材料治理土壤污染与退化

（1）铁锰氧化物

① 铁锰氧化物的特点　铁和锰是自然界中少有的能够变化价态的元素，它们在矿物中以 +2 和 +3 价存在。研究发现，变价金属氧化物和氢氧化物能够还原溶解有害无机物，也能够氧化降解环境中的有机物。因此，我们可以利用天然铁锰氧化物和氢氧化物的还原溶解能力，有效地防治有机污染土壤。

铁锰氧化物及其水化物和层状硅酸盐矿物是土壤中重金属元素的主要吸附载体。自然界中 Fe 和 Mn 氧化物通常以与其他物质混合的形式存在，天然矿物与人工合成的铁锰氧化物在表面性质上有很大的不同。例如，不同的铁锰氧化物对重金属离子的吸附选择性不同，天然矿物可能会发生异质聚集，并通过改变表面位点数量和表面电荷来影响吸附能力和污染物氧化还原降解[11]。许多天然结晶的铁氧化物（如针铁矿、赤铁矿等）比合成矿物更容易被还原。正是由于这种差异，以往的研究结果难以应用于天然体系。所以，开展土壤中天然铁锰氧化物与有机污染物之间的界面反应机理的研究工作，可以揭示污染物在土壤中的赋存形态和迁移转化规律，对土壤中有机污染物的氧化降解和污染土壤的修复工作具有重要意义。

② 铁锰氧化物在土壤中的作用　利用土壤中广泛分布的天然铁锰氧化物修复污染土壤，是一种发挥土壤自净化功能，提高土壤自身治污能力，体现自然净化特色的方法。这种方法

将自然界净化过程人为地应用到污染土壤治理工作中，由于充分利用自然规律，所以具有成本低、效果好、无二次污染等优点。因此，加强土壤中天然铁锰氧化物与有机污染物之间界面反应机理及污染防治技术的研究非常有意义，其应用前景将远超传统的污染土壤治理措施。随着人口激增和温带可耕地日益减少，全球性垦殖利用已逐渐从温带向热带、亚热带转移。该区的资源环境问题已成为当前国际上的一个研究热点。我国热带、亚热带气候条件优越，但由于长期不合理开发资源，导致土地资源退化，环境污染问题突出。因此，加强热带、亚热带地区污染土壤的治理与修复的研究工作十分重要和迫切。

我国热带、亚热带气候独特，因靠近大海，受季风影响，形成了温暖湿润的自然环境。在这里，矿物→水→气→生物链结构中物质与能量的循环速度加快，与矿物相关的各种物理化学作用强烈，矿物的环境特征也有其特殊性，地表环境中含有大量的铁锰氧化物，它们通常具有重要的环境意义。在土壤、水溶液和其他类型的沉积环境中，具有表面电荷和变价元素的天然铁锰氧化物和氢氧化物是典型的潜在氧化剂，它们通常具有很大的比表面积，反应活性高，能与还原性的酚类化合物发生氧化还原反应，使一些有毒的酚类化合物发生氧化降解作用，从而减轻对动植物的毒害（如图 4.5）。铁氧化物还可以吸附合成有机酸，如乳酸、酒石酸、苯乙酸和柠檬酸等，并对有机物的转化和降解起到催化作用，如水铁矿能显著加速尿素类化合物的转化。

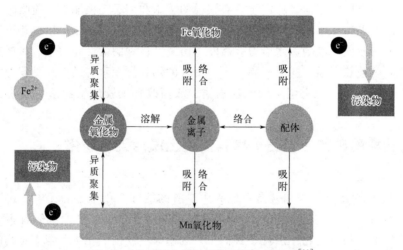

图 4.5　铁锰氧化物与污染物反应的机理[11]

③ 铁锰氧化物治理土壤污染　Huo 等研究人员[12] 进行了关于铁矿砂和锰矿砂填充的人工湿地（CWs）中氮（N）去除的研究。研究发现，与以河沙填充的 CWs 相比，铁矿砂和锰矿砂填充的 CWs 具有更好的 N 去除性能。这种改善的 N 去除性能归因于更丰富和多样化的与 N 相关的细菌的存在，特别是铁和锰驱动的自养脱氮细菌。此外，铁矿砂或锰矿砂的添加有助于在抗生素应激下实现更好的 N 去除性能，并且在抗生素应激下具有最高相对丰度的 N 转移细菌。具体来说，正如图 4.6 展示的内容，添加复合抗生素磺胺甲唑（SMX）和甲氧苄啶（TMP）会抑制约 40% 的硝化作用，并促进约 25% 的反硝化作用。CWs 中微生物群落结构的变化表明，铁矿砂和锰矿砂填充的 CWs 具有更丰富和多样化的与 N 相关的细菌，特别是铁自养脱氮细菌和锰自养脱氮细菌。这些发现对于进一步优化 CWs 设计和操作参数，提高 CWs 对抗生素的去除性能具有重要意义[12]。

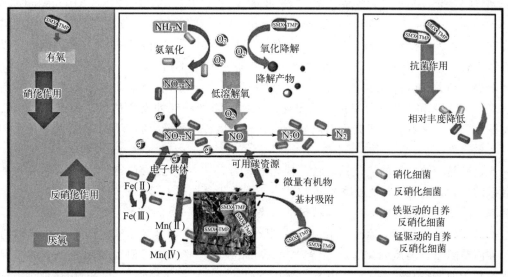

图 4.6　磺胺甲唑（SMX）和甲氧苄啶（TMP）胁迫下铁矿或锰矿填充水煤浆的脱氮过程[12]

针铁矿和赤铁矿是红土及其他类型风化壳中的主要氧化铁矿物和常见矿物，针铁矿和赤铁矿表面对氟、砷的选择性吸附可以富集溶液中浓度很低的氟、砷元素，从而影响岩石→水→土→生物链结构中氟、砷的地球化学循环，在一定程度上控制着地表环境中氟、砷元素的迁移和富集。红土以及其他类型土壤、风化壳和地表沉积物中铁锰氧化矿物表面对 Cu、Pb、Zn、Cr、Co、F、P 和 As 等元素以及稀土元素等的吸附和解吸作用，已被认为是表生环境中元素活化迁移和污染的重要机制之一，在斯里兰卡等红土地区曾有利用针铁矿作为处理高氟地下水净水材料的使用例子。K. A. Matis[13] 认为针铁矿是一种有效的吸附剂，可以同时去除阳离子和阴离子，这是与其他吸附剂相比的优势之一。在实验中，通过添加阳离子聚电解质来增强针铁矿细颗粒的絮凝效果。针铁矿的吸附性能受到多种因素的影响，包括 pH 值、离子强度和温度等。在 pH 值为 6 以下的酸性条件下，针铁矿对五价砷酸根离子［As(V)］的吸附效果较好。此外，针铁矿的浓度和接触时间也会影响砷的吸附效果。随着针铁矿浓度的增加，砷的去除率也会增加，直到达到饱和。此外，针铁矿的表面电荷特性也对砷的吸附起着重要作用。通过测量针铁矿的电动势，可以了解其表面电荷状态。在碱性条件下，针铁矿的表面电荷会受到电解质的影响而降低，从而增强针铁矿与砷离子之间的相互作用[13]。

P. Dhakal [14]等人研究表明在低亚铁酸盐浓度下氮酸盐去除速率与中等亚铁酸盐浓度下的去除速率相似，尽管低亚铁酸盐浓度下的氧化还原电位更为正向。在高亚铁酸盐浓度处理中，溶液中的亚铁酸盐丧失超过了被亚硝酸盐消耗的量。此外亚铁酸盐的氧化反应会导致针铁矿表面的二次沉淀，形成新的针铁矿晶体，这可能导致亚硝酸盐去除速率下降。此外，该文还提到了亚铁酸盐对针铁矿表面活性位点的阻塞作用，这一作用可能限制了亚硝酸盐的进入。为了测定吸附物，文章还提到了使用 ATR-FTIR 光谱技术对针铁矿表面吸附的亚硝酸盐进行表征的方法。

FTIR(Fourier Transform Infrared Spectroscopy) 是一种红外光谱技术，它通过测量物质对红外辐射的吸收来分析物质的化学成分和结构。FTIR 通常使用透射法进行测量，即红外光穿过样品并被检测器检测。这种方法要求样品对红外光具有良好的透过性，因此对于不透明或难以制备薄膜的样品，透射法可能不太适用。ATR-FTIR（Attenuated Total Reflectance Fourier Transform Infrared Spectroscopy）是一种特殊的 FTIR 技术，它利用红外光在样品表面的全反射来收集信号。这种方法不要求样品具有良好的透过性，因此可以用来测量固态、液态和黏稠物质等各种形态的样品。ATR-FTIR 的测试深度一般为微米级，具体取决于 ATR-FTIR 光路构型、样品折射率、ATR-FTIR 晶体折射率以及两者之间的接触程度，ATR-FTIR 技术可以提供关于样品表面吸附物的红外光谱信息。关于 ATR-FTIR 的使用，可参见编者有关研究蛋白质分子与黏土（皂石）的分子间作用，影响其二级结构的研究实例[15]。

赤铁矿是一种常见的氧化铁矿物，其化学式为 Fe_2O_3，也称为三氧化二铁。它是一种六方晶系的矿物，具有金属光泽和红色的条痕。赤铁矿是地球上最重要的铁矿石之一，也是制造颜料、药品、首饰等的原料。赤铁矿的形态多样，有晶体、片状、鲕状、肾状、土状等。赤铁矿的成因也很复杂，有变质作用、沉积作用、热液作用等。赤铁矿还有一些特殊的性质，如同质多象、类质同象、磁性等。T. Mansouri[16] 等人通过研究发现赤铁矿纳米颗粒在固定砷方面非常有效，降低了其在土壤中的有效浓度，导致植物（玉米）中这种污染物的浓度相应降低。土壤中有效砷浓度的降低导致了植物生长的增加。赤铁矿用量为 0.2% 时效果最好。这些结果表明，赤铁矿纳米颗粒可用于修复受砷污染的土壤，降低砷进入地下水和食物链的风险。

Chen 等人[17] 利用广泛存在于土壤和水环境中的草酸盐，极大地提高了铁矿的光催化分子氧活性，用于降解典型的有机砷洛克沙胂，并固定生成的无机砷。结果表明，在模拟太阳光照射下，草酸盐可通过表面 Fe(Ⅲ)/Fe(Ⅱ) 循环介导的氧分子活化过程与赤铁矿表面的 Fe(Ⅲ) 络合生成大量的 ·OH，从而在 6h 内将 85.1% 的洛克沙胂转化为以 As(Ⅴ) 为主的无机砷物种（图 4.7），生成的 As(Ⅴ) 可在黑暗中进一步吸附到赤铁矿表面，避免二次污染，并且赤铁矿可重复用于模拟太阳光驱动的洛克沙胂降解和草酸盐存在下的 As(Ⅴ) 固定化。

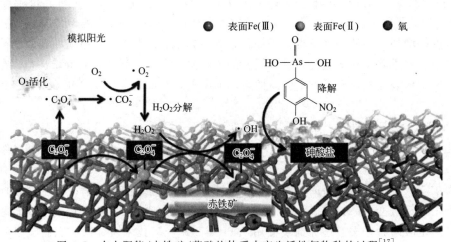

图 4.7　在太阳能/赤铁矿/草酸盐体系中产生活性氧物种的过程[17]

天然土壤中存在的 Al(Ⅲ) 取代的水铁矿比纯水铁矿更常见。然而，Al(Ⅲ) 的掺入对水铁矿、Mn(Ⅱ) 催化氧化和共存过渡金属［例如 Cr(Ⅲ)］氧化之间相互作用的影响仍然难以捉摸。Qin Zhang 等人[18] 通过批量动力学研究结合各种光谱分析，研究了合成的掺有 Al(Ⅲ) 的水铁矿上的 Mn(Ⅱ) 氧化和先前形成的 Fe-Mn 二元化合物上的 Cr(Ⅲ) 氧化。结果表明，水铁矿中的 Al 取代几乎不改变其形貌、比表面积或表面官能团类型，但增加了水铁矿表面羟基的总量，增强了其对 Mn(Ⅱ) 的吸附能力。Al 取代抑制水铁矿中的电子转移，从而削弱其对 Mn(Ⅱ) 氧化的电化学催化作用。因此，Mn 价态较高的 Mn 氧化物的含量减少，而 Mn 价态较低的 Mn 氧化物的含量增加。此外，在水铁矿上的 Mn(Ⅱ) 氧化过程中形成的羟基自由基的数量减少。Al 取代对 Mn(Ⅱ) 催化氧化的抑制随后导致 Cr(Ⅲ) 氧化减少和 Cr(Ⅵ) 固定不良。Fe-Mn 二元化合物中的 Mn(Ⅲ) 被证实在 Cr(Ⅲ) 氧化中起主导作用（图 4.8）。

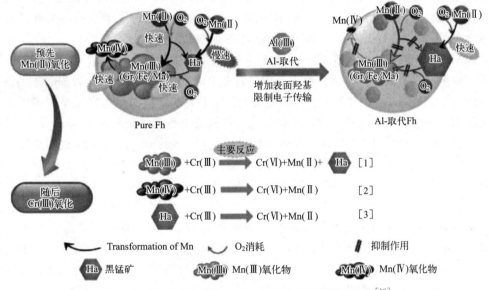

图 4.8　Al 取代水铁矿中 Mn(Ⅱ) 的催化氧化过程图[18]

Ha—黑锰矿；Fe—六方水锰矿；Ma—锰酸盐；N—三钠铁矿；Gr—灌浆岩

　　土壤中普遍存在有机物和氧化铁。这些物质都是微小的颗粒，具有很大的比表面积和强烈的反应性。有机物不仅影响氧化铁的形成过程，还会被氧化铁吸附在表面，从而固定和转化。氧化铁对有机物的吸附作用与其形态、土壤 pH 值以及有机物的性质有关。有机物中的有机阴离子可以与氧化铁表面或水合基上的配位基交换，形成表面络合物。在中性条件下，赤铁矿、针铁矿和水铁矿对天然腐殖质的吸附量（质量）依次递减。随着 pH 值的升高，它们的吸附量一般会降低。氧化铁还能吸附一些合成有机酸，如乳酸、酒石酸、苯乙酸和柠檬酸等，并且对它们的转化和降解有催化作用，例如水铁矿可以加速尿素类化合物的转化。

　　土壤中锰的氧化物也可以与植物残体分解产生的各种有机物发生相互作用，并通过络合作用使有机物还原和溶解。许多研究表明，锰的氧化物表面能够吸附有机酸类、有机酚类和腐殖质等，并在表面进行电子传递，导致高价锰还原溶解或生成锰的配位化合物，最终从表面解吸到溶液中。

　　相比于重金属污染，土壤中农药污染物的研究相对较少。但是，农药污染土壤可能通过食物链危害人体健康，因此，开展有机农药污染土壤治理研究非常重要。在热带、亚热带地区，由于富铁铝化作用，黄壤、赤黄壤和砖红壤中铁氧化物含量远高于氧化锰，但是由于氧化锰具有更强的氧化能力，它们对有机物的氧化降解作用同样重要。因此，研究热带、亚热带土壤中铁锰氧化物与有机污染物之间的相互作用，对于污染土壤修复工作具有重要意义。

（2）膨润土　膨润土是一种以蒙脱石为主要成分的黏土矿物，它具有很多优良的性能，如膨胀性、吸附性、阳离子交换性、悬浮性、稳定性和无毒性等。这些性能使得膨润土可以作为一种环境矿物材料，在土壤污染治理方面有着广泛的应用[19]。在土壤污染中，膨润土可以用来修复受到重金属、有机物、氮磷等污染的土壤。它可以通过吸附、交换、固定等方式，减少污染物的生物有效性和迁移性，提高土壤的质量和功能。徐奕等人采用盆栽实验方法，研究了膨润土钝化与不同水分灌溉联合处理对酸性稻田土 Cd 污染修复效应。膨润土钝化修复与不同水分灌溉联合处理可以有效提高土壤 pH 值，其中膨润土钝化与长期淹水灌溉联合处理土壤的 pH 值升高最为明显。长期淹水处理的土壤交换态 Cd 和碳酸盐结合态 Cd 含量最低，铁锰氧化物结合态 Cd 和残渣态 Cd 含量最高。由此可见添加膨润土可显著降低土壤重金属 Cd 的有效性，增加铁锰氧化物结合态 Cd 和残渣态 Cd 含量[20]。

为探究膨润土与褐煤单一及其复配材料对 Pb 污染土壤的钝化修复效果，张静静[21] 等人以表层重金属污染土壤为研究材料，设置盆栽玉米试验，采用正交试验处理和连续提取法研究不同钝化剂处理对 Pb 污染土壤的修复效应。结果表明，膨润土与褐煤单一施用及其两者复配施用后，可促使土壤中可交换态铅向稳定的残渣态转化，降低重金属 Pb 的迁移性和生物有效性，显著降低玉米根部对 Pb 的富集量，进而减少了 Pb 向玉米地上部的转运，减轻 Pb 对玉米的毒害作用，促进玉米生长，增加玉米株高、鲜质量和干质量，但膨润土和褐煤两者混合施用的钝化效果因其复配比例而异，混合产生的促进机制还有待进一步深入研究。

镁基膨润土和水泥作为钝化剂都能够有效提高土壤 pH 值、有机碳含量和阳离子交换量，改善土壤性质。其中，镁基膨润土对 As、Pb 的钝化效率高于水泥。镁基膨润土和水泥的添加，影响了土壤 As 和 Pb 的形态分布。镁基膨润土促进了 As 从可交换态和专属吸附态向无定形铁结合态和结晶型铁结合态的转化；水泥则主要使 As 转化为残渣态。Pb 的弱酸提取态和可还原态经过两种钝化剂的处理后，向可氧化态和残渣态转化，且钝化剂的投加量越大，转化程度越高。与水泥相比，镁基膨润土的主要原料是黏土矿物和 MgO，这些都是环境友好型材料，不会对环境造成负面影响。而且，镁基膨润土对污染土壤的增容作用较小，更适合于 As、Pb 复合污染土壤的修复工程。因此，镁基膨润土可以作为一种优秀的钝化修复材料，用于修复 As 和 Pb 复合污染的土壤[22]。

除了传统的吸附、钝化等方式，不断的新技术也涌现了出来，例如电动力-膨润土吸附技术，这是一种利用非均匀电场和膨润土吸附材料联合修复重金属污染土壤的技术。其原理是在外加电压梯度的作用下，重金属离子被迁移和富集到电极附近的膨润土吸附区，从而实现对污染物的去除。这种技术能够有效地去除模拟污染土壤中的镉，在电压梯度为 1.0V/cm，每隔两天周期性地切换电极，并在两极附近设置钠基膨润土吸附区的条件下，镉的去除率可达 69.5%。最终反应结束后，土壤 pH 值与初始值相比仅有微小的下降，说明非均匀电场能够较好地控制土壤 pH 值的波动。超声波强化能够显著提高电动-膨润土吸附处理系统对镉的去除效率，这是由于超声波的空化效应、冲击波和湍流等声学效应以及离子附能作用，增强了土壤中镉的解析和反应速率，同时也提高了电极的导电性。超声波强化电动-膨润土吸附联合修复技术，无需使用有机酸等化学淋洗剂，对土壤 pH 影响不大，基本保持了原有土壤环境的特征，是一种对环境友好的原位土壤重金属镉去除技术[23]。

（3）沸石　沸石是一种天然的多孔矿物，它的结构中有许多空隙和通道，可以吸附和交换不同的离子和分子，可以有效地去除水和土壤中的有机物、重金属、氮磷等污染物，并且具有良好的热稳定性、化学稳定性和生物相容性，可以在不同的温度、pH 值和盐度条件下工作，不会对环境造成二次污染，具备可再生性和可改性，可以通过再生或改性处理，恢复或提高其吸附和交换性能，延长其使用寿命。

沸石施用不仅能够提高土壤 pH 值，降低可交换态镉的含量，而且也能够增加碳酸盐态、铁锰氧化态、有机态和残渣态镉的含量。纳米沸石和普通沸石能够促进土壤中镉从生物有效态（可交换态）向非生物有效态（碳酸盐态、铁锰氧化态、有机态和残渣态镉）转化，有效钝化了土壤中的镉。纳米沸石和普通沸石对土壤镉钝化作用的可能机制是沸石特有的铝硅酸盐网状结构对重金属的吸附固定作用以及沸石对土壤 pH 值的提高作用。一方面，沸石具有较大的比表面积和阳离子交换量，因此具有较强的吸附性能和交换性能，施入土壤后可吸附固定大量的重金属离子，并且吸附量随着 pH 值的升高而增加，而纳米沸石由于比表面积和阳离子交换量更大，因此其对重金属的吸附能力更强；另一方面，沸石本身含有 Fe、Al、Mg、Mn 等元素，施入沸石提高土壤 pH 值可使土壤中 $CdOH^+$ 与吸附位点的亲和力增强，促使重金属离子与铁锰氧化物、碳酸盐以及土壤有机质等结合或吸附，从而促使重金属从可交换态向其他形态转化。

但需要注意的是，沸石施入土壤并未减少土壤中的重金属总量，只是改变了重金属在土壤中的赋存形态，暂时性地降低了重金属的有效态含量，当环境条件发生变化时，重金属在土壤中的存在形态也可能会发生变化甚至使其生物有效性升高。因此，增强沸石对重金属的吸附固定作用并使重金属形态保持长期稳定性对重金属修复具有重要意义，而关于沸石等修复剂对土壤重金属钝化效果的长期作用还需要进一步研究[24]，当下更多是对沸石与石灰[25]、骨粉[26]、生物炭[27] 等物质混合用于土壤中重金属的固定与钝化。

传统化学速溶性肥料在降雨淋漓等因素影响下，实际利用率低，流失的养分还会导致水体富营养化等问题。研究发现，将沸石与水溶性肥料如磷酸二氢钾、氯化钾、氯化铵等复合使用，能够有效提升养分利用率，延长肥效。这些研究多采用天然沸石，其品位较低，而合成沸石则具有更优异的特性。天然斜发沸石的 Si/Al 值较高，而方沸石的 Si/Al 为 2，其结构中含有 K 和 N 的方沸石分别为白榴石和铵榴石，除去吸附部分，其结构中 K_2O 和 NH_4^+ 的理论含量分别为 21.6％和 9.2％，富含养分。此外，还可以将植物所需的其他营养元素嵌入方沸石结构中，制备多功能高效专用肥料，如硼白榴石（$KBSi_2O_6$）可同时提供 K、B、Si 三种养分。这类沸石/榴石在弱酸性土壤中能够缓慢溶出，作为长效肥料长期供给植物养分。基于方沸石结构的白榴石、铵榴石等固溶体，既能改良土壤，又能控释、缓释养分，是新型农业发展的理想选择[28]。

（4）磷灰石　磷灰石是六方晶系磷酸盐矿物的总称，晶体呈六方柱状，集合体有块状、粒状、结核状等多种，颜色多样，有玻璃光泽，有许多种磷灰石具有荧光。磷灰石有三种生成方式，分别生成于火成岩、沉积岩和变质岩中，最常见的磷灰石矿物是氟磷灰石，其次是氯磷灰石、羟基磷灰石，近年来多项研究都集中于羟基磷灰石。

纳米羟基磷灰石的施用能够显著增强土壤对重金属的固定能力，同时减少重金属从土壤中的解吸能力。纳米羟基磷灰石施用后，土壤中可交换态 Cu/Cd 的含量明显降低，而铁锰结合态和残渣态等形态 Cu/Cd 的含量显著升高。研究表明，纳米羟基磷灰石固定重金属的机制主要是溶解-沉淀作用对 Pb 的固定，以及表面络合作用和离子扩散作用对 Cd 的固定[29,30]，除此之外有文献提出纳米羟基磷灰石还可以不同程度地提高土壤过氧化氢酶、脲酶和酸性磷酸酶的活性[31]。

刘弘禹[32] 等通过对两种表面特性不同的羟基磷灰石研究发现，颗粒表面富含 OH⁻ 且水合粒子具有较大的比表面积的羟基磷灰石，能够有效地提升土壤 pH 值，促进铜、镉和铅的难溶盐沉淀，增强材料颗粒与土壤中铜、镉和铅离子的络合作用，对土壤中植物可利用态重金属的钝化效果较好。Zeta 电位绝对值较低的羟基磷灰石，其颗粒在土壤溶液中容易聚集，导致水合粒子比表面积减小，但其颗粒表面富含 Ca^{2+}，其与土壤中重金属的离子交换作用较强，能够更有效地将土壤中植物可利用态重金属转化为植物不可利用态，钝化稳定性较好。

（5）高岭土　高岭土是一种常见的黏土矿物，主要成分是硅酸铝，高岭土在土壤污染治理中的作用主要是通过吸附或固定重金属离子，降低其在土壤中的有效性和生物可利用性，从而减少对植物和人体的危害。高岭土的吸附能力与其比表面积、阳离子交换量、表面电荷等因素有关。高岭土还可以通过改善土壤的理化性质，如提高土壤的 pH 值、增加土壤的有机质含量等，促进植物的生长和重金属的稳定。

我国南方稀土矿区土壤氨氮污染严重，而高岭土正是矿区土壤的主要黏土成分之一，可以就地取材，以土治土。在实验中，高岭土对氨氮的吸附量和速率随着氨氮初始浓度和温度的增加而增加；在 pH<9.2 的条件下，高岭土对氨氮的吸附量随着 pH 值的升高而升高；而在 pH>9.2 的条件下，高岭土对氨氮的吸附量随着 pH 值的升高而急剧下降；高岭土对氨氮的等温吸附符合 Langmuir 模型和 Freundlich 模型，吸附动力学符合准二级动力学方程；对于我国南方离子型稀土矿区，考虑到矿区土壤的温度范围（298～310K）、pH 值范围（3.0～6.0），可以发现随着原地浸矿时温度、浸矿液浓度或 pH 值的增加，矿区土壤中氨氮的吸附残留量也会增加。因此，可以通过使用低浓度的原地浸矿液、控制低水平的土壤 pH 值和温度，来加强对矿区污染土壤中氨氮的去除[33]。

（6）凹凸棒石　凹凸棒石具有优异的吸附性能、胶体性能、载体性能和补强性能等理化性能，被誉为"千用之土、万土之王"，其名称来源于美国佐治亚州的阿塔普尔加县，该地区是美国最大的凹凸棒石产地之一。1862 年，俄国学者隆夫钦科夫[34] 最早在乌拉尔矿区发现了这种矿物，并将其命名为坡缕石。凹凸棒土是一种具有纤维状结构和高吸附能力的 2∶1 分层黏土矿物，可以用于修复受重金属污染的土壤和污泥[35]。Potgieter 等人利用未经处理或改性的凹凸棒石黏土从水溶液中去除 Pb、Cr、Ni 和 Cu 等重金属。他们测得的吸附量分别为 62.1mg/g Pb(Ⅱ)、33.4mg/g Ni(Ⅱ)、58.5mg/g Cr(Ⅵ) 和 30.7mg/g Cu(Ⅱ)，表明吸附率超过 60%。此外，Yin[36] 等人使用富含钙的凹凸棒石黏土修复了受镉和铅污染的湖泊沉积物，并获得了 56.2% Cd 和 81.5% Pb 的高去除率。他们还观察到，经过黏土矿物处理后，底栖生物对重金属的吸收降低了 53.3%。

（7）硅藻土　硅藻土是一种由古代硅藻的遗骸所组成的硅质沉积岩，其主要成分是无定形的二氧化硅，硅藻土不是土，而是硅藻死后的细胞残骸。硅藻土可以作为一种有效的吸附剂，用于去除土壤中的污染物和微生物。它具有很强的吸水性和摩擦性，可以用来防治农作物和储粮中的害虫。硅藻土杀虫的机理主要是破坏昆虫的表皮蜡层，导致其体内水分过度流失而死亡。具体来说就是硅藻土粉末的任一细微颗粒都具有非常锐利的边缘，与害虫接触时，可刺透害虫体表，甚至进入害虫体内，不仅能引起害虫呼吸、消化、生殖、运动等系统出现紊乱，而且能吸收 3～4 倍自身重量的水分，致使害虫体液锐减，在失去 10% 以上的体液后死亡。此外，硅藻土还能吸附昆虫表皮上的油脂和酯类物质，使其表皮失去保护作用，更容易受到外界环境的影响。

如果利用硅藻土，对土壤中的锌、铅、铜和镉进行处理的话，可以显著降低重金属的交换量，增加稀土的交换量。硅藻土含量对土壤中金属化学形态分布的影响最为显著。培养 8 周后，5.0%掺量硅藻土处理组的可交换金属组分下降 66%～88%，残渣组分增加 18%～94%。随着硅藻土用量的增加和培养时间的延长，土壤中金属迁移系数值显著降低，土壤 pH 值升高。硅藻土的应用使重金属向更稳定的形态再分配，导致稳定性指标值增加[37]。

在减少农药污染方面，通常喷洒在作物叶片上的农药会被雨水冲走，并通过淋溶和径流排放到环境中，对土壤和水造成严重污染。为了控制农药的流失，Xiang[38] 等人通过高能电子束加入改性的天然硅藻土，研制了一种可控流失的农药。高能电子束处理后，硅藻土中原来堵塞的孔隙打开，硅藻土中形成了大量的微孔，有利于农药分子的获取和吸附。这种农药-硅藻土复合体倾向于滞留在作物叶片的粗糙表面，表现出对叶片的高黏附性，从而减少了农药的损失，为作物提供了充足的农药，大大降低了农药的污染风险。

（8）石灰岩　石灰岩是一种以方解石为主要成分的碳酸盐岩，通常呈灰色或浅色，硬度不大，与稀盐酸有剧烈反应。石灰岩是一种沉积岩，主要在浅海的环境下形成，由生物沉积、化学沉积和次生作用等多种因素影响。

美国南达科他州的一项研究表明[39]，未经处理的石灰石可将水中铅浓度降至 0.001mg/L 以下，去除效率＞99%。可能在除铅过程中自然形成了氢氧化锌和汞锌矿。热力学数据和计算表明，铅的脱除极限约为 0.001mg/L 或更低。这与用矿井排水和配制的溶液进行实验室测试的结果非常一致。氢氧化钠的溶度积约为 10^{-47}。这种极低的溶解度说明石灰石除铅的废产物很可能是稳定的。

甚至于在澳大利亚新南威尔士，人们为了处理酸性硫酸盐土壤集水区产生的酸性和富含金属的排水，直接在现有的排水沟内修建了一条石灰岩明渠。石灰岩明渠建在集水泵的下游，由一系列池塘和石灰岩部分组成，其成本低廉，制造简单，但是由于体积限制它只能处理部分排放的水。它能够处理降雨事件开始和衰退期间以及捕集泵每天开关周期性运行 33～40min 内的流量。如果要处理所有可能在降雨期间排放的酸性物质和重金属，需要一个更大的石灰石渠道。

实验表明，溶解金属和因此产生的酸性可以从酸性硫化物土壤排水中去除，但是由于受到沉积物积累的影响，除非定期搅动石灰石以去除积累在其表面的沉积物，否则系统的使用寿命将会随之缩短。

除了沉积物在石灰石床表面的积累外，金属沉淀也发生在下层的石灰石上。锰氧化物的沉淀占主导地位，其次是铝和铁沉淀。微生物活动和金属对现有涂层的吸附对于增加碱度和去除金属是十分重要的，与新鲜石灰石相比，具有微生物活动的硬化石灰石能够从水中去除更多的溶解金属和因此产生的酸性。如果沉积物在石灰石上积累，则添加的碱度可能会减少，但溶解金属仍然可以通过吸附或表面附着来去除[40]。

4.3.2　改性环境矿物材料治理土壤污染与退化

（1）热改性　热改性是指将黏土矿物原料在规定的温度（200～1000℃）和规定的时间内（主要为 2～4h）加热。将黏土暴露于轻度至中度热处理可以显著改变黏土的表面特性。大多数黏土矿物材料中的硅和铝原子以晶体形式存在，这种形式的结构在许多黏土矿物材料中具有很强的稳定性。黏土矿物材料经过热改性后，失去了表面水分，改变了孔隙结构并净化了部分杂质，增加了黏土的比表面积和吸附能力，然而在此过程中必须控制加热温度，因为过高的温度可能会破坏黏土结构，例如蒙脱石层在800℃时结构塌陷。

Du[41]等人根据研究发现对高岭土进行插层-剥离和热活化改性，可以进一步固定和稳定衍生炭中的重金属，插层改性后高岭土的层间距、孔体积和直径均扩大，为金属的吸附提供了更多的机会。热活化方法有利于高岭土通过脱羟基转化为偏高岭土，从而提高其非六配位Al比例和化学吸附，增大比表面积。在450～650℃期间，高岭土表现出针对重金属的有效固体富集性能，插层剥离和热活化改性进一步增强了高岭土对Cd、Cr、Pb和Cr、Cu、Pb、Zn的吸附能力（图4.9）。与Cu和Zn相比，添加剂对Cd、Pb和Cr表现出更好的稳定效果，将更多的生物可利用部分转化为残留形态。总体而言，较高的热解温度（650℃）和添加有效添加剂可以同时增加有机固废物衍生炭中重金属的残留分数并降低重金属的生物可利用分数，从而降低潜在的生态风险。

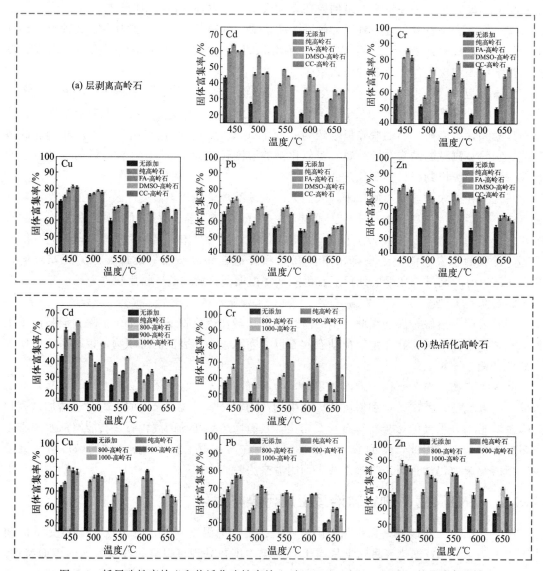

图4.9 插层改性高岭土和热活化改性高岭土对Cd、Cr、Cu、Pb、Zn的吸附保留率

澳大利亚圣路易斯波托西大学的研究人员[42]比较了热活化对纤维黏土层状膨润土、蛭石和海泡石的物化性质及其对水溶液中Cd(Ⅱ)的吸附能力的影响。物化表征表明，表面水、层间水和结晶水的消除导致材料的比表面积减小，表面负电荷增加，阳离子交换能力与晶体结构有关。随着活化温度在100～300℃、300～600℃和600～900℃的升高，膨润土对Cd(Ⅱ)的吸附容量分别降低了32%、30%和55%。将海泡石的热活化温度从300℃提高到800℃，海泡石对金属离子的吸附能力提高了40%。天然蛭石对Cd(Ⅱ)的吸附能力始终好于热活化的蛭石；300℃活化的样品对Cd(Ⅱ)的吸附能力比天然蛭石低50%。活化黏土的化学性质和结构性质与其吸附Cd(Ⅱ)的能力之间的关系表明，热活化黏土的吸附能力强烈地依赖于表面负电荷的数量和阳离子交换能力，推测其主要是Cd(Ⅱ)表面负电荷与阳离子物种之间的引力静电作用和层间阳离子、硅烷醇和铝醇基团中的OH^-与Cd(Ⅱ)的阳离子交换所致。

Zhang等人[43]发现当热改性方法运用到凹凸棒石时，与凹凸棒石相比，热改性凹凸棒石的晶相结构没有改变，但吸附水和沸石水的含量减少，表面晶束结构更加明显，比表面积增大（图4.10）。凹凸棒石经热处理后对Cd的吸附能力有所提高，吸附机理主要是通过羟基和硅羟基与Cd的配位。添加不同剂量的热改性凹凸棒石与黑麦草联合修复低浓度和高浓度Cd污染土壤表明，热改性凹凸棒石可以减少Cd在土层中的纵向迁移和地下水污染风险。在低污染土壤和高污染土壤中，热改性凹凸棒石用量为20g/kg时，均能显著提高黑麦草中Cd的浸提量。热改性凹凸棒石与黑麦草复合的机理主要是通过提高土壤pH值和热改性凹凸棒石对Cd的表面吸附，从而降低土壤中可交换Cd的含量，提高土壤中尿素酶和过氧化氢酶的活性，增加土壤微生物区系的多样性，从而降低黑麦草中的丙二醛含量，减轻Cd对黑麦草的胁迫，增加黑麦草的生物量。添加热改性凹凸棒石可以有效地解决黑麦草在Cd污染较高的土壤上不能正常生长的问题。随着黑麦草单位面积生物量的增加，黑麦草对Cd的提取总量也随之增加。

图4.10 凹凸棒石和热改性凹凸棒石的扫描电子显微镜图像[43]

实验室和长期野外试验的结果表明，热处理蛇纹石对铜和镍的吸附是有效的，而且热处理蛇纹石与金属硫酸盐溶液作用30d后的水化不影响材料的吸附值。在为期10年的田间试验间，经热处理的蛇纹石混合土壤的pH逐渐下降，但仍保持中性或碱性。毒性最大的可交换金属组分的比例减少（图4.11），流动铜所占比例下降幅度最大。铜的活化态减少了50%～70%，铁减少了30%，锌减少了80%。通过增加土壤中钙、镁的含量，土壤毒性进一步降低。

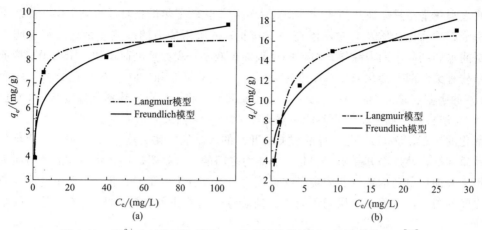

图 4.11 Cd^{2+} 在蛇纹石上以及 700℃ 热活化蛇纹石上的吸附等温线[44]

使用热活化蛇纹石改善工作的明显结果是，在观察期内，在铜/镍冶炼厂持续排放空气金属的情况下，人工创造的谷类群落发挥了可持续的作用，具有高生产力，并允许本地植物物种定居。碱性电位和吸附活性相是热激活蛇纹石在高污染土壤中固定金属的有利特征。通过使用热激活的蛇纹石创建植被覆盖，通过减少地球化学流动性和防止土壤侵蚀来支持土壤中的金属固定，可以将土壤污染定位在工业景观中[44]。

中国地质大学的团队[45] 研究了不同温度（300～750℃）的热活化处理对海泡石去除水溶液中 Cd 的影响，为其在土壤修复中的进一步应用奠定了基础。用 X 射线衍射仪、扫描电子显微镜和氮气吸附-脱附测试研究了活化温度对催化剂性能的影响。利用 TCLP（美国环保局推荐的标准毒性浸出方法，TCLP 作为美国最新的法定重金属污染评价方法，是当前国际上应用最广泛的一种生态风险评价方法，主要用于检测固体介质或废弃物中重金属元素的溶出性和迁移性）定量研究了热激活海泡石对 Cd 污染模拟土壤的修复效果。结果表明，热活化海泡石处理能有效降低土壤中 Cd 的活动性，以 600℃ 热活化的海泡石的效果最好，比对照样降低了约 73%，Langmuir 模型比 Freundlich 方程能够更好地描述吸附等温线。其主要修复机理为 Cd 与 Cd 在八面体晶片边缘的阳离子交换。

（2）酸改性　酸改性是一种通常用盐酸或硫酸对黏土进行处理的方法，以获得具有更好特性、适合新环境应用的新材料。当原始矿物材料与改性剂充分接触时，材料中的某些物质可以与酸性改性剂发生化学反应。材料层间结合力降低；层状矿物晶格结构发生改变；阳离子交换容量（CEC）降低；比表面积增加；黏土矿物材料的孔体积和孔径增大。此外酸性改性剂还可以与天然材料发生置换反应，因为酸性改性剂中的 H^+ 可以置换材料中粒径较大的阳离子（如 Ca^{2+}、Mg^{2+} 等），扩大离子交换通道。然而，用高浓酸处理黏土矿物会导致 Al^{3+} 过度浸出，导致晶格结构破裂，降低黏土矿物的 CEC 和比表面积。为了防止这些并发影响，适当的酸浓度以获得对黏土矿物的最大吸附能力至关重要。

人们对工业纯硅藻土原位固定污染土壤中的铜、镉进行了研究[46]，发现醋酸蛋壳改性硅藻土的化学性质和电负性显著提高，比表面积和孔容分别由 $18.83m^2/g$ 和 $0.164cm^3/g$ 提高到 $23.47m^2/g$ 和 $0.164cm^3/g$。用 0.01mol/L $CaCl_2$ 溶液浸提处理 75 天后，污染土壤中铜和镉的浓度分别下降了 69% 和 66%，有效铜和镉浓度分别下降了 74% 和 65%。结果表明，采用醋酸蛋壳改性法可以在硅藻土表面负载 CaO，促进硅藻土表面有效官能团的形成，从而增加了硅藻土的吸附部位，从而使土壤中的铜、镉得到有效的固定。

吸附实验表明[35]，凹凸棒石和蒙脱石对 Cu^{2+} 的最大吸附量分别为 1501mg/kg 和 3741mg/kg。用凹凸棒石或蒙脱石对受污染的红壤进行改良，培养 30 天和 60 天后，土壤 pH 值显著高于对照样。土壤中蒙脱石含量增加 8%，培养 30 天后酸交换态铜比对照红壤减少 24.7%。酸交换性铜随凹凸棒石和蒙脱石加入量的增加而降低，当加入量为 8% 时修复效果最好。结果还表明，凹凸棒石和蒙脱石对蚯蚓的铜中毒效应有所减轻。蒙脱石效果最好，添加 2% 剂量后，蚯蚓死亡率由对照样的 60% 降至零。结果表明，使用蒙脱石比使用凹凸棒石能更有效地降低土壤中铜的生物有效性。

通过酸处理和超声处理对天然硅藻土进行改性[47]，提高了其电负性，孔体积和表面积分别达到 0.211cm³/g 和 76.9m²/g。研究了改性硅藻土与天然硅藻土相比对模拟污染土壤中铅、铜和镉等潜在有毒元素（PTE）的固定作用。当与重量比为 2.5% 和 5.0% 的污染土壤一起培养 90 天时，改性硅藻土比天然硅藻土更有效地固定 Pb、Cu 和 Cd。用 5.0% 改性硅藻土处理 90 天后，0.01mol/L $CaCl_2$ 提取后，污染土壤中的 Pb、Cu 和 Cd 浓度分别降低了 69.7%、49.7% 和 23.7%。浸出过程中 Pb、Cu 和 Cd 的浓度分别降低了 66.7%、47.2% 和 33.1%。表面络合对于 PTEs 在土壤中的固定化起着重要作用。土壤可提取金属含量的降低伴随着微生物活性的改善，在 5.0% 改性硅藻土改良土壤中，微生物活性显著增加。这些结果表明，具有微/纳米结构特征的改性硅藻土（图 4.12）增加了污染土壤中 PTE 的固定化，作为绿色和低成本改良剂具有巨大的潜力。

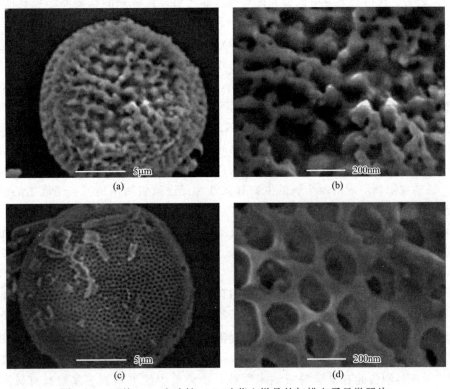

图 4.12　天然（a）和改性（c）硅藻土样品的扫描电子显微照片，
（b）和（d）分别是（a）和（c）的放大图像[47]

（3）有机改性　有机改性是将对污染物具有强吸附作用的有机官能团负载到黏土矿物的表面或层间的过程。有机改性黏土矿物因其先进的特性（例如较大的比表面积和阳离子交换容量）而在全世界得到使用。大多数黏土矿物由于层间空间存在水合阳离子而具有亲水性，相容性很小。有机改性可以使黏土矿物疏水。例如，在季铵化合物与黏土矿物相互作用的过程中，水合阳离子与疏水性有机阳离子交换，从而使所得黏土具有疏水性。有机改性可以降低黏土矿物的片状表面能，增加对重金属离子的亲和力，最终提高矿物材料对重金属离子的吸附能力。

华南理工大学环境与能源学院的一项研究表明[48]，用辛胺表面活性剂对蛭石进行修饰，作为同时吸附水溶液中 Cd 和 Pb 离子的有效吸附剂。辛胺在蛭石表面沉积良好，具有较低的孔体积和较大的孔径。由于表面活性剂的离子交换和络合特性，吸附效率得到提高。辛胺修饰的蛭石显示出更高的效率，对 Cd(Ⅱ) 的最大吸附容量分别更大与蛭石相比超过220%。此外，动力学数据可以通过伪二级反应得到很好的描述。朗缪尔吸附等温线模式与获得的结果非常吻合，表明在吸附剂外表面上形成了单分子层和均匀吸附。辛胺修饰的蛭石表现出高效的重金属去除性能和良好稳定的再生性能，作为重金属污染水体修复有前景的吸附剂。

中国科学院地球化学研究所[49] 则提供了使用硫改性有机黏土通过促进豌豆和玉米植物中汞和植物提取汞的地球化学转化来修复污染土壤的积极结果。当向土壤中添加硫改性有机黏土，特别是高剂量（例如 5%）时，促进了汞从残留部分和有机螯合汞向水溶性和酸溶部分转化的趋势，随之增加了豌豆和玉米的汞积累。

其结果表明，在污染土壤中添加硫改性有机黏土可以促进汞的移动并增强其植物提取，这对于这些污染场地的可持续修复至关重要。为了更好地理解硫改性有机黏土对环境中 Hg 迁移的影响并将其应用扩展到该领域，有必要进一步研究硫改性有机黏土在动态氧化还原条件下结合光谱技术和实验的 Hg 迁移过程。此外，植物提取后富含汞的植物生物质的回收和妥善处置对于实现可持续和绿色修复尤为重要。焚烧富含金属的植物生物质可能是一种经济上可接受且可行的方法。

Biswas 等人[50] 利用阳离子表面活性剂二（氢化牛油）二甲基铵和螯合剂棕榈酸（PA）对膨润土进行有机改性，改变了膨润土的结构和表面性质，使膨润土的表面负电荷净增加。在广泛的环境 pH 范围内，这种负电荷使膨润土能够吸附/固定混合污染土壤中的重金属 Cd。还通过限制溶液阶段金属的生物有效性和促进微生物增殖的合适底物的供应，提高了混合污染土壤中的微生物活性。

Abbas 等[51] 介绍了从蒙脱石和天然黏土沉积物中制备的有机黏土基亚微米和纳米颗粒，采用湿法球磨、超声波和沉淀的顺序步骤，然后使用两种表面活性剂进行离子交换，即长烷基链十六烷基三甲溴化铵（HDTMA+）和短烷基链四甲溴化铵（TMA+）。研究了不同表面活性剂负载量（0.5~2.0CEC）的有机蒙脱石对甲基叔丁基醚的吸附性能。有机黏土纳米粒子的 X 射线衍射分析结果表明，$d_{(001)}$ 值随着烷基链长和表面活性剂负载量的增加而增大。红外结果表明，由于长烷基链表面活性剂 HDTMA+ 的插层作用，有机黏土的官能团发生了变化。甲基叔丁基醚的去除量依赖于表面活性剂的类型和负载量。以 HDTMA+ 为原料制备的有机蒙脱石纳米颗粒对水溶液中的甲基叔丁基醚具有较高的亲和力。因此，长链烷基链 HDTMA+ 可以被认为是最适合于提高蒙脱石对甲基叔丁基醚吸附性能的有机改性剂。

Bagherifam 等人[52] 使用蒙脱石和十六烷基氯化吡啶制备有机黏土，并测试其从水溶液中去除硝酸根和高氯酸根阴离子的能力。使用十六烷基氯化吡啶在室温下制备阳离子表面活性剂改性有机黏土，其阳离子交换容量相当于钠蒙脱石的 4 倍。上述有机黏土的粉末 X 射线衍射分析显示，其底间距较大，为 $40.27 \mathring{A}$ [1]，中间层中长链烷基阳离子的嵌入可能是石蜡型双层排列的结果。将硝酸盐和高氯酸盐的吸附数据拟合到 Langmuir 和 Freundlich 吸附等温线以及准一级和准二级动力学模型，以更好地理解它们的吸附机制。这种有机黏土对硝酸盐和高氯酸盐的吸收可以使用朗缪尔等温线很好地描述，而它们的吸收动力学很好地符合伪二级模型。有机蒙脱石对硝酸盐和高氯酸盐的最大吸附容量分别为 0.67mmol/g 和 1.11mmol/g。硝酸盐和高氯酸盐吸收动力学很快，在 4h 内达到平衡。有机蒙脱石对硝酸盐和高氯酸盐的吸收在存在最丰富的天然阴离子 Cl^-、SO_4^{2-} 和 CO_3^{2-} 的情况下具有高度选择性。因此，有机蒙脱石可用作高效吸附剂，用于从饮用水或废水和地下水中分离硝酸盐和高氯酸盐。

但是有机黏土的改性也并非是完全有益的，在受多氟烷基物质污染的土壤中添加聚二烯丙基二甲基氯化铵改性的海泡石后，蚯蚓的致死率降低，并且改性海泡石并未显著影响蚯蚓重，添加改性海泡石可以提高土壤团聚体稳定性，这可能对土壤中的物理生化参数产生积极影响。然而由于聚二烯丙基二甲基氯化铵的醛味，蚯蚓避开了改性海泡石的土壤，也没有在土壤中繁殖。在土壤中添加改性海泡石对植物生长产生 18 项不显著差异、5 项负面影响和 1 项正面影响。这些结果表明，改性海泡石与植物和土壤生物的物理化学相互作用可能会产生不利的生态影响，尽管这些结果可能不适用于所有生物和土壤。此外，对土壤有机体可能产生的影响必须与改性海泡石固定多氟烷基物质和修复多氟烷基物质污染包气区的能力相平衡[53]。由此可见，对于有机改性的方法，我们不仅要观察到其优点，也要发现其可能存在的不利影响，避免对生态环境造成更大的破坏。

（4）纳米磁性材料改性　氧化物纳米复合材料因其极小的尺寸、高表面积与体积比、表面改性潜力、优异的磁性和生物相容性而成为有前途的吸附剂。这些纳米复合材料的主要缺点是铁含量增加，导致比表面积、总孔体积和微孔体积下降。

磁性材料（$MnFe_2O_4$、Fe_3O_4、Fe_2O_3 等）与黏土矿物的杂化，有利于通过磁分离从介质中去除吸附剂，提高吸附能力。然而，此类复合材料只能在较窄的 pH 范围内使用。

粒径＜10nm 的黏土和磁性材料的复合物可有效去除酸性红、孔雀石绿、刚果红、靛蓝胭脂红、亚甲基蓝等多种染料和十二烷基苯磺酸钠、十二烷基硫酸钠等阴离子表面活性剂。虽然磁铁矿增加了黏土的吸附能力，但在过高的负载量下也会堵塞黏土的微孔。

4.3.3　复合及合成环境矿物材料治理土壤污染与退化

人工合成矿物是通过人工合成的方式制备的具有特定结构和化学成分的矿物材料。以合成沸石为例，在西班牙西南部瓜达玛河谷的试验田中，就有研究用煤粉煤灰合成的沸石材料固定受污染土壤中的污染物的案例。1998 年 4 月，这一地区受到黄铁矿泥浆泄漏的影响。虽然复垦活动在几个月内就完成了，但与土壤混合的黄铁矿残渣中，锌、铅、砷、铜、锑、钴、铊和镉等微量元素的可淋溶水平较高。为了避免浸出过程和随之而来的地下水污染要进行金属的固定化。为此，利用西班牙东北部特鲁尔发电厂的粉煤灰[54]，在 $10m^3$ 的反应器中合成了 1100kg 的沸石材料。这种沸石材料以 1000～2500kg/公顷的剂量手工施入 25cm 的表土中。另一个区域作为对照组没有添加沸石。在添加沸石后 1～2 年进行采样。结果表明，

---

❶　$1\mathring{A}=0.1nm$。

沸石材料显著降低了镉、钴、铜、镍、锌的浸出。土壤黏土矿物对金属的吸附是导致这些污染物被固定的主要原因。除此以外，由于添加的沸石材料具有碱性，地区土壤的 pH 也从 3.3 升至了 7.6。

除了利用合成好的沸石对污染物进行吸附，也可以直接利用沸石的合成过程将重金属离子固定。比如在低温状态直接用粉煤灰处理的锌或铅污染的土壤中合成 X 沸石，形成 X 沸石后降低了有毒元素的有效性。矿物学数据表明，X 沸石的合成在第一个月后很容易发生，并且在整个 1 年的孵化期内，新形成的矿物数量增加。有毒元素的存在不会干扰沸石的结晶，而化学分析表明，在以沸石存在为特征的样品中，重金属的有效性发生了下降，合成矿物中铅可能以氢氧化物的形式存在。有鉴于此，在掺有粉煤灰的土壤中实现的沸石化可能是减少污染地区金属数量和移动性的有效选择[55]。

在沸石之外，过去所利用到的合成矿物还有 2 系水铁矿、针铁矿、赤铁矿、氢氧化铝、层状双氢氧化物（LDH）等[56]。层状双氢氧化物（layered double hydroxides，LDHs）是一类由两种或多种金属离子以一定的比例组成的氢氧化物，具有类似石墨烯的层状结构，其中金属离子以八面体或六面体的配位方式与氢氧化根离子配位，形成交错的层状结构。LDHs 的一般化学式为 $[M_{1-x}^{z+}M_x^{3+}(OH)_2]^{q+}(X^{n-})_{q/n}\cdot yH_2O$，其中 M^{z+} 通常是二价金属离子，如 Mg、Ca、Zn、Ni、Co 等，X 是层间的可交换阴离子，如 Cl^-、Br^-、NO^{3-}、CO_3^{2-}、SO_4^{2-} 和 SeO_4^{2-} 等；x 是二价金属离子和三价金属离子的摩尔比，通常在 $0.2\sim 0.33$ 之间；n 是水分子的数目。

LDHs 具有以下特点和优势：①层内阳离子可变性。LDHs 可以通过改变二价金属离子和三价金属离子的种类和比例，调节层内阳离子的组成和电荷密度，从而影响层间阴离子的选择性和稳定性。②层间阴离子可交换性。LDHs 可以通过不同的方法（如离子交换、溶剂插入、共沉淀等）在层间引入不同种类和形态的阴离子（如无机阴离子、有机阴离子、生物分子等），从而赋予 LDHs 不同的功能和性能。③反应表面较大。LDHs 具有较高的比表面积和孔隙率，可以提供较多的活性位点和反应空间，从而增强其催化、吸附、载药等能力。④结构记忆效应。LDHs 在高温或酸碱条件下可以分解为金属氧化物或混合金属氧化物，但在水或碱性溶液中可以恢复原来的层状结构，从而实现结构和功能的可逆转变。

地下水环境中无机砷主要以 As(Ⅲ) 和 As(Ⅴ) 的形式存在，但是 As(Ⅲ) 比 As(Ⅴ) 更具毒性且更难去除。因此，如何实现 As(Ⅲ) 的原位氧化并同时去除 As(Ⅲ) 和 As(Ⅴ) 是一个难点。为了解决上述难点，Lu[57] 等人研究设计并合成了一种新型层状双氢氧化物（Mg-Fe-S_2O_8-LDH），通过硫酸盐的插层作用，实现了 As(Ⅲ) 的原位氧化并同时去除 As(Ⅲ) 和 As(Ⅴ)。这种材料具有较强的氧化能力，能够将水中的 As(Ⅲ) 完全氧化为 As(Ⅴ) 并同时吸附在材料表面。实验结果表明，Mg-Fe-S_2O_8-LDH 对单一污染物体系中 As(Ⅲ) 和 As(Ⅴ) 的最大吸附容量分别为 75.00mg/g 和 75.63mg/g。当吸附剂用量为 0.5g/L 时，残余砷浓度可以降低到低于世界卫生组织推荐的饮用水标准限值。Mg-Fe-S_2O_8-LDH 通过硫酸盐的插层作用将 As(Ⅲ) 氧化为 As(Ⅴ)，并通过与 As(Ⅴ) 的离子交换实现了 As(Ⅲ) 和 As(Ⅴ) 的去除。

Zhou 等人[58] 通过共沉淀法制备了 FeMnMg-LDH 吸附剂，可用于去除水溶液中的 Cd^{2+} 离子。等温线研究表明，Langmuir 模型更好地拟合了实验数据。最大吸附量约为 59.99mg/g，远高于其他类似吸附剂的吸附量，主要是由于其高 pH 缓冲能力。伪二阶动力学模型更好地拟合了吸附动力学过程，表明在吸附过程中存在化学吸附。LDH 主要通过表面吸附、表面诱导沉淀和离子交换去除 Cd^{2+} 离子。当共存离子分别添加到吸附系统中时，与 Cd^{2+} 竞争吸附的离子顺序为 $Cu^{2+} > Pb^{2+} > Mg^{2+} > Ca^{2+}$。$\Delta H$ 为正值（14.016kJ/mol）表明吸附过程是吸热的，而正的 ΔS 值 $[0.08kJ/(mol \cdot K)]$ 表明在吸附过程中固液界面的无序性增加。

对于竞争吸附，其他 LDH 材料也有更进一步的发现，Zhou[59] 利用 FeMnMg-LDH 吸附铜离子时，发现共存阳离子对铜离子的去除效率影响各异，其顺序为 $Zn^{2+} > Pb^{2+} > Mg^{2+} > Ca^{2+}$，共存阳离子对铜离子的去除效率影响的原因是它们的氢氧化物的溶解度不同。在吸附过程中，阳离子的氢氧化物会与铜离子竞争吸附位点，从而影响铜离子的吸附效率。该材料吸附的主要原理是同位素置换和表面诱导沉淀[60]。同位素置换是指铜离子与 FeMnMg-LDH 中的金属离子发生置换反应。在吸附过程中，铜离子进入 LDH 的层间结构，取代其中的金属离子。这种置换反应是一种离子交换过程，可以通过 Langmuir 等温吸附模型来描述。表面诱导沉淀是指铜离子在 FeMnMg-LDH 的表面上发生沉淀反应。在吸附过程中，铜离子与 FeMnMg-LDH 表面的氢氧化物发生反应，形成铜的氢氧化物沉淀。这种沉淀反应可以通过 XRD 和 FT-IR 等技术来确认。

Chen 等人[60] 通过使用简单的共沉淀方法成功合成了 MgFe-LDH 工程生物炭（MB）。所制备的材料首次用作催化剂来活化尿素过氧化氢（UHP）以降解抗生素磺胺甲噁唑（SMX）并提供氮气。SMX 降解效率的提高（91%）主要归因于 $\cdot OH$ 和 $^1O_2$ 介导的氧化。

在实验中为了探讨 UHP 对 MB 的激活机制，进行了 XPS 以确定化学态。MBs 表面的 MgFe-LDH 以 Mg^{2+} 和 Fe^{3+} 的形式参与式（4.1）所示的化学反应[60]。根据 XPS 谱图（图 4.13），降解前，在 711.70eV 和 725.30eV 处可见两个峰，归属于 Fe_3O_4 的 $Fe\ 2p_{3/2}$ 和 $Fe\ 2p_{1/2}$，表明 MB 由 Fe^{2+} 和 Fe^{3+} 组成。降解后，另外两个峰出现在 713.87eV 和 727.77eV，分配给 $Fe^{2+}\ 2p_{3/2}$ 和 $Fe^{2+}\ 2p_{1/2}$。由于化学计量 Fe_3O_4 中 Fe^{2+} 与 Fe^{3+} 的比例应为 1:2，降解前后 Fe^{2+} 与 Fe^{3+} 的比例发生变化。XPS 结果证明催化过程中存在从 Fe^{3+} 到 Fe^{2+} 的转变。人们普遍认为，Fe^{2+} 与 H_2O_2 反应生成 $\cdot OH$ [式（4.3）][60]，而 Fe^{2+} 则通过 Fe^{3+} 与 H_2O_2 反应再生，延长芬顿过程 [式（4.2）][60]。此外，H_2O_2 生成中间体 $\cdot O_2^{-}$，$\cdot O_2^{-}$ 进一步与 H_2O 分子结合生成 1 个 O_2 [式（4.4）]，随之进一步参与 SMX 的降解[60]。

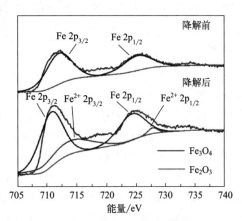

图 4.13　MgFe-LDH 合成样品 Fe 2p 的 XPS 峰及分峰

$$\equiv MgFe\ LDH \longrightarrow \equiv Mg^{2+} + \equiv Fe^{3+} + Cl^{-} \tag{4.1}$$

$$\equiv Fe^{3+} + H_2O_2 \longrightarrow \equiv Fe^{2+} + H^{+} + HO_2 \tag{4.2}$$

$$\equiv Fe^{2+} + H_2O_2 \longrightarrow \equiv Fe^{3+} + OH + OH^{-} \tag{4.3}$$

$$2O_2^{-} + 2H_2O \longrightarrow {}^1O_2 + H_2O_2 + 2OH^{-} \tag{4.4}$$

复合材料是由两种或多种不同材料组成的材料。在土壤污染治理中，一些复合材料被设计用于修复和改良土壤，复合材料可以规避单个材料的缺点，同时具备一些特殊的优势。例

如在 H_2O_2 存在下制备的 Fe-壳聚糖/蒙脱土纳米片状自组装凝胶（Fe-CS/MMTNS），用于可见光下对亚甲基蓝（MB）的去除。Fe-CS/MMTNS 凝胶通过吸附和光-芬顿反应的协同作用[61]，对亚甲基蓝有较好的去除效果。此外，这种凝胶在很宽的 pH 范围内都能有效地工作。由于 Fe-CS/MMTNS 的吸附位置通过光-Fenton 降解而不断地被重新激活，因此这种复合凝胶也表现出有效的可重复使用性。由于铁和壳聚糖（CS）之间的络合作用，Fe-CS/MMTNS 凝胶稳定，几乎没有铁离子被淋出。MB 的降解通过两条途径进行：一部分 MB 直接被活性自由基攻击并逐渐转化为无机物，另一部分 MB 首先被 FECs/MMTNS 凝胶吸附，然后被活性自由基降解。

Zhang 等人[62]通过简单的沉积-沉淀方法和热处理合成了埃洛石纳米管（HNT）上负载的 Co_3O_4 纳米颗粒。HNTs 不仅影响 Co_3O_4 纳米粒子的粒径，而且还改变了后者的表面化学态，最终促进了硼氢化钠对 4-硝基苯酚（4-NP）和偶氮染料的有效催化还原。发现 HNT 和 Co_3O_4 纳米颗粒之间的相互作用可以缩短 4-NP 还原的诱导期。此外，与裸露的 Co_3O_4 纳米粒子相比，Co_3O_4/HNTs 显示出偶氮染料的还原效率有所提高。

通过将聚多巴胺（PDA）和蒙脱土（MMT）掺入普鲁兰水凝胶基质中，创新地合成了复合水凝胶吸附剂[63]，用于染料吸附。该吸附剂具有可调节的性能，可以通过调节 PDA/MMT 的质量比来实现。接下来，系统地探讨了染料吸附性能。所得吸附剂的最大吸附容量为 112.45mg/g，其吸附数据最好由 Langmuir 等温线和准二级动力学描述。最后，研究了吸附剂的吸附机理和潜在的商业实用性。总而言之，所设计的吸附剂可以有效避免产生吸附剂特有的二次污染，并且表现出优异的机械强度，从而为减轻纺织工业的环境污染开辟了新的前景。

新型木质素黄原酸树脂（LXR）插层膨润土复合材料（LXR-BT）[64]，用于吸附水中代表性有机盐酸多西环素（DCH）抗生素和无机汞（Ⅱ）。LXR-BT 对 DCH/Hg（Ⅱ）的吸附容量远高于膨润土，吸附动力学和等温线分别遵循准二阶模型和 Langmuir 模型。X 射线光电子能谱（XPS）分析证实 DCH[或 Hg（Ⅱ）]的吸附机制主要是由于 DCH[或 Hg（Ⅱ）]与官能团的 π-π 相互作用和氢键相互作用在 LXR-BT 中。

通过吡咯单体的原位聚合，制备聚吡咯/钙累托石黏土复合材料（PPy/Ca-REC 复合材料）作为潜在的吸附剂[65]，用于吸附水溶液中的 Cr（Ⅵ）。XRD 结果表明所制备的复合材料中黏土片发生剥落。SEM 结果显示 PPy 在黏土片上分散良好。PPy/Ca-REC 吸附剂对 Cr（Ⅵ）的吸附高度依赖于 pH 值，PPy/Ca-REC 复合材料的去除效率远高于 PPy 均聚物。吸附动力学遵循伪二级动力学模型，在 30～180min 内达到平衡。吸附等温线数据与 Langmuir 等温线模型拟合良好，在 25～45℃时最大吸附容量为 714.29～833.33mg/g。PPy/Ca-REC 复合材料可以再生并重复使用三个连续的吸附-解吸循环，而不会损失原始的 Cr（Ⅵ）去除效率。此外，在共存离子的二元吸附系统中证明了 Cr（Ⅵ）的选择性吸附。通过 XPS 结果可以观察到 Cr（Ⅵ）的去除机制包括静电相互作用、离子相互作用以及 Cr（Ⅵ）还原成 Cr（Ⅲ）。

4.3.4　工业废弃物治理土壤污染与退化

（1）粉煤灰　粉煤灰是燃煤发电过程中产生的一种固体废弃物，我国"富煤、缺油、少气"的资源现状导致煤电长期以来一直占据我国电源结构的核心地位。据统计，2020 年全国全口径发电量 7.42 万亿千瓦时，其中火力发电量 5.28 万亿千瓦时，煤电发电量 4.61 万亿千瓦时，2020年粉煤灰产生量约6.5亿吨。近几年我国燃煤电厂粉煤灰产生量持续增加，如果不加以处理，会造成环境污染和资源浪费。因此，利用粉煤灰进行土壤污染治理是一种有效的方法，既可以减少粉煤灰的堆积，又可以改善土壤质量，提高土地利用率。

粉煤灰用于土壤污染治理的原理主要有以下几点：①粉煤灰含有硅酸盐、铝酸盐、钙镁盐等多种无机矿物质，它们可以与土壤中的有机质和胶体形成复合物，提高土壤的稳定性和结构性，改善土壤的透气性和保水性；②粉煤灰含有一定量的有机质和微量元素，如碳、氮、磷、钾、硫、铁、锌等，它们可以为土壤提供营养和肥力，促进植物的生长和微生物的活性；③粉煤灰含有一些碱性物质，如氢氧化钙、碳酸钙等，它们可以中和土壤中的酸性物质，如硫酸盐、氯化物等，调节土壤的pH值，改善土壤的化学性质；④粉煤灰含有一些吸附性强的物质，如铝硅酸盐、高岭石等，它们可以吸附土壤中的重金属离子和有机污染物，降低它们的活性和迁移性，减少它们对植物和地下水的危害。

粉煤灰的物理化学属性（包括密度、颗粒大小和形状）因原料来源、收集系统类型以及燃烧前的粉碎程度而异。一般来说，粉煤灰密度在$1.12\sim1.28g/cm^3$之间。影响粉煤灰密度的最重要因素之一是碳和铁的含量，碳含量越高，粉煤灰密度越低，相反，铁含量越高导致粉煤灰密度越高。粉煤灰主要由二氧化硅、氧化铝、氧化钙、氧化铁、氧化镁和未燃烧的碳组成，约占总量的90%。此外，粉煤灰还含有微量元素Mg、Na、K、S和Ti。粉煤灰中含有多种农业营养成分，如锰、钙、镁、铁、锌、铜、硼、磷、硫；但是粉煤灰中也存在一些有害元素，如铅、铬、汞、钒、镍、钡和砷。

据报道，粉煤灰材料具有非晶相、莫来石和富含铝和硅的石英等晶体结构。粉煤灰的晶体结构会影响其应用。根据不同的相组成，采用不同的合成路线来处理原始粉煤灰。例如，在沸石制备中，NaOH作为溶剂可以改变莫来石和石英的晶体结构，生成可溶性铝酸盐和硅酸盐。由于粉煤灰是由多种浓度不同的金属氧化物组成的，在利用粉煤灰中主要成分和有用成分时要尽量抑制其他微量有害元素的不利影响。解决这一问题后，粉煤灰可能成为一种经济可行且可用的材料或原料，适用于土壤污染治理领域。

粉煤灰主要根据pH值、形成粉煤灰的煤的类型以及化学成分进行分类。首先，根据pH值和钙/硫比例，粉煤灰分为三种：酸性灰分（pH＝1.2～7）、弱碱性灰分（pH＝8～9）和强碱性灰分（pH＝11～13）。粉煤灰的电导率取决于溶解盐成分的浓度，通常碱性pH值的粉煤灰比酸性pH值的粉煤灰电导率更高。其次，粉煤灰类别是指产生粉煤灰的煤炭原料的种类。具体来说，粉煤灰分为四类：烟煤、褐煤、次烟煤和无烟煤（图4.14）。据报道，烟煤粉煤灰由二氧化硅、氧化铁、钙和氧化铝以及不同含量的碳组成。与之相比，褐煤和次烟煤粉煤灰的镁和钙氧化物含量较高，而氧化铁、二氧化硅和碳含量较低。由于粉煤灰是在燃烧过程中形成的，所以影响其化学和矿物成分的因素有很多，包括所用的燃烧程序、所用的燃料类型以及冷却方法等。因此，根据化学成分和美国材料与试验协会标准，粉煤灰分为两组：F级和C级。F级指通过燃烧烟煤和无烟煤产生的粉煤灰类型，其中CaO含量低于10%，Al_2O_3、SiO_2和Fe_2O_3成分含量高于70%。相反，C级指通过燃烧次烟煤和褐煤等劣质燃料产生的粉煤灰类型。这种类型的粉煤灰含有超过20%的CaO，Al_2O_3、SiO_2和Fe_2O_3的总百分比为50%～70%。准确识别并测量粉煤灰中各种成分的百分比对于确定每种类型粉煤灰材料的适用范围非常重要。用于预处理粉煤灰材料作为吸附剂或催化剂的技术也取决于粉煤灰原料的组成和分类[66]。

粉煤灰有利于土壤改良，因为它有较强的保水能力、较小的容重、适宜的pH值以及含

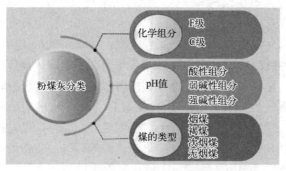

图 4.14　粉煤灰分类[66]

有丰富的植物所需营养物质、可改善土壤质量。因此，人们尝试利用废弃粉煤灰进行土壤改良，以解决农业问题。

（2）煤矸石　煤矸石是煤炭开采过程中产生的废弃物，含有高浓度的有机物和矿物质。首先，煤矸石可以用于修复受重金属污染的土壤。由于煤矸石中含有一定量的铁、锰、铝等金属氧化物，它们可以与土壤中的重金属离子形成络合物或沉淀物，从而降低重金属的活性和生物有效性。此外，煤矸石中的有机质也可以与重金属离子发生吸附或络合作用，减少其对作物的吸收和转移。其次，煤矸石可以用于改善受盐碱化影响的土壤。由于煤矸石中含有较高的碱性成分，如钙、镁等碱金属盐，它们可以与土壤中的酸性成分，如硫酸盐、氯化物等发生中和反应，从而提高土壤的 pH 值和电导率，降低土壤的盐渍化程度。同时，煤矸石中的有机质也可以增加土壤的腐殖质含量和孔隙度，改善土壤的结构和通透性，增强土壤的保水保肥能力。例如，《煤矸石综合利用管理办法（2014 年修订版）》中提到煤矸石用于土地复垦。试验表明，经处理后土壤盐渍化现象降低，肥料利用率提高 8%～15%，作物产量增加 8%～11.3%。

（3）赤泥　赤泥是拜耳法从铝土矿中提取氧化铝的废物。在拜耳法过程中，铝土矿在氢氧化钠的热溶液中进行洗涤，从而将铝从铝土矿中浸出。赤泥的化学和物理性质主要取决于铝土矿的矿物学和质量，在较小程度上取决于拜耳法的操作条件。已生产的赤泥数量巨大。生产 1t 氧化铝需要约 2～3t 铝土矿。中国作为主要的氧化铝生产国，2015 年约占全球氧化铝产量的 50%。

赤泥质量平均含有 Fe_2O_3 41% 和 Al_2O_3 17%，此外还含有少量的 SiO_2（10%）、TiO_2（9%）、CaO（9%）和 Na_2O（5%）以及微量元素（例如 Cr、Cu、Pb、V 和 Zn）和放射性核素。然而，由于铝土矿成分和加工厂采用的处理方式不同，赤泥的成分也有所不同。由于处置前残渣材料未完全清洗，赤泥呈高碱性，据报道 pH 值范围为 9.0～13.1。由于其高碱性和高浓度的潜在有毒元素，赤泥会造成环境问题。另一方面，它通常具有较大的比表面积，适合快速有效地修复金属污染的基材。因此，赤泥已被用于污染土壤的原位修复，以中和低 pH 值土壤，并通过不同的物理化学结合机制降低金属离子迁移率，例如吸附以及与铁氧化物和黏土的表面络合，形成内部以及外球体与 Fe—和 Al—（氢氧化）氧化物的配合物以及化学沉淀。

使用赤泥改良剂修复污染土壤的有效性很难评估，因为不同研究中已发表的结果多种多样。在某些情况下，甚至土壤中的金属离子迁移率有所增加，特别是砷和铜。与未经处理的污染土壤相比，改良土壤中的溶解有机碳有所增加。由于铜往往会被土壤有机质强烈吸附，因此赤泥改良土壤中铜的流动性增加是可以解释的。

（4）钢渣　钢渣是钢铁生产过程中产生的固体废物或副产品，主要成分为二氧化硅（SiO_2）、石灰（CaO）、氧化铁（Fe_2O_3、FeO）、氧化铝（Al_2O_3）、氧化镁（MgO）、氧化锰（MnO_2）、氧化磷（P_2O_5）；确切的成分随熔炉类型、钢种和所采用的预处理方法的不同而变化。钢渣的密度在 $3.3\sim3.6g/cm^3$ 之间。由于钢渣具有多孔结构和较大的表面积，并且在水溶液中产生高 pH 值，因此近年来在废水处理和土壤修复领域受到越来越多的关注。

如果将工业残渣赤泥和钢渣作为原位固定剂进行比较，可以观察到一些相似之处和差异。两种材料都具有较大的表面积，并在与水生介质反应时产生碱性条件。此外，将这些材料与其他成分（例如煅烧牡蛎壳）混合有助于增强和促进负责重金属固定的反应。此外，两种残基都固定了 Cu、Cd 和 Pb。然而人们发现砷只能被钢渣稳定，而不能被赤泥稳定。

（5）磷石膏　磷石膏是一种含钙的磷酸盐矿物，其化学式为 $CaSO_4\cdot2H_2O$，是湿法制备磷酸过程中的副产物。磷石膏在农业、建筑和环保等领域有着广泛的应用，特别是在土壤污染修复方面，其可以改良酸性土壤及盐碱性土壤，钝化土壤重金属，此外也可作硫肥、钙肥或氮肥缓释剂[67]。直接利用磷石膏及其加工成其他产品的方向和途径多种多样，已经证明了在国民经济中使用磷石膏代替传统原料的技术可行性和便利性。根据磷石膏的上述特性，目前研究领域更多地转向环境科学，但工程研究也在积极发展。图 4.15 给出了磷石膏领域的论文按领域查询结果[68]。

磷石膏具有显著的物理性能，因此在制备环境功能材料方面具有广阔的前景。有研究人员利用磷石膏和黏土来储存放射性元素铀，其吸附容量为 $0.09mol/kg$，表明其效果良好，在放射性物质处理中具有一定的利用前景。采用微波辐照技术，利用磷石膏制备羟基磷灰石纳米颗粒，并研究了磷石膏衍生的羟基磷灰石纳米颗粒对氟的吸附行为，以评价该材料在处理氟污染废水中的潜在应用。磷石膏衍生的羟基磷灰石纳米颗粒可用作从水溶液中去除氟的有效吸附剂。利用磷石膏制备多孔吸声材料。尽管磷石膏在环境功能

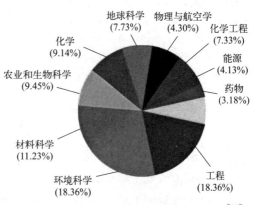

图 4.15　"磷石膏"领域的论文按领域分类[68]

材料制备中的应用具有较高的利用前景，但对磷石膏中多种有毒有害物质的发生机制、迁移转化规律的研究仍不清楚，且对环境存在二次污染的风险。

思考题

1. 以下哪点不是土壤污染的特点？A. 长期性；B. 隐蔽性；C. 突变性；D. 多样性
2. 土壤退化不包含以下哪个方面？A. 土壤结构破坏；B. 土壤富营养化；C. 养分流失；D. 土壤侵蚀
3. 沸石施入土壤减少了土壤中的重金属总量，并未改变重金属在土壤中的赋存形态，是否正确？

4. 硅藻土是否是土？

5. 环境矿物材料治理土壤污染与退化主要的改性方式有哪些？

6. 简述土壤污染的危害。

7. 简述土壤污染的来源。

8. 土壤中的无机污染物有哪些？会有什么危害？

9. 什么是土壤退化？土壤退化与污染的联系是什么？

10. 请比较 FTIR 与 ATR-FTIR。

11. 铁氧化物和锰氧化物为什么能去除污染物？

12. 什么是电动力-膨润土吸附技术？简述其机理和优势所在。

13. 简述天然硅藻土杀虫的机理。

 / 参考文献 /

[1] TANG J, ZHANG J, REN L, et al . Diagnosis of soil contamination using microbiological indices：A review on heavy metal pollution [J]. Environ. Manage. ，2019，242：121-130.

[2] QIN G, NIU Z, YU J, et al . Soil heavy metal pollution and food safety in China：Effects，sources and removing technology [J]. Chemosphere，2021，267：129205.

[3] LI Z, MA Z, VAN DER KUIJP T J, et al. A review of soil heavy metal pollution from mines in China：pollution and health risk assessment [J]. Sci. Total Environ. ，2014：468-469，843-853.

[4] RAJENDRAN S, PRIYA T A K, KHOO K S, et al. A critical review on various remediation approaches for heavy metal contaminants removal from contaminated soils [J]. Chemosphere，2022，287：132369.

[5] KHAN S, NAUSHAD M, LIMA E C, et al. Global soil pollution by toxic elements：Current status and future perspectives on the risk assessment and remediation strategies-A review [J]. Hazard. Mater. ，2021，417：126039.

[6] YANG Q, LI Z, LU X, et al. A review of soil heavy metal pollution from industrial and agricultural regions in China：Pollution and risk assessment [J]. Sci. Total Environ. ，2018，642：690-700.

[7] LIU S, WANG X, GUO, G, et al. Status and environmental management of soil mercury pollution in China：A review [J]. Environ. Manage. ，2021，277：111442.

[8] GUO J J, HUANG X P, XIANG L, et al . Source，migration and toxicology of microplastics in soil [J]. Environ. Int. ，2020，137：105263.

[9] LI J, SONG Y, CAI Y. Focus topics on microplastics in soil：Analytical methods，occurrence，transport，and ecological risks [J]. Environ Pollut，2020，257：113570.

[10] BLISS C I. The toxicity of poisons applied jointly [J]. Ann. Appl. Biol. ，1939，26（3）：585-615.

[11] HUANG J Z, ZHANG H C. Redox reactions of iron and manganese oxides in complex systems [J]. Front. Env. Sci. Eng. ，2020，14（5）：1-12.

[12] HUO J, LI C, HU X, et al. Iron ore or manganese ore filled constructed wetlands enhanced removal performance and changed removal process of nitrogen under sulfamethoxazole and trimethoprim stress [J]. Environ. Sci. Pollut. R. ，2022，29（47）：71766-71773.

[13] MATIS K A, ZOUBOULIS A I, ZAMBOULIS D, et al. Sorption of As（Ⅴ）by goethite particles and study of their flocculation [J]. Water Air Soil Poll. ，1999，111（1-4）：297-316.

[14] DHAKAL P, COYNE M S, MCNEAR D H, et al. Reactions of nitrite with goethite and surface Fe（Ⅱ）-goethite complexes [J]. Sci. Total Environ. ，2021，782：146406.

[15] MIAO S, LEEMAN H, DE FEYTER S, et al. Three-component Langmuir-Blodgett films consisting of surfactant，clay mineral，and lysozyme：construction and characterization [J]. Chem. Eur. J. ，2010，16（8）：2461-2469.

[16] MANSOURI T, GOLCHIN A, Neyestani M R. The effects of hematite nanoparticles on phytoavailability of arsenic and corn growth in contaminated soils [J]. Int. J. Environ. Sci. Te. ，2017，14（7）：1525-1534.

［17］ CHEN N，WAN Y C，ZHAN G M，et al . Simulated solar light driven roxarsone degradation and arsenic immobilization with hematite and oxalate［J］. Chem. Eng. J.，2020，384：123254.

［18］ ZHANG Q，QIN Z，XIAHOU J，et al. Effects and mechanisms of Al substitution on the catalytic ability of ferrihydrite for Mn（Ⅱ）oxidation and the subsequent oxidation and immobilization of coexisting Cr（Ⅲ）［J］. Hazard. Mater.，2023，452：131351.

［19］ 林海，靳晓娜，董颖博，等 . 膨润土对不同类型农田土壤重金属形态及生物有效性的影响［J］. 环境科学，2019，40（2）：945-952.

［20］ 徐奕，李剑睿，徐应明，等 . 膨润土钝化与不同水分灌溉联合处理对酸性稻田土镉污染修复效应及土壤特性的影响［J］. 环境化学，2017，36（05）：1026-1035.

［21］ 张静静，赵永芹，王菲菲，等 . 膨润土、褐煤及其混合添加对铅污染土壤钝化修复效应研究［J］. 生态环境学报，2019，28（02）：395-402.

［22］ 温小情，林亲铁，肖荣波，等 . 镁基膨润土和水泥对砷铅复合污染土壤的钝化效能与机理研究［J］. 环境科学学报，2020，40（09）：3397-3404.

［23］ 侯素霞，王亭，雷旭阳 . 超声波强化电动-膨润土吸附处理土壤镉污染的研究［J］. 生态环境学报，2020，29（08）：1675-1682.

［24］ 熊仕娟，徐卫红，谢文文，等 . 纳米沸石对土壤 Cd 形态及大白菜 Cd 吸收的影响［J］. 环境科学，2015，36（12）：4630-4641.

［25］ 谢飞，梁成华，孟庆欢，等 . 添加天然沸石和石灰对土壤镉形态转化的影响［J］. 环境工程学报，2014，8（08）：3505-3510.

［26］ 陈春霞，卢瑛，尹伟，等 . 骨粉和沸石对污染土壤中铅和镉生物有效性的影响［J］. 广东农业科学，2011，38（14）：60-62.

［27］ 吴岩，杜立宇，梁成华，等 . 生物炭与沸石混施对不同污染土壤镉形态转化的影响［J］. 水土保持学报，2018，32（01）：286-290.

［28］ 刘昶江，马鸿文，高原，等 . 方沸石-白榴石系列矿物的制备与应用［J］. 矿物学报，2019，39（05）：568-576.

［29］ 邢金峰，仓龙，葛礼强，等 . 纳米羟基磷灰石钝化修复重金属污染土壤的稳定性研究［J］. 农业环境科学学报，2016，35（07）：1271-1277.

［30］ 陈杰华，王玉军，王汉卫，等 . 基于 TCLP 法研究纳米羟基磷灰石对污染土壤重金属的固定［J］. 农业环境科学学报，2009，28（04）：645-648.

［31］ 崔红标，田超，周静，等 . 纳米羟基磷灰石对重金属污染土壤 Cu/Cd 形态分布及土壤酶活性影响［J］. 农业环境科学学报，2011，30（05）：874-880.

［32］ 刘弘禹，张玉杰，陈宁怡，等 . 羟基磷灰石表面特性差异对重金属污染土壤固化修复的影响［J］. 环境化学，2018，37（09）：1961-1970.

［33］ 靖青秀，郭欢，黄晓东，等 . 离子型稀土矿区土壤中高岭土对氨氮的吸附研究［J］. 中国矿业，2016，25（12）：64-70.

［34］ POTGIETER J H，POTGIETER-VERMAAK S S，KALIBANTONGA P D. Heavy metals removal from solution by palygorskite clay［J］. Miner. Eng.，2006，19（5）：463-470.

［35］ ZHANG G，LIN Y，WANG M. Remediation of copper polluted red soils with clay materials［J］. Environ. Sci.，2011，23（3）：461-467.

［36］ YIN H B，ZHU J C. In situ remediation of metal contaminated lake sediment using naturally occurring，calcium-rich clay mineral-based low-cost amendment［J］. Chem. Eng. J.，2016，285：112-120.

［37］ PIRI M，SEPEHR E，SAMADI A，et al. Contaminated soil amendment by diatomite：chemical fractions of zinc，lead，copper and cadmium［J］. Int. J. Environ. Sci. Te.，2021，18（5）：1191-1200.

［38］ XIANG Y，WANG，N，SONG J，et al. Micro-nanopores fabricated by high-energy electron beam irradiation：suitable structure for controlling pesticide loss［J］. Agr. Food Chem.，2013，61（22）：5215-5219.

［39］ DAVIS A D，WEBB C J，SORENSEN J L，et al . Geochemical thermodynamics of lead removal from water with limestone［J］. Water Air Soil Poll.，2018，229（177）：1-7.

［40］ GREEN R，WAITE T D，MELVILLE M D，et al. Effectiveness of an open limestone channel in treating acid sulfate soil drainage [J]. Water Air Soil Poll. ，2008，191 (1-4)：293-304.

[41] DU H, ZHONG Z, ZHANG B, et al. Comparative study on intercalation-exfoliation and thermal activation modified kaolin for heavy metals immobilization during high-organic solid waste pyrolysis [J].Chemosphere, 2021, 280: 130714.

[42] PADILLA-ORTEGA E, MEDELLIN-CASTILLO N, ROBLEDO-CABRERA A. Comparative study of the effect of structural arrangement of clays in the thermal activation: Evaluation of their adsorption capacity to remove Cd (Ⅱ) [J]. J. Environ. Chem. Eng. , 2020, 8: 103850.

[43] ZHANG S K, GONG X F, SHEN Z Y, et al. Study on remediation of Cd-contaminated soil by thermally modified attapulgite combined with ryegrass [J]. Soil Sediment. Contam. , 2020, 29 (6): 680-701.

[44] SLUKOVSKAYA M V, KREMENETSKAYA I P, MOSENDZ I A, et al. Thermally activated serpentine materials as soil additives for copper and nickel immobilization in highly polluted peat [J]. Environ. Geochem. Hlth. , 2023, 45 (1): 67-83.

[45] ZHOU F, YE G, GAO Y, et al. Cadmium adsorption by thermal-activated sepiolite: Application to in-situ remediation of artificially contaminated soil [J]. J. Hazard. Mater. , 2022, 423: 127104.

[46] HUANG C Y, HUANG H L, QIN P F. In-situ immobilization of copper and cadmium in contaminated soil using acetic acid-eggshell modified diatomite [J]. J. Environ. Chem. Eng. , 2020, 8: 103931.

[47] YE X, KANG S, WANG H, et al. Modified natural diatomite and its enhanced immobilization of lead, copper and cadmium in simulated contaminated soils [J]. J. Hazard. Mater. , 2015, 289: 210-218.

[48] AHMED Z, WU P X, JIANG L, et al. Enhanced simultaneous adsorption of Cd (Ⅱ) and Pb (Ⅱ) on octylamine functionalized vermiculite [J]. Colloids Surf. A, 2020, 604: 125285.

[49] WANG J, SHAHEEN S M, SWERTZ A C, et al. Sulfur-modified organoclay promotes plant uptake and affects geochemical fractionation of mercury in a polluted floodplain soil [J]. J. Hazard. Mater. , 2019, 371: 687-693.

[50] BISWAS B, SARKAR B, MANDAL A, et al. Heavy metal-immobilizing organoclay facilitates polycyclic aromatic hydrocarbon biodegradation in mixed-contaminated soil [J]. J. Hazard. Mater. , 2015, 298: 129-137.

[51] ABBAS A, SALLAM A S, USMAN A R A, et al . Organoclay-based nanoparticles from montmorillonite and natural clay deposits: Synthesis, characteristics, and application for MTBE removal [J]. Appl. Clay Sci. , 2017, 142: 21-29.

[52] BAGHERIFAM S, KOMARNENI S, LAKZIAN A, et al. Highly selective removal of nitrate and perchlorate by organoclay [J]. Appl. Clay Sci. , 2014, 95: 126-132.

[53] MELO T M, SCHAUERTE M, BLUHM A, et al. Ecotoxicological effects of per- and polyfluoroalkyl substances (PFAS) and of a new PFAS adsorbing organoclay to immobilize PFAS in soils on earthworms and plants [J]. J. Hazard. Mater. , 2022, 433: 128771.

[54] QUEROL X, ALASTUEY A, MORENO N, et al. Immobilization of heavy metals in polluted soils by the addition of zeolitic material synthesized from coal fly ash [J]. Chemosphere, 2006, 62 (2): 171-180.

[55] BELVISO C, CAVALCANTE F, RAGONE P, et al. Immobilization of Zn and Pb in Polluted Soil by In Situ Crystallization Zeolites from Fly Ash [J]. Water Air Soil Poll. , 2012, 223 (8): 5357-5364.

[56] DIAS A C, FONTES M P F, FERREIRA M D, et al. Residual As (V) in Aqueous Solutions After Its Removal by Synthetic Minerals [J]. Water Air Soil Poll. , 2022, 233 (116): 1-13.

[57] LU H, ZHU Z, ZHANG H, et al. In situ oxidation and efficient simultaneous adsorption of arsenite and arsenate by Mg-Fe-LDH with persulfate intercalation [J]. Water Air Soil Poll. , 2016, 227 (125): 1-12.

[58] ZHOU H G, JIANG Z M, WEI S Q, et al. Adsorption of Cd (Ⅱ) from aqueous solutions by a novel layered double hydroxide FeMnMg-LDH [J]. Water Air Soil Poll. , 2018, 229 (78): 1-16.

[59] ZHOU H G, TAN Y L, GAO W, et al. Removal of copper ions from aqueous solution by a hydrotalcite-like absorbent FeMnMg-LDH [J]. Water Air Soil Poll. , 2020, 231 (370): 1-12.

[60] CHEN Q, CHENG Z, LI X, et al. Degradation mechanism and QSAR models of antibiotic contaminants in soil by MgFe-LDH engineered biochar activating urea-hydrogen peroxide [J] . Appl. Catal. B-Environ. , 2022, 302 (120866): 1-12.

[61]　ZHAO Y L，KANG S C，QIN L，et al. Self-assembled gels of Fe-chitosan/montmorillonite nanosheets：Dye degradation by the synergistic effect of adsorption and photo-Fenton reaction ［J］. Chem. Eng. J.，2020，379：122322.

[62]　ZHANG M，SU X，MA L，et al. Promotion effects of halloysite nanotubes on catalytic activity of Co_3O_4 nanoparticles toward reduction of 4-nitrophenol and organic dyes ［J］. J. Hazard. Mater.，2021，403：123870.

[63]　QI X，ZENG Q，TONG X，et al. Polydopamine/montmorillonite-embedded pullulan hydrogels as efficient adsorbents for removing crystal violet ［J］. J. Hazard. Mater.，2021，402：123359.

[64]　KONG Y，WANG L，GE Y，et al. Lignin xanthate resin-bentonite clay composite as a highly effective and low-cost adsorbent for the removal of doxycycline hydrochloride antibiotic and mercury ions in water ［J］. J. Hazard. Mater.，2019，368：33-41.

[65]　XU Y，CHEN J，CHEN R，et al. Adsorption and reduction of chromium （Ⅵ） from aqueous solution using polypyrrole/calcium rectorite composite adsorbent ［J］. Water Res.，2019，160：148-157.

[66]　NGUYEN H T，NGUYEN H T，AHMED S F，et al. Emerging waste-to-wealth applications of fly ash for environmental remediation：A review ［J］. Environ. Res.，2023，227：115800.

[67]　杨花，齐佳敏，李彬. 磷石膏改良土壤研究进展 ［J］. 磷肥与复肥，2023，38 （05）：40-44.

[68]　CHERNYSH Y，YAKHNENKO O，CHUBUR V，et al. Phosphogypsum recycling：A review of environmental issues，current trends，and prospects ［J］. Appl. Sci.，2021，11：1575.

第5章

环境矿物材料与微生物交互作用

5.1 交互作用

自然界是指地球上所有的自然环境和生物群落，包括陆地、海洋、空气和大气层等各种自然环境，以及动植物、微生物等各种生物群落。基于生命和非生命物质的区别，自然界分为有机界和无机界。有机界也称为生物界，由有机化合物构成，能够进行新陈代谢、生长和繁殖等生命活动，包括所有的生命形式，如动植物、微生物等。无机界也称为非生物界，通常由无机化合物组成，不具备生命活动，如矿物、水、空气、岩石等。自然体系由有机界的生物物质和无机界的矿物物质共同组成，以有机生物物质为主要研究对象的科学称为生物学，以无机生物物质为主要研究对象的科学主要是矿物学。

生物学和矿物学作为两个不同的科学领域，研究的对象和方法均不相同，但它们在地球科学中起着重要的作用。生物学研究生命的起源、进化和生态系统的功能，关注所有生物体的结构、功能、发展和演化，而矿物学研究地球的物质组成、地质过程和资源利用，关注地球内部和表面的无机物质。

两个学科的交叉研究有助于更好地理解地球上生物和无机物之间的相互作用和影响。生物矿物学是生物学和矿物学的交叉学科，研究生物对矿物的相互作用和影响，关注生物体如何与矿物相互作用，并且探索生物体如何利用和改变矿物物质。研究者可以通过分析化学成分、结构和形态特征等来了解生物体和矿物之间的相互作用[1]。总的来说，生物矿物学是一个综合性的学科，研究生物体和矿物之间的相互作用和影响。它不仅促进了生物学和矿物学的交叉发展，还为地球科学和环境科学提供了新的视角和研究方法。

随着地球科学和生物科学的不断进展，人们对于矿物材料与生物，特别是矿物材料与微生物之间的相互作用越来越感兴趣，并且随着学科之间的交叉渗透，人们逐渐认识到无机界和有机界之间的相互作用和紧密联系，矿物学的研究也从传统的单纯矿物学逐渐扩展到矿物材料与环境中其他有机物质相互影响的研究，这种矿物学学科发展的飞跃同时为生物学和微生物学提供了科学的方法和基础。

生物矿物交互作用是指生物体与矿物之间的相互作用和影响，这种交互作用在地球科学和生物科学领域中具有重要的意义[2]。常见的生物矿物交互作用包括生物矿化作用、生物矿物转化、生物矿物吸附和吸收、生物矿物表面交互作用和生物矿物的形态控制。生物矿化作用是一些生物体能够通过分泌有机物质来催化矿物的形成，例如贝壳、珊瑚和骨骼等生物体可以分泌碳酸钙等物质，促进钙矿物的形成。生物矿物转化是某些微生物将一种矿物转化为另一种形式，例如铁还原细菌可以将含铁氧化物还原为可溶性的铁离子。生物矿物吸附和吸收是生物体可以通过吸附和吸收等方式与矿物相互作用，例如植物的根系可以吸附和吸收土壤中的矿物养分，如氮、磷和钾等。生物矿物表面交互作用是生物体可以通过与矿物表面的物理和化学交互作用来影响矿物的性质和行为，例如微生物可以通过吸附在矿物表面形成生物膜，改变矿物的溶解速率和稳定性。生物矿物的形态控制是某些生物体能够通过分泌特定的有机物质来控制矿物的形态和结构，例如某些细菌能够分泌有机物质来控制矿物的晶体生长和形貌。这些生物矿物交互作用对于地球化学循环、矿物资源形成、土壤养分循环等具有重要的影响和意义。

关于生物矿物交互作用的过程和机理尚不完全成熟，但最近，随着全球环境意识的提高，科学家开始共同关注环境演化过程中的一些新的自然现象。2018年在澳大利亚墨尔本召开的第二十二届国际矿物学大会共同研讨了矿物生态学和矿物与微生物等方面的相关课题，该专题多涉及生物矿物交互作用的科学问题以及在环境领域的应用。2022年在法国里昂召开第二十三届国际矿物学大会专门设立了环境矿物及生物成因矿物和应用矿物学等专题，出现了更多有关生物矿物交互作用的研究论文。由此可以看出，有关生物矿物交互作用的研究日益受到大家的重视。随着人们对全球环境质量的关注不断增强，生物矿物交互作用的研究在保护人类健康、环境质量调查与评价、了解自然环境的发展与变化机制、处理环境废弃物，以及修复、改善和建设生态环境方面展现出越来越大的活力。特别是在当今环境科学蓬勃发展、人们环境意识显著提高的背景下，深入研究生物与矿物的交互作用具有实际意义，也必将在人类认识自然、开发自然资源以及治理、修复和改善环境方面发挥重要作用，下面分别介绍。

5.1.1 生物矿物学的重要组成部分——微生物矿物学

微生物矿物学是一门研究微生物与矿物之间相互作用的学科，探讨了微生物在地球表面和地下环境中与矿物物质的相互作用、影响和转化过程[3]。微生物矿物学的研究对象包括微生物对矿物的附着、侵蚀、溶解、沉淀和转化等作用，以及微生物对矿物的生物地球化学循环的影响[4]。微生物矿物学的研究内容涉及地质学、生物学、化学等多个学科，通过研究微生物与矿物的相互作用，可以了解地球表面和地下环境的生物地球化学过程，揭示地球生命起源和演化的机制，以及对地球环境的影响。微生物矿物学在环境修复、矿产资源开发、生物石膏制备、地质灾害防治等方面具有潜在的应用价值[5,6]。通过利用微生物的作用，可以改善土壤质量、减少土壤侵蚀、提高矿物资源的开采效率，同时还可以利用微生物的特殊能力制备高纯度的矿物材料[7]。微生物矿物学主要研究微生物与矿物之间的相互作用、影响和转化过程。其主要研究内容列举如下：

微生物对矿物的附着：研究微生物如何附着在矿物表面，形成生物膜或生物胶体，并对矿物表面性质产生影响。

微生物对矿物的侵蚀和溶解：研究微生物通过产生酸性代谢产物、分泌酶类等途径，对矿物进行侵蚀和溶解，促进矿物的溶解和矿石的矿化。

微生物对矿物的沉淀和转化：研究微生物如何通过代谢作用，促进或催化矿物的沉淀和转化过程，如微生物诱导的碳酸盐矿化。

微生物参与的矿物生物地球化学过程：研究微生物参与的矿物生物地球化学循环，如微生物参与的铁循环、硫循环和氮循环等。

微生物与矿物相互作用的环境效应：研究微生物与矿物相互作用对环境的影响，如微生物降解有机污染物、微生物修复重金属污染土壤等。

微生物矿物学方法和技术：研究开发微生物矿物学的实验方法和技术，如微生物培养、微生物分离与鉴定、微生物对矿物的附着和溶解实验等。

对这些内容的研究可以更好地理解微生物与矿物之间的相互关系，揭示地球生物地球化学过程的机制，为环境修复和矿产资源开发提供科学依据和技术支持。总而言之，微生物矿物学研究微生物与矿物之间的相互作用，为我们深入了解地球生物化学过程、探索地球生命起源和演化提供了重要的科学依据，同时也具有广阔的应用前景。

回顾微生物矿物学的研究历史可以发现，许多土壤微生物科学工作者认识到：在土壤中微生物参与并影响了一些元素的地球化学行为，从而对一些矿物和沉积物的形成具有重要影响。Bargaz 等[8] 揭示了农业生态系统中有益微生物的行为反应，便于设计具有互补相互作用的创新作物——微生物系统。Jacoby 等[9] 优化了植物-微生物营养相互作用，实现更可持续的农业系统。郭东毅等[10] 发现了黏土矿物自身具有杀菌能力，并指出其可作为药物分子载体，可以增强杀菌药物的物理性能与杀菌活性，被广泛用于制备复合杀菌材料。Jiang 等[11] 接种耐碱和产酸微生物来稳定碱度并减少含钙固体废物的剂量。袁鹏等[12] 在基于水体的地球工程中施加黏土矿物等矿粉，通过矿物-微生物作用实现生物泵增效。冯乙晴等[13] 发现酸性矿山废水系统 Fe-S 生物地球化学梯度对微生物群落结构和功能具有显著的影响，同时以"DNA-RNA-蛋白质-代谢物"为中心法则提出了如图 5.1 所示的微生物群、表型组、代谢组、蛋白组、转录组、基因组的循环应用，系统给出了生物-矿物的作用关系。自 21 世纪以来，人们逐渐意识到微生物与矿物的相互作用在环境保护中具有显著作用。目前，微生物矿物学已涉及农业生态、湿法冶金、腐蚀与防护、找矿勘探、环境保护、陶瓷工业、煤质净化等诸多领域，在未来有广泛的应用前景。

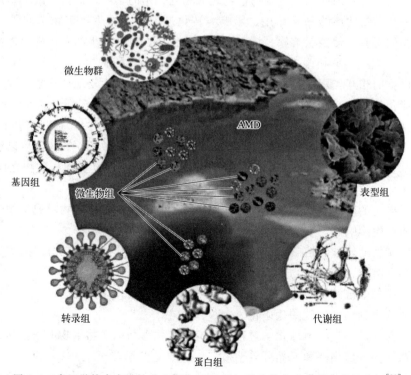

图 5.1　多组学技术在酸性矿山废水（AMD）微生物生态学研究中的应用[13]

5.1.2 生物矿物学及其展望

生物矿物学是适应人类可持续发展的需求所提出来的，在以下方面有着巨大的发展潜力：

生物矿物材料：生物矿物学的研究成果为开发新型生物矿物材料提供了理论基础和实验依据。生物矿物材料具有独特的结构和性能，具有广阔的应用前景，如生物矿物复合材料、生物矿物纳米材料等。

生物矿化技术：生物矿物学的研究成果可以为生物矿化技术的开发提供指导和支持。生物矿化技术可以用于矿物资源的开发利用、环境污染物的修复和生物医学领域等，具有重要的应用前景。

生物地球化学研究：生物矿物学的研究可以为生物地球化学循环的理解和预测提供更深入的认识。生物地球化学研究有助于揭示地球生物地球化学系统的复杂性和稳定性，为环境保护和资源管理提供科学依据。

综上所述，生物矿物学是生物科学与矿物学的交叉学科，是一个新兴而富有潜力的学科领域，其研究成果对于解决地球科学、环境科学和材料科学等领域的重大问题具有重要的意义。

5.2 微生物与矿物

5.2.1 微生物

通常把用肉眼无法直接观察到的微小生命系统称为微生物，只能通过显微镜进行观察，包括细菌、真菌、病毒和原生动物等。微生物广泛存在于地球上的各个环境中，包括水体、土壤、空气、人体等。微生物在自然界中扮演着重要的角色，它们参与了地球上的生物循环过程，如分解有机物、氮循环、碳循环等。微生物也是地球上最早出现的生命形式之一，它们有着悠久的进化历史，并对地球的生物多样性和生态系统的功能具有重要影响。

微生物在人类生活中起着重要的作用。它们参与了许多工业和农业过程，包括微生物在土壤中分解有机物质，将其转化为养分，促进植物生长；维持肠道微生物的平衡，有助于预防肠道疾病和提高整体健康；微生物还能产生酶、激素、维生素等有用的化学物质；某些微生物可以将有机物质转化为无害的物质，可以帮助净化污染的土壤和水体，促进环境的修复和恢复；还可以转化食物中的糖分，产生二氧化碳、酒精和其他化合物，这一过程应用于面包、啤酒、酸奶、奶酪等食品的制作中。综上所述，微生物对人类和环境都有着重要的正面效应，对食物生产、健康、药物生产和环境修复等方面都起着积极作用。

微生物也可能带来一些负面效应，包括某些微生物可以引起疾病，如细菌、病毒和真菌。它们可以通过直接接触、空气传播、食物或水传播等途径传播给人类和动物，导致各种传染病的发生；某些微生物可以导致食物变质和腐败，导致食物质量下降，并可能引发食物中毒；某些细菌可以通过基因突变或基因转移获得耐药性，导致感染难以治愈；微生物引发的疾病可以对农作物、家畜和人类造成严重的经济损失；某些微生物可以导致环境和物质的污染和腐蚀。

鉴于此，对于微生物这种特殊的生物群体，应该用全面客观的态度去理解认识。因此，对微生物的控制和管理非常重要，以确保其利益最大化，而负面效应最小化。研究微生物的领域被称为微生物学。微生物学家研究微生物的分类、结构、生理特性、生态学、遗传学等方面，以及微生物与其他生物的相互作用和应用。微生物学的发展对于人类的健康、环境保护和科学研究都具有重要意义。微生物学是研究微生物的一门学科，主要涉及微生物的形态、结构、生理功能、生态学、遗传学以及与它们相关的疾病和应用等方面。微生物学可以分为基础微生物学和应用微生物学两个方向。基础微生物学主要研究微生物的基本特征、生理过程和遗传机制等方面。它关注微生物的形态、结构、生命周期、代谢途径、生长规律等基础性的知识，以及微生物与宿主、环境的相互作用等。基础微生物学的研究为应用微生物学提供了理论基础和科学依据。应用微生物学将基础微生物学的知识应用于实际问题的解决和应用开发中，探索如何利用微生物的特性和功能来解决环境、农业、食品、医药等领域的问题。应用微生物学的研究内容包括微生物的应用与生产工艺、环境修复、药物开发、食品加工等方面。在工业、农业、医学和生态环境等领域都有广泛的应用。基础微生物学和应用微生物学相互关联、相互促进，两者共同推动了微生物学的发展。基础微生物学为应用微生物学提供了理论基础和科学依据，而应用微生物学的实践和应用则不断推动基础微生物学的发展和深化。

微生物学的发展对人类社会产生了深远的影响，帮助人类理解和应对疾病、改善食品质量、保护环境等。同时，微生物学也是一个不断发展的学科，随着科技的进步和研究的深入，我们对微生物的认识也在不断扩展和深化。

细菌是单细胞原核生物，即细菌的个体是由一个原核细胞组成。虽然细菌的个体只是一个细胞，但是，它们的形态各不相同，细菌具有三种基本形态（图 5.2），即球状、杆状和螺旋状，分别称为球菌、杆菌和螺旋菌。球菌是外形呈圆球形或椭圆形的细菌，直径 $0.5\sim1.0\mu m$，如单球菌单独存在；外形为杆状的细菌称杆菌，常有长宽接近的短杆或球杆状菌，如甲烷短杆菌属，长宽相差较大的棒杆状或长杆状菌，如枯草芽孢杆菌；螺旋状的细菌称螺旋菌，一般长 $5\sim50\mu m$，宽 $0.5\sim5.0\mu m$，根据菌体的弯曲弧菌（vibrio）螺旋不足一环者呈香蕉状或逗点状，如霍乱弧菌（vibrio cholerae）。

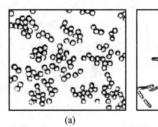 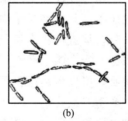 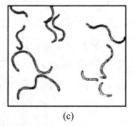

(a)　　　　　　　　(b)　　　　　　　　(c)

图 5.2　细菌的三种基本形态

5.2.2　微生物与矿物相互作用

微生物与矿物的相互作用是地球上广泛发生的地质作用，它的方式多种多样，例如某些细菌能够将硫酸盐还原为硫化物，并形成硫化物矿物；某些微生物能够利用矿物质作为能源，并通过代谢作用将矿物质分解或溶解；某些细菌能够将硫酸盐还原为硫化物，或者将氧化铁还原为亚铁；某些微生物能够通过代谢作用将有用的矿物质从矿石中提取出来；某些微生物能够通过代谢作用在水体中沉积矿物质；微生物可能通过产生酶或分泌物质来辅助矿物的转化过程。故微生物与矿物的相互作用对矿物的溶解和沉淀产生重要影响，并对地球化学循环中无机和有机元素的流动起到关键作用。同时，矿物的形成和演化也直接或间接地影响着微生物的生命活动。因此，研究矿物与生物特别是微生物之间的相互作用可以从以下两个角度进行探索：

（1）矿物参与生物的生命活动过程　微细的纳米级矿物和显微矿物参与了生物的生命活动过程，与人体细胞组织相互作用，并对人体健康产生影响。微小的颗粒粉尘（即矿物或岩石颗粒）可以直接进入人体的呼吸系统和消化系统，并且很可能在肺部或体内的其他部位沉积下来。这些沉积在人体组织表面的矿物颗粒，时间一长，会与人体的体液、组织细胞以及体内的微生物进行长期而缓慢的相互影响，从而对正常的代谢活动产生影响，可能破坏代谢平衡，导致人体组织发生病变。Kim[14]曾经对空气污染可能引起的疾病进行研究。据流行病学研究报告，接触细颗粒物会增加患痴呆症和阿尔茨海默病的风险，最近越来越多的证据表明空气污染对阿尔茨海默病和相关认知功能的神经系统会产生影响，但研究尚不充分，并且对潜在机制的不确定性仍然存在，但是研究表明空气污染可引起神经系统炎症、氧化应激、小胶质细胞活化、蛋白质凝聚和脑血管屏障障碍等多种神经系统疾病。Lee[15]发现纳米颗粒（NPs）可以穿透病原体的细胞膜微生物和干扰重要的分子形成途径，产生独特的抗菌机制。与最佳抗生素联合使用，NPs可能有助于限制新出现的细菌耐药性的全球危机。该研究结果对NPs的药代动力学/药效学研究机制提供有意义的信息。

微粒矿物中，广泛存在的难溶元素是硅。尽管硅在一般的化学反应条件下难以溶解，但通过生物或生物化学作用可以发生迁移和转化，这种迁移和转化不仅影响着大型动物和植物的生命活动过程，也对微生物的代谢活动产生影响。硅与碳和磷元素的电子构型和化学性质相似，而碳和磷是生命活动中基本的元素，因此，硅也被认为是生命活动中的重要元素之一。已有信息表明，研究难溶性矿物微粒与微生物的相互作用对于揭示大气中飘浮矿物微粒的微生物降解性、矿物作为生物药剂载体的安全性和有效性、生物矿物的协同作用和对抗作用、微生物对有毒元素的容纳和解毒能力、生物体内结石的成因和控制，以及无机矿物对有机微生物的微生态平衡等方面具有重要的理论意义和实际意义，这些研究也有助于了解矿物对生物繁衍和进化发展的促进作用，具有科学意义。

（2）生物参与了矿物的发生、发展演化过程　矿物表面的风化作用与微生物生态密切相关，构成了一个重要的生物化学系统。风化作用是指矿物与周围环境中的物质和力量相互作用，导致矿物表面的物理、化学和结构性变化的过程。这些变化不仅影响着矿物的物理性质和化学性质，还对地球表面的地貌和景观形成起着重要的作用。在广泛的环境条件下，微生物与矿物的溶解和沉淀过程紧密相连，此外，微生物还参与地质过程中的成岩和成矿作用，并在此过程中留下代谢产物。因此，矿物和岩石中存在着微生物与其进行生物化学交互作用的证据。

在自然界中，矿物与微生物之间存在着广泛的相互作用，如微生物可以通过分泌酸、酶和有机酸等物质，促进矿物的溶解和风化作用，释放出溶解的离子和营养物质；通过吸附、胶结和沉积等方式，在矿物表面形成生物沉积物。这些生物沉积物可以改变矿物的结构、形态和成分，并对地质过程产生影响；某些细菌和藻类可以形成碳酸钙矿物（如方解石），而铁还原菌可以形成铁矿物（如磁铁矿）；利用矿物中的营养元素，如铁、硫、氮等，通过与矿物的相互作用，促进矿物中养分的释放和循环；硫氧化细菌可以将硫化物矿物转化为硫酸盐矿物。这些相互作用可以发生在地表的土壤、水体和岩石中，也可以发生在地下的岩石、矿床和矿化流体中。微生物与矿物的相互作用对地球化学循环、环境演变和矿产资源形成具有重要的影响。

姜明玉等[16] 在大洋铁锰结核的微生物成矿方面进行了较为系统和深入的研究后认为，微生物极有可能参与到了氧化和沉淀游离态的 Fe(Ⅱ) 和 Mn(Ⅱ) 转化为 Fe-Mn 氧化物或氢氧化物的过程中。这些研究不仅在结核中发现了大量的微生物活动的痕迹，包括微生物群落信息、微生物化石等，而且在各种对微生物与矿物相互作用的实验研究中，发现了微生物对环境中铁、锰的转移及沉淀起着极大作用。除了大洋铁锰结核以外，多种矿床的形成也被认为与微生物活动有关，通过细菌作用形成的固体矿物可能导致矿物在地质时间尺度上沉积。微生物介导的氧化还原反应在铁循环中起着重要作用，一些沉积型铁矿的形成直接归因于微生物的铁氧化作用。如图 5.3 所示为在寒武纪时期形成的条带状铁矿 BIF，细菌铁还原作用与磁铁矿和菱铁矿的形成有关。

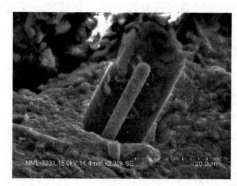

图 5.3　结核中发现的杆状细菌化石[17]

安毅夫等[18] 对铀尾渣库多个点位不同深度的微生物群落分析研究，发现在长期放射性环境下，放射性核素、重金属元素的迁移和外界降雨的影响等多个因素的综合作用共同决定了微生物群落的多样性变化。

综合来看，在自然界中，细菌对矿物的作用是普遍且持续的，对所处环境具有重要影响，生物与矿物的相互作用是复杂且双向的，对于生物与矿物的相互作用的认识是一个逐步深入的过程。在复杂的交互作用体系中，可以通过观察现实环境中存在的生命矿物学现象来研究生物与矿物的具体交互作用。目前国内外学者主要从以下几个方面进行生物矿物学的具体研究。

矿物对生物繁衍和进化发展的积极促进作用，包括矿物为生物提供营养物质，提供生存环境，影响进化等。

矿物风化、分解所释放的毒性元素对生物的毒害作用，包括矿物整体或矿物结构解体所释放的重金属等有害元素对生物产生、繁衍、进化等正常生命活动的毒害、限制、杀灭等制约作用，包含土壤污染、水体污染和大气污染等。

生物对矿物的形成和生长等的构建作用，包括生物对矿物构建所需元素的迁移、沉淀（生物成矿，生物细胞充当结晶中心），生物矿化、生物侵蚀和生物沉积。这些生物活动不仅在地质历史中对矿物资源的形成有着重要的贡献，还在地表和水体中形成了复杂的地貌和生态系统。

矿物对有机污染物的吸附净化作用，包括表面吸附、离子交换和孔隙吸附等。矿物对有机污染物的吸附净化作用能够在自然环境中发挥重要的净化功能。然而，吸附过程也受到一些因素的影响，如矿物的物化性质、环境条件、有机污染物的性质等。因此，在实际应用中需要选择合适的矿物材料和操作条件，以最大程度地发挥矿物对有机污染物的吸附净化作用。

生物对矿物结构的破坏作用，包括生物腐蚀、生物破碎、生物侵蚀和生物矿化破坏。总的来说，生物对矿物结构的破坏作用是自然界中常见的现象，这种作用在地质历史长河中对地貌和矿物资源的形成有着重要的影响。然而，在一些工程和建筑应用中，生物对矿物结构的破坏作用可能是一种不良影响，需要采取相应的措施进行防治。

5.2.3 微生物在矿物界面的分布特点

矿物界面是指矿物与周围环境之间的交界面，其中矿物与固体、液体或气体相互作用。矿物界面是研究地球化学、环境科学和材料科学等领域的重要主题。在矿物界面上，矿物与周围环境的相互作用可以导致各种现象和过程的发生，例如吸附、离子交换、表面反应、溶解和沉积等。这些过程对于地球化学循环、土壤形成、矿物资源开发和环境污染修复等具有重要影响。矿物界面的性质和行为受多种因素影响，包括矿物的化学成分、晶体结构、表面形貌和电荷特性，以及周围环境的温度、压力、溶液化学性质和气体组成等。研究矿物界面可以通过实验室实验、场地调查和计算模拟等方法进行，矿物界面的研究对于理解地球化学循环、开发高效环境材料、改善土壤质量和保护环境等具有重要意义。

微生物在矿物界面上分布广泛，它们可以与矿物相互作用并在其表面附着、生长和代谢，微生物在矿物界面上的分布对于矿物的形成、转化和降解过程具有重要影响。在矿物表面，微生物可以通过吸附和黏附的方式与矿物发生接触，它们利用矿物表面的化学性质、电荷特性和微观结构等来附着在矿物上。微生物的附着可以形成生物膜或生物胶团，形成微生物群落，并与矿物界面形成复杂的生物-矿物相互作用，微生物在矿物界面上的分布可以导致多种地球化学和生物地球化学过程的发生，例如，在矿物表面上的微生物可以参与氧化还原反应，促进矿物的溶解和沉淀，催化矿物的转化和改变矿物的形态。微生物还可以通过产生酸性代谢产物、分泌酶和螯合剂等，影响矿物的溶解和吸附行为。此外，微生物在矿物界面上的分布还与环境因素密切相关，环境因素如温度、湿度、pH值、氧气浓度和营养物质的可利用性等都会影响微生物在矿物界面上的分布和活动。不同类型的微生物对不同类型的矿物具有特异性，它们在不同矿物界面上的分布也可能有所差异。因此，研究微生物在矿物界面上的分布和活动对于理解地球化学循环、矿物形成和降解、环境修复和资源开发等具有重要意义，有助于揭示微生物与矿物之间的相互作用机制，为解决环境问题和开发可持续资源提供科学依据。

在矿物界面作用下，微生物与矿物之间发生相互作用。这些相互作用可以是有益的，也可以是有害的。有益的相互作用包括：

生物矿化：某些微生物能够通过代谢作用将无机物质转化为有机物质或矿物质，例如，某些细菌能够将硫酸盐还原为硫化物，从而促进金属硫化物矿物的形成；

生物浸取：某些微生物能够分泌酸性物质，溶解矿石中的金属元素，从而使其可被提取出来，这种方法被广泛应用于金矿、铜矿等矿石的浸取；

生物修复：某些微生物具有降解有害物质的能力，可以帮助修复受污染的矿区环境，例如，一些细菌能够降解重金属污染物，减少其对环境的影响。

有害的相互作用包括：

生物侵蚀：某些微生物能够通过分泌酸性物质侵蚀矿石表面，导致矿石的损失，这种现象通常被称为生物腐蚀，会对矿石的开采和储存造成不利影响；

生物阻碍：某些微生物能够生长和繁殖在矿石表面，形成生物膜，阻碍矿石的浮选或萃取过程，这种现象通常被称为生物阻碍，会降低矿石的回收率和提纯度。

总之，微生物与矿物之间的相互作用是一个复杂的过程，可以对矿石的形成、提取和处理产生重要影响。因此，在矿物研究和矿业开发中，需要充分考虑微生物的存在和作用。

5.3 矿物与微生物相互作用的应用

微生物和矿物之间的相互作用在自然界中无处不在，同时微生物参与矿物的形成和转化以及许多元素的全球循环。在地表环境中，矿物和微生物在所有空间和时间尺度上共存并相互作用。矿物和微生物之间的相互作用是通过能量流动和物质交换实现的。矿物与微生物相互作用的应用非常广泛，不仅涵盖地球形成后至今为止的时间间隔，还包括从原子到地球的空间尺度。二者之间的关系涉及化学循环和生物循环，因此在全球环境变化、元素循环和矿床的形成中均发挥着重要作用。这种相互作用具有重要的环境和经济意义，近年来，二者之间相互作用的研究引发了越来越多的关注。编者[19]将蛋白质（主要是溶菌酶和牛血清白蛋白）水溶液涂在皂石分散体上制备水溶性蛋白质单层，形成了蛋白质簇的皂石层区域组成的异质薄膜，而溶菌酶和牛血清白蛋白在皂石层的边缘积累分布良好。

矿物为微生物提供营养和栖息地，但是对微生物既有有利影响（物理和化学保护、养分、能量）[20]，也有不利影响（有毒物质、氧化压力），从而在促进或者抑制微生物生长方面和生物活性方面发挥作用，继而形成特定的微生物种群群落。例如黏土矿物因其独特的物理和化学特性，具有优良的吸附和存储碳能力，因此成为微生物与岩石圈相互作用的重要参与者。矿物因其浓缩并催化重要生物单体聚合的能力在化学进化和生命起源中也发挥了关键性作用；矿物对微生物的生物效应可以在各种生物技术领域得到利用，包括传统上认为用于清理有机和无机污染的生物修复。

同理，微生物也反作用于矿物[21]。微生物在活动过程中会对矿物造成影响，引起矿物的形成和转化，使矿物溶解、改变和沉淀，包括成核、结晶、生物矿化、分解、风化和改变等。例如，微生物诱导黏土矿物的形成，而所形成的矿物被认为是生化起源或生物矿化的结果；而生物诱导矿化的形成就是在真菌、细菌等微生物细胞的控制下生物体与周围环境相互作用形成无机矿物的过程。同时，微生物可以降解和分解某一类型矿物从而促进其他矿物的形成。

通过这些相互作用，矿物和微生物在整个地球历史中共同进化。虽然矿物与微生物之间的相互作用通常发生在微观层面，但其影响往往体现在全球范围。微生物和矿物的相互作用除了在化学循环和全球历史研究领域发挥了关键性作用之外，在科学和技术的发展方面，如土壤修复、医学发展、污染净化等领域，也起了独特的应用。

环境矿物和微生物细菌都可以吸收重金属离子[22]，二者相互作用引起的细菌生物矿化效果越来越被认为是修复土壤污染的新兴方案；微生物辅助下导致的矿物风化在土壤形成中起着重要作用，同时矿物风化释放的金属离子可以被植物吸收从而增强土壤肥力促进植物的生长；此外，微生物作为还原剂参与矿物中结构铁的氧化还原循环，这种相互作用可在土壤和水域的修复中得到应用；微生物还原结构铁的作用同样发生在海洋环境中，并在海洋沉积物中的碳和硅的循环中发挥作用[23]。图 5.4 举例说明了微生物与环境之间的相互作用在全球元素循环和碳捕获、吸附土壤有机质、生物矿化、矿物精华、古地球和生命探索方面均有着广泛的应用[24]。

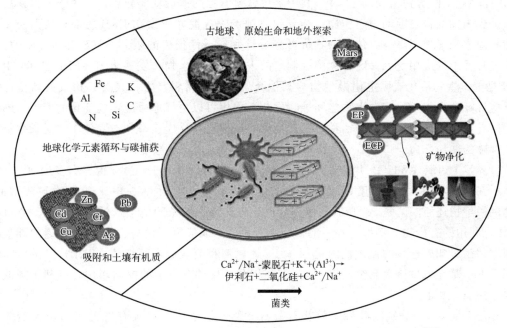

古地球、原始生命和地外探索

Mars

Fe
Al   K
N S C
   Si

地球化学元素循环与碳捕获

EP
ECP
矿物净化

Zn
Cd   Pb
Cr
Cu   Ag

吸附和土壤有机质

Ca^{2+}/Na^{+}-蒙脱石+K^{+}+(Al^{3+})→伊利石+二氧化硅+Ca^{2+}/Na^{+}

菌类

图 5.4　微生物与环境矿物相互作用在生物和地质方向上的应用举例[24]

之前对微生物和矿物相互作用的研究中，既有对这些相互作用的机理探索，也有对地表下、区域和全球范围内相互作用引发的应用的研究。总结归纳以上，根据矿物与微生物相互作用在环境方面的应用，从水污染、大气污染、土壤污染、医学应用等六个方面对微生物-矿物之间的相互作用进行分析描述。

5.3.1　水污染防治

饮用水安全是影响人类健康和社会稳定的重大问题。水污染是由有害化学物质造成水的使用价值降低或丧失，进而污染环境的现象。随着工业和科技的不断发展，水污染的防治也越来越重要。废水从不同角度有不同的分类方法。据不同来源分为生活废水和工业废水两大类；据污染物的化学类别又可分无机废水与有机废水；也有按工业部门或产生废水的生产工艺分类的，如焦化废水、冶金废水、制药废水、食品废水等。

常见的污染物主要有：①未经处理排放的工业废水；②未经处理排放的生活污水；③化肥、农药、除草剂等过量使用产生的农田污水；④堆放在河边的工业废弃物和生活垃圾对水源的污染；⑤森林砍伐等导致的水土流失；⑥过度开采产生的矿山污水。

5.3.1.1　生物可渗透屏障的构建去除重金属离子污染物

含重金属离子［如砷（As）、铬（Cr）］和有机污染物（如有机染料等）的地下污染水对人类的生存和健康以及生态环境构成威胁。地下水源仅占全球淡水资源的 30%[25]。因此采取实用、方便、简单的措施治理地下水污染刻不容缓。重金属污染物可以通过固定从环境中修复，而有机污染物可以氧化或还原降解。

生物可渗透屏障（Bio-PRB）来自于可渗透反应屏障（PRB）技术。PRB技术是新型使用的治理水污染的方法，是在地下构筑可透水的反应墙或反应带，当污染地下水流经反应墙或反应带时，将污染物去除的一种地下水污染原位修复技术，它可以有效地去除As(Ⅲ)、U(Ⅵ)，As(Ⅴ)等污染物离子[26]。其中零价铁是常见的渗透反应介质。但由于零价铁反应屏障受到未知的铁腐蚀动力学作用，会导致腐蚀产物沉淀并积聚在PRB底部，从而使反应屏障孔隙率和渗透率降低。传统的零价可渗透铁和渗透性损失的限制，导致传统PRB材料在修复过程中的应用受到一定程度的限制，故人们引入微生物，发展出Bio-PRB技术。Bio-PRB是由微生物活化或固定化微生物与其他介质（铁基材料、生物炭等）构成的新型可渗透反应屏障。由于矿物和微生物之间独特的相互作用可以更好地适应环境变化的能力，同时矿物的存在可以促进微生物的活性，因此能够有效地提高反应速率和去除效率，延长生物可渗透屏障的使用寿命[27]。

世界卫生组织（WHO）规定饮用水As含量不得超过10μg/L，当今世界有多达20.10亿人生活在地下水中含As浓度超过该阈值的地区，其中90％生活在南亚[28]。含砷Fe(Ⅲ)矿物的微生物还原溶解是As释放的原因，也是全球许多地点的地下水污染的原因。有机物（生物可利用的有机物，例如泥炭）的微生物分解，金属氧氢氧化物、氢氧化铁-锰的砷吸附等因素都是影响砷迁移的关键性因素[29]。Fe还原剂和硫酸盐还原细菌（SRB）等微生物常应用于Fe^0基于原位修复系统，对As形态变化和迁移具有一定的控制作用，有利于降低污染水中的As含量。

Angai等人[30]分别以硅砂、粉状石灰石、颗粒状零价铁以及有机沉积物作为活性物质，构建"富含有机物的沉积物"和"有机沉积物＋零价铁"两个生物可渗透屏障柱，用于修复被As(Ⅴ)金属离子所污染的地下水。构建的生物可渗透屏障的示意模型图如图5.5所示。添加硅砂的目的是增加渗透性，石灰石的存在可以中和酸性的孔隙水。所使用的沉积物中富含微生物，同时沉积物中有机碳等有机物的存在能促进微生物种群的生长和活动。前者模型中的As去除率为22.6％，而后者As的总去除率大于99.9％。在整个净化体系中，因

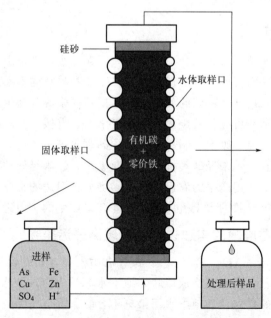

图5.5　"有机沉积物＋零价铁"生物可渗透屏障反应柱的示意图[30]

为硫酸盐还原菌（SRB）将 SO_4^{2-} 还原为 H_2S，从而在富含有机物的沉积物生物可渗透屏障中转化 As(Ⅲ) 和 As(Ⅱ)，分别形成 As_2S_3 和 AsS 沉淀。然而，在富含有机物的沉积物＋零价铁屏障中，As(Ⅴ) 获得电子以形成 As(Ⅲ)、As(Ⅱ) 和 As(Ⅰ)，分别形成 As_2S_3、AsS 和 FeAsS 沉淀物。零价铁促进了 As(Ⅴ) 的还原，砷的去除也归因于铁氧化物或铁氢氧化物的吸附和含砷次生硫化物矿物的沉淀。亚砷酸盐被固定化为包括雄黄在内的砷晶相，砷酸盐通过吸附到铁水合物上被去除。具体的反应方程式如下所示：

$$SO_4^{2-} + 2CH_2O \Longleftrightarrow H_2S + 2HCO^{3-}$$

$$H_2S + As^{2+} \longrightarrow AsS(s) + 2H^+$$

在此基础上可知生物可渗透屏障（Bio-PRB）在解决水污染问题（重金属离子的吸附）上被认为有良好的应用前景。

5.3.1.2　去除残余药品污染物

除重金属离子之外，有机污染物、残余药品（环丙沙星和吉非罗齐）杀虫剂等的排放也会对水资源造成一定程度的破坏。随着医学的发展和抗生物药物的应用加大，未处理好的抗生物药物废物也在持续污染水源环境。药物活性物质暴露于环境会损害生态系统，并可能通过微生物抗药性等机制对人类健康造成损害。尽管越来越多的证据表明药物对生态和人类健康均有着有害的影响，但人们对全球河流中药物的污染情况知之甚少。

Wilkinson 等人[31]对全球地表水中活性药物成分进行了检测。撒哈拉以南非洲、南亚和南美洲的中低收入国家累积活性药物成分浓度最高，这些国家普遍是水流量低、药物使用控制不足、废水和废物管理基础设施差以及药品制造不良的地区。

废弃的药物暴露于环境中，其中的活性药物成分可以从环境中迁移到饮用水供应和土壤环境中，最终某些药物会残留在人类体内，从而对人类的生命和健康造成威胁。一些被用于治疗人类、动物和植物的药物也正通过污水、废物、废水等途径进入环境和水源（包括饮用水源），从而传播耐药微生物和抗微生物药物耐药性。这会加剧"超级细菌"的出现和传播，而"超级细菌"对一系列抗菌剂具有抗药性，对环境中的生物构成威胁。耐药微生物和致病病原体可以在人类、动物、植物和食物之间传播，进而进入环境。并且，随着目前人类和动植物中的抗微生物药物使用量的上升，生物的耐药性上升，使感染更难治疗。这将给地方和全球卫生、经济和食品安全系统等带来毁灭性的影响。药物污染是全球性的问题。

Vijayanandan 等人[32]构建河岸过滤模型去除阿替洛尔、环丙沙星和吉非罗齐三种不同类型的药物活性化合物。阿替洛尔是一种 β 受体阻滞剂，环丙沙星是一种抗生素，吉非罗齐是一种脂质调节剂。只含有沙子的反应器中对三种药物的降解率分别为 21%、35% 和 8%。为了提升对药物活性化合物的降解率，根据矿物和微生物的相互作用，改善反应器内组成为清洁沙子，并具有生物膜涂层吸附剂屏障。降解模型图如图 5.6 所示。其中，使用的吸附剂是以黏土、壳聚糖、活性炭和铁纳米颗粒为原料，按 1:0.5:0.3:0.3 的比例合成的专门为去除目标药物的黏土复合吸附剂。此时阿替洛尔、环丙沙星和吉非罗齐的自然衰减效率分别提升到 88%、90% 和 82%。

由此可见，生物膜的添加可有效降解药物活性化合物。这是因为在上述降解模型中，主要的降解机制是吸附，而自然衰减条件下去除药物的能力是有限的。生物膜涂层吸附剂共同构建生物反应屏障，而与生物膜的接触时间会因复合吸附剂上的吸附而增加，这也会使生物膜有足够的时间来产生降解特定化合物所需的酶。并且微生物群落在附着在吸附剂表面的细胞外聚合物分泌物基质中结合在一起，在吸附和生物降解共同作用下，达到显著去除药物污染物的目的。此外，生物膜将具有多孔性质，包括空隙和开放通道，有机污染物会穿过细胞膜扩散到吸附位点[33]。这是矿物和微生物相互作用条件下显著去除污染物，净化水资源环境的典型案例。

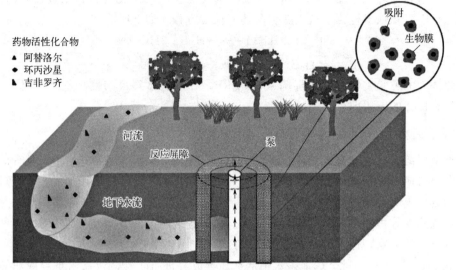

图5.6 "生物膜+吸附剂+沙子"生物屏障的河岸过滤体系去除药物活性化合物的降解模型[32]

5.3.2 大气污染防治

大气环境是人类和各种生物赖以生存的重要资源。大气污染是由于人类活动或自然过程引起某些物质进入大气中，参与大气的循环，当某些物质达到一定有害浓度时，就会对人类的生存活动和生态环境造成一定的破坏，严重危害环境和人与物的健康的现象。常见的大气污染物既包括粉尘、烟、雾等小颗粒状的污染物，也包括二氧化硫、一氧化碳等气态污染物。近几十年来，大气污染已成为危害公共卫生和生态系统的主要风险[34]。

根据产生方式的不同，大气污染物可分为人为污染物和天然污染物。根据大气污染物存在方式的不同，可将其分为气溶胶态污染物和气态污染物。前者主要是指粉尘、颗粒等在大气中以粒径小于$100\mu m$的形式存在的固体颗粒，后者主要是指含硫化合物、碳氧化物、氮氧化物、碳氢化合物等气态污染物。

对大气污染进行综合防治一般从当地整体环境出发，综合运用各种大气污染防治技术措施和对策，充分考虑当地的环境特点，对影响大气质量的各种因素进行全面系统的分析，得出最优的技术控制方案和工程措施，并加以运用达到大气环境质量控制的目标。大气污染的防治离不开个人、集体和各个国家的共同努力。具体的措施分为：①减少污染物的排放；②治理排放的主要污染物；③发展植物净化；④利用环境的自治能力。各种工艺和技术在治理排放的污染物方面不断进步和发展，如利用除尘器去除工业产生的各种烟尘粉尘、利用气体吸收塔处理有害气体、利用物理化学方法回收废气等。

利用微生物和矿物之间的相互作用，从治理污染物的角度来防治大气污染有着良好的应用前景。

5.3.2.1 二氧化碳的固定

二氧化碳是一种温室气体，其排放量的增加会引发严重的温室效应，导致全球气温的升高，对人和生物的发展构成威胁。由以上矿物微生物相互作用机制可知，矿物 CO_2 封存可作为封存大气中 CO_2 的一种有效手段。

矿物-微生物相互作用在全球碳循环过程中发挥重要的作用，主要有微生物诱导的矿物风化和碳酸盐形成以及矿物质和微生物协同作用保存有机碳两种机制。这两种途径可以共同作用加强碳封存，与此同时有机物的各种官能团与碳酸盐矿物形成某些化学键，从而增加碳酸盐矿物的饱和状态以及碳（无机和有机形式）的稳定性。简单的机制示意图如图 5.7 所示[35]。示意图左侧说明硅酸盐矿物经过微生物风化释放 Ca^{2+}、Mg^{2+} 等二价阳离子，从而捕获环境中的 CO_2 形成碳酸盐达到固定 CO_2 的目的，这个过程被称为矿物的微生物风化。细菌和真菌在内的多种微生物都可以加速矿物风化过程中碳酸盐的形成。右侧则说明细粒淤泥和黏土等矿物与微生物溶解有机物后生成的有机质形成团聚体，进而形成铁（氢）氧化物、黏土矿物、微生物转换后的有机物等复杂的集合体，整个过程被称为矿物-有机缔合。该过程使得有机质对海洋沉积物的沉降速率提高，从而达到碳固存的目的。矿物-有机缔合过程的长期稳定性与矿物质和有机物之间的相互作用机制密不可分，例如吸附、离子交换、配体。在氧化还原动力学中，矿物-有机缔合的不稳定和有机物的释放/转换还可以与铁锰矿物的氧化还原循环相结合，在地球元素的循环研究中起重要的作用。

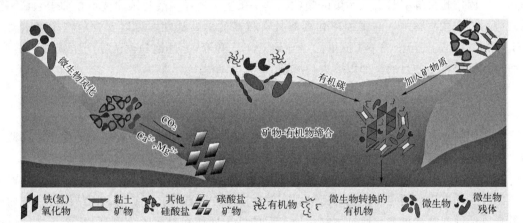

图 5.7 矿物-微生物相互作用在碳循环中的作用机制图[35]

Zhang 等人[36] 针对钢渣粉对 CO_2 的固定和改性作用，利用微生物制备了可用于替代水泥的优质胶凝补充材料，实现固体废弃物的再利用（工艺流程图如图 5.8 所示）。炼钢渣是炼钢过程中产生的工业废料，富含钙镁矿物，在富含二氧化碳的环境中具有很高的碳化反应活性，其主要活性矿物是硅酸钙、游离 CaO/MgO 等，其固定 CO_2 的方程为：

$$CO_2(g)+H_2O(l)\longrightarrow H^+(aq)+HCO_3^-(aq)\longrightarrow CO_3^{2-}(aq)+2H^+(aq)$$

$$CaSiO_3(s)/CaSiO_2(s)+2tH^+(aq)\longrightarrow Ca^{2+}+SiO_2(s)+tH_2O(l)$$

$$CaO(s)/MgO(s)+2H^+(aq)\longrightarrow Ca^{2+}/Mg^{2+}(aq)+H_2O(l)$$

$$Ca^{2+}(aq)+CO_3^{2-}(aq)\longrightarrow CaCO_3(s)$$

$$Mg^{2+}(aq)+CO_3^{2-}(aq)\longrightarrow MgCO_3(s)$$

改性钢渣过程中能产生黏液芽孢杆菌（BM）和碳酸酐酶催化加速 CO_2 与水反应生成

HCO_3^- 的过程，从而达到加快 CO_2 固定的目的。同时微生物矿化可以通过促进游离氧化物和硅酸盐的相转化来提高钢渣粉的稳定性和反应性。微生物矿化改性使钢渣粉对 CO_2 固定率由 74.5kg/t 提高到 112.5kg/t，相比纯钢化炼渣的提高了 51.01%。且当矿化钢渣粉用作水泥胶凝补充材料时，混合黏结剂的可持续效率相比纯水泥提高了 27.15%。该辅助胶凝材料的使用降低了对水泥体积的需求，间接导致了 CO_2 排放量的降低，具有较高的环境可持续性，为之后 CO_2 的固定和钢渣的再利用提供了良好的解决办法。

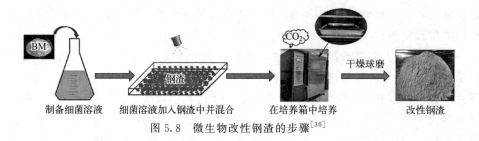

制备细菌溶液　　细菌溶液加入钢渣中并混合　　在培养箱中培养　　改性钢渣

图 5.8　微生物改性钢渣的步骤[36]

5.3.2.2　固定粉尘

工业生产产生的各种粉尘颗粒也是引起大气污染的主要污染物，随着科学和工业的发展，高效、简单的抑尘技术得到了广泛关注。利用微生物改造周围环境形成多种矿物的调控作用可以固定粉尘等引起大气污染的颗粒。其中微生物诱导碳酸盐沉淀技术在抑尘领域不断得到应用。在微生物中，许多细菌和真菌具有较高的脲酶活性，可以有效地将尿素水解为 NH_4^+ 和 CO_3^{2-}，使溶液的 pH 值增大，导致 CO_3^{2-} 和 Ca^{2+} 过饱和，诱导产生碳酸钙沉淀，进而达到固定粉尘的目的，如以下方程所示。

$$CO(NH_2)_2 + 2H_2O \longrightarrow 2NH_4^+ + CO_3^{2-}$$

$$Ca^{2+} + CO_3^{2-} \longrightarrow CaCO_3$$

与使用其他方法相比，该方法具有操作简单、成本低、受气候的影响小等优点。因此该治尘措施被广泛应用于工业煤矿的生产、沙漠防尘固沙等各种场合。

陈飞等人[37]从乌鲁木齐尾矿土壤中分离到一株芽孢杆菌对采自中国北疆古尔班廷古特沙漠的沙子样本进行固定。芽孢杆菌可以有效地产生方解石和文石矿物来固结细砂，从而产生对强风侵蚀的高抵抗力。通过生物菌稳定后的沙子即使在暴露于冻融环境12天之后，也能很好地抵抗 33m/s 风速的侵蚀。高细胞密度、高尿素和 Ca^{2+} 浓度也降低了沙子的抗压强度，提高矿物的稳定性，增强了预防沙尘暴和土壤风蚀的潜力。

唐小玲团队以蜡样芽孢杆菌和巴氏孢子菌为矿化细菌，采用微生物诱导碳酸盐沉淀技术复配表面活性剂，提高矿化细菌的微生物抑尘剂的抑尘效率。工艺流程图如图5.9所示，将矿化细菌在细菌液体培养基中培养 48h 之后，与细菌矿化所需的固结液（$CaCl_2$-尿素溶液）和表面活性剂混合喷洒到煤尘表面。表面活性剂-微生物抑尘剂在煤尘颗粒之间形成了 $CaCO_3$，使煤尘之间相互结合，达到有效固结煤尘的目的。其中，表面活性剂使用 0.08% 椰油酰胺丙基甜菜碱抑尘效果最佳。表面活性剂改性后微生物抑尘剂的抑尘效率与未使用活性剂的样品相比提高了 29.61～31.98 倍。这是因为，在矿化细菌促进碳酸钙的生成固结粉尘的同时，表面活性剂的添加也增强了煤粉之间的润湿性，多种因素的作用下使微生物抑尘剂的抑尘效率得到显著提高。

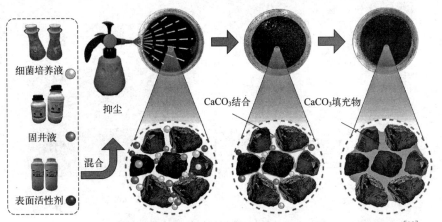

图 5.9　椰油酰胺丙基甜菜碱表面活性剂改性的微生物抑尘剂固结煤尘机理[38]

5.3.2.3　控制生态圈甲烷平衡

　　甲烷是仅次于二氧化碳的第二大温室气体，其全球变暖趋势在过去 20 年的时间范围内比二氧化碳高 84 倍。此外，甲烷也引起对流层大气污染物和臭氧浓度的变化。甲烷主要是煤炭、石油和天然气、农业、畜牧业和垃圾填埋等人为来源，以及湿地、内陆淡水和生物质燃烧等自然来源。目前研究普遍认为，过去十几年来甲烷含量的增长与排放量的增加密切相关。其中热带地区则是重要的排放源[39]。在热带地区，排放量的变化对大气中甲烷浓度的增加速度有很大影响。这是因为甲烷主要是由土壤中的产甲烷菌在厌氧环境下产生的，而热带地区降水量大，有许多天然湿地和淡水生态系统，这样的环境为甲烷菌生产甲烷创造了良好的厌氧环境。

　　甲烷营养菌是一种通过微生物氧化过程消耗甲烷的微生物，利用这种方法可以控制大气中甲烷，防止甲烷浓度的急剧增加。变形杆菌门的嗜甲烷菌在吸收降解甲烷的过程中因为分子氧是主要的电子受体，所以一直在氧化条件下进行研究。Zheng 等人[40] 通过研究固体矿物质和细菌之间的相互作用，证明在缺氧下固体矿物质可以作为好氧嗜甲烷菌（LW13）的替代电子受体，加深了对氧化还原生态位中微生物甲烷代谢的理解。在研究过程中，采用甲基单胞菌属的嗜甲烷菌，分析在缺氧环境下，有无甲烷存在条件下，亚铁是否是电子受体。图 5.10 为不同环境下 $Fe(II)$ 的积累数目变化图和体系颜色变化图。实验结果显示，在甲烷存在下，$Fe(II)/Fe$（总）的比率持续增加，而无甲烷或者细菌的环境则不会增加。证明在甲烷存在下 $Fe(III)$ 转化为 $Fe(II)$，在无氧环境下，矿物质和细菌相互作用也能够消耗甲烷生成磁铁矿，为全球甲烷平衡、矿物质的选择和对氧化还原生态位中微生物甲烷代谢做出更深入的理解。

5.3.3　土壤污染修复

　　土壤污染是指土壤中含有的有害物质超过土壤自身的净化能力，土壤的组成、结构和功能就会发生改变。土壤中微生物的生存和活动受到抑制，有害物质及其相应的分解产物在土壤中逐渐积累并通过"土壤→植物/水→人体"的过程间接被人体所吸收，从而危害人类健康。因而，土壤修复技术的开发和发展刻不容缓。土壤污染物大致可分为无机污染物和有机污染物。无机污染物主要包括酸、碱、重金属、盐类等，有机污染物主要有有机农药、酚类、氰化物以及由城市污水、污泥等带来的有害微生物等。

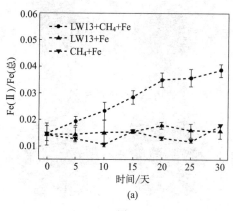

图 5.10　嗜甲烷菌依赖甲烷还原亚铁过程

（a）Fe(Ⅱ) 在实验混合物中对照积累的动态图；（b）在缺氧条件下培养 20 天后铁水合物颗粒的颜色变化，
证明了在甲烷存在下 Fe(Ⅲ) 转化为 Fe(Ⅱ)（右瓶），而对照组无变化（左瓶）[40]

　　土壤修复技术是以微生物降解土壤污染为手段，利用微生物群落的生物、微生物、微生物物种多样性对土壤环境进行修复，从而提高土壤的肥力和土壤质量，达到保护土壤目的的治理土壤污染的一种技术。土壤改良剂则是在传统土壤处理的基础上发展起来的，根据解决土壤污染方式的不同主要分为有机修复剂和无机修复剂。有机土壤调理剂主要包括有机磷、有机氯、无机磷和有机镁等，其中有机磷酸盐类和磷酸钙类是土壤净化的主要来源。无机土壤治理剂主要通过物理、化学和生物方法来解决土壤中的污染问题，例如通过利用微生物与土壤中重金属离子的络合或通过生物膜技术来修复土壤。微生物在土壤环境中的生长和繁殖可以调节土壤活性，同时对微生物的生存发展产生影响。

5.3.3.1　净化土壤中的重金属离子

　　除了微生物与土壤中重金属离子的络合之外，矿物也可以通过这种方法达到对土壤中重金属离子固定以净化土壤的目的。而微生物和矿物所形成的化合物和衍生物可以为重金属提供新的吸附位点，二者之间相互作用所形成的复杂系统也有利于矿物对重金属离子的表面络合。此外，微生物与含铁矿物之间的生物矿化和分解也会影响金属形态和流动性的变化，增强对重金属离子的去除率。

　　镉（Cd）是重金属引起的土壤污染中排名第一的污染物，硫酸盐还原细菌（SRB）具有生物修复重金属污染土壤的潜力。Li 等学者[41] 采用来自西南大学紫土基地稻田根际的土壤样品，利用硫酸盐还原细菌构建了紫红色土壤中的黏土颗粒和硫酸盐还原菌共生系统，研究了对镉固化的影响。图 5.11 为硫酸盐还原细菌固定土壤中镉的示意图。黏土矿物物种能够促进微生物的生长，并将硫酸盐还原菌表面羟基和羧基与 Cd 结合促进 Cd 的固化。通过研究不同系统中 Cd 存在形式含量的变化，去除无定形铁后，系统中的 Cd 含量下降了

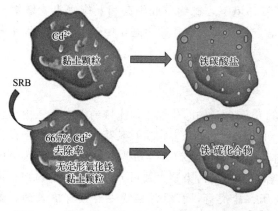

图 5.11　硫酸盐还原细菌固定土壤中镉的方法[41]

66.7%，这证明黏土容易吸附不定形铁氧化物，Cd 与铁氧化物紧密结合，侧面证明土壤中镉的固定在很大程度上取决于铁的氧化物。在硫酸盐还原细菌还原铁的过程中，吸附在铁氧化物上的 Cd^{2+} 被释放到溶液中，然后与含铁化合物共沉淀[42]。硫酸盐还原形成的硫化亚铁矿物可以用作绝缘剂，保护 Cd-S 化合物不被氧化和释放，从而提高对 Cd 的吸附能力。此外，由于含铁矿物具有较高的活性和比表面积，也可以通过重结晶吸附重金属。

5.3.3.2　改善土壤活性

除处理净化土壤中的重金属离子之外，微生物和矿物的相互作用在恢复土壤潜力和促进农作物生长方面也具有良好的应用。土壤中的盐分积累是土地退化和降低作物生产力的主要因素。由于碱土中钠离子过多、导水性差、渗透率低，植物生长和作物产量低下，使得利用碱土的生产潜力对土壤进行改良就变得更加复杂。

（1）改善和恢复退化碱土　利用富含有效的嗜盐微生物群落并与减少剂量的石膏一起使用，则可以获得大量城市固体废物堆肥，这是可以可持续回收碱土并充分利用其生产力潜力的一种成本效益高的方法。Singh 等人[43] 利用上述方法，研究了无机和有机改良剂对改善碱土和维持稻麦种植系统生产力的联合效应。实验旨在利用嗜盐植物生长促进微生物富集固体废物堆肥（MSW），并将其与无机改良剂结合使用，以改善碱土并恢复稻麦种植制度下碱土的生产力潜力。表 5.1 说明了富集城市生活垃圾堆肥对土壤微生物特性的影响。实验发现，与仅施用石膏相比，固体废物堆肥与石膏组合施用，真菌种群增加了约 98%。设计了不同系统，观察土壤中重金属离子的浓度变化，在同时使用有机和无机改良剂的处理中，钴和铬的浓度均有不同程度下降。此外，同时使用富含城市固体废物和石膏时，细菌和真菌的数量显著增加，水稻和小麦的最高产量也显著高于仅使用有机和无机改良剂。说明，矿物石膏和微生物富集的城市固体废物之间合理利用在改善和恢复退化碱土的生产力潜力方面具有良好的应用效果，同时该方法也适用于城市固体废物农场堆肥及在钠含量高的土壤中用于作物生产以合理化石膏改良。

表 5.1　富集城市生活垃圾堆肥对土壤微生物特性的影响[43]

实验组	细菌 /(cfu/g)	真菌 /(cfu/g)	放线菌 /(cfu/g)	溴化氢 /(mg/kg)	微生物生物量氮 /(mg/kg)	溴磷 /(mg/kg)	脲酶 /[μg/(g·h)]	脱氢酶 /[μg/(g·d)]
对照组（无改良）	$2.88×10^4$	$44.5×10^2$	$61.2×10^3$	115.6	1.51	0.11	155.2	105.3
50% 石膏	$4.05×10^4$	$45.5×10^2$	$69.6×10^3$	145.2	2.32	0.26	170.5	112.6
未富集 MSW	$5.04×10^4$	$56.5×10^2$	$71.1×10^3$	221.3	5.06	0.32	210.3	121.6
富集 MSW	$5.67×10^4$	$60.5×10^2$	$145.8×10^3$	226.2	6.12	0.41	226.5	132.0
25% 石膏＋未富集 MSW	$8.27×10^4$	$60.0×10^2$	$234.9×10^3$	256.3	7.52	0.56	240.9	137.4
25% 石膏＋富集 MSW	$8.46×10^4$	$90.5×10^2$	$374.4×10^3$	288.5	9.07	1.23	263.8	157.6

（2）微生物矿化农作物残渣　作物残骸是指农业、园艺和水果作物收获后的残留物。它的存在会影响土壤结构、质地和土壤生物种群。作物残骸可以再利用回土壤中以回收养分并改善土壤的物理、化学和生物学特性，是土壤中有机物以及微量和宏观元素的宝贵来源。全球作物残渣产量估计为每年 3 亿吨。而土壤微生物群落也是地球上最丰富和最多样化的生物种群，占土壤有机质的 5%。微生物对植物残渣的矿化作用是有效的再利用农作物残渣的方法。

以氮循环为例，氮循环是除碳循环重要的元素循环之一。植物发育的各个阶段都需要提供足够量的氮元素。并且如果土壤中氮元素和碳元素的含量不平衡，微生物和植物之间会演变为争夺氮的竞争关系。土壤中氮的来源之一是植物残茎，其中主要是蛋白质、氨基酸和核酸中的氮。

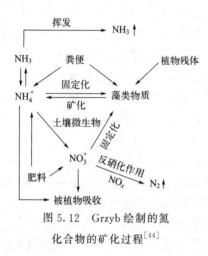

图 5.12　Grzyb 绘制的氮化合物的矿化过程[44]

氮矿化的主要步骤是：①蛋白水解，即把蛋白质分解成氨基酸；②氨基酸脱氨并转化为氨（NH_3），这一步被称为氨化。氨基酸可以被植物直接吸收，而细菌（变形杆菌属、芽孢杆菌属和假单胞菌属、链霉菌属）和真菌（根霉属、曲霉属）中含有蛋白酶，可以用来水解肽键。蛋白水解之后的氨基酸产物可以在微生物分泌的脱氨酶催化下转变为氨，进而释放。氨之后可以转化为铵根离子（NH_4^+）供植物使用，并且可以经历进一步的微生物过程。需氧菌和厌氧菌、嗜冷菌、嗜温菌和嗜热菌，以及各种适应酸性或碱性环境中的微生物均可以参与氨化过程。Grzyb[44] 绘制的氮化合物的矿化过程如图 5.12 所示。

在农业的生产应用中，土壤中的作物残渣再利用可以提高土壤的肥力，提高栽培效率，并防止土壤养分的流失。同时在微生物的作用下，还可以限制病原体的发展来降低土壤传播植物病害的发生率。一些作物残留物还可以通过减少杂草的光照、改变土壤温度和产生化学物质来抑制杂草的生长，这被称为化感作用。

5.3.4　在医学上的应用

矿物作为一种特殊的药剂，自古以来在世界各地医疗方面都有广泛的应用。黏土作为医药产品的廉价替代品，以蒙脱石、高岭石或滑石等为主要成分的药物制剂可用于治疗腹泻和肠胃疾病等。西方国家也将黏土矿物作为药物、洗浴用品和美容品得以广泛应用。对皮肤问题的有效治疗离不开其中的矿物成分和微生物的活性。微生物在健康和/或压力条件下使皮肤的物理和免疫屏障永久化的作用，这使得其在疾病的治理过程中发挥着重要的作用。因此，矿物和微生物之间的相互作用在医疗方面也有广阔的应用。

（1）矿物在生物和医药领域上的应用　在药物制剂中常使用的矿物一般是层状硅酸盐和构造硅酸盐[45]。前者主要是高岭石、海泡石和滑石等；后者主要是指蒙脱石、皂石和蛭石等吸附剂。因为矿物一般是无毒无刺激性的物质，以及本身具有的高吸附容量和比表面积的特性，使其在药物制剂中用作赋形剂时可以增强感官特性。例如因高岭石具有易于压缩的特点，被提议作为直接压片的药物赋形剂；而埃洛石因其优良的机械性能，可以保护药物免于受光降解。

　　除了上述应用之外，黏土矿物在生物医学领域还可以被改性形成纳米复合材料得到应用。纳米复合材料可以用作缓释药物的载体，并提高难溶性药物的生物利用度。此外，在聚合物基质中加入矿物赋予所得纳米复合材料优越的机械和热性能，并且还能够支持组织再生中的细胞黏附和增殖，具体取决于聚合物类型。黏土矿物在医学领域有着广泛的应用和优良的应用前景。

　　（2）治疗皮肤病　　来自印度的 Chamliyal 天然黏土可用于治疗不同的皮肤疾病，尤其是银屑病。其含有的微生物特征与其他药用黏土相似。Sharma 等学者[46] 通过提取微生物基因组 DNA，并进行靶向分析来表征该黏土中微生物群落的系统发育和代谢潜力，了解 Chamliyar 黏土中微生物在皮肤愈合中的作用和代谢潜力，并对 Chamliyal 黏土的微生物系统发育和潜在代谢功能进行了编目，并提出黏土的愈合特性可能是由于与铁和硫等矿物质代谢相关的微生物和微生物基因，从而使 Chamliyal 黏土中获得矿物质。主要治疗机理是：直接通过产生皮肤愈合化合物，或通过生物地球化学循环中涉及的各种代谢活动；间接通过维持愈合所需黏土的理化平衡。

　　Chamliyal 的黏土以变形杆菌、放线菌、厚壁菌、酸杆菌等为主，图 5.13 列举了该黏土中主要细菌的丰度排行[46]。研究发现变形杆菌目内的序列多为硫酸盐还原物种，这些硫酸盐还原细菌的存在表明黏土中的硫化物在治疗牛皮癣和其他皮肤问题方面发挥作用。放线菌则是黏土中存在的一组主要产生抗生素的细菌，通过释放生物活性和抗菌次级代谢物对人体皮肤起保护作用。除此之外，对 Chamliyal 黏土的功能类别研究还揭示了与铁、硫和次级代谢相关的代谢途径的存在，而这些矿物质有助于排毒和皮肤愈合。这些对皮肤处理的优势离不开黏土矿物和微生物之间的相互作用。

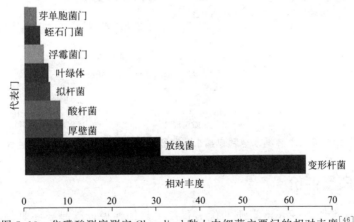

图 5.13　焦磷酸测序测定 Chamliyal 黏土中细菌主要门的相对丰度[46]

　　（3）加速伤口愈合　　除治疗皮肤病之外，矿物和微生物之间的相互作用在加速伤口的愈合方面也有显著的应用。伤口脓毒症是指伤口部位发生全身感染并增加患者死亡概率的疾病，患者伤口的慢性病是脓毒症导致死亡的主要原因。生物膜的形成、微生物病原体和伤口部位的生物负荷等各种因素都会延迟伤口的愈合，开发用于慢性伤口感染的快速有效制剂迫在眉睫。生物金属纳米颗粒与所选药物的功能化可以进一步用作针对特定生物医学应用的靶向药物递送系统。这些合成的纳米颗粒可以在不久的将来用作前瞻性候选药物，以抑制由阻碍和破坏伤口部位形成的生物膜引起的细菌感染。此外，这些生物纳米颗粒克服了与经常使用的其他抗生素相比的微生物耐药性。纳米颗粒的抑菌和杀细菌作用是由于其在生物膜内深度渗透能力的显著特征，并且与经常使用的其他抗生素相比，它还有助于抑制对纳米颗粒配方的抗性的发展。

Raghuwanshi等[47]通过生物合成制备出木叶纳米金颗粒凝胶（纳米制剂软膏）。该凝胶防止微生物黏附，加速白花小白鼠的伤口愈合，并减少了受影响部位形成生物膜的机会，显著提升了伤口修复的能力。实验选择真菌菌株白色念珠菌（MTCC 227）和新型隐球菌（NCIM 3541）两种引发生物感染的致病菌种，来用于分析合成的木叶纳米金颗粒对生物膜形成的影响潜力和细菌代谢活性。实验流程图如图5.14所示，在小鼠的切割伤口上使用木叶纳米金软膏凝胶，对该处伤口进行病理学研究，观察伤口组织的愈合过程。实验结果显示，白色念珠菌和新念珠菌的代谢活性分别降低了96.7%和92.2%。说明纳米颗粒和致病细胞壁表面之间的强静电相互作用中断了细胞和基质之间的黏附介导的相互作用，从而抑制了致病性生物膜形成。

胶原蛋白是伤口愈合过程中的重要部分，是组织再生中必不可少的支架，通过测量伤口处胶原蛋白的含量来探究小白鼠伤口的恢复程度。纳米制剂软膏凝胶的纳米配方显示出其调节胶原蛋白沉积的能力以及适当的基质和空间排列，有助于伤口组织的快速愈合。成纤维细胞分化和胶原蛋白生成可能是上述特征性伤口愈合的促成因素。通过实验表征说明，局部应用纳米制剂软膏凝胶是一种可靠且简便的伤口愈合和防止疤痕形成的方法，其通过胶原纤维快速聚集、颗粒组织形成和上皮衬里恢复活力，加速伤口愈合。

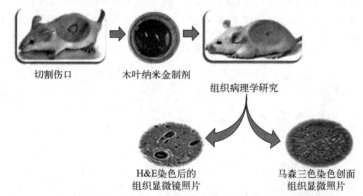

图5.14 制备生物合成的木叶纳米金颗粒纳米制剂软膏凝胶加速伤口愈合治疗过程和组织照片[47]

5.3.5 环境质量评价

环境质量就是指该地区环境素质的优劣程度，具体地说，就是要在具体的环境内，环境的某些要素或总体对人类以及社会经济发展的适宜程度。在环境的研究、开发和利用中，要确定环境质量就必须进行环境质量评价。环境质量评价就是对环境素质的评价过程，是有方向的评价过程。环境质量评价是确定环境质量的手段、方法，环境质量则是环境质量评价的结果。环境质量评价有利于揭示某地区的环境质量状况及其变化趋势、寻找污染治理的重点对象、为制定城市总体规划和环境规划提供依据、研究环境质量与人群健康的关系并预测和评价拟建项目可能产生的环境影响。

环境是由各种自然环境和社会环境所构成，因此环境质量评价标准有自然环境质量评价标准和社会环境评价标准，如大气环境质量、水环境质量、土壤环境质量、生物环境质量、城市环境质量、文化环境质量等。环境质量评价的内容通常包括对污染源、环境质量（核心内容）、环境效应三部分的调查和评价，进而提出对环境污染的综合防治方案，为改善、规划、治理环境污染提供参考价值。对环境体系中污染物的检测是进行环境质量检测必不可少的过程。

环境质量评价方法是依据一定标准，对特定区域范围的环境质量进行评定和预测的科学方法。它以环境物质的地球化学循环和环境变化的生态反应为理论基础，遵循合理的科学程序，并运用特有的语言和定性、定量表达方式。主要工作程序为：①首先确定评价对象、范围和目的，并据此确定评价精度。②分别进行污染源调查监测评价、环境调查监测评价和环境效应分析。③进行环境质量综合评价。④研究污染规律，建立相应的环境污染数学模型。⑤对环境质量做出判断、评价和预测。

调查某一个地区的环境质量，评价对象除了是常见的环境体系（如水、大气、土壤等），对其进行污染物的含量调查检测之外，对该环境矿物中的污染物含量检测也是更为有效的一种方法。矿物是查明污染物源头、阐明污染产生的机理、提供防治措施、提高环境质量评价水平过程中必不可少的研究内容。通过矿物、微生物和环境之间的相互作用，对某些地区，如矿区、土壤、海洋矿物的研究，能够阐明矿物变化与环境质量变化之间的关系，丰富环境质量评价指标和内容，进一步为揭示污染物根源、阐明污染物作用机理、处理环境污染问题提供依据。

（1）矿区环境　为践行习近平同志提出的"绿水青山就是金山银山"发展理念，平衡矿产开发与生态环境保护，对矿区环境开展动态监测并进行科学评价十分有必要。石棉是一组天然存在的矿物硅酸盐纤维，开采等人类活动可能会导致含石棉的岩石被破坏，因而将矿物纤维释放到空气中，从而对人类健康构成潜在风险。

Jasmine 等学者[48] 利用各种工具对采矿地区的石棉状纤维进行鉴定。由于形态和尺寸分布在评估石棉性质方面的重要性，因此利用微观方法获取有关石棉尺寸、形态、化学成分和蚀变等级的信息在矿物纤维研究中至关重要。除此之外，还以拉曼光谱和偏振光显微镜与色散染色法（PLM/DS）为方法分析区分纤维状闪石和蛇纹石矿物，以达到现场勘探分辨的目的，并且在存在强纤维和改变的样品的情况下也能进行分析测定。这项技术能够成功观察并鉴定纤维样品，同时提供有关矿物学鉴定以及纤维和薄片形态相关的各类信息，在露天矿的开采环境中能够高效诊断，为矿区的环境质量鉴定提供有效的措施。

（2）海洋环境与生物矿化　Piwoni-Piórewicz 等人[49] 通过检测 M. trossulus 贝壳的矿物学成分及其元素组成，发现软壳动物外壳的元素浓度与矿物组成有关，并且受环境因素（例如温度、盐度、水化学）的影响。此外外壳的碳酸钙层（主要是方解石层和文石层）也记录了生物体钙化的生长历史、代谢和环境条件。因此通过 X 射线衍射和 ICP 测试对贝壳类生物的外壳进行元素和矿物分析有利于对生物生存环境进行监测和评价。常见的重金属污染物 Cd、Cu、Zn、V 和 U 经常被用作人类对海洋环境影响的指标。降雨或积雪融化、风暴和与水混合有关的河流流速或当前的污染规模都会导致金属含量的变化，外壳中重金属含量的变化与所处环境中污染物浓度有关，因此可以通过这类特征识别存在金属污染物的沿海地区。化学成分的变化与壳尺寸无关，无论壳大小如何，对外壳中的这些元素分析都可以用作环境质量评价的结果。

（3）煤炭燃烧等粉尘颗粒物　煤炭燃烧和燃烧废物的处置会排放出大量的纳米级颗粒，大量的粉煤灰颗粒如果不加以处理，就会产生扬尘，造成大气污染，产生雾霾；若要排入水系会造成河流淤塞。而其中的有毒化学物质对人体和生物造成危害的同时也会给我们的生态环境造成巨大的破坏。因此，粉煤灰的检测至关重要，同时通过检测的粉煤灰含量对煤炭燃烧地区进行环境质量评价。

Akinyemi 等人[50] 通过先进的分析和表征技术（如 X 射线荧光、X 射线衍射等表征技术），鉴定、检查煤衍生纳米颗粒在新鲜和风化粉煤灰中的性质。颗粒煤粉粉煤灰中有害元素的影响归因于这些元素与非晶相、黏土和氧化物的关联。图 5.15 总结说明了新鲜粉煤灰中的组成成分。这些检测说明风化的煤灰颗粒中存在石英和非晶矿物相，表面存在无定形铝硅酸盐矿物的分解和沉淀，其中最丰富的矿物依次是石英和莫来石。拉曼光谱检测到石英、莫来石等之外，还检测到在高温锅炉中未降解的残留物（高岭石、伊利石和蒙脱石）和硫化物（黄铁矿、黄铜矿和闪锌矿）。氧化铁（主要是赤铁矿和磁铁矿）是黄铁矿氧化的主要粉煤灰产物，尽管偶尔会通过黄铁矿的中间形成产生。

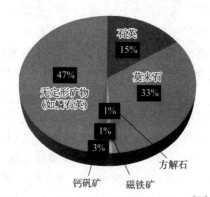

图 5.15　新鲜粉煤灰的定量矿物组成[50]

其中的有害元素释放到环境中构成威胁，肺部接触氧化铁纳米颗粒会引发遗传毒性和炎症以及肺和肺外纤维化等疾病，也会对人类的大脑产生影响。这项研究使人们可以对煤燃烧的周围环境进行质量评价，从而认识到需要重新审视煤炭燃烧和废物处理活动，并采取措施减少潜在的健康危害。

（4）土壤环境　土壤环境是人们赖以生存的生态环境。土壤是万物之本，是植物生长的基础，也是生态环境的重要组成部分。一块肥沃的土壤不仅仅是孕育生命的摇篮，也是人类社会不断发展进化的基石。土壤情况的好坏，不仅仅与个人的身体健康和食品安全息息相关，也是国家安全的重要一环。目前我国正面临着严峻的土壤污染，造成污染的主要原因包括农药化肥的过度使用，工业污水的随意排放，生活、工业垃圾的随意处理，放射性物质污染，重金属污染等等，这些问题相互影响，使得我国的土地污染问题日益严重。土壤质量的持续恶化，耕地的大量减少已经严重影响了我国食品安全。因而对土壤的环境质量评价至关重要。

Liu 等人[51] 通过分析浙江余姚地区的土壤，分析土壤中的金属迁移特征并对该地的生态环境进行质量评价，分析其潜在的风险。对该地区土壤进行 ICP 元素检测，结合研究区地质调查结果，结果是局部 Ca 含量最高，这是因为成岩母质的影响。土壤中大多数金属元素的分布与 pH 值密切相关，酸性土壤分布在平原，面积占研究区耕地面积的 49.41%；中性土分布在研究区东北部，占 7.12%，pH 值由北向南逐渐降低。而 Cr、Hg、Zn、Mn 和 Cu 主要分布在北部平原地区。此外，pH 值与金属元素硒、汞、铜、锌、铅之间呈强负相关，与钙和镁之间呈强正相关。除 pH 值之外，研究区土层 As、Cr 和 Hg 的含量随埋深的增加呈 L 形。这意味着 As、Cr 和 Hg 的含量随着土壤深度的增加而增加。由于垃圾焚烧和土壤改良剂等人类活动的影响，汞元素在剖面中表现出强烈的迁移变化。Cd 是研究区土层的主要生态风险因子，人类的工业活动导致 Cd、Cu 和 Pb 的含量较高，且含量随深度的增加而降低，根据金属元素含量，可以判断杭州湾余姚段的潜在生态风险在轻度至中度之间。研究区的潜在生态风险程度分析方法则采用了郭军辉制备的潜在生态危害指数法进行判断，判断指数如表 5.2 所示。

表 5.2　潜在生态风险的判断标准[52]

潜在生态危害程度	潜在生态危害系数	潜在生态危害指数
轻微	＜40	＜50
中等	40～80（=400）	150～300（=150）
强	80～160（=80）	300～600（=300）
更强	≥160	≥600

5.3.6　矿物与生物相互作用

矿物和微生物之间的相互作用，除了在上述环境问题中得到广泛的应用之外，二者之间相互作用还促进双方的进化。此外在生物技术方面也有许多应用，例如贵金属的生物浸出和矿物肥的制造，重金属和有机污染物的修复，新材料和 CO_2 的生物合成封存。矿质培养基应能回收更多的微生物资源。

5.3.6.1　微生物、矿物共同进化

矿物与微生物之间的相互作用除了在现代条件下发生，还发生在地球历史的背景中，即微生物-矿物的共同进化[35]。在地球历史的初期，只有几十种热矿物（地质物种），在进一步的火山作用、变质作用和板块构造作用下，矿物物种的数量增加到 1500 种左右。自新生代以来，矿物种类增加到 4000 种；之后随着真核生物的出现，形成了有机矿物种类，矿物种类总数达到了目前的水平，即 5000 种[53]。除矿物之外，从早期地球上的强制性厌氧菌到现代环境中的众多好氧菌，微生物也经历了漫长的进化史。

纵观地球历史，矿物与微生物之间的相互作用在微观层面上非常广泛，但其影响往往是在全球层面上观察到的。因此，经常从地质和环境的角度来探讨矿物与微生物的共同演化，并强调它们在山脉和矿床等重大地质事件形成过程中的作用。

除此之外，在地球的进化过程中，矿物质的保护作用对于有机分子引发原始生化反应至关重要。矿物质，尤其是黏土矿物，可作为催化剂和支架，将有机单体聚合成蛋白质和核酸等大分子。方解石之类的矿物甚至可能在选择对映体氨基酸和核苷酸方面发挥作用。蒙脱石可以与脂肪酸相互作用，形成具有生长和分裂能力的原始细胞。在生命起源的过程中，矿物质作为生命本身的保护剂发挥作用的同时，微生物在推动矿物多样性方面也不断发挥作用[54]。

5.3.6.2　用矿物进化推动微生物的创新

在地球历史的大部分时间里，自生命诞生以来，矿物和微生物总是在相互作用中共同进化。其中，随着时间的推移，矿物质的消耗速度和营养物质的生物利用率在不断提高，这样的条件使微生物的进化处于有利地位。同时生物矿物也是微生物与环境相互作用的良好示踪剂，因此生物矿物可以提供有关微生物进化和古环境条件的特征。

（1）增强微生物的丰度　Xiao 等人[55] 以山东省东北部的黄河三角洲湿地处特殊存在的红黏土地层为研究对象，通过对四个土壤层中发现的细菌和古菌的热图分析，进而对其土壤特性和微生物种类多样性进行检测。其中红黏土中的主要菌属有革兰氏菌属（*Geobacter*）、鹅鹏菌属（*Pelobacter*）、革兰氏杆菌属（*Geobacillus*）和芽孢杆菌属（*Bacillus*）等，这其中大多数细菌被报道具有电生能力。虽然甲烷菌在红黏土的上层和下

层均有分布，但红黏土中的产电细菌和产甲烷菌多样性和丰度最高。而这也说明，红黏土因丰富的甲烷菌的存在，其中可能存在潜在的电生甲烷现象。同时，红黏土中还有还原Fe(Ⅲ)的微生物存在，其和产甲烷菌产生一个共生系统，促进电子从Fe(Ⅲ)还原微生物流向甲烷菌，从而促进甲烷的产量。此外，其中的磁铁矿可以从有机物中提取更多的电子和刺激从而促进产生更多的氢。

（2）增强微生物的活性　矿物-微生物之间的相互作用对微生物而言，除了会增加微生物种类的多样性和丰度之外，对微生物的活性也有一定的促进作用。

Zhang 等人[56] 研究了蒙脱石等矿物增强反硝化的能力，观察到界面上形成生物膜，这表明在表面形成了具有微域的催化相，有利于提高硝酸盐还原速率。在蒙脱石与微生物共同培养中，微生物的新陈代谢会促进阳离子从中释放出来，形成阳离子桥，促进细菌吸附在矿物上。黏土矿物在黏土矿物-微生物界面上充当微生物生长的载体，对细菌活性有重大影响。更稳定的生物膜具有更高的细胞呼吸速率，整个生物膜的新陈代谢速率也更快。整个过程的示意图如图 5.16 所示。因此，Zhang 等人认为在矿物表面高活性生物膜的形成促进了微生物的新陈代谢，并进一步增强了硝酸盐还原作用，这也是矿物和微生物相互作用的结果。

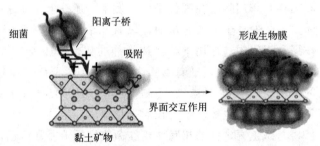

图 5.16　黏土矿物与微生物之间相互作用示意[56]

5.3.6.3　微生物进化在推动矿物多样化中的作用

生物通过代谢和生长需求塑造其地球化学环境，从而对当地环境施加显著的地球化学和矿物学控制。同样，当地的化学条件决定了代谢过程。二者相互影响意味着微生物进化与地球圈条件的变化同步发生，在环境推动微生物进化的同时，微生物也推动了海洋、大陆和大气化学的重大转变。

分子氧是含氧光合作用的产物，同时也是矿物进化的主要驱动力[57]。以 Fe(Ⅱ) 氧化为例，起源顺序大致为：古代硝酸盐依赖性缺氧 Fe(Ⅱ) 氧化，地球大氧化事件之前的无氧光养 Fe(Ⅱ) 氧化，大氧化事件之前的中性粒细胞和微需氧 Fe(Ⅱ) 氧化，大氧化事件后的嗜酸 Fe(Ⅱ) 氧化。

依赖硝酸盐的 Fe(Ⅱ) 氧化形成了针铁矿、铁水化合物和绿锈等矿物集合体。在早期地球上，厌氧亲光性 Fe(Ⅱ) 氧化物在细胞表面生成铁水化合物，以保护自身免受早期有害紫外线辐射的伤害。好氧性微嗜水性 Fe(Ⅱ) 氧化物在盘绕的茎和管状鞘中产生铁水物、鳞片铁水物和针铁矿，以沿着相反的 O_2 和 Fe(Ⅱ) 梯度找到最佳的生态位，保护自身免受有毒的物质负荷。生物性氢氧化铁在细胞附近的定位有助于产生质子动力能源。Fe 的生长演变也说明，随着 Fe(Ⅱ) 氧化途径的演变，铁氢氧化物和铁氧氢氧化物矿物的特性及功能也随着一起演变，这离不开微生物在其中的作用[58]。

5.3.6.4　贵金属的生物浸出和矿物肥料的制备

利用微生物和矿物之间的相互作用，微生物风化会导致元素的损失，这一特性对资源回收和无机化学肥料的开发具有重要意义。其中生物浸出也被认为在金属提取过程中可绿色取代利用化学原料浸出品。

（1）生物浸出　生物浸出是一种利用生物产生的代谢物提取矿物中金属的方法。金属的浸出效率取决于矿石/尾矿的性质（矿物成分和矿物粒度等）、微生物种类和浸出时的物理化学条件（例如温度、营养物质等）。生物浸出过程中，浸出的方式也会对浸出效率造成一定的影响，在间接氧化中，细菌不会附着在硫化物矿物的表面，而在直接氧化中，细菌直接接触并有效溶解硫化物矿物的表面。生物浸出过程中根据含金属的待浸出矿物的特性来选择微生物的种类。以回收硫化物矿物中的金属为例，若采用生物浸出的方法回收其中的贵金属，不仅可以降低矿石的运输成本，而且可以通过再循环利用金属浸出溶液来减轻对环境的破坏[59]。

Choi 等人[60] 通过培养嗜酸性铁氧化硫杆菌浸出矿石矿物中的金属，矿石矿物中含碲矿物主要在石英裂隙间单独形成，贵金属离子主要分布在含碲矿物中。同时，实验地区的大部分金和银都是以不可见的金和黄铁矿的形式生产的，基于微生物的预处理对于提高隐形金的含量非常有效。细菌通过间接氧化过程产生铁离子，使铁离子从黄铁矿中释放出来。由于生物浸出过程，在微生物存在的情况下浸出含量高于非生物对照情况。同时，微生物适应增加，通过选择性地攻击浸出样品中的硫化物矿物，使 Fe 和 Cu 的氧化能力分别比未适应矿物的氧化能力增加约 1.5 和 2.2 倍。

（2）矿物肥料制备　微生物和矿物之间的相互作用除了改善土壤环境，降低土壤污染物含量促进农作物生长之外，微生物可以从矿物和岩石中提取营养从而促进农作物的生长。因此，微生物诱导的矿物质溶解在可持续农业的发展中也起着至关重要的作用。

为解决农田化肥损失的问题，Assainar 等人[61] 研究了聚合物涂层岩石矿物肥料，同时在种子中添加多种微生物接种剂作为生物刺激剂，进一步提高肥料利用效率。实验得出，在没有接种微生物的情况下，用聚合物包膜肥料改良的土壤具有较低的磷和钾，这种聚合物涂层岩石矿物肥料有可能替代或补充更多的可溶性肥料。并且微生物接种剂与矿物肥料通过种子接种进行局部干预有可能促进小麦根际的养分循环。这项研究说明，微生物和矿物的联合应用在矿物肥料制备和应用方面有良好的前景。

5.3.6.5　用于各种应用的新型材料的生物合成

生物纳米粒子具有特殊的物理化学特性，可广泛应用于材料、医学和催化等领域。各种微生物，包括细菌、真菌、酵母菌和病毒，都可以合成不同大小、形状和活性的纳米材料。

骨头是一种复杂的矿化组织，由各种具有微/纳米结构的有机（蛋白质、细胞）和无机（羟基磷灰石、碳酸钙）物质组成。近年来，植入合成材料成为修复骨组织缺损的常见措施。碳酸钙是动物骨骼和外壳中的主要生物矿化产物之一，仿生合成的微/纳米 $CaCO_3$ 颗粒与人类成骨细胞具有很高的生物相容性，可用于提高骨植入生物材料的界面生物活性。Li 等人[62] 利用微生物辅助催化，在微生物（产尿素酶的嗜盐嗜碱细菌）催化的帮助下成功地在 α-硅酸钙生物陶瓷表面合成了微/纳米结构的生物矿物。同时通过体外细胞培养和体内兔股骨缺损模型验证，微生物催化形成的微/纳米结构所呈现的形貌和化学线索促进了骨髓间充质干细胞增殖和成骨生物活性，实现了卓越的骨缺损修复。这项工作为开发具有骨再生功能表面的生物材料提供了新的方向。

随着科学技术和工业的发展，基于微生物和矿物两者之间的作用机理和相关机制下的矿物-微生物的应用在诸多领域已经得到了广泛的应用，表现出了出色的潜在价值。基于矿物和微生物之间的能量流动和物质交换，其在环境治理、元素循环和生物矿化等方面不断进化和发展。其中，微生物和矿物种类的选择对应用的方向和价值造成重要的影响。在此基础上，具有高脲酶活性的细菌和真菌能促进粉尘的固定；嗜甲烷菌可以吸收甲烷，降低大气中甲烷含量；而矿物质可以抑制白色念珠菌等引发感染的菌株的活性，促进伤口的愈合；嗜酸性铁氧化硫杆菌等能促进矿物中金属的溶出，减少污染。因此，挖掘微生物和矿物相互作用的机理以及扩大菌种和矿物物种的选择性有利于进一步利用二者之间的相互应用，为环境治理和资源开发做出巨大的贡献。

归纳以上，生物矿物学研究的是生物体和矿物之间的相互作用和影响，不仅促进了生物学和矿物学的交叉发展，还为地球科学和环境科学提供了新的视角和研究方法。微生物与矿物通过吸附和黏附的方式与矿物发生接触，并附着在矿物上。二者之间的相互作用对矿物的溶解和沉淀产生重要影响，也对微生物的活性和丰度产生潜在影响，从而作用于对地球化学循环中对无机和有机元素的流动起到关键作用，促进环境的改变。在当今环境科学蓬勃发展、人们环境意识显著提高的背景下，深入研究生物与矿物的交互作用具有实际意义，也必将在人类认识自然、自然资源开发以及治理、修复和改善环境方面发挥重要作用。

 思考题

1. 生物矿物交互作用包括什么？
2. 微生物矿物学的主要研究内容是什么？
3. 矿物界面作用下，微生物与矿物的有益及有害相互作用都有哪些？分别举两个例子。
4. 矿物作用于微生物有哪些应用？

 参考文献

[1] 鲁安怀，王长秋，李艳. 环境矿物学研究进展（2011～2020年）[J]. 矿物岩石地球化学通报，2020，39（5）：881-898.

[2] 秦晶晶，刘玉学，何莉莉，等. 土壤矿物与生物炭可溶性组分的交互作用及机制 [J]. 农业环境科学学报，2022，41（7）：1490-1500.

[3] 刘娟，盛安旭，刘枫，等. 纳米矿物及其环境效应 [J]. 地球科学，2018，43（5）：1450-1463.

[4] 肖作义，白昕冉，郑春丽，等. 微生物矿物源土壤修复剂配施效果的研究 [J]. 有色金属工程，2020，10（1）：120-126.

[5] 肖敏，陈永政，赵珊，等. 矿物-腐植酸-微生物体系对重金属吸附研究 [J]. 岩石矿物学杂志，2021，40（5）：991-1000.

[6] 王红梅，吴晓萍，邱轩，等. 微生物成因的碳酸盐矿物研究进展 [J]. 微生物学通报，2013，40（1）：180-189.

[7] 董发勤，刘明学，郝瑞霞，等. 矿物光电子-微生物体系重金属离子价态调控及其环境效应研究进展 [J]. 矿物岩石地球化学通报，2018，37（1）：11.

[8] BARGAZ A，LYAMLOULI K，CHTOUKI M，et al. Soil microbial resources for improving fertilizers efficiency in an integrated plant nutrient management system [J]. Front. Microbiol.，2018，9：1606.

[9] JACOBY R，PEUKERT M，SUCCURRO A，et al. The role of soil microorganisms in plant mineral nutrition—

current knowledge and future directions [J]. Front. Plant Sci. , 2017，8：1617.

［10］ 郭东毅，夏庆银，董海良，等 . 杀菌黏土矿物的研究进展与前景展望 [J]. 地学前缘，2022，29（1）：470.

［11］ JIANG Y，QIN X，ZHU F，et al. Halving gypsum dose by Penicillium oxalicum on alkaline neutralization and microbial community reconstruction in bauxite residue [J]. Chem. Eng. J. , 2023，451：139008.

［12］ 袁鹏，刘冬 . 矿物增效的生物泵：基于矿物-微生物作用的水体 CO_2 增汇策略 [J]. 科学通报，2022，67（10）：924-932.

［13］ 冯乙晴，郝立凯，郭圆，等 . 酸性矿山废水微生物组时空演变特征及微生物-矿物互作机制 [J]. 生态环境学报，2022，31（5）：1032.

［14］ KIM H，KIM W-H，KIM Y-Y，et al. Air pollution and central nervous system disease：a review of the impact of fine particulate matter on neurological disorders [J]. Front. Public Health，2020，8：575330.

［15］ LEE N-Y，KO W-C，HSUEH P-R. Nanoparticles in the treatment of infections caused by multidrug-resistant organisms. ront [J]. Pharmacol. , 2019，10：1153.

［16］ 姜明玉，胡艺豪，于心科，等 . 大洋铁锰结核的微生物成矿过程及其研究进展 [J]. 海洋科学，2020，44（7）：156-164.

［17］ NAYAK B，DAS S K，MUNDA P. Biogenic signature and ultra microfossils in ferromanganese nodules of the Central Indian Ocean Basin [J]. J. Asian Earth Sci. , 2013，73（5）：296-305.

［18］ 安毅夫，孙娟，高扬，等 . 长期放射性环境下微生物群落多样性变化 [J]. 中国环境科学，2021，41（2）：923-929.

［19］ MIAO S，LEEMAN H，DE FEYTER S，et al. Facile preparation of Langmuir-Blodgett films of water-soluble proteins and hybrid protein-clay films [J]. J. Mater. Chem. 2010，20（4）：698-705.

［20］ MCMAHON S，ANDERSON R P，SAUPE E E，et al. Experimental evidence that clay inhibits bacterial decomposers：implications for preservation of organic fossils [J]. Geology，2016，44（10）：867-870.

［21］ FRANKEL R B，BAZYLINSKI D A. Biologically induced mineralization by bacteria [J]. Rev. Mineral. Geochem. , 2003，54（1）：95-114.

［22］ WANG X，NIE Z，HE L，et al. Isolation of As-tolerant bacteria and their potentials of reducing As and Cd accumulation of edible tissues of vegetables in metal（loid）-contaminated soils [J]. Sci. Total Environ. , 2017，579：179-189.

［23］ PLAYTER T，KONHAUSER K，OWTTRIM G，et al. Microbe-clay interactions as a mechanism for the preservation of organic matter and trace metal biosignatures in black shales [J]. Chem. Geol. , 2017，459：75-90.

［24］ LI G L，ZHOU C H，FIORE S，et al. Interactions between microorganisms and clay minerals：New insights and broader applications [J]. Appl. Clay Sci. , 2019，177：91-113.

［25］ KALHOR K，GHASEMIZADEH R，RAJIC L，et al. Assessment of groundwater quality and remediation in karst aquifers：A review [J]. Groundwater Sustainable Dev. , 2019，8：104-121.

［26］ SCHWARZ A，PÉREZ N. Long-term operation of a permeable reactive barrier with diffusive exchange [J]. J. Environ. Manage. , 2021，284：112086.

［27］ WANG W，ZHANG M，QIU H，et al. Microbe-mineral interaction-induced microorganism-augmented permeable reactive barriers for remediation of contaminated soil and groundwater：A review [J]. ACS ES&T Water，2023，3：2024-2040.

［28］ PIENKOWSKA A，GLODOWSKA M，MANSOR M，et al. Isotopic labeling reveals microbial methane oxidation coupled to Fe（Ⅲ）mineral reduction in sediments from an As-contaminated aquifer [J]. Environ. Sci. Technol. Lett. , 2021，8（9）：832-837.

［29］ ARNOB M S H，ARHAM M A. ，ISLAM R，et al. Scientific mapping of the research in microbial and chemical contamination of potable water in Bangladesh：A review of literature [J]. Environ. Sci. Pollut. Res. , 2023：1-16.

［30］ ANGAI J U，PTACEK C J，PAKOSTOVA E，et al. Removal of arsenic and metals from groundwater impacted by mine waste using zero-valent iron and organic carbon：Laboratory column experiments [J]. J. Hazard. Mater. , 2022，424：127295.

［31］ WILKINSON J L，BOXALL A B，KOLPIN D W，et al. Pharmaceutical pollution of the world's rivers [J].

Proc. Natl. Acad. Sci. ，2022，119（8）：e2113947119.

[32] VIJAYANANDAN A，PHILIP L，BHALLAMUDI S M. Enhanced removal of PhACs in RBF supplemented with biofilm coated adsorbent barrier: Experimental and model studies [J]. Chem. Eng. J.，2018，338：341-357.

[33] STOODLEY P，BOYLE J D，DEBEER D，et al. Evolving perspectives of biofilm structure [J]. Biofouling，1999，14（1）：75-90.

[34] BĂRBULESCU A，DUMITRIU CS，POPESCU-BODORIN N. Assessing atmospheric pollution and its impact on the human health [J]. Atmosphere，2022，13（6）：938.

[35] DONG H，HUANG L，ZHAO L，et al. A critical review of mineral-microbe interaction and co-evolution: mechanisms and applications [J]. Natl. Sci. Rev.，2022，9（10）：nwac128.

[36] ZHANG X，QIAN C，MA Z，et al. Study on preparation of supplementary cementitious material using microbial CO_2 fixation of steel slag powder [J]. Constr. Build. Mater.，2022，326：126864.

[37] CHEN F，DENG C，SONG W，et al. Biostabilization of desert sands using bacterially induced calcite precipitation [J]. Geomicrobiol. J.，2016，33（3-4）：243-249.

[38] ZHU S，ZHAO Y，HU X，et al. Study on preparation and properties of mineral surfactant-microbial dust suppressant [J]. Powder Technol.，2021，383：233-243.

[39] FENG L，PALMER P I，ZHU S，et al. Tropical methane emissions explain large fraction of recent changes in global atmospheric methane growth rate [J]. Nat. Commun.，2022，13（1）：1378.

[40] ZHENG Y，WANG H，LIU Y，et al. Methane-dependent mineral reduction by aerobic methanotrophs under hypoxia [J]. Environ. Sci. Technol. Lett.，2020，7（8）：606-612.

[41] LI J，ZHAO W，DU H，et al. The symbiotic system of sulfate-reducing bacteria and clay-sized fraction of purplish soil strengthens cadmium fixation through iron-bearing minerals [J]. Sci. Total Environ.，2022，820：153253.

[42] LI C，YI X，DANG Z，et al. Fate of Fe and Cd upon microbial reduction of Cd-loaded polyferric flocs by Shewanella oneidensis MR-1 [J]. Chemosphere，2016，144：2065-2072.

[43] SINGH Y P，ARORA S，MISHRA V K，et al. Rationalizing mineral gypsum use through microbially enriched municipal solid waste compost for amelioration and regaining productivity potential of degraded alkali soils [J]. Sci. Rep.，2023，13（1）：11816.

[44] GRZYB A，WOLNA-MARUWKA A，NIEWIADOMSKA A. Environmental factors affecting the mineralization of crop residues [J]. Agron.，2020，10（12）：1951.

[45] NOMICISIO C，RUGGERI M，BIANCHI E，et al. Natural and synthetic clay minerals in the pharmaceutical and biomedical fields [J]. Pharmaceutics，2023，15（5）：1368.

[46] SHARMA S，GREWAL S，VAKHLU J. Phylogenetic diversity and metabolic potential of microbiome of natural healing clay from Chamliyal（J&K）[J]. Arch. Microbiol.，2018，200，1333-1343.

[47] RAGHUWANSHI N，KUMARI P，SRIVASTAVA A K，et al. Synergistic effects of Woodfordia fruticosa gold nanoparticles in preventing microbial adhesion and accelerating wound healing in Wistar albino rats in vivo [J]. Mater. Sci. Eng.，C，2017，80：252-262.

[48] PETRIGLIERI J R，LAPORTE-MAGONI C，GUNKEL-GRILLON P，et al. Mineral fibres and environmental monitoring: A comparison of different analytical strategies in New Caledonia [J]. Geosci. Front.，2020，11（1）：189-202.

[49] PIWONI-PIÓREWICZ A，KUKLIŃSKI P，STREKOPYTOV S，et al. Size effect on the mineralogy and chemistry of Mytilus trossulus shells from the southern Baltic Sea: implications for environmental monitoring [J]. Environ. Monit. Assess.，2017，189：1-17.

[50] AKINYEMI S A，GITARI W M，PETRIK L F，et al. Environmental evaluation and nano-mineralogical study of fresh and unsaturated weathered coal fly ashes [J]. Sci. Total Environ.，2019，663：177-188.

[51] LIU F，YANG Z，YANG R，et al. Migration characteristics and potential ecological environment evaluation of metal elements in surface soil [J]. KSCE J. Civil Eng.，2022，26（5）：2068-2076.

[52] 郭军辉，殷月芬，陈发荣，等 胶州湾表层沉积物重金属污染分布特征及其生态风险评价 [J]. 环境污染与防治，2012，34（3）：13-21.

［53］ HAZEN R M，PAPINEAU D，BLEEKER W，et al. Mineral evolution ［J］. Am. Miner.，2008，93（11-12）：1693-1720.

［54］ CLEAVES II H J，SCOTT A M，HILL F C，et al. Mineral-organic interfacial processes：potential roles in the origins of life ［J］. Chem. Soc. Rev.，2012，41（16）：5502-5525.

［55］ XIAO L，WEI W，LUO M，et al. A potential contribution of a Fe（Ⅲ）-rich red clay horizon to methane release：biogenetic magnetite-mediated methanogenesis ［J］. Catena，2019，181：104081.

［56］ ZHANG Y，LU C，CHEN Z，et al. Multifaceted synergistic electron transfer mechanism for enhancing denitrification by clay minerals ［J］. Sci. Total Environ.，2022，812：152222.

［57］ ILBERT M，BONNEFOY V. Insight into the evolution of the iron oxidation pathways. Biochim. Biophys ［J］. Acta，Bioenerg.，2013，1827（2）：161-175.

［58］ KAPPLER A，BRYCE C，MANSOR M，et al. An evolving view on biogeochemical cycling of iron. Nat. Rev ［J］. Microbiol.，2021，19（6），360-374.

［59］ CHO K-H，KIM H-S.，LEE C-G，et al. A comparative study on bioleaching properties of various sulfide minerals using acidiphilium cryptum ［J］. Appl. Sci.，2023，13（10）：5997.

［60］ CHOI N-C，CHO K H，KIM B J，et al. Enhancement of Au-Ag-Te contents in tellurium-bearing ore minerals via bioleaching ［J］. International Journal of Minerals，Metallurgy，and Materials，2018，25：262-270.

［61］ ASSAINAR S K，ABBOTT L K，MICKAN B S，et al. Polymer-coated rock mineral fertilizer has potential to substitute soluble fertilizer for increasing growth，nutrient uptake，and yield of wheat ［J］. Biol. Fertil. Soils，2020，56：381-394.

［62］ LI M，MA H，HAN F，et al. Microbially catalyzed biomaterials for bone regeneration ［J］. Adv. Mater.，2021，33（49）：2104829.

第 6 章

环境矿物材料处理固体废物

    在我国，每个城镇都面临着生活垃圾产量日益剧增与环境污染问题，固体废物已成为城市难以处置的公害，人们已将工业废弃物、废矿石堆及生活垃圾称为"第三污染"。城市中大部分垃圾尚未进行无害化处理，导致污染环境，散发臭气，吸引蚊蝇，传播疾病，危害健康，严重影响市容生活环境。

    2020 年 9 月 1 日施行的《中华人民共和国固体废物污染环境防治法》第九章附则的第一百二十四条第（一）款中对固体废物定义为[1]：指在生产、生活和其他活动中产生的丧失原有利用价值或者虽未丧失利用价值但被抛弃或者放弃的固态、半固态和置于容器中的气态物品、物质以及法律、行政法规规定纳入废物管理的物品、物质，也包括不能排入水体的液态废物和不能排入大气的置于容器中的气态物质。由于它们多具有较大的危害性，一般归入固体废物管理体系。根据以上定义，固体废物的概念可以概括为由人类一切活动过程产生的，且对所有者已不再具有使用价值而被废弃的固态或半固态物质，如图 6.1 所示为生活、商业、农业、工业等过程产生的固体废弃物。而环境矿物材料因为具有吸附作用、离子交换作用、化学反应作用等特点，可以有效地处理固体废物中的有害物质，降低其对环境和人体的危害。本章将具体论述固体废物的特征及其与环境矿物材料之间的相互作用，并以经典应用研究作为案例加以解释说明。

图 6.1　城市生活垃圾（a）；医疗固体废弃物（b）；农业秸秆废弃物（c）；
商业固体废弃物（d）；工业固体废弃物（e）的典型照片

6.1 固体废物特点、分类和危害

6.1.1 固体废物污染类型和分类

固体废物的分类方法有多种，按其物质性质可分为有机废物、无机废物、可回收物、危险废物等；按其形态可分为固态废物、半固态废物和液态（气态）废物；按其污染特性可分为危险废物和一般废物等；还可按照危险程度进行分类，分为有毒和无毒两大类，有毒有害固体废物是指具有毒性、易燃性、腐蚀性、反应性、放射性和传染性的固体、半固体废物；根据固体废弃物的可回收性进行分类，包括纸张、塑料、金属、玻璃等可回收物，以及无法回收的废弃物；根据固体废弃物的处理方式进行分类，包括可回收物、可降解物、焚烧物、填埋物等。此外，按其来源可分为矿业废物、工业废物、城市生活废物、农业废物和放射性废物，具体包括：

（1）城市固体废物 城市固体废物是指城市居民生活、商业活动、市政建设与维护机关办公等过程产生的固体废物，一般分为以下几种：

① 生活垃圾。城市是产生生活垃圾最为集中的地方，城市生活垃圾是指在城市日常生活中或者为城市日常生活提供服务的活动中产生的固体废物，以及法律、行政法规规定视为城市生活垃圾的固体废物，主要包括厨房废物、废纸、废织物、废旧家具、废玻璃陶瓷碎片、废电器制品、废塑料制品、煤灰渣、废交通工具等。

② 城建渣土。城建渣土是城市固体废物的重要组成部分，它与生活垃圾、工业废物有极大的区别，它是指施工单位或个人从事建筑工程、装饰工程、修缮和养护工程过程中所产生的建筑垃圾和工程渣。近年来随着我国城市建设的飞速发展和城市居民住宅面积的提高，我国建筑渣土的产生量大幅度增加，主要包括废砖瓦、碎石、渣土、混凝土碎块等。

③ 商业固体废物。商业活动产生的各种固体废物包括废纸、各种废旧的包装材料（袋、箱、瓶、罐和包装填充物等）、丢弃的小型工具废品、一次性用品残余等。

（2）工业固体废物 工业固体废物是指工业生产过程和工业加工过程中产生的废渣、粉尘、碎屑、污泥等，主要类别见表6.1。

① 矿业固体废物。主要是矿业开采和矿石洗选过程中产生的废物，包括煤矸石、废石和尾矿。煤矸石是在成煤过程中与煤层伴生的一种含碳量低、比较坚硬的黑色岩石，是在采煤和洗煤过程中排放出来的固体废物；废石是指各种金属、非金属矿山开采过程中从主矿上剥离下来的各种围岩；尾矿是在选矿过程中提取精矿以后剩下的尾渣。

② 冶金固体废物。冶金固体废物主要是指各种金属冶炼过程中排出的残渣，如高炉渣、钢渣、铁合金渣、铜渣、锌渣、铅渣、铬渣、锅渣、汞渣、赤泥等。在铬盐生产中铬铁矿等经过焙烧、用水浸出铬酸钠后剩下的残渣统称为铬渣。由于其含有大量水溶性六价铬，具有很大毒性，属于有毒固体废物，对环境污染严重。

③ 燃料灰渣。燃料灰渣是指煤炭开采、加工、利用过程中排出的煤矸石，燃煤电厂产生的粉煤灰、炉渣、烟道灰、页岩灰等。

④ 化学工业固体废物。化学工业固体废物是指化学工业生产过程中产生的种类繁多的工艺废渣，如硫铁矿烧渣、煤造气炉渣、油造气炭黑、黄磷炉渣、磷泥、磷石膏、烧碱盐泥、纯碱盐泥、化学矿山尾矿渣、蒸馏釜残渣、废母液、废催化剂等。

⑤ 石油化工固体废物。石油化工固体废物是指炼油和油品精制过程中排出的固体废物，如碱渣、酸渣以及炼油厂污水处理过程中排出的浮渣、含油污泥等。

⑥ 轻工固体废物。轻工固体废物是指粮食、食品加工过程中排出的谷屑、下脚料、渣滓等。

⑦ 其他。此外，尚有机械和木材加工工业产生的碎屑、边角下料以及纺织、印染工业产生的泥渣和边料等。

表 6.1 工业固体废物来源及分类

来源	生产过程	分类
矿业	矿石开采和加工	废石、尾矿
冶金	金属冶炼和加工	高炉渣、钢渣、赤泥等
能源	煤炭开采和使用	煤矸石、粉煤灰、炉渣
石化	石油开采与加工	废油、油泥、废化学药剂、农药、碱渣
轻工	食品、造纸等加工	食品糟渣、废纸、皮革、塑料、纤维
机电	机械、电子加工	金属碎料、导线、废旧电器等
建筑	建筑施工、生产和使用	钢筋、水泥、黏土、石膏等

(3) 农业固体废物 农业固体废物是指农业生产、畜禽饲料、农副产品加工以及农村居民生活活动排出的废物，如植物秸秆、腐烂的蔬菜和水果、果树枝、糠秕、落叶等植物废料以及人和畜禽粪便、农药、农用塑料薄膜等。

(4) 特殊废弃物 包括电子废弃物（如废旧电器电子产品）、危险废弃物（如重金属废物、有害化学品废物）、放射性废弃物等。

① 电子废弃物。废弃电池、废旧手机及充电器、废旧电子线路板、废弃电脑及家电等都是电子垃圾，并且电子垃圾的危害越来越大。一台电脑含有 700 多种化学材料，其中大部分是对人体有害的；一个纽扣电池泄漏后可以污染 60 万升水，相当于 1 个人一生的饮用量。由于科技发展的加快和居民生活水平的提高，大多数居民的家电和电子产品都在使用期内进行更新换代，这也缩短了电子垃圾产品的周期，增加了电子垃圾的数量。据统计，仅河北省每年产生电子废弃物就达 20 万吨，数量庞大。如果处理不当，既浪费资源，又严重污染环境。

② 危险废弃物。国际上也称之为有害固体废弃物。欧洲联盟（EU）的危险废物框架指令（Waste Framework Directive）对危险固体废弃物进行了定义[2]。根据该指令，危险固体废弃物是指具有特定特性（如毒性、腐蚀性、致突变性等）或者包含特定物质（如重金属、有机化合物等）的固体废弃物。因此这类废弃物泛指放射性废物以外，具有毒性、易燃性、反应性、腐蚀性、爆炸性、传染性而可能对人类的生活环境和健康产生危害的废物。基于环境保护的需要，我们国家将这部分废物单独列出加以管理。

③ 放射性废弃物。放射性固体废弃物有核能发电厂的废料、医疗机构放射性治疗和诊断设备的废弃物、科研机构的放射性实验废料等，包括放射性同位素、放射性药物、放射性核素等。放射性固体废弃物具有辐射性，可能对人体和环境造成危害。长期接触放射性固体废弃物可能导致辐射中毒、遗传突变、癌症等健康问题，并对土壤、水源和生态系统造成污染。

6.1.2 固体废物的特点

固体废物的产生主要来源于以下几个方面：日常生活垃圾，包括食物残渣、纸张、塑料袋、瓶罐等家庭生活中产生的废弃物；工业废料，包括生产过程中产生的废弃物，如废水、废气、废渣等；建筑和拆迁废弃物，包括建筑工地产生的混凝土碎片、砖瓦、木材等废弃物，以及拆迁过程中产生的废弃物；农业废弃物，包括农田里的剩余农作物、畜禽粪便等农业生产过程中产生的废弃物。由于固体废弃物来源广泛，种类繁多，所以具有如下特点：

① 固体废弃物具有废物和资源的双重性[3]：固体废物是在错误时间放在错误地点的资源，具有鲜明的时间和空间特征。从时间方面讲，它仅仅相对于目前的科学技术和经济条件，随着科学技术的飞速发展，矿物资源的日渐枯竭，昨天的废物势必又将成为明天的资源，如食品残渣、植物废弃物等，可以通过生物降解产生沼气或生物质能源。这些能源可以用于发电、供暖或燃烧，实现能源的回收利用。从空间角度看，废物仅仅相对于某一过程或者某一方面没有使用价值，而并非在一切过程或一切方面都没有使用价值，某一过程的废物，往往是另一过程的原料，例如，废纸可以回收再造纸，废金属可以回收再冶炼成新的金属产品，废塑料可以回收再制成新的塑料制品等。

② 高度多样与复杂性：固体废物可以包括有机废物、无机废物、危险废物等多种不同类型的物质，如食物残渣、塑料、纸张、玻璃、金属、化学品等。同样的固体废物可能具有不同的化学、物理和生物特性，需要采取不同的处理方法。因此固体废物的多样性和复杂性体现在来源、成分、物理性质、有害性和处理方式等方面。

③ 体积大：固体废物的密度通常较高，如金属、砖块等，由于其高密度，相同质量的废物占据的空间较大。另外，建筑和拆除活动产生的废弃物，如砖块、混凝土、木材等，由于其体积较大，通常直接堆存于地表或者填埋处理，通过不断大量堆置，占用大量土地资源，对生态环境造成影响。因此，相比液体和气体废物，固体废物通常具有相对较大的体积，可能占据大量的空间，造成资源浪费和环境污染。

④ 高稳定性：水和大气污染物在一定程度上可以在相应的环境中得到稀释和降解，而许多固体废物是由无法降解的物质组成，如塑料、金属、玻璃等，这些物质在自然环境中无法迅速分解，导致废物的体积长时间保持不变。因此与液体废物和气体废物相比，固体废物在一定程度上更为稳定，不易发生物理或化学变化，不经过处理，以上物质在自然环境中不可能自然消失或分解。

⑤ 污染性：固体废物中可能含有有害物质，如重金属、有机化合物、化学品等。当这些废物被不当处理或排放时，有害物质可能渗入土壤、水体和大气中，对环境和生态系统产生负面影响。一些固体废弃物会产生渗滤液，除此以外，当废物中的水分通过渗透、滴漏等方式释放出来形成渗滤液，也会产生有害物质和污染物，如果处理不当，可能导致地下水和土壤污染。另外，在一些处理方式中，如焚烧和堆肥，固体废弃物可能产生气体排放。这些气体中可能含有有害物质、温室气体和臭氧消耗物质等，对大气质量和气候变化产生影响。

⑥ 处理难度大：固体废弃物的成分多样化，不仅增加了处理的复杂性，还可能导致污染物传播和扩散，增加了处理的难度。同时随着人口增长和经济发展，固体废弃物的产生量不断增加。最后，庞大的废物量给处理设施和资源的需求带来巨大压力，处理成本大大增加，导致处理难度增加。综上所述，成分复杂性、处理量的增加、高处理成本以及环境和健康风险等因素共同导致固体废物处理难度大。为了有效处理固体废弃物，需要采取综合的、

科学的、可持续的废物管理策略，包括减量、分类回收、资源利用和环保处理等。

6.1.3　固体废物的危害

固体废物对环境和人类健康造成的危害主要包括：土壤和地下水污染，某些固体废物中含有有害物质，如重金属、有机化合物等，当这些废物未经妥善处理时，可能渗入土壤和地下水中，对生态系统和人类健康造成污染和危害；空气污染，某些固体废物在堆放、焚烧或分解过程中会释放有害气体和颗粒物，如二氧化硫、二氧化氮、挥发性有机物等，对空气质量造成污染；疾病传播，固体废物中可能存在致病微生物，如细菌、病毒、寄生虫等，如果这些废物未经妥善处理，可能成为疾病传播的媒介；资源浪费，固体废物中可能包含有价值的物质，如果这些废物未经回收和再利用，将导致资源的浪费和环境负担的增加。

6.2　环境矿物材料处理固体废物方法与技术

6.2.1　环境矿物材料处理固体废物方法

固体废物的处理是指将固体废物转化为适于运输、储存、利用和处置的状态的过程或操作，即采取防污措施后将其排放于允许的环境中，或暂存于特定的设施中等待无害化的最终处置。固体废物的处置是指将无法回收利用且不打算回收的固体废物长期保留在环境中所采取的技术措施，是解决固体废物最终归宿的手段。

目前国际上固体废物处理处置的方法主要有焚烧法、堆肥法和土地填埋法。

焚烧技术是一种热化学处理方法，它是将垃圾中的可燃组分和空气中的氧进行燃烧反应最终将其变为无机残渣的过程。固体废物焚烧包括蒸发、挥发、分解、烧结、熔融和氧化还原等一系列复杂的物理变化和化学变化，以及相应的传质和传热的综合过程。通常可将焚烧过程划分为干燥、热分解和燃烧三个阶段。焚烧过程实际是干燥脱水、热化学分解、氧化还原反应的综合作用过程。焚烧法不仅可以处理固体废物，还可以处理液体废物和气体废物；不但可以处理城市垃圾和一般工业废物，而且可以用于处理危险废物。目前垃圾焚烧技术主要有三大类：层状燃烧技术、流化床式燃烧技术和回转窑式燃烧技术。层状燃烧技术发展较为成熟，其技术的关键在于炉排，炉拱形设计主要考虑热辐射的预热干燥和促进燃尽。流化床式燃烧技术适合发热值不高但水分含量高的燃料，其炉内蓄热量大，可不用助燃。回转窑式燃烧有一个旋转的回转窑，主要用于处理医院垃圾和化工废料，该窑炉的重要工艺参数包括垃圾（废料）流速、过剩空气系数、停留时间、燃烧温度等。焚烧法的优势一方面体现在处理速度快、碱容性好、占地面积小、处理效率高、环境污染少，还可以通过回收热来产生蒸汽和发电，存在一定经济效益；另一方面，城市生活垃圾焚烧过程中不可避免产生粉尘、酸性气体、重金属、二噁英等有害物质，这些有害物质的回收已引起人们的高度重视。

堆肥方法是一种利用垃圾或土壤中存在的细菌、酵母菌、真菌和放线菌等微生物，人为地将垃圾中的可生物降解的有机物向稳定的腐殖质生化转化的微生物学过程。堆肥化的产物称为堆肥，它是一类腐殖质含量很高的疏松物质，故也称为腐殖土。由于城市固体废物和农业废物数量巨大，可生物转换利用的成分多，在当前世界上普遍存在自然资源短缺及能源紧张的情况下，堆肥化回收和利用技术的开发具有深远的意义。堆肥的主要原料为：①城市生活垃圾；②纸浆厂、食品厂等排水处理设施排出的污泥；③下水污泥；④粪便消化污泥、家禽粪尿；⑤树皮、锯末、糖壳、秸秆等。根据微生物的需氧性，堆肥处理工艺一般可分为好氧堆肥和厌氧堆肥。在一些堆肥工艺中，常常又将两者结合起来，形成好氧与厌氧结合的堆肥工艺。好氧堆肥具有对有机物分解速度快、降解彻底、堆肥周期短的特点。一般一次发酵在 4~12d，二次发酵在 10~30d 便可完成。好氧堆肥温度高，可以杀灭病原体、虫卵和固体废物中的植物种子，使堆肥达到无害化。此外，好氧堆肥的环境条件好，不会产生臭气。目前采用的堆肥工艺一般均为好氧堆肥。当然，由于好氧堆肥必须维持一定的氧浓度，因此运转费用较高。厌氧堆肥的特点是工艺简单，通过堆肥自然发酵分解有机物，不必由外界提供能量，因此运行费用低，对所产生的甲烷气体还可利用。但是，在厌氧堆肥过程中，有机物分解缓慢，堆肥周期一般为 4~6 个月，易产生恶臭，占地面积大，因此厌氧堆肥一直没有大面积推广应用，通常所说的堆肥一般指好氧堆肥。

土地填埋处置作为固体废物的最终处置方式，主要是利用屏障隔离方式，通过自然条件（土或者深层的岩石层）及人工方式（设置隔离层），将固体废物与自然环境有效隔离，避免固体废物中的有毒有害物质对周围环境造成危害。按填埋对象和填埋场的主要功能分类，填埋可分为：

① 惰性填埋。惰性填埋是将已稳定的或腐熟化的固体废物填埋，表面覆以土壤。在这种情况下，垃圾填埋场主要功能是储存。

② 卫生填埋。卫生填埋是采用防渗、摊铺、压实、覆盖等方式，对城市生活垃圾进行处理和对填埋气体、垃圾渗滤液、蝇虫等进行治理的方法，其主要对象是城市生活垃圾和一般工业固体废物。在这种情况下，垃圾填埋场主要发挥其储存功能、阻断功能、处理功能和土地利用功能。

③ 安全填埋。安全填埋是将危险废物填埋于抗压及双层复合防渗系统所构筑的空间内，并设有污染物渗漏检测系统及地下水监测装置，其主要处置对象是危险废物。在这种情况下，垃圾填埋场主要发挥储存功能、阻断功能、处理功能。

6.2.2　环境矿物材料处理固体废物技术

环境矿物材料具有较大的比表面积和孔隙结构，因此其具有良好的吸附和固化能力，并且在自然环境中能够承受低温、高温、湿度等环境条件的变化，具有较好的稳定性和耐久性。另外，环境矿物材料在处理固体废物后，可以进行再利用或回收利用，减少资源消耗和环境负担。同时，环境矿物材料可以应用于不同类型的固体废物处理，包括危险废物、工业废物、市政废物等，具有较大的应用潜力和经济效益。通过合适的固体废物处理技术，可以有效地减少废物的体积，降低其对环境的污染，并将废物转化为有用的资源或无害的物质。以下是一些常用的环境矿物材料处理固体废物的技术：

① 硬化/固化技术：利用环境矿物材料（如水泥、高岭土等）与废物物质混合，形成坚固的固体块。这种技术常用于处理有害废物、污染土壤和废弃物。

② 吸附/吸附技术：环境矿物材料具有吸附有害物质的能力，可以将废物中的污染物吸附到其表面上。这种技术可以用于处理废水、废气和有机废物。

③ 燃烧/焚烧技术：环境矿物材料可以用作燃料添加剂，提高废物的燃烧效率和热值，减少废物的体积。这种技术适用于处理有机废物和固体燃料废弃物。

④ 酸碱中和技术：环境矿物材料可以用于中和废物中的酸性或碱性物质，使废物中的化学性质得到调整和稳定。

⑤ 填埋/封存技术：环境矿物材料可以用于填埋废物，形成稳定的填埋体，减少废物对环境的污染和渗漏。

⑥ 微生物/生物处理技术：环境矿物材料可以用作生物反应器的填料，提供微生物生长的介质。这种技术可以用于生物降解有机废物和处理废水。

⑦ 磷酸盐回收技术：环境矿物材料可以用于回收和提取废物中的磷酸盐，用于肥料、农业和工业应用。

环境矿物材料处理固体废物的研究与应用有助于提高废物处理的效率和环境友好性。通过合理利用环境矿物材料，可以实现固体废物的减量化、资源化利用，从而减少对自然资源的开采和环境的污染。环境矿物材料在处理固体废物方面有多种应用，包括：

① 吸附剂：环境矿物材料可以作为吸附剂用于固体废物的处理。它们具有高比表面积和孔隙结构，可以吸附废物中的污染物，如重金属、有机物等。通过吸附作用，可以将废物中的污染物固定在环境矿物材料表面，从而达到净化废物的目的。

② 固化剂：环境矿物材料可以用作固化剂，将废物中的有害物质固化在其内部。通过与废物中的化合物发生化学反应，环境矿物材料可以将其转化为稳定的固体产物，从而降低废物对环境的危害性。

③ 重金属处理：环境矿物材料可以用于处理含有重金属的固体废物。它们可以通过吸附或离子交换的方式，将废物中的重金属离子固定在其表面或内部，从而减少重金属对环境的释放和扩散。

④ 矿渣固化：环境矿物材料可以用于固化工业矿渣废物，如煤矸石、冶金矿渣等。通过与矿渣中的成分发生化学反应，环境矿物材料可以将其固化为坚固的固体产物，减少矿渣对环境的污染风险，将其转化为可再利用的资源材料，如生产建筑材料、填埋场覆盖材料等。

⑤ 废物催化降解：环境矿物材料可以作为催化剂，促进固体废物的降解和分解，使其转化为无害的物质。

下面就工业固体废弃物、农业固体废弃物、城市生活垃圾废弃物等方面的应用进行介绍。

6.3 环境矿物材料处理固体废物应用

6.3.1 环境矿物材料处理工业固体废物

目前，我国工业固体废弃物的年产量已经达到 8 亿吨，累计堆存量超过 67 亿吨，年产量最大的是矿山开采和以矿石为原料的冶炼工业产生的固体废弃物，占工业固体废弃物产生量的 80% 以上[4]。产生量大的几种工业固体废弃物是：尾矿 2.47 亿吨，煤矸石 1.87 亿吨，粉煤灰 1.15 亿吨，炉渣 0.90 亿吨，冶炼废渣 0.8 亿吨。在所产生的工业固体废弃物中，有 3.3 亿吨得到综合利用，占产生量的 41.7%；储存量为 2.7 亿多吨，占产生量的 34.4%；处理量近 1.1 亿吨，占产生量的 13.1%；排放进入环境的废物量为 7000 多万吨，占产生量的 8.8%。我国工业危险废物的产生量逐年递增，近几年每年产生工业危险废物在 1000 万吨左右，主要城市固体废物处理利用情况（2021 年）如表 6.2 所示。未经处置的工业固体废弃物堆存在城市工业区和河滩荒地上，风吹雨淋，成为严重的污染源，污染事故不断发生。其至有一些固体废弃物倾倒在江、河、湖泊中，污染水体。固体废弃物的污染问题已成为我国重要的环境问题之一，影响了经济、社会的发展，迫使我们必须对固体废弃物进行有效的治理。根据国家统计局 2023 年发布的《中国统计年鉴 2022》数据报告[5]，我国工业固体废物累计达到 80 亿吨，如果没有依据环保标准对工业固体废物进行科学处理，其必然会对水、土地等资源造成严重污染。随着经济社会的快速发展，工业固体废物污染引发的环境问题开始显现，影响生态环境、损害人体健康，甚至阻碍社会经济的持续发展。作为环保管理工作中不可或缺的重要一环，它与节能、降耗、减污、增效息息相关，密不可分。因此，如何使固体废物得到无害化处理或再利用是目前重要的研究课题。

表 6.2　主要城市固体废物处理利用情况　　　　　　单位：万吨

城市	一般工业固体废物产生量	一般工业固体废物综合利用量	一般工业固体废物处置量	一般工业固体废物储存量
北京	194	114	80	0
天津	1927	1921	5	2
石家庄	1353	1282	71	12
太原	3283	1312	1838	147
呼和浩特	1405	373	1018	14
沈阳	917	851	67	8
长春	756	591	168	2
哈尔滨	575	535	20	20
上海	2073	1947	126	2
南京	1941	1828	95	38
杭州	572	572	4	1
合肥	1309	1154	26	232
福州	896	881	15	6
南昌	263	255	8	0
济南	2412	2321	127	8
郑州	1115	893	256	0
武汉	1316	1278	26	12
长沙	157	132	18	8
广州	614	578	34	2
南宁	180	164	15	1
海口	6	6	0	0
重庆	2267	1884	271	147
成都	334	303	30	2
贵阳	1631	1161	456	96
昆明	3275	1159	1488	632
拉萨	1627	126	6	1495
西安	178	154	24	0
兰州	522	511	5	6

城市	一般工业固体废物产生量	一般工业固体废物综合利用量	一般工业固体废物处置量	一般工业固体废物储存量
西宁	477	463	8	11
银川	1688	908	794	47
乌鲁木齐	930	858	68	4

白泥是工业粉煤灰经硫酸处理工艺后的残渣，本课题组[6] 分别以油页岩（OS）和黑棉土（BCS）作为起泡剂和助熔剂，利用工业废渣白泥（WM）制备了高膨润陶粒，如图 6.2 所示。图 6.2(a) 显示了由球形模具制备的质量比为 WM：BCS：OS＝7：7：6 的生料颗粒的照片，图 6.2(b) 为在 1230℃温度下烧结 15min 的陶粒图像。图 6.2(c) 和图 6.2(d) 分别为以 WM：BCS：OS＝5：4：1 的质量比制备的生颗粒和陶粒的图像。通过直径对比可发现，烧结后陶粒明显发生体积膨胀，而且以 7：7：6 的质量比制备的陶粒具有玻璃体表面，并且在表面几乎没有观察到开孔。因此，较少白泥的含量对提供足够的黏性物质来密封陶粒表面是必要的。其形成机制为利用油页岩的膨胀作用和玻璃化黑棉土的密封作用形成密闭的均匀孔隙，再利用白泥作为支架来提供机械强度，制备出的产品达到 GB/T 17431.2—2010 规定的两种陶粒标准。总孔隙度达到 52.55％，容重 318kg/m^3。该研究为利用固体废物制备高膨润陶粒提供了一条新的途径。

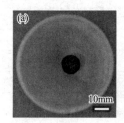   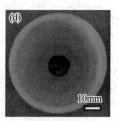

图 6.2　烧结陶粒照片[6]

（a）质量比为 7：7：6（WM：BCS：OS）的生球；（b）由 WM：BCS：OS＝7：7：6 制备的烧结陶粒；
（c）质量比为 5：4：1（WM：BCS：OS）的生球；（d）质量比为 5：4：1（WM：BCS：OS）的烧结样品

粉煤灰，是从煤燃烧后的烟气中收捕下来的细灰，粉煤灰是燃煤电厂排出的主要固体废物。Dou 等人[7] 采用粉煤灰、硅藻土和伊利石三种铝硅酸盐原料合成稀土掺杂的氮化材料，具有优异的光致发光性能。铝和碱金属的存在能有效地促进氮化反应。原料中的铝导致不同富铝氮化物相的形成。如图 6.3 所示，煤粉灰产品中棱柱状颗粒较多，硅藻土产品中纤维状颗粒较多。随着氮化过程的进行，纤维增多，纤维变长变直，棱柱状颗粒更加明显。因此，β-sialon 可以在更低的温度（1350℃）下实现。魏存弟教授研究团队通过矿物材料处理实现废物资源的循环利用，构筑了可持续资源供给与应用的重要途径。

煤气化技术作为清洁利用技术得到迅速发展，但同时产生大量的煤气化渣。吉林大学魏存弟课题组[8] 采用简化化学镀法制备了一种煤气化细渣负载银纳米颗粒的多孔微珠导电粉末（Ag@CMs），形成由内部导电通道和表面涂层组成的导电结构，体积电阻率达到 1.47Ω·cm。并将 Ag@CMs 与聚丙烯（PP）混合，制得体积电阻率为 3.35×10^{5}Ω·cm、抗拉强度为 26.06MPa、断裂伸长率为 43.09％的 Ag@CMs@PP 复合材料，制备过程示意

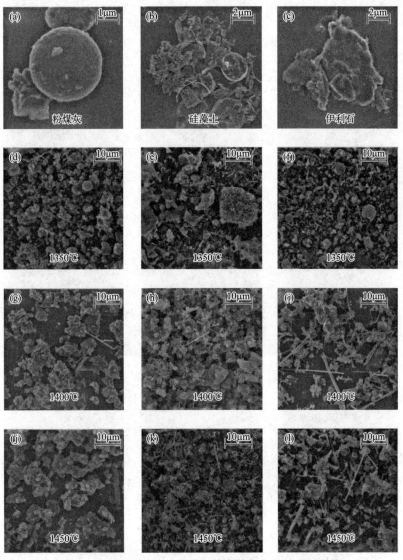

图 6.3　原材料及合成的稀土掺杂的氮化材料微观形貌

图如 6.4 所示。从扫描电镜（SEM）图 6.5(a) 和图 6.5(b) 可以看出，煤气化渣是规则的微珠，表面光滑，而 Ag@CMs 的表面覆盖着一层粗糙的颗粒。通过图 6.3(c) 的 SEM-EDS 映射图可确定银层均匀完整地涂覆在煤气化渣表面。图 6.5(d)～(f) 表示的低倍透射（TEM）和高倍透射（HRTEM）表明无定形的煤气化渣表面由孔隙叠加形成锯齿形，提供了较大的比表面积，而 Ag@CMs 表面均匀分布着 5～8nm 的银纳米颗粒。Ag 纳米粒子的晶格条纹间距为 0.12nm，接近煤气化渣孔径，使得 Ag@CMs@PP 复合材料比市面上镀银玻璃微珠填充的 PP 复合材料具有更好的体积电阻率和力学性能。由此提出了在 CM 表面进行化学镀银的工艺（如图 6.6 所示）：在敏化过程中，煤气化渣颗粒因其独特的多孔结构和大的比表面积有效吸收 HCl/SnCl$_2$ 溶液中的 Sn^{2+}，加入 AgNO$_3$ 活化溶液（20g/L），通过与 Sn^{2+} 的氧化还原反应生成 Ag 纳米颗粒，反应方程式如式（6.1）所示。将银氨电镀溶液（50g/L）和葡萄糖还原溶液添加到体系中进行化学电镀，以前一步骤中产生的 Ag 团簇为活性中心，通过吸附收集的更多 Ag^+ 被葡萄糖还原为均匀致密的 Ag 纳米颗粒，还原过程可以表示为式(6.2)。因此，该研究开发了工艺简单、可行性强且具有经济效益的煤气化渣资源化利用技术，该研究为工业废物煤气化渣的应用开辟了新的途径。

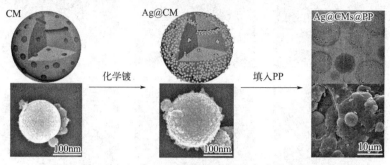

图 6.4　Ag@CMs@PP 复合材料合成示意图

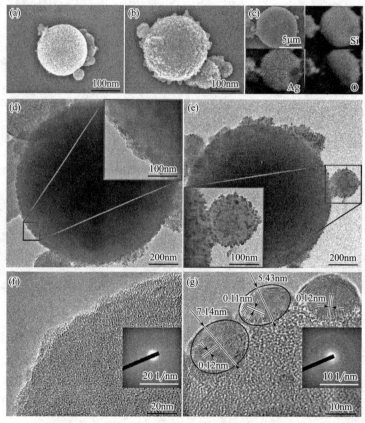

图 6.5　(a)、(b) CMs 和 Ag@CMs 的 SEM 图；(c) Ag@CMs 中 O、Si、Ag 的 EDS 图；
(d)、(e) CMs 和 Ag@CMs 的 TEM 图；(f)、(g) CMs 和 Ag@CMs 的 HRTEM 图

$$2Ag^+ + Sn^{2+} \longrightarrow 2Ag + Sn^{4+} \tag{6.1}$$
$$Ag^+ + C_6H_{12}O_6 + OH^- \longrightarrow Ag + RCOO^- + H_2O \tag{6.2}$$

魏存弟课题组[9] 还以固体废物煤气化渣为原料，采用简单的酸浸工艺制备了比表面积为 $564m^2/g$、孔体积为 $0.807cm^3/g$ 的中孔吸附剂（CGSA），制备过程如图 6.7 所示。吸附

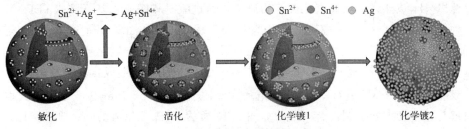

$Sn^{2+} + Ag^+ \longrightarrow Ag + Sn^{4+}$

○ Sn^{2+}　● Sn^{4+}　● Ag

敏化　　　　活化　　　　化学镀1　　　　化学镀2

图 6.6　Ag@CMs 化学镀银示意图

热力学和吸附动力学结果表明，丙烷在 CGSA 上的吸附机理主要为物理吸附。然后，通过将 CGSA 及其商业化的对应物（$CaCO_3$ 和沸石）引入四种常见的聚合物中，研究了 CGSA 在不同聚合物中的普遍性。当填料含量为 30％时，CGSA 对四种聚合物的拉伸、弯曲和冲击强度的平均增强作用分别比 $CaCO_3$ 高 46.68％、83.62％和 211.90％，CGSA 显著降低了挥发性有机化合物的总排放量。图 6.8(a) 分别显示了 Langmuir 模型对吸附数据的拟合结果和参数，该模型显示出良好的拟合效果，所有 R^2 值均大于 0.998。根据 Langmuir 理论，每个气体分子都被单层固定在 CGSA 表面的一个吸附位点，气体分子之间没有相互作用。图 6.8(b) 显示了丙烷在 CGSA 上的等温吸附热，其值约为 25kJ/mol。通常，物理吸附发生在 5～45kJ/mol 的范围内；因此，这一结果表明丙烷分子主要物理吸附在 CGSA 上。在吸附过程中，CGSA 上的硅醇基团（Si-OH）作为主要的吸附位点，与吸附质分子的电子相互作用。

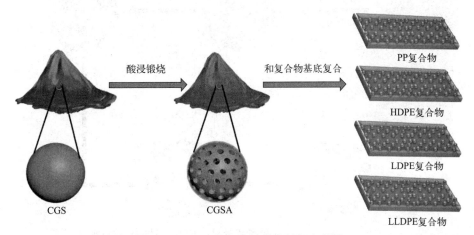

酸浸锻烧　　　　　　和复合物基底复合

PP复合物

HDPE复合物

LDPE复合物

LLDPE复合物

CGS　　　　CGSA

图 6.7　CGSA 和复合材料的制备流程图

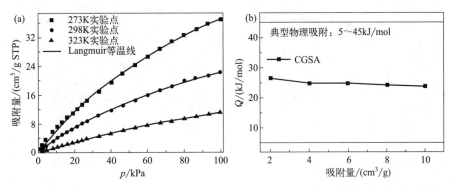

图 6.8　不同温度下丙烷在 CGSA 上的吸附等温线（a）和丙烷在 CGSA 上的等温吸附热（b）

除此以外，该课题组以煤气化细渣为原料，通过酸浸和四亚乙基五胺（TEPA）改性制备了一种新型吸附剂[10]，并将其用于 CO_2 捕获，反应机理如图 6.9 所示。氨基与煤气化渣中硅羟基形成氢键得到了氨基改性的二氧化碳吸附材料，通过二氧化碳分子与吸附剂上的碱性氨基反应生成 CO_2-铵离子，然后自由基再经过去质子化从而形成氨基甲酸盐进行 CO_2 的捕获。该吸附剂在 273K 下对 CO^2 的理论最大吸附容量为 132.5mg/g，远优于其他介孔材料。通过与三个动力学模型拟合（曲线如图 6.10 所示），煤气化渣的伪一阶模型比伪二阶模型更适合，表明此时材料对 CO_2 的吸附更倾向于物理吸附。对于胺改性煤气化渣（FSA-TEPA-20），伪二阶模型的拟合程度更高，表明改性材料对 CO_2 的吸附更倾向于化学吸附。相比于其他两个模型，Avrami 模型是最适合 FSA-TEPA-20 的动力学模型，可以同时反映材料上的物理和化学吸附，能够准确评估每个阶段的吸附量。该研究不仅为 CO_2 吸附提供了新的材料，而且为固体煤气化渣的利用开辟了一条新的途径。

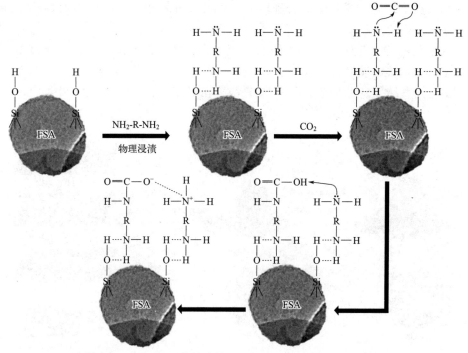

图 6.9　胺在 FSA 中的改性机理以及 CO_2 与胺的反应机理

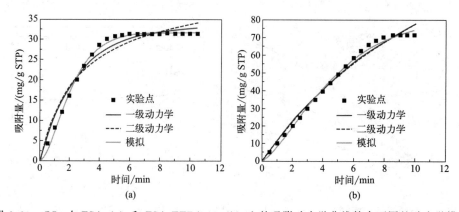

图 6.10　CO_2 在 FSA（a）和 FSA-TEPA-20（b）上的吸附动力学曲线符合不同的动力学模型

黑棉土是一种黑色火山土，它吸水膨胀、失水收缩，且反复运动，给公路建设项目的安全质量带来了极大的危害。本书编者课题组[11]将高膨胀性黑棉土（BCS）用氢氧化钙 [Ca (OH)$_2$] 或氢氧化钾（KOH）进行碱激发，制备了地聚合物，测量了 Atterberg 极限 [液限、塑限、塑性指数，如图 6.11(a) 所示]、最大干密度与最佳含水量 [MDD 与 OMC，如图 6.11(b) 所示]、无侧限抗压强度 [UCS，如图 6.11(c) 所示] 等参数，以确定其在路基中的潜在性能。发现 KOH 在固化 BCS 方面比 Ca(OH)$_2$ 更有效，火山灰与碱的结合使塑性指数由 34.8％显著降低至 14.2％，BCS 溶胀率可由 15.7％降至 2.3％～4.2％。力学强度呈上升趋势，90 天后无侧限抗压强度达到 16.55MPa。黏土在碱激发阶段完全膨胀，Si—O—Si(Al) 或 Al—O—Al(Si) 被打破，并释放出游离的铝和硅，这些物质作为聚合反应的

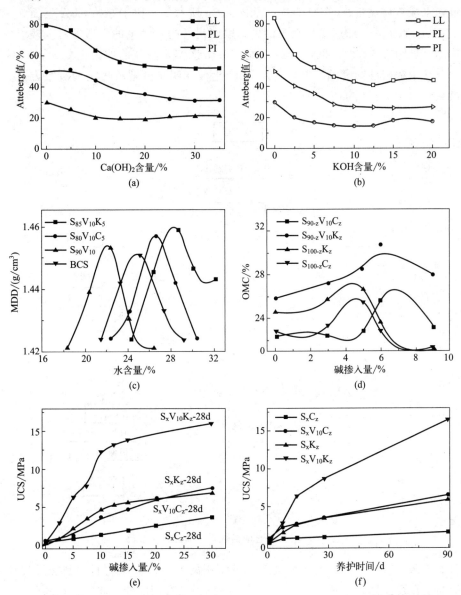

图 6.11　掺入 10％质量分数的黑棉土时 Atterberg 极限（LL、PL 和 PI）的变化
[(a)、(b)]，MDD 与水含量的关系曲线（c）和 OMC 与碱的关系曲线（d）以及无侧限抗压强度
与随碱液含量及龄期变化曲线 [(e)、(f)]

活性位点，遇水进行聚合，生成了密度更大的胶凝性的稳定地聚合物土。该方法将黑棉土矿物有效地应用于加固路基中。

本课题组[12] 从工业废弃物煤矸石（CG）中提取贵金属以对煤矸石进行废物处理，明确了准噶尔盆地 CG 中稀土元素镓和钪的存在和分布，其主要（88.6%）存在于低结晶度的无定形或检测不到的相中。通过图 6.12 的四步浸出程序（低温酸浸、高温酸浸、碱辅助煅烧、稀释 HNO_3 处理）提取出了 Ga 或 Sc 稀土元素，因此，本研究对从工业废弃物中提取稀土元素具有重要意义。除此以外，课题组还从另外一种固体废物粉煤灰（CFA）中提取有用的金属铝[13]。反应遵循 CFA（莫来石、刚玉和玻璃相）＋ H_2SO_4 → millosevichite $[Al_2(SO_4)_3]$→ 浸出 Al^{3+} ＋富含 SiO_2 的残留物的流程，如图 6.13 所示。通过对 CFA 原料、熟料和水浸渣样品进行 SEM 表征，如图 6.14 所示，相比于原始 CFA 表面光滑的微珠状，用 H_2SO_4 消化后，球形颗粒几乎消失，取而代之的是大量的方形颗粒。残渣中只剩下少量的球体 [见图 6.14(c) 和（d）]。经能谱分析证实，制备的球团主要为 $Al_2(SO_4)_3$ 结晶。因此，使用浓硫酸和高温（$T>230℃$）消化被证明是分解粉煤灰的有效方法。该工艺为从粉煤灰中提取铝提供了一条有效途径。

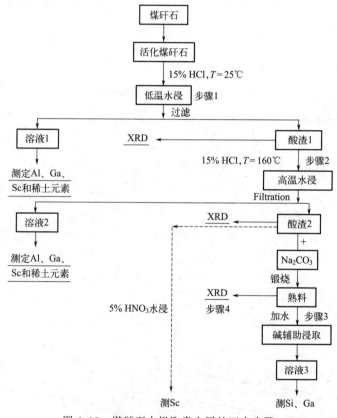

图 6.12　煤矸石中提取贵金属的四个步骤

蒋引珊团队[14] 利用膨润土、钙质造纸废渣制备了轻质保温材料，制备过程如图 6.15 所示。膨润土在反应体系中不仅可以为合成硅酸钙提供有用的硅，同时，在高碱度的水分散体系中，膨润土充分分散，经高温处理，加速了硅成分的活化。950℃体系中碳酸钙全部分解，生成活性氧化钙和二氧化碳，活性氧化钙与蒙脱石中的活性硅反应生成了合成材料的主

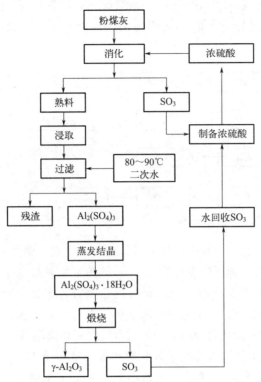

图 6.13　在高温下用浓 H_2SO_4 消化粉煤灰（CFA）提取铝程序

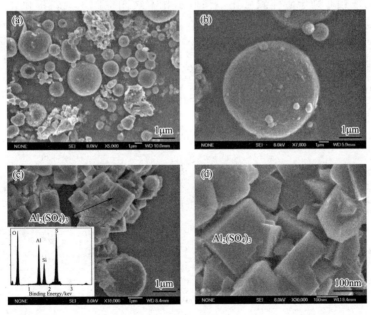

图 6.14　粉煤灰（CFA）在浓 H_2SO_4 消化反应过程中的 SEM 照片

（a）、（b）不同放大倍数的原始 CFA 图像；（c）、（d）在 300℃ 的温度下用浓 H_2SO_4 处理 110min 的熟料的图像

晶相硅酸钙。强碱条件有利于硅酸盐矿物的激活，蒙脱石矿物的高温分解无定形化和氧化钙热历史高活性，为硅酸钙矿物的生成提供了有利条件。该材料的热导率为 $0.171W/(m \cdot K)$，抗

压强度约为 9.37MPa，容重为 0.49g/cm³，而且该保温隔热材料耐温可达 950℃，可将废渣中全部成分转化成有用组分，不产生新的污染，为钙质工业废渣的无害化利用开辟了新领域。

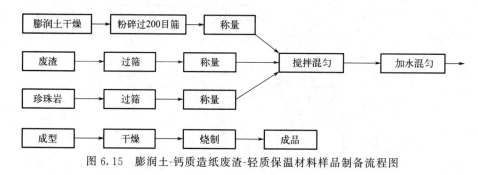

图 6.15　膨润土-钙质造纸废渣-轻质保温材料样品制备流程图

矸石和尾矿都是采矿加工过程中产生的固体废物。北京大学 Zhu[15] 采用部分烧结法以 60％～70％煤矸石、10％～20％的废陶瓷和 20％尾矿为集料和黏结剂，在 1180～1200℃条件下焙烧 45min，烧制出透水率为 0.085cm/s 的透水砖，远超过国家标准（0.01cm/s）；系统研究了集料含量、集料粒度、烧结温度和添加新集料对所制透水砖的透气性、表观孔隙率、吸水率和力学性能的影响；经优化参数制备的透水砖具有较高的透水率（约 0.03cm/s），抗压强度可达 30MPa 以上。结合透水砖的宏观性能和微观结构分析，发现在骨料粒度和含量一定的情况下，随着温度的升高，渗透率开始增大，在 1180℃时达到最大值 0.034cm/s，在 1220℃时迅速下降至接近于零（图 6.16）。从宏观性能和微观结构分析可知，随着温度的升高，尾矿产生的液相有助于砖体致密化，使矸石颗粒之间空隙增大，提供了足够的渗透性。当温度继续升高时，尾矿中产生了过量的液相，液相又封闭了之前形成的孔隙，导致渗透率下降。利用矸石和尾矿制备透水砖，具有经济和环境两方面的优势，是一种很有前景的矿山固体废弃物资源化利用方法。

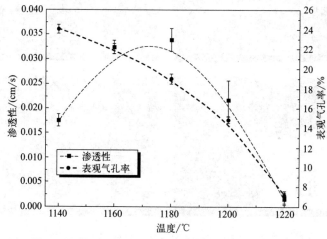

图 6.16　渗透率和表观孔隙率随烧结温度的变化规律

武汉工业大学 Liu 等人[16] 采用工业含钙废弃物（矿渣、脱硫石膏和粉煤灰）制备了一种新型的填埋覆盖材料，对城市脱水污泥进行改性处理。在干湿循环条件下，该填埋覆盖材料均表现出优异的防渗性能。与传统压实黏土相比，其水导率下降了一个数量级，经过 6 次干湿循环后，改性污泥的水导率稳定在（1.4～7.2）×10^{-7}cm/s。在中国长江中游地区，60cm 的厚度可以抵御雨季长期降雨的影响。分析结果还表明，污泥的改性机理可归因于工业含钙废物和污泥中的 SiO_2、Al_2O_3 和 CaO 相在碱的活化作用下生成致密的 C—S—H 和 C—A—S—H 凝胶化网络结构。工业固体废物（矿渣、脱硫石膏和粉煤灰）含有大量 SiO_2、Al_2O_3 和碱性物质 CaO。在碱性条件下，含钙固体废物中的 OH^- 被释放（如图 6.17 所示），破坏 Si—O—Si 键，产生 Si—OH 和 Si—O 键，同时形成 Si—O—Al 键。大量的 Ca^{2+} 阻断导致 Si—O—Si 键的再生成，钙离子优先与溶液中的硅离子结合，形成溶解度低于 $Ca(OH)_2$ 的碱性水合 C—S—H 凝胶和少数具有托贝莫石结构的水合物凝胶。因此以城市脱水污泥为基材，利用工业含钙废物（矿渣、脱硫石膏和粉煤灰）对污泥进行改性，可获得具有长期使用性能的垃圾填埋场封闭覆盖材料。

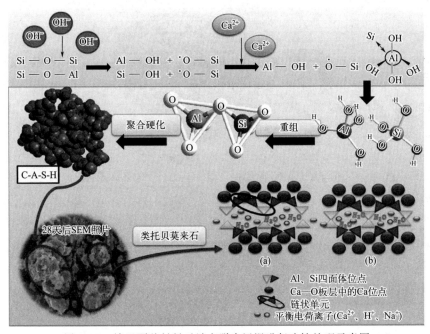

图 6.17 填埋覆盖材料对城市脱水污泥进行改性处理示意图

B. Son[17] 认为黏土和粉煤灰可以作为促进光-芬顿（Fenton）反应的理想铁源，Bansal 等人[18] 利用来自印度当地工业的废粉煤灰以及铸造砂（FS）和黏土来制备用于固定 TiO_2（$FS/FA/TiO_2$）的支撑材料，宏观形貌如图 6.18 所示。在合适的 H_2O_2 浓度下，FS/FA/TiO_2 对头孢氨苄的降解效率最高，可达 89%，远高于 FS/TiO_2 的 79%，这凸显了粉煤灰在光-芬顿催化剂体系中不可替代的作用。更重要的是，35 次循环后催化剂依然具有很强的稳定性。因此，FS/FA/TiO_2 颗粒产生了光催化和光-Fenton 双重效应。非均相 Fenton 过程中，整个过程的核心在于固相界面处的铁位点，它可以激活 H_2O_2 形成·OH 自由基，同时，还发生了 Fe^{2+} 氧化为 Fe^{3+} 的过程。当受到阳光照射时，Fe^{3+} 以 $[Fe(OH)]^{2+}$ 的形式存在，Fe^{3+} 很容易得到一个自由电子，发生 $[Fe(OH)]^{2+}$ 到 Fe^{2+} 的光化学还原反应，然后返回 Fe^{2+}，产生大量的·OH，更加有利于 H_2O_2 的活化，机理见图 6.19。

Datla[19] 分别用 10%、20%、30%、40% 的废玻璃粉（WG）对矿渣进行部分替代，对 6mol/L 氢氧化钠溶液合成的矿渣-废玻璃基二元地聚合物的早期龄期、硬化性能和微观

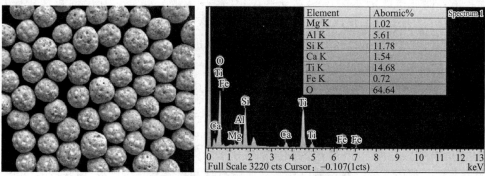

图 6.18　FS/FA/TiO$_2$ 颗粒的扫描电镜（SEM）形貌及其元素分析[18]

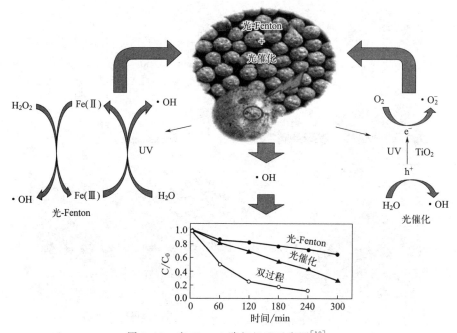

图 6.19　光-Fenton 降解机理示意图[18]

结构（如图 6.20 所示）进行了评价。对固化 28 天的试样进行 60℃初始热固化 24h 的硬化和显微组织性能研究。由于矿渣部分被 WG 取代，矿渣中碱阳离子的存在加快了二元地聚合物的凝固时间。掺量为 10％ WG 的混合料 28 天抗压强度峰值为 42.7MPa。此外，它还在硬化基质中获得了低孔隙体积，证实了吸附指数值和微观结构图像。然而，高玻璃粉含量的掺入导致高孔隙体积下的机械强度显著降低。能量色散光谱分析表明，WG 的加入提高了硅铝比。此外，通过矿物学研究确定了矿渣-WG 地聚合物中硅酸钙水合物和硅酸铝钠水合物的发展趋势。这些结果证实，WG 对基质中的凝胶形成机制有实质性的影响，并改变了力学行为。该研究的结果鼓励在可持续地聚合物黏合剂的制造过程中加入 WG 作为矿渣的部分替代品。

磷石膏是指由磷矿石生产肥料而形成的副产品硫酸钙水合物，综合利用率只有 10％左右，未被回收利用的磷石膏通常就地堆放或作掩埋处理，对环境造成了不同程度的危害[20]。张颖[21] 以磷石膏和水泥加固红黏土，发现磷石膏稳定红黏土混合料的液限、塑性指数均满足规

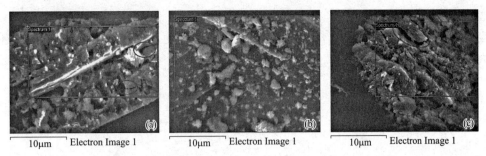

图 6.20 矿渣-废玻璃粉（WG）二元地聚合物的 SEM 图像

(a) WG-0%；(b) WG-10%；(c) WG-20%

范要求，可直接用作路堤填料。随水泥、磷石膏含量的增加，磷石膏稳定红黏土黏聚力先增加后缓慢下降，内摩擦角逐渐增大，抗剪强度逐渐增加，混合料的破坏形式为强软化型。根据图 6.21 的无侧限抗压强度数据推荐水泥与磷石膏的质量比为 (1 : 2.25)～(1 : 2.5)。磷石膏-水泥固化红黏土时，水泥水化后生成 $Ca(OH)_2$ 与含有 SO_3^{2-} 的磷石膏作用，生成针状晶体结构的 $CaSO_3$。一方面能填充土体的部分孔隙，降低红黏土土体的孔隙量，另一方面还能减小红黏土土体的平均孔径，对孔径也能起到支撑作用。同时，红黏土中含有大量的 SiO_2，也能与水泥的水化产物 $Ca(OH)_2$ 反应生成水化硅酸钙。水化硅酸钙这样的胶凝物质由于其本身为不定性的胶体状，晶体结构主要为纤维状粒子和网络状粒子，这样的特征在 $CaSO_3$ 有效改变土体的孔径及孔隙的前提下，进一步增加矿物晶体间的胶结作用，产生类似于加筋的效果，使混合料整体性提高，混合料更为密实，有效提高土体的强度，作用机理如

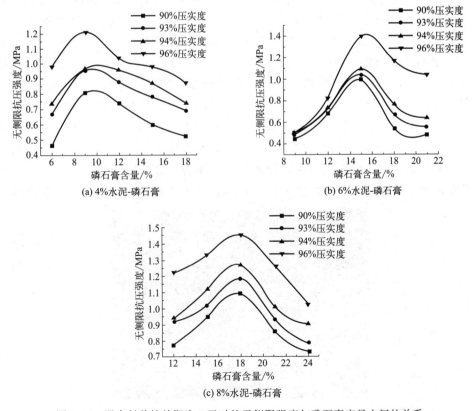

图 6.21 混合料养护龄期为 7 天时的无侧限强度与磷石膏产量之间的关系

图 6.22 所示。作为工业废料，将磷石膏作为改良剂加入红黏土中进行公路建设，提高红黏土强度的同时还能大量利用磷石膏，改善红黏土的工程特性，对解决我国磷酸工业的困境具有重大意义。

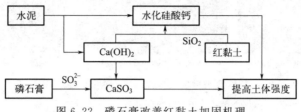

图 6.22　磷石膏改善红黏土加固机理

电石渣是乙炔气工业的副产物，每吨电石可产生 1.2t 电石渣。电石渣属于一般工业固体废物，但由于其产量大，大多化工企业采用堆放和填埋的处置方式，不仅占用大量的土地资源，而且由于其强碱性会引起土体及水质污染等环境问题[22]。其形成可以用式（6.3）的化学方程式来说明，其高碱度对环境造成了严重的危害。利用电石渣加固路基是一种经济、可持续的方法，可用于柔性路面的设计和施工。Latifi[23] 探讨了利用电石渣改善黏土工程性能的可能性。为此，对绿色膨润土（主要含蒙脱土矿物）和白色高岭土（主要含高岭土矿物）进行了一系列无侧限抗压强度（UCS）和固结试验，以评估不同 CCR 剂量和不同固化时间下稳定黏土的强度和压缩性。由于电石渣含有大量的 $Ca(OH)_2$，它可以与黏土中的天然火山灰物质通过火山灰反应产生类似水泥化过程的产物，如图 6.23 所示的水化硅酸钙（C—S—H）和水化铝酸钙（C—A—H），填充了土壤结构中的多孔区域，并将黏土颗粒黏合在一起，导致土壤基质更致密。Noolu[24] 研究了电气石渣（CCR）处理的黑棉土路基（BC）在反复荷载作用下的永久变形性。对未处理的黑棉土样品和 CCR 稳定的黑棉土样品（CCR-BC）进行重复加载三轴试验。从图 6.24（a）中可以看出，对于未处理土，当循环偏应力水平小于 30％时，在前 100 次循环后，塑性应变的增长率有所下降，根据安定理论，这一阶段对应于弹性安定。在 40％和 50％的应力水平下，即使在 5000 次循环后，也可以观察到永久应变的轻微增加。在 60％应力水平下，虽然在初始循环中永久应变迅速增加，但在后期循环中应变值以恒定速率增加，这是典型的塑性蠕变阶段行为。对于处于 70％应力水平的试样，可以观察到塑性变形快速积累导致破坏的增量破坏阶段。图 6.24（b）所示为 CCR-BC 重复加载三轴试验，从图中可以注意到，对于处理过的土样品，在应力水平高达

图 6.23　9％复合稳定膨润土软化 60 天后的 FESEM 结果[23]

50%时，其行为处于弹性振动阶段，因为即使在 5000 次循环后也没有观察到永久应变的增加。在 60% 和 70% 应力水平下，土样的性能与未处理土样相似。因为处理后的样品对应于弹性震动、塑性蠕变和增量崩溃阶段的应力水平增加了。通过对处理后样品的矿物学和形态学研究，证实了 CCR 稳定对减少反复加载下黑棉土永久变形的有效性。

$$CaC_2 + 2H_2O \longrightarrow C_2H_2\uparrow + Ca(OH)_2 \qquad (6.3)$$

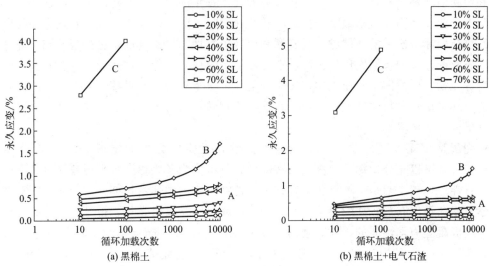

图 6.24 OMC 制备的未处理（a）和处理过的（b）黑棉土（BC）样的永久变形行为的重复载荷三轴试验结果[24]

盐渍土地区修建的道路等基础设施极易发生盐胀、溶陷、翻浆等工程危害，王亮[25] 以电石渣、粉煤灰和碱激发剂作为原材料制备了一种盐渍土固化剂。由图 6.25 可知，固化土试件养护 360 天龄期时，粉煤灰球体表面被水化产物完全覆盖，孔隙中有大量絮凝状和柱状水化产物生成，火山灰反应的主要产物为 C—S—H 凝胶、钙矾石和石膏，填充了固化体内的孔隙，增大了固化体的密实度，进而提高了固化盐渍土的抗压强度。

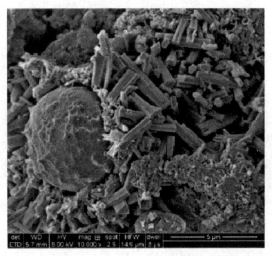

图 6.25 固化盐渍土 SEM 照片[25]

6.3.2　环境矿物材料处理农业固体废物

随着全球市场经济发展水平的不断提高和完善以及人口的不断增多，在历史发展的新时期，我国乃至世界都普遍面临着严重的资源以及能源短缺的问题。自然资源的重复利用以及新能源的开发是未来资源和能源发展的主要方向。相关数据的调查显示，我国是国际资源和能源利用和浪费都比较严重的国家，在农业方面，每年的农业废弃物产出量高达 40 多亿吨，是国际上农业废弃物产出量最多的国家。随着科学技术的不断发展，促进农业废弃物资源化利用是目前国际上研究的新课题，其资源利用的重复性和可持续性，也是资源和能源发展的方向。农业固体废物包括农作物秸秆、畜禽粪便、农药残留等，这些废物中含有大量的有机物和营养元素。而我国是农业大国，每年的稻壳、玉米秸秆的产量数以千万吨。因此，如果能够通过环境矿物材料的处理，有效地将这些废物转化为可再利用的资源，既减轻了环境负担，又降低了经济成本。

稻壳灰是稻壳经过燃烧后得到的农业废料，主要成分是无定形 SiO_2，其含量高达 87%～97%，可以充分发挥其较高火山灰活性，具备作为矿物掺合料来制备绿色高性能混凝土的可行性。地铁工程是一项百年工程，由于地铁工程的主体结构部分位于地下，对混凝土的力学及耐久性能有着较高的要求。肖力光[26] 教授研究了稻壳灰、粉煤灰、矿渣复掺对地铁高性能混凝土力学性能的影响，通过正交实验确定了最佳配合比为：砂率 40%，粉煤灰 10%，矿渣 10%，稻壳灰 10%，强度提升了 21.89%。在此基础上，通过掺杂玄武岩纤维，显著改善了地铁混凝土的力学性能和抗渗性能。肖力光课题组[27] 还采用碱预处理和热压法制备了一系列芦苇秸秆生物板，不同温度下制备的生物板如图 6.26 所示，考察了生物板的力学性能和尺寸稳定性。用碱液对秸秆进行预处理，可以有效软化纤维，产生粗糙的表面，增加纤维之间的摩擦力，并在表面产生丰富的含极氧官能团，从而提高了生物板的自粘能力和机械性能。在 180℃ 的热压温度下制备的生物纸板性能满足标准 GB/T 4897—2015 对 P3 刨花板的要求，为农业秸秆废物的开发和综合利用开辟了新的途径。

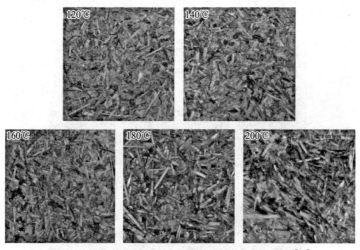

图 6.26　不同温度下芦苇秸秆生物板的宏观形貌[27]

Liu[28] 采用生物质电厂稻壳灰（RHA）和乙炔厂电石渣（CCR）复合胶结材料对膨胀土进行了稳定处理。基于 RHA-CCR 砂浆的抗压和抗折强度，采用 RHA 与 CCR 的掺量比为 65∶35 进行土体稳定。通过一系列试验，研究了稳定膨胀土的胀缩特性和强度特性。改性膨胀土试样在 100℃ 下干燥 24h 后，养护 28 天的裂缝如图 6.27 所示。可以发现随着 RHA 掺量的增加，裂缝数量减少且宽度明显减少，逐渐由粗裂纹转变为细裂纹。随着养护时间和初始含水量的增加，膨胀土的膨胀势、膨胀压力、裂缝数量和细度均显著降低。同时，无侧限抗压强度、黏聚力和内摩擦角均显著提高，但强度抗压强度约为 PO 32.5 水泥砂浆的一半。郭铄[29] 和杜延军[30] 也通过实验研究证明了稳定机理，首先源于 RHA-CCR 的置换作用，膨胀土与 RHA-CCR 混合后，其物理性质会发生变化。RHA 和 CCR 均为塑性较低的粉体颗粒，属于非膨胀材料，RHA-CCR 的加入降低了黏土颗粒在膨胀土中的比例，相应降低了膨胀土的液限和塑性指数，同时降低了膨胀土的膨胀收缩。颗粒很细的 CCR 对土壤颗粒有很好的填充效果。因此，随着 RHA-CCR 掺量的增加，RHA-CCR 的置换效率越来越明显。其次是 RHA 的火山灰效应。RHA 中含有大量活性二氧化硅，是一种理想的火山灰材料。CCR 与火山灰组分反应生成硅酸盐水泥。硅酸盐凝胶覆盖和黏结土壤中的黏土块，并填充土壤空隙。随着胶凝材料由凝胶态转变为结晶态，膨胀土颗粒逐渐结合并固结。随着时间的推移，这种凝胶逐渐结晶成硅酸钙水合物。因此，当土壤固化一段时间后，强度增加，膨胀率减小。最后由于膨胀土的离子交换作用，膨胀土膨胀收缩主要是膨胀矿物在土壤中的吸水作用。吸水后水膜的厚度发生变化。厚度越薄，颗粒间黏结力越大，土体抗剪强度越高，膨胀收缩性能越小。添加到膨胀土中，在水的辅助下，CCR 分解成 Ca^{2+} 和 OH^-。Ca^{2+} 在黏土颗粒中被 Na^+ 和 K^+ 交换取代，使胶体吸附层变薄。水膜厚度变薄，土壤的膨胀率减小。此外，碱性环境加速了离子交换。由于 CCR 是一种碱，膨胀土的 pH 随着 CCR 的加入而增大。一般来说，CCR 越大，离子交换越多。由于具有优异的性能、较低的施工和处置成本、较少的环境污染，RHA-CCR 稳定膨胀土将越来越受到工程技术人员的关注。膨胀土作为一种理想的回填材料，在建筑垫层、公路铁路路基、机场基础、大坝填料等土方工程施工中得到了广泛的应用。

图 6.27　不同掺量膨胀土裂纹形态（养护时间为 28 天）[28]

广西大学刘海燕课题组[31] 以广西地区丰富的蔗渣纤维天然高分子及矿物黏土蒙脱石为原材料，通过简易的凝固浴法将草酸改性的蒙脱石、纳米碳酸钙粉末加入到氢氧化钠/尿素溶解的纤维素溶液中制备具有介孔结构的纤维素/蒙脱石复合球，并对其进一步改性获得具有两性征的介孔复合球（ACeMt），吸附金胺（AO）和氨基黑（Ab）两种典型的染料，制备及吸附过程如图 6.28 所示。ACeMt 内部具有典型的介孔结构，最佳吸附剂量均为 0.5g/L。AO 吸附的平衡吸附量受到温度显著的影响，随温度的升高而增加；而对 Ab 吸附的影响较小，吸附量随温度的升高而减小。吸附机理如图 6.29 所示：AO 的阳离子基团可以通过静电作用很容易吸引 ACeMt 中的去质子化胺基或带负电荷的基团（Si—O—Si 和 Al—O—）；ACeMt 中的许多羟基（—OH）可以与 AO 分子的亚胺基团（—ON—）形成氢键。此外，堆积相互作用和范德华力在 AO 吸附过程中也可能发挥重要作用。从 pH 对 Ab 的影响来看，静电吸附是主要的吸附机理，其他相互作用可以忽略不计。该方法将工业废弃物与农业废弃物相结合，对实现农村家居环境清洁化、矿物资源利用高效化和农业生产无害化，消除农村脏、乱、差和城市环境污染，推进构建和谐社会和社会主义新农村建设具有重大意义。

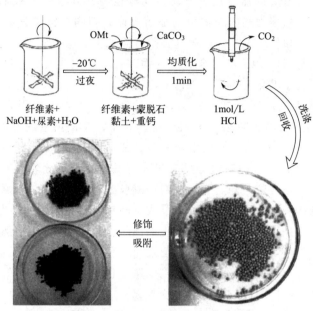

图 6.28　ACeMt 制备和染料吸附图解[31]

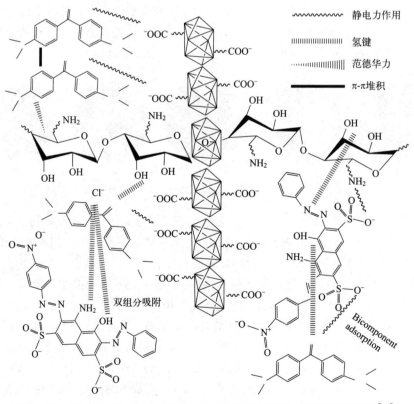

图 6.29　金胺（AO）和氨基黑（Ab）在胺化纤维素上可能的吸附机理[31]

我国养殖业和食用菌等农业产业的快速发展产生了大量农业有机废弃物，随意处置农业废弃物不仅造成了严重的环境污染，也浪费了宝贵的生物质资源。南京农业大学李蕊[32]利用牛粪堆肥、蚯蚓粪、菌菇渣堆肥和中药渣堆肥与无机矿物（蛭石和珍珠岩）配制育苗基质以减少育苗对土壤资源的消耗；以60%的堆肥与40%的无机矿物混合的基质较适于水稻育苗，其中初始配方牛粪占30%、菌菇渣占30%、蛭石占30%和珍珠岩占10%的生物量和农艺性状最佳，并且出苗均匀。因此该方法不仅达到了解决环境污染同时变废为宝的目的，还成为了促进作物生长的有效措施。

凹凸棒石黏土具有"千种用途，万土之王"的美誉，同时含有动物体所需的较全面的常微量元素，其重金属含量极低。基于以上特性，凹凸棒石黏土作为畜禽补饲具有可能性。西北师范大学[33]将凹凸棒石黏土和菜籽粕经合理计算设计配方，选择压制成型法，在实验室条件下制得了凹凸棒石-小麦麸-菜籽粕功能化营养"舔砖"，并对其进行了营养成分分析，如表6.3、表6.4所示。常量元素C是动物体产生能量的元素，元素N是动物体合成蛋白质的重要来源，充足的矿物质元素是保证动物有机体正常运行的必要条件，同时能够预防一些疾病（贫血、代谢紊乱等）的发生。开发的"舔砖"不仅含有足量的常量元素N和C，而且S元素含量较低，这会降低牲畜排泄物异味。由表6.4可知，"舔砖"不仅含有充足的常规微量元素Cu、Zn、Fe、Mn、Ni和Mg，同时含有极微量元素Co、Mo。该研究一方面为"舔砖"产品的开发提供了一个新的思路，另一方面，使得一些黏土资源和废弃农业资源得到了资源化利用，带来了显著经济效益。

表6.3　凹凸棒石-小麦麸-菜籽粕功能化营养"舔砖"的N、C、H、S分析[33]

序号	含量/%			
	N	C	H	S
1	3.67	20.00	3.29	1.52
2	3.47	19.08	3.08	1.64
3	3.92	21.92	3.35	0.90
4	3.95	22.35	3.48	1.02
5	3.36	15.49	2.60	1.61
6	3.48	15.95	2.68	1.63
平均值	3.64	19.13	3.08	1.38

表6.4　"舔砖"微量元素含量[33]

序号	含量/($\mu g/kg$)								
	$Ca/\times 10^2$	Cu	Zn	$Co/\times 10^{-2}$	$Fe/\times 10^2$	Mn	$Mo/\times 10^2$	$Ni/\times 10^{-2}$	Mg
1	5.7	1.9	9.9	1.6	3.1	2.2	1.1	1.6	29.3
2	5.1	4.5	11.6	6.4	3.2	4.4	31.0	7.7	12.2
3	3.8	2.5	13.0	0.8	0.4	0.4	1.1	34.0	7.3
4	3.6	0.7	3.9	0.7	1.3	0.4	15.0	12.0	0.8
5	8.3	0.9	2.4	1.7	1.5	0.7	5.1	8.0	1.9
6	2.9	0.7	2.8	0.2	3.3	0.2	0.3	17.0	4.7
均值	4.9	2.0	7.3	1.9	2.1	1.4	9.0	13.0	9.4

6.3.3 环境矿物材料处理生活垃圾

卫生填埋法以成本低、处理量大、终极化处理程度高等优点而成为城市垃圾处理处置的首选方法。在我国采用卫生填埋法处理的垃圾近 90%。垃圾填埋场的主要功能是封闭废物以达到避免废物对环境污染的效果，尤其是对地下水的污染，因而固体废物填埋法的关键就是密闭和防渗。而我国垃圾渗滤液的成分极为复杂，大多数都是未经分类直接填埋的垃圾，其渗滤液成分更为复杂。渗滤液中，除了有毒的重金属离子，还含有大量有毒有害的有机物。此外，渗滤液还有较高的色度，散发着强烈的腐臭气味。为防止垃圾渗滤液下渗污染地下水，就必须选择适宜的防渗材料，以构成良好的防渗层。因此，一些环境矿物材料及工业废渣在城市垃圾卫生填埋场中得到了很好的应用。

6.3.3.1 填埋防渗层

环境矿物如膨润土、硅藻土、页岩、砂石、碎石等作为填埋场的覆盖层或填埋底部的填料，可以形成稳定的封闭层，起到隔离和保护的作用，防止废物扩散污染土壤和地下水。同时，岩石填料可以提供稳定的支撑和排水功能，确保填埋场的安全和稳定。

吉林大学张培萍等人[34]的科学技术成果是以城市生活垃圾焚烧发电后所产生的二次垃圾为主料制备低温快烧建筑陶瓷技术，陶瓷中二次垃圾用量大于 50%，陶瓷样品直径大于 5cm；陶瓷制品的重金属溶出量低于国家标准极限值（水平震荡浸出 As$\leqslant$1.5mg/L，Pb$\leqslant$3.0mg/L，Cd$\leqslant$0.3mg/L，Cr$\leqslant$10mg/L）；陶瓷样品的物理性能指标达到国家瓷质砖的技术指标（GB/T 4100.1—1999，即吸水率小于 0.5%，抗弯强度大于 35MPa，抗压强度大于 70MPa）。以陶瓷烧结方法处理二次垃圾与水泥固化法和化学固化法处理二次垃圾相比重金属固化效果好，抗风化性强，有毒有机物分解彻底。与高温熔融法处理二次垃圾相比成本低、附加值高。该项研究和相关技术目前已获国家发明专利并授权，经专家鉴定属国际先进水平，既可以节约自然资源又可以降低能耗，降低陶瓷制备成本的同时可实现二次垃圾的资源化利用，经济效益显著。在获得满足国标要求的陶瓷的同时实现了二次垃圾中有毒有机物的彻底分解和重金属有效固化，解决了二次垃圾对环境的进一步污染问题，社会效益显著。

挥发性有机化合物（VOCs）是城市生活垃圾填埋场排放的主要有害污染物，对人体具有毒性。武汉科技大学 Qin 课题组[35]为了原位生物降解垃圾填埋场释放的 VOCs，研究了一种改性垃圾炭的污泥（SWC）制备的新型实验室规模的生物覆盖物。由图 6.30 所示，相比于普通填埋覆盖物（LCS）和垃圾炭填埋覆盖物（WC），SWC 对 VOCs 的去除效率长期保持在 85% 以上，由于 SWC 具有很强的吸附和生物降解的正协同作用，被吸附的 VOCs 被

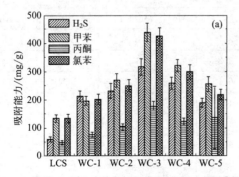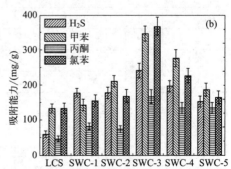

图 6.30 LCS、WC 和 SWC 对硫化氢、甲苯、丙酮和氯苯的吸附能力

微生物转化为 CO_2 和 H_2O，这些微生物以吸附的 VOCs 为能量和碳源。随后，SWC 中吸附 VOCs 的减少也会促进气态 VOCs 向吸附 VOCs 转化，并以吸附 VOCs 为能量和碳源，加速微生物的生长，从而提高 VOCs 的吸附率和降解率。经过改性处理的污泥，从废弃固体资源转化为可利用的再生资源，对我国生态可持续发展具有积极的推动作用。

海泡石是一种多孔状富镁硅酸盐黏土矿物，最主要的特性是具有平行纤维隧道孔隙，其孔隙体积占纤维体积的 1/2 以上。Serna 和 Vansoyoe[36] 研究表明，在孔道截面为 0.36～1.06nm 的前提下其比表面积约为 900m/g，其中内比表面积 $500m^2/g$，外比表面积 $400m^2/g$，如此巨大的比表面积赋予了海泡石极强的吸附能力。海泡石还能迅速吸附在垃圾填埋场中存在的有害气体，如 H_2S 和 NH_3。除此之外，海泡石还能用作垃圾填埋场危险固体废物的稳定剂，将放射性物质永久吸附固化。在垃圾场填埋衬层中加入一定量的海泡石可完全吸附 Cu^{2+}、H_2S、NH_3 及垃圾填埋场中的放射性物质。

Zhan[37] 利用钢渣和膨润土混合物建造垃圾填埋场覆盖物，发现钠活化钙膨润土含量低于 10% 与配合级配良好的钢渣混合后经水洗，可以获得最小的导水率值。水洗后钠活化钙膨润土颗粒的絮凝结构转变为分散结构，如图 6.31 所示，导致介孔减少，并且水洗处理后离子浓度的降低增强了钠活化钙膨润土的渗透膨胀，致使导水率显著降低。实际上，如图 6.32(a) 所示，当使用未经水洗处理的钢渣时，结合体基本呈现絮凝结构，即多个板状膨润土颗粒的边对面和边对边结合体，导致颗粒间孔隙增加。相比之下，水洗钢渣颗粒间孔隙较少，颗粒平行结合较多［即面对面结合，图 6.32(b)］。因此，实验表明含水率合适的膨润土-钢渣基体可作为垃圾填埋场的覆盖材料。

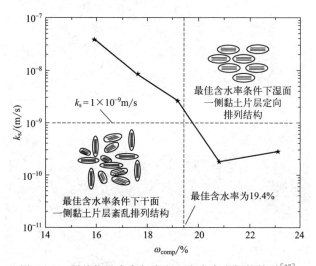

图 6.31　覆盖物导水率与膨润土含水率之间的关系[37]

美国堪萨斯州的 Mill Creek 填埋场使用膨润土作为覆盖层和填料，用于隔离废物和防止污染物渗漏到地下水。膨润土通过混合和压实的方式应用于填埋场的底部和顶部，形成一个有效的隔离层。这种应用能够降低对地下水的污染风险，保护环境。

Gidigasu[38] 研究了以石英、高岭石和磁铁矿为主要矿物相的黏土沉积物作为衬垫材料的适用性，并评估其作为合适屏障材料的潜力。研究表明，黏土的液限和塑性分别为 22.43% 和 40.52%，有效阳离子交换容量为 28.99meq/100g，黏土的无侧限抗压强度为 331.73kPa，导水率为 10^{-7}cm/s 数量级。黏土的平均热导率为 0.025W/(m·K)。结果表

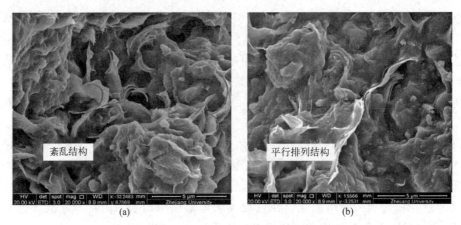

图 6.32　10% BC 压实钢渣-膨润土混合物的 SEM 显微照片（放大 20000 倍）[37]

（a）未经水洗处理的钢渣；（b）钢渣用水洗处理

明，这两种黏土总体上都符合黏土衬砌的要求，因此可以作为城市生活垃圾填埋场的衬砌材料，以减少城市固体废物填埋场的渗滤液迁移。

Akgün[39] 设计了一种膨润土-砂核废料处置密封系统，其设计图如图 6.33 所示。该密

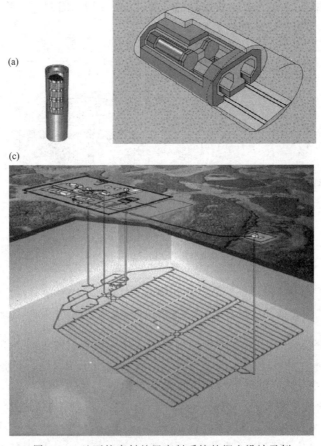

图 6.33　地下核废料处置密封系统的概念设计示例

（a）染料储存罐；（b）安置室内的工程屏障；（c）地下核废料处置库

封混合物的膨润土含量从重量的 15％到 30％不等，为了选择最佳混合物，进行了压实、渗透、膨胀、无侧限压缩和剪切强度等岩土工程实验室试验。试验结果表明，随着膨润土掺量的增加，膨润土-砂混合料的比重、最大干密度、最大密度、最大膨胀压力、无侧限抗压强度、杨氏模量、黏聚力增大，最佳含水率、内摩擦角和水力导电性减小。最终建议选择膨润土含量为 30％的最佳膨润土-砂混合物用于隔离地下废物处理设施，该条件下测得的导水率（k）、最大膨胀压力（r_s）、无侧限抗压强度（q_u）、杨氏模量（E）、内聚力（c）和内摩擦角值分别为 $9.81×10^{-12}$ m/s、257.5kPa、672.2kPa、108.9MPa、89kPa 和 21°。利用这些岩土参数对岩石中轴向加载密封的应力（几何结构和坐标系如图 6.34 所示）和安全系数进行计算（如图 6.35 所示），表明安全系数（F）在合适的密封长度与半径比（L/a）和水柱高度（h_w）时完全满足要求。该研究将环境矿物材料成功应用于城市垃圾处理的密封材料中。

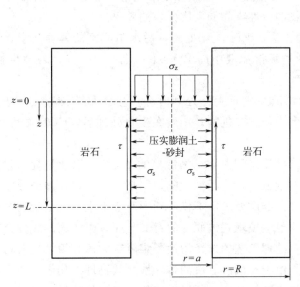

图 6.34　轴向应力钻孔密封/岩石系统理论应力分布的模型[39]

σ_z—施加在密封件上的轴向应力；τ—沿密封件/岩石界面的剪切应力；σ_s—密封件产生的膨胀压力；
z—距密封件加载端初始位置的轴向距离；a—密封件半径；R—岩石圆柱体外半径；L—密封件长度

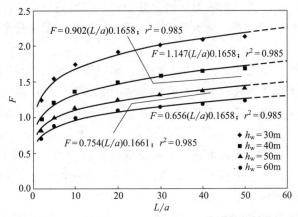

图 6.35　膨润土-砂密封的安全系数（F）与作用在密封件上的
水柱高度（h_w）和密封件长径比（L/a）的函数[39]

6.3.3.2 渗滤液

垃圾渗滤液是指垃圾在堆放、填埋过程中由于发酵和降雨的冲刷以及地表水和地下水的浸泡而渗出来的污水。据长期对垃圾填埋场渗滤液的监测可知，垃圾渗滤液的水质具有与城市污水不同的特点：

① 有机物浓度高。垃圾渗滤液中的 BOD 和 COD 最高可达几万毫克每升，主要是在酸性发酵阶段产生，pH 值达到或略低于 7，BOD 和 COD 比值为 0.5～0.6。

② 金属含量高。垃圾渗滤液中含有十多种金属离子，其中铁和锌在酸性发酵阶段较高，铁的浓度可达 2000mg/L 左右，锌的浓度可达 130mg/L 左右。

③ 水质变化大。垃圾渗滤液的水质取决于填埋场的构造方式，垃圾的种类、质量、数量以及填埋年数的长短，其中构造方式是最主要的。

④ 氨氮含量高。垃圾渗滤液中的氨氮浓度随着垃圾填埋年数的增加而增加，氨氮浓度过高时，会影响微生物的活性，降低生物处理的效果。

⑤ 营养元素比例失调。对于生化处理，污水中适宜的营养元素比例是 BOD：N：P＝100：5：1，而一般的垃圾渗滤液中的 BOD/P 大都大于 300，与微生物所需的磷元素相差较大。

⑥ 其他特点。渗滤液在进行生化处理时会产生大量泡沫，不利于处理系统正常运行。由于渗滤液中含有较多难降解有机物，一般在生化处理后，COD 浓度仍在 500～2000mg/L 范围内。

全国渗滤液的污染排放量约占年总排污量的 1.6%，以化学耗氧量核算却占到 5.27%。可见，垃圾渗滤液排放量虽小，但污染"威力"却不可小视。渗滤液处理是卫生填埋场的最后一道环节，如果不高标准严要求，不仅对周围环境带来不可估量的污染和危害，对人体健康带来威胁，同时也使卫生填埋丧失原有的意义。而且渗滤液的成分会随着填埋时间的延长发生很大的变化，更对处理工艺的选择增加了难度。大多数填埋场对垃圾渗滤液的处理主要采用生物处理法，但是由于垃圾渗滤液的特殊性，其物理、化学性质不同于一般的生活污水或工业污水，各种污染物指标很高，所以它在经过生物处理后，出水水质很不理想，特别是出水的 COD、BOD 仍相当高。环境矿物材料有很强的吸附性能，由于其低廉的价格和丰富的来源，已经成为垃圾渗滤液治理的一个主要研究方向。选择效能优良、储量丰富、廉价易得，甚至能够实现"以废治废"的吸附材料，并探究其应用的最佳条件将是吸附处理技术发展的方向。同时，这种效果显著、成本低廉、运行管理极为方便的技术适合在我国农村地区广泛应用。

天然沸石由于晶格内部有很多大小均一的空穴和隧道，加之除水后形成一个个内表面积很大的空穴，可吸附大量的 NH_3 和 H_2S 等渗滤液中的有害气体。同时沸石表面还有较强的静电场和良好的阳离子交换性能，若在 pH 值为 5～10 的条件下，可吸附有毒离子如氟、铬和铅的量达到 90% 以上。根据邢峰[40] 等的研究，若将天然沸石进行活化，清除沸石孔道内杂质，疏通孔道，并重建孔道内连通性，沸石的吸附能力将大大提升，增加对 NH_3 和 S 的吸附能力。另外，沸石在 pH 值为 5～10 的条件下，可有效吸附渗滤液中的 F、Cl 和 P 等有害元素，再经硫酸活化后，可重复用于吸附有害物质。

此外，沸石还可吸附垃圾渗滤液中的氨氮。蒋建国等[41] 利用沸石对北京某填埋场的渗滤液进行小试研究，结果见表 6.5，每克沸石具有 15.5mg NH_3-N 的极限吸附潜力。当沸石粒径为 1630 目时，氨氮去除率达到了 78.5%。在吸附时间、投加量及沸石粒径相同的情况下，进水氨氮浓度越大，吸附速率越大。因此沸石作为吸附剂去除渗滤液中的氨氮是可行的。

表 6.5　沸石对北京某填埋场渗滤液的饱和吸附量测定试验结果[41]

沸石投加量/(g/L)	平衡吸附量 /(mg NH_3-N/g 沸石)	吸附速度 /[mgNH_3-N/(g 沸石·h)]	氨氮去除率%
50	11.12	0.185	53.2
100	8.20	0.256	78.5
200	4.80	0.15	91.8
300	3.31	0.138	95.0

Musso[42] 等人探究了三种不同地层的黏土对垃圾渗滤液中重金属 Cu 和 Zn 的吸附能力。实验表明（表 6.6），黏土对 Cu(Ⅱ)和 Zn(Ⅱ)具有良好的吸附能力，其中对 Cu(Ⅱ)的最大吸附容量为 8.16～56.89mg/g，对 Zn(Ⅱ)的最大吸附容量为 49.59～103.83mg/g。Cu(Ⅱ)和 Zn(Ⅱ)被吸附可以归因于与位于黏土基表面的 Na^+ 和位于黏土颗粒边缘的 H^+ 离子交换［如式(6.4)与式(6.5)所示］。金属离子吸附总量受黏土总比表面积、碳酸盐矿物的存在和蒙脱石含量的强烈影响。鉴于黏土对 Cu(Ⅱ)和 Zn(Ⅱ)的吸附能力足够高，且材料成本低，储量丰富，并且可以在当地获得，可以考虑将其用作隔离城市垃圾渗滤液的黏土屏障，为垃圾填埋场底部防渗层的选取提供了依据。

表 6.6　黏土对垃圾渗滤液中重金属 Cu 和 Zn 吸附的 Freundlich 和 Langmuir 等温线系数[42]

元素	样品	Freundlich			Langmuir		
		K_r/(L/g)	n_f	R^2	K_L/(L/mg)	C_s/(mg/g)	R^2
Cu(Ⅱ)	CAT AE	1.19	0.70	0.98	0.01	56.89	0.96
	N TO L	5.26	0.09	0.54	1.42	8.16	0.81
	KCE	8.40	0.18	0.79	0.39	20.3	0.88
Zn(Ⅱ)	CAT AE	1.09	0.64	0.88	0.01	103.83	0.98
	N TO L	0.70	0.82	0.93	0.01	49.59	0.94
	KCE	2.51	0.58	0.95	0.01	75.61	0.95

$$2{\equiv}S{-}OH+Cu^{2+}\longrightarrow(2{\equiv}S{-}O)_2{-}Cu+2H^+ \tag{6.4}$$

$$2{\equiv}S{-}ONa+Cu^{2+}\longrightarrow({\equiv}S{-}O)_2{-}Cu+2Na^+ \tag{6.5}$$

Sörengård[43] 测试了活性炭（AC）和八种类型的废物（堆肥、橡胶颗粒、膨润土、工业污泥、焚烧渣、焚烧底灰、焚烧飞灰残留物）在吸附渗滤液中全氟烷基和多氟烷基物质（PFAS）的作用。焚烧飞灰残留物（fly ash waste）实现了极高的 PFAS 去除率，在飞灰添加量为 25% 时，去除率高达 98%，粉煤灰吸附全氟烷基和多氟烷基物质示意图如图 6.36 所示，通过实验证明了静电和疏水性决定了飞灰的吸附能力。虽然 Sörengård 在实验中发现了单一变量（pH 等）会影响 PFAS 的吸附规律，但作者对吸附作用的机理解释尚未探究。

Alavi[44] 等人研究了天然沸石的 pH、接触时间（CT）、沸石浓度（ZC）等参数对垃圾渗滤液（LFL）中 NH_4^+ 去除的影响。实验表明，pH 值为 7、ZC 为 80g/L、CT 为 30min 时，LFL 中 NH_4^+ 的去除率为 44.49%。因此沸石作为一种廉价、合适的吸附剂，具有较好

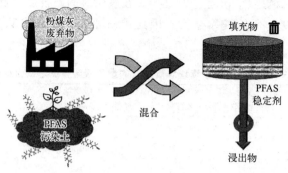

图 6.36　粉煤灰吸附全氟烷基和多氟烷的示意图[43]

的脱除 LFL 溶液中铵离子的潜力。

肖筱瑜[45]　等人用聚合氯化铝改性后的膨润土吸附垃圾渗滤液中的 COD，去除率可达 65.8%，并采用化学絮凝沉淀联合聚合氯化铝改性膨润土应急处理 3 万吨渗滤液，垃圾渗滤液中的 SS、COD、BOD、NH₃-N 及色度的去除率分别为 74.6%、92.6%、93.1%、99.8% 和 97.5%，达到了控制污染的目的。凌辉[46]　等认为溶解性有机物（DOM）是导致垃圾渗滤液处理难以达标的主要污染物，DOM 可划分为亲水性和疏水性两大类物质，可采用亲水性的天然膨润土处理亲水性有机物，疏水性的有机膨润土处理疏水性有机物。结合鸟粪石结晶法去除垃圾渗滤液中的氨氮，再利用膨润土本身具备的吸附与离子交换性能去除重金属，从而提出针对可生化性差的中晚期垃圾渗滤液的低成本与高效率的组合型矿物法处理技术，处理过程如图 6.37 所示。经矿物法处理后的垃圾渗滤液，亲水性和疏水性有机污染物的种类和含量都明显降低。检测进水与出水的 COD、氨氮及重金属浓度这三项关键指标，垃圾渗滤液原液 COD 为 2566mg/L，氨氮为 3859mg/L，重金属 Hg 为 0.305mg/L，矿物法组合处理后出水的 COD 为 245mg/L，氨氮为 48mg/L，重金属 Hg 未检出。研究表明，有机化膨润土与鸟粪石结晶法组合构成的矿物法技术，可以有效处理难降解的中晚期垃圾渗滤

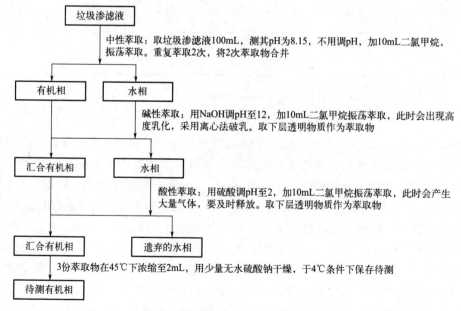

图 6.37　垃圾渗滤液中有机相萃取流程

液中有机物、重金属与氨氮污染物，而且原料来源广泛，抗冲击性好，能够回收优质氮磷肥料鸟粪石，综合效益明显优于现行的中晚期垃圾渗滤液处理技术。进一步将膜生物反应器（MBR）处理技术与有机化膨润土处理技术组合，低廉高效处理高浓度的早中期垃圾渗滤液，出水可以达到国家一级排放标准，是充分发挥自然界中有机界生物法与无机界矿物法净化功能的体现，经济效益、环境效益与社会效益优势显著，可为垃圾渗滤液无害化处理提供科学依据与技术支持，故矿物组合法为垃圾渗滤液的无害化处理提供了新的思路。

Li[47] 首次采用阳离子表面活性剂十六烷基三甲基溴化铵（HTAB）对膨润土进行改性作为填埋衬垫，以抑制双酚 A（BPA）的迁移，证实了改性后的膨润土在层间空间形成了横向双层。在膨润土的内部位置引入 HTAB 后，膨润土的层间空间从 15.0Å 增加到 20.9Å，对 BPA 的吸附亲和力提高（HTAB-膨润土为 10.449mg/g，原料膨润土为 3.413mg/g）。根据 Freundlich 模型，HTAB-膨润土的最大吸附量为 0.410mg/g。在碱性条件下，原料膨润土和 HTAB-膨润土的吸附量均下降。虽然 HTAB-膨润土的水力导电性高于原料膨润土，但实验室渗透性和柱测试结果表明，HTAB-膨润土延长了 BPA 突破时间 43.4%。HTAB-膨润土的性能表明其作为垃圾填埋场衬垫材料的组成部分在截留渗滤液中的双酚 A 方面具有显著的优势。图 6.38 显示了原料膨润土、单独的 HTAB-膨润土和负载 BPA 的不同显微照片。在原料膨润土中观察到分层结构[图 6.38(a)]，HTAB 改性后，HTAB-膨润土的表面形貌略有变化[图 6.38(b)]。对比图 6.38(b)、图 6.38(c) 可知，BPA 溶液使 HTAB-膨润土膨胀，在 HTAB-膨润土表面观察到大量的非均质孔隙，在这些孔隙中 BPA 被大量捕获和吸附。因此，HTAB-膨润土的结构可以增强双酚 A 的吸附能力，并表现出结块的倾向。因此，研究表明膨润土作为垃圾填埋场衬垫材料的组成部分在截留渗滤液中的双酚 A 方面具有显著的优势，发挥了矿物的结晶效应、表面吸附效应以及离子交换效应。环境矿物材料处理垃圾渗滤液能够降低制备成本，杜绝有机改性剂二次污染，还能充分利用垃圾渗滤液中现存的有机物改性其中的天然膨润土，从而增强其处理有机污染物的能力，达到以废治废的

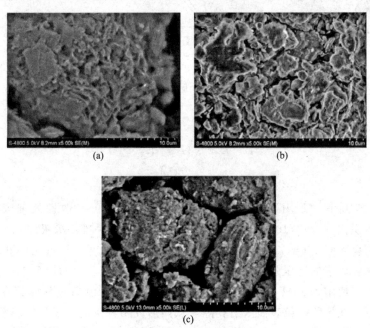

图 6.38　SEM 图[47]

（a）原料膨润土；（b）HTAB-膨润土；（c）HTAB-膨润土吸附 BPA

目标。

6.3.4 环境矿物材料处理其他固体废弃物

6.3.4.1 废弃橡胶

随着现代工业的发展，全世界每年的橡胶需求量快速增长，进而产生大量的废橡胶。废橡胶处理不当就会严重破坏生态环境，造成"黑色污染"。山东大学金青[48]基于风化料-废弃轮胎橡胶颗粒轻质土密度小、透水性强，可以有效减小结构变形的特质，利用橡胶颗粒与主要矿物成分为云母、角闪石、石英、斜长石的风化料自主研发了传感型土工合成材料（SEGB，如图 6.39 所示）。基于单向拉伸试验和直剪试验结果，分别建立了筋材全应力-应变曲线的双线性本构模型[式（6.6）]和筋土界面作用的双曲线本构模型[式（6.7）]。通过图 6.40 的应变曲线发现在 15% 的橡胶颗粒质量比下，具有最好的剪切强度，拉拔试验中的前端拉拔力增加最快，达到最大拉拔力所需的前端位移最小，证明橡胶颗粒与筋土界面的摩擦相互作用最强。

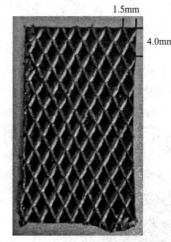

图 6.39 基于风化料-废弃轮胎橡胶颗粒制备的传感型土工合成材料[48]

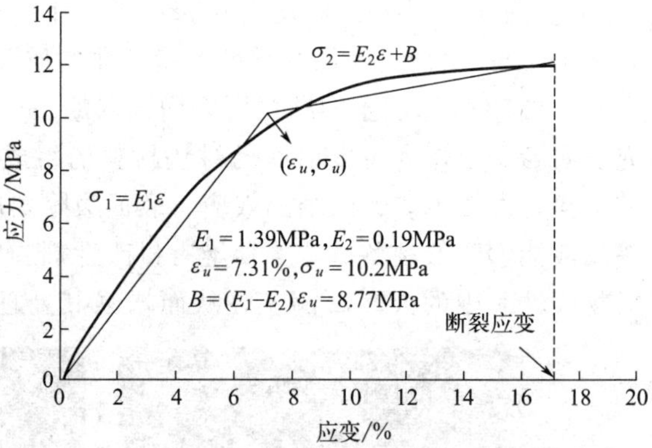

图 6.40 拉拔作用下土工合成材料在风化料-废弃轮胎橡胶颗粒轻质土中的变形行为研究[48]

$$\begin{cases} E_1\varepsilon, \varepsilon < \varepsilon_u \\ E_2\varepsilon + B = E_2\varepsilon + (E_1 - E_2)\varepsilon_u, \varepsilon \geqslant \varepsilon_u \end{cases} \quad (6.6)$$

$$\tau(\chi) = \frac{u(\chi)}{a + bu(\chi)} \quad (6.7)$$

武汉理工大学陈伟[49]用氢氧化钠和正硅酸乙酯（TEOS）改性处理废弃橡胶颗粒表面，按不同的体积比（5%、10%、15%、20%）替代标准砂制备水灰比 0.5、灰砂比 0.33 的水泥砂浆。结果表明，TEOS 改性可以提高橡胶砂浆流动度。氢氧化钠和 TEOS 改性都可提高含橡胶颗粒砂浆的抗压强度。通过 NaOH 改性后，橡胶表面出现 Na 元素，且 Zn 元素消失，这是由于使用 NaOH 溶液预处理橡胶可以去除由于制造过程而存在于轮胎橡胶表面的硬脂酸锌层，在橡胶颗粒表面留下孔隙，从而形成相对粗糙和多孔的表面；同时氢氧化钠改性在橡胶表面引入羟基、碳氧双键等基团，形成氢键提升橡胶表面分子的极性，提高了橡胶砂浆的力学性能，反应原理如图 6.41 所示。正硅酸乙酯（TEOS）可进行水解和缩合反应，生成二氧化硅，使用正硅酸乙酯改性，可在橡胶表面引入一些 Si—O、Si—O—Si、C—O 等有机官能团，加入水泥砂浆中，可使橡胶吸水性下降，改善橡胶砂浆流动度，并进一步进行水解反应，形成 Si—OH，表面形成 OH 基团，进一步通过氢键结合或通过脱水缩合化学结合水泥浆体，增强橡胶与水泥浆体之间的黏合，反应原理如图 6.42 所示。

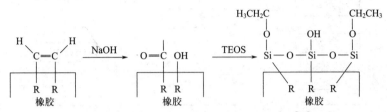

图 6.41　氢氧化钠对橡胶表面改性示意图[49]

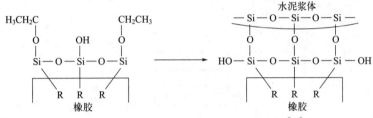

图 6.42　正硅酸乙酯橡胶表面改性示意图[49]

废弃橡胶的再生利用还可将废弃橡胶颗粒与环境矿物材料如方铅矿（硫化铅）等进行反应作为助凝剂添加到污水中，可以增加悬浮物颗粒的凝聚速率和沉降速度，能够显著提高污水处理的效果，还能够吸附和去除污水中的染料和有机物质，实现橡胶的再生利用[50]。

6.3.4.2　废弃塑料

废旧地膜（PE 塑料）上黏附了大量的泥土，如果清洗废旧地膜上所黏附的泥土，并进行干燥，会增加工艺设备和废水废气处理设备的投资，使运行程序复杂、成本大大提高。所以有必要研究不清除废旧地膜上的黏附土，直接制备复合材料的可行性。上海交通大学[51]以废旧地膜作为基体、铸造废砂作为填料，采用一种简单可行的方式制备成能实际应用的复合材料，废弃物复合材料制备工艺流程如图 6.43 所示。实际上这种铸造废砂/废旧地膜复合材料是由基体 PE、黏附土中大量的 SiO_2 和铸造石英砂 SiO_2 组成的三元复合体系。研究表明土/塑复合体系的弯曲强度、拉伸强度和弹性模量，随黏附土在废旧地膜中重量比的增加而增加，但伸长率却急剧下降。含泥量超过 50% 时，土/塑复合体系的弯曲强度开始下降，而伸长率趋于零。大量实验表明：地膜含泥量不能超过 60%，超过这个比例时，复合材料的制备十分困难。保持塑料基体 40% 的重量比不变，随着含砂量的增加和含土量的减少，复合材料的弯曲强度和拉伸强度先增加后下降，拉伸弹性模量只有小幅度下降，而伸长率则变化不大。

6.3.4.3　废弃木材

植物剩余物诸如木屑、果壳、树皮、枝丫、杂草以及经济植物加工提取有效成分后的剩余残渣是自然界中最为丰富而且可以再生的生物质资源。我国仅秸秆的年产量就达到 7 亿多吨，大部分被付之一炬，既污染空气，又浪费资源。公知的植物剩余物资源化方案中，比较有代表性的技术有如下几种：还田处理、氨化饲料、腐植肥料、燃料、人造板（纤维板、刨

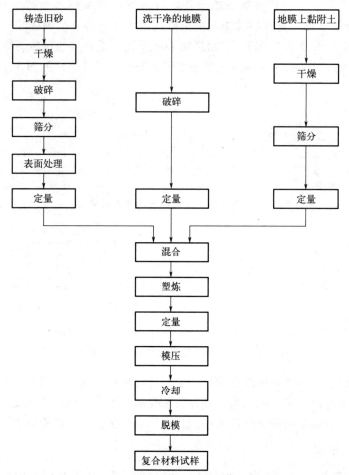

图 6.43　复合材料制备工艺流程图[51]

花板、层板)、活性炭、造纸等,其中废弃木材利用是植物废弃物的主要途径。目前国内生产的各种人造木材主要有三种类型:一是以热固性聚合物如脲醛树脂、酚醛树脂为黏结剂的人造板材;二是以水泥、石膏、菱镁土为黏结剂的刨花板;三是以热塑性聚合物如聚乙烯、聚氯乙烯为代表的木塑材料。因此开发成本低、性能好、无毒、环保的新品种人造木材依然是今后植物废弃物资源化的发展方向。木材陶瓷化是木材改性的重要途径,但以往主要是用硅酸乙酯以及可溶性金属盐对基材进行渗透处理,这些方法不可能形成连续的陶瓷体结构,而要得到陶瓷体结构就必须经过高温燃烧,但最终得到的却是完全没有木材特征的木材陶瓷。也就是说,公知技术还没有真正实现木材的陶瓷化改性。

专利 CN200510010946.7[52] 发明了一种低温陶瓷木材,利用粉煤灰、冶炼渣等工业废渣与植物废弃物(木屑、蔗渣),在改性剂、促进剂和表面活性剂的作用下形成了一种以硅铝矿物为基体相、植物废弃物为增强相的低温陶瓷木材。工业废渣的主要成分一般由二氧化硅、氧化铝、氧化钙、氧化铁、氧化镁、氧化钠组成,通过改性剂进行处理,其原来的硅酸盐结构能解聚,并能在以水为介质条件下再度聚合形成新的硅酸盐网络,具有陶瓷材料的性能,但出于陶瓷体形成的过程没有传统陶瓷的高温烧结,因此称为低温陶瓷。因其结构的形成是在接近常温条件下完成的,可采用多种方法进行改性,避免了高温可能对添加物构成的热失配和化学不相容。用工业废渣制成的低温陶瓷胶凝材料与植物废弃物进行复合制成的低温陶瓷木材，兼具陶瓷的无毒、阻燃、稳定、耐久、耐水、耐腐蚀、耐磨、耐虫蛀和木材的轻质、柔韧、透气、可加工和可装饰性能，可望以其优势性能在建筑装饰、建筑墙体、建筑保温隔热、建筑结构等方面获得广泛应用。

6.3.4.4　垃圾降解

铁氧化物为重要矿产资源，在自然界中广泛存在，其与微生物交互用往往能促进有机物厌氧分解，铁氧化物在微生物作用下会发生溶解、还原等作用，可影响微生物群落组成，对有机物降解进行调控。铁氧化物促进有机物厌氧降解报道已有很多，杨露露[53]等通过加入一定量的针铁矿使得垃圾产气量增加了20%，提高厌氧微生物活性，加速生活垃圾降解。其他研究对养殖污泥进行厌氧降解，加入磁铁矿后产甲烷速率加快35%，污泥降解速率明显加速；另一组试验中，铁氧化物加快了硫酸盐还原条件下苯甲酸降解速率。杨海斌[54]等人通过模拟柱实验研究，探讨褐铁矿对生活垃圾降解影响，结果表明，褐铁矿可以促进体系厌氧环境，提高厌氧微生物的微生物活性，加速生活垃圾厌氧降解速率，同时还可以降低渗滤液中腐殖质的含量。

6.3.4.5　金属废渣

稳定/固化是金属废渣处置采用的主要方法。目前根据所用固化剂不同分为水泥固化、石灰固化、塑性材料固化、玻璃熔融固化、自胶结固化和化学药剂固化等。由于技术、经济方面的原因，目前采用最多的依然是水泥固化，尤其是对于金属废物。水泥固化的最大优点是价廉，但是随着环保法规对废物浸出率的要求日益严格，水泥作固化剂时的用量也在不断加大，有时甚至达到1∶10（废物∶水泥），价廉优势正在逐渐消失。找到一种或几种与水泥理化性质相似的废物代替水泥作固化剂，实现以废治废将具有非常重要的意义。

粉煤灰和电石渣为工业废弃物，对金属废渣有良好的稳定/固化作用，利用粉煤灰处理固体废物实现了以废治废、保护环境的目的。利用粉煤灰不但可以用于治理钻井泥浆还可以和一些固体废物制成免烧砖和优质水泥。它为建材工业提供了省投资、减能耗、无污染、增利润的制造方法，同时也为煤矿、燃煤电厂、建材企业和城镇提供节能利废、消除污染及增加经济和社会效益的实用技术。电石渣也有很好的稳定/固化作用，它与粉煤灰结合可以替代水泥用于金属废渣和酸性铬污泥的固化剂。粉煤灰和电石渣是生产水泥的原料，在理化性质方面与水泥有很多相似之处，已经有研究显示[55]，用粉煤灰和电石渣分别对金属废渣和酸性铬污泥进行稳定/固化试验，有较好的固化效果。当粉煤灰和电石渣用量达到6%时，固体废物中的铁和镍已经检测不出来。但是，当电石渣量在4%以上时，铅的溶出量反而会增大，这是由于电石渣的主要成分为$Ca(OH)_2$和$Mg(OH)_2$，两者都为强碱性物质，因此电石渣对pH值影响很大。而粉煤灰则不同，它的主要成分为SiO_2，因此对pH值不像电石渣那样敏感。同时，煤灰中的SiO_2和CaO类似于水泥一样遇水会发生水合反应，生成水和硅酸盐晶体，水合反固化效果要好于电石渣。在汽车和航空航天等许多领域，对轻质、高比强度材料的需求日益增加。镁基材料因其高比强度、良好的减振能力和可回收性而受到许多行业的青睐。然而，镁的低强度和耐磨性是限制其工业应用的重要障碍。用于制备 Mg 基复合材料的常规增强材料有 Al_2O_3、SiC、B_4C、TiB_2、CNT 和 GNPs[56]。近年来，研究人员一直试图通过使用更便宜、更环保的蛋壳、粉煤灰、赤泥和废玻璃等增强材料来降低镁基复合材料的成本。因此，环境矿物对金属废物的处理和综合利用起到了积极的作用。

6.3.4.6 坚果壳

Moumni[57] 在黏土混合料中加入坚果壳（ANS）和麦秸（WS）作为建筑材料添加剂对烧制黏土砖的物理、机械、结构和热性能进行研究，所用原材料及烧制的成品黏土砖分别如图6.44及图6.45所示。可以发现，麦秸的掺入，使黏土砖的流动性变差，导致表面粗糙。通过系列测试证明了随着ANS和WS的掺入，由于试样的多孔结构，体积密度和热导率逐渐降低，进而导致表观孔隙率和吸水率的增加。含有5%~10% ANS或WS的黏土砖热导率分别下降5%~17%和27%~46%。除WS 5砖外，保温性能得到提高，力学性能（抗折、抗压强度）均满足黏土砌体单元标准要求。力学试验后得到的砖的破碎截面如图6.46所示，由于高加热速率导致的气体不完全演化，产生了有机物质的不完全燃烧，含有坚果壳的黏土砖存在一个黑色的核心砖，且添加的百分比增加越多，这种现象就越突出。因此，砌体单元中回收ANS和WS，从而生产轻质材料，不仅可以用于建筑隔墙的轻质环保材料，而且还可以用于有机坚果壳和麦秸废弃物的管理。

(a) (b) (c)

图6.44 所用原料形貌

（a）黏土；（b）坚果壳（ANS）；（c）麦秸（WS）

  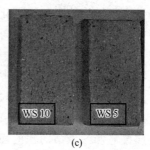

(a) (b) (c)

图6.45 烧制的黏土砖形貌

（a）纯黏土砖；（b）含5%和10%坚果壳的黏土砖；（c）含5%和10%麦秸的黏土砖

(a) (b) (c)

图6.46 破碎后黏土砖横截面

（a）纯黏土砖；（b）含5%和10%麦秸的黏土砖；（c）含5%和10%坚果壳的黏土砖

6.4 环境矿物材料处理固体废弃物存在的问题

总的来说，我国在固体废弃物利用技术及利用率方面与发达国家相比还有差距，这是摆在相关行业的研究人员面前十分紧迫的艰巨任务。概括起来，目前在我国，一些大学和研究机构一直在开展废弃物在建筑材料中的应用技术研究和推广工作，已经取得了很大进步。但是，还存在很多亟待解决的不足之处：

① 技术和设备不完善：处理环境矿物材料固体废弃物需要特定的技术和设备，如筛选、磁选、浮选、热处理等。然而，一些地区可能缺乏这些高效的处理技术和设备，导致处理效果不佳或无法实施。

② 废物的复杂性和多样性：环境矿物材料固体废弃物的成分复杂多样，包括土壤、矿石、废弃建筑材料等。这些废物的特性不同，处理过程中需要针对性的处理方法。若处理方法不当，可能导致资源的浪费或环境污染。

③ 废物处理成本较高：与一般固体废弃物相比，环境矿物材料固体废弃物的处理更加复杂和耗费成本，因为它们通常需要进行多个步骤的处理，包括物理、化学和生物处理等。这增加了废物处理的经济负担。

④ 回收和利用困难：环境矿物材料固体废弃物中可能含有有用的矿物质或资源，如金属、石材等。然而，由于废物的复杂性和特性，回收和利用这些资源可能存在困难。同时，废物中可能还存在有害物质，需要进行特殊处理或处置。

⑤ 环境风险和健康风险：环境矿物材料固体废弃物中可能存在有毒物质、重金属和放射性物质等，对环境和人类健康构成潜在风险。如果处理不当或废物处理设施不完善，可能导致这些有害物质释放和扩散，对周围环境和人类健康产生负面影响。

⑥ 目前各类科研院所的工作多数属于低水平重复性研究，研究和应用工作缺乏统一协调和系统性。

⑦ 我国的废弃物在建筑材料中的应用技术和利用率低，与发达国家存在差距。

⑧ 我国现有的利用废弃物生产的材料，其产品的生态性能还存在很多不足，虽然利用了废弃物，但是有些产品本身还会对环境或人身造成二次危害，这是不容忽视的问题。

为了解决这些问题，需要加强环境矿物材料固体废弃物处理技术的研发和应用，提高废物处理设施的设备和管理水平。同时，加强废物分类和回收利用，减少废物的产生和环境负荷。此外，还需要加强废物处理过程的监管和管理，确保废物处理的安全性和环境友好性。

在日益强调社会可持续发展的今天，这种落后局面不仅会进一步加剧生态环境污染，将失去大量可利用的再生资源，而且在一定程度上制约着我国可持续发展战略的实施。所以，我国在废弃物利用方面还面临着艰巨而紧迫的任务。可以预见，随着环保意识不断增强和技术水平的不断提高，我国废弃物循环再生利用必将实现节能、节地、节水、节材、环保的目标，为我国可持续发展战略的实施做出巨大贡献。

 思考题

1. 固体废物有什么特点？
2. 简述固体废物的分类。

3. 固体废物处理技术有哪些？

4. 固体废物处置方法有哪些？

5. 工业固体废弃物有哪些类别？

6. 环境矿物材料在处理城市生活垃圾中包括哪几方面的应用？

7. 简述环境矿物材料在处理工业、农业以及生活垃圾等固体废弃物方面的案例。

 / 参考文献 /

[1] 《中华人民共和国固体废物污染环境防治法》编写组. 中华人民共和国固体废物污染环境防治法. 2020：94.

[2] Environmental Mineralogy：Microbial Interactions，Anthropogenic Influences，Contaminated Land and Waste Management. Ireland：London，2000.

[3] IKHLAYEL M. An integrated approach to establish e-waste management systems for developing countries [J]. J. Clean. Prod.，2018，170：119-130.

[4] 张素冰. 我国固体废弃物处理处置现状及对策分析 [J]. 科海故事博览，2023，23：64-66.

[5] 国家统计局. 中国统计年鉴 2022 [M]. 北京：中国统计出版社，2022：936.

[6] ZHU F，ZHANG Y，ZHANG P，et al. Preparation of highly bloating ceramsite from "White Mud" and oil shale with incorporation of black cotton soil [J]. Waste Biomass. Valori.，2020，11 (7)：1-11.

[7] DOU K，JIANG Y，XUE B，et al. Carbothermal reduction nitridation of fly ash, diatomite and raw illite：Formation of nitride powders with different morphology and photoluminescence properties [J]. Crystals，2020，10 (5)：409.

[8] ZHANG J，ZUO J，YUAN W，et al. Synthesis and characterization of silver nanoparticle-decorated coal gasification fine slag porous microbeads and their application in antistatic polypropylene composites [J]. Powder Technol.，2022，410：117891.

[9] ZHANG J，ZUO J，LIU Y，et al. Universality of mesoporous coal gasification slag for reinforcement and deodorization in four common polymers [J]. Nanotechnology，2022，33 (9)：095703.

[10] ZHANG J，ZUO J，AI W，et al. Preparation of mesoporous coal-gasification fine slag adsorbent via amine modification and applications in CO_2 capture [J]. App Surf Sci，2021，537 (147938)：1-11.

[11] MIAO S，SHEN Z，WANG X，et al. Stabilization of highly expansive black cotton soils by means of geopolymerization (Article) [J]. J. Mater. Civ. Eng.，2017，29：04017170.

[12] ZHANG P，HAN Z，JIA J，et al. Occurrence and distribution of gallium，scandium，and rare earth elements in coal gangue collected from Junggar Basin，China [J]. Int. J. Coal Prep. Util.，2019，39 (7)：389-402.

[13] WEI C，CHENG S，ZHU F，et al. Digesting high-aluminum coal fly ash with concentrated sulfuric acid at high temperatures [J]. Hydrometallurgy.，2018，180：41-48.

[14] 蒋引珊，董振亮，徐长耀，等. 利用膨润土与工业废渣制轻质保温材料 [J]. 岩石矿物学杂志，1999 (04)：357-361.

[15] ZHU M，WANG H，LIU L，et al. Preparation and characterization of permeable bricks from gangue and tailings [J]. Constr. Build. Mater.，2017，148，484-491.

[16] LIU M，DENG Q，JI SHUANG，et al. Shear strength, water permeability and microstructure of modified municipal sludge based on industrial solid waste containing calcium used as landfill cover materials [J]. Waste management，2022，145：20-28.

[17] SON B T N V L，HANG N T N. Natural clay minerals and fly ash waste as green catalysts for heterogeneous photo-Fenton reactions [J]. New. J. Chem.，2021，45 (39)：18552-18566.

[18] BANSAL P，VERMA A. Synergistic effect of dual process (photocatalysis and photo-Fenton) for the degradation of Cephalexin using TiO_2 immobilized novel clay beads with waste fly ash/foundry sand (Article) [J]. J. Photochem. Photobiol. A，2017，342 (0)：131-142.

[19] NEERAJ VARMA D，PRASAD SINGH S. Recycled waste glass as precursor for synthesis of slag-based geopolymer [J]. Materials Today：Proceedings，2023，online.

[20] 徐雪源，徐玉中，陈桂松，等．磷石膏-粉煤灰-石灰-黏土混合料的干缩试验研究 [J]．中南公路工程，2006（04）：113-119.

[21] 张颖．磷石膏稳定土强度特性及微观结构研究 [D]．贵阳：贵州大学，2021.

[22] 刘松玉，詹良通，胡黎明，等．环境岩土工程研究进展 [J]．土木工程学报，2016，49（03）：6-30.

[23] LATIFI N，VAHEDIFARD F，GHAZANFARI E，et al. Sustainable Usage of Calcium Carbide Residue for Stabilization of Clays [J]. J. Mater. Civ. Eng.，2018，30：04018099.

[24] NOOLU V，MUDAVATH H，PILLAI R J，et al. Permanent deformation behaviour of black cotton soil treated with calcium carbide residue [J]. Constr. Build. Mater.，2019，223：441-449.

[25] 王亮，慈军，杨志豪，等．电石渣-火山灰质胶凝材料固化盐渍土试验研究 [J]．新型建筑材料，2020，47（5）：46-49.

[26] 肖力光，岳喜智．稻壳灰复合掺合料与纤维协同作用对地铁混凝土性能的影响 [J]．应用化工，2023，52（1）：102-105.

[27] XIAO L，DING Y，YAN G. Effect of hot-pressing temperature on characteristics of alkali pretreated reed straw bio-board [J]. J. Wood Chem. Technol.，2021，41（4）：160-168.

[28] LIU Y，CHANG C-W，NAMDAR A，et al. Stabilization of expansive soil using cementing material from rice husk ash and calcium carbide residue [J]. Construction & Building Materials，2019，221：1-11.

[29] 郭铄．稻壳灰和电石渣改性膨胀土力学性能及作用机理研究 [J]．公路工程，2020，45（03）：210-215.

[30] 杜延军，刘松玉，覃小纲，等．电石渣稳定过湿黏土路基填料路用性能现场试验研究 [J]．东南大学学报（自然科学版），2014，44（02）：375-380.

[31] 谢华磊．蔗渣纤维素/蒙脱石复合球吸附剂的制备及对染料的吸附 [D]．南宁：广西大学，2019.

[32] 李蕊．利用农业废弃物堆肥生产水稻育秧基质的研究 [D]．南京：南京农业大学，2013.

[33] 李婷婷．凹凸棒石-生物质废弃物功能化营养舔砖的开发 [D]．兰州：西北师范大学，2020.

[34] 陈智连，李金娜，吴金金，等．固体废弃物再生陶瓷的实验研究 [J]．吉林大学学报（地球科学版），2006（A1）：130-132.

[35] QIN L，XU Z，LIU L，et al. In-situ biodegradation of volatile organic compounds in landfill by sewage sludge modified waste-char [J]. Waste management，2020，105（0）：317-327.

[36] 亢宇．北京六里屯垃圾填埋场黏土层的矿物学特征及对有机污染物环境容量评价研究 [D]．北京：中国地质大学，2001.

[37] ZHAN L，FENG S，et al. Saturated hydraulic conductivity of compacted steel slag-bentonite mixtures-A potential hydraulic barrier material of landfill cover [J]. Waste Manage.，2022，144：349-356.

[38] ENDENE E，GIDIGASU S S R，GAWU S K Y. Engineering geological evaluation of Mfensi and Afari clay deposits for liner application in municipal solid waste landfills [J]. SN Applied Sciences，2020，2（12）：1-10.

[39] AKG UUML N H，et al. Performance assessment of a bentonite-sand mixture for nuclear waste isolation at the potential Akkuyu Nuclear Waste Disposal Site，southern Turkey [J]. Environ. Earth Sci.，2015，73（10）：6101-6116.

[40] 邢峰．沈阳市生活垃圾填埋处置中准好氧技术的应用与研究 [D]．大连：大连理工大学，2007.

[41] 蒋建国，陈嫣，邓舟，等．沸石吸附法去除垃圾渗滤液中氨氮的研究 [J]．给水排水杂志，2003（3）：6-9.

[42] MUSSO T B，PAROLO M E，PETTINARI G，et al. Cu（Ⅱ）and Zn（Ⅱ）adsorption capacity of three different clay liner materials [J]. J. Environ. Manage，2014，146：50-58.

[43] SÖRENGÅRD M，TRAVAR I，KLEJA D B，et al. Fly ash-based waste for ex-situ landfill stabilization of per- and polyfluoroalkyl substance（PFAS）-contaminated soil [J]. Chem. Eng. J. Adv.，2022，12（100396）：1-8.

[44] SHOLE M，NADALI A，AKBAR E，et al. Ammonium removal from landfill fresh leachate using zeolite as adsorbent [J]. J. Mater. Cycles Waste，2021，23（4）：1383-1393.

[45] 肖筱瑜，张静，黄伟．改性膨润土成功用于去除垃圾渗滤液中的 COD_{CR} [J]．广州化工，2014（14）：148-149.

[46] 凌辉．矿物法组合处理垃圾渗滤液方法研究 [D]．北京：北京大学，2011.

[47] LI Y，JIN F，WANG C，et al. Modification of bentonite with cationic surfactant for the enhanced retention of bisphenol A from landfill leachate [J]. Environ. Sci. Pollut. R.，2015，22（11）：8618-8628.

[48] 金青，王艺霖，崔新壮，等．拉拔作用下土工合成材料在风化料-废弃轮胎橡胶颗粒轻质土中的变形行为研究 [J]．岩土力学，2020，41（2）：408-418．

[49] 陈伟，孟皞，颜岩，等．废橡胶颗粒联合改性用于制备水泥砂浆机理研究．[J] 硅酸盐通报，2020，39（6）：1715-1721，1727．

[50] 邹小玲，顾爱兵，缪应祺，等．UASB 改进工艺处理橡胶助剂废水的中试研究 [J]．环境科学与技术，2004（6）：86-88．

[51] 李如燕．废弃物资源化：铸造废砂/废地膜复合材料的研制和应用研究 [D]．上海：上海交通大学，2007．

[52] 张召述，夏举佩．一种低温陶瓷木材的生产方法：200510010946.7 [P]．2005．

[53] 杨露露，岳正波，陈天虎，等．针铁矿对城市生活垃圾有机组分厌氧发酵的影响 [J]．环境科学，2014（5）：1988-1993．

[54] 杨海斌，杨录，沈梅芝．褐铁矿对生活垃圾降解影响的模拟柱实验研究 [J]．生物化工，2018（2）：50-52．

[55] 李新国，许增贵．粉煤灰电石渣用作金属废渣和酸性铬污泥的稳定/固化剂的试验研究 [J]．环境保护科学，2002，28（3）：32-34．

[56] 聂凯波，康心镌，韩俊刚，等．一种煤基固体废弃物增强准晶相增强的镁合金的方法及应用：201711004489.X [P]．2017．

[57] MOUMNI B，ACHIK M，BENMOUSSA H，et al. Recycling argan nut shell and wheat straw as a porous agent in the production of clay masonry units [J]. Constr. Build. Mater.，2023，384（131369）：1-12.

第7章 环境矿物材料治理大气污染

7.1 大气污染现状

大气污染物的主要来源可以分为三个方面：首先是生产活动，这是造成大气污染的主要原因，涉及火力发电厂、水泥厂、矿山企业、农业生产等各个领域，它们在生产过程中排放了大量的烟尘、二氧化硫、重金属、农药、粉尘等有害物质；其次是生活炉灶，它们燃烧煤炭、天然气等能源，产生了烟尘、二氧化硫、一氧化碳等有害气体；最后是交通运输，各类交通工具排放的尾气，其中含有氮氧化物、非甲烷总烃和铅尘等污染物。大气污染物对人体和环境有着长期的负面影响，因此，必须采取相应的措施来进行处理和控制。

城市大气污染的成因既有自然因素（如火山爆发、森林灾害、岩石风化等），也有人为因素（如工业废气、燃料、汽车尾气和核爆炸等），但是现代城市的空气污染主要是由城市人类活动引起的[1]。①人为因素的影响：我国处于工业化的中后期阶段，经济增长主要依靠第二产业的发展，高度依赖高能耗、高污染的产业。2019 年我国粗钢产量占全球粗钢产量的 53%；水泥产量超过全球水泥总产量的 60%。我国能源结构以煤为主，是世界上最大的煤炭生产国和消费国[2]。2016 年，我国能源消费总量 43.6 亿吨标煤，其中原煤生产占能源生产总量的 69.6%，火力发电占全国发电量 70% 以上，显示出煤炭在我国能源消费中的主导地位[3]。工业生产、城市周边的电厂以及冬季取暖锅炉燃烧排放了大量的粉尘和有害化合物到城市大气中，造成了严重的城市大气污染。改革开放近四十年来经济快速增长，人民生活水平显著提高，机动车保有量呈现逐年上升的趋势：公安部交通管理局 2019 年 7 月 3 日发布消息称，2019 年上半年全国机动车保有量达 3.4 亿辆，新登记汽车 1242 万辆，新领证驾驶人 1408 万人[4]。机动车数量的激增，一方面给人民生活、工作带来了便利，另一方面也加剧了市区的大气环境污染。由于城市的扩张，自然环境被开发用于建设工厂、住宅、道路等基础设施，导致大量绿地的消失，地面裸露，城市空气缺乏植物的调节作用，与原始森林相比，城市空气的质量大幅降低。②自然因素的影响：城市大气污染与城市的生产活动密切相关，同时污染物在大气中的迁移、扩散过程也受到大气气象因素和当地城市地理环境的制约。我国的城市大气污染最严重的季节是冬季，最轻的季节是夏季，城市大气环境质量呈现出从南到北、从沿海到内陆逐渐恶化的趋势。大气污染与气候变化相互作用，大气污染可以通过影响辐射收支影响气候，如冬季我国北方城市逆温层的出现使城市的污染空气无法扩散开来，全国北方城市的空气质量明显落后于南方城市；南方受海洋大气影响，降水多，颗粒物不易在空气中长期停留，我国南方地区空气质量优于北方。大气污染物的扩散也受城市的地理因素限制，与地形、地貌、海陆位置、城镇分布等地理因素密切相关，这些因素在小范围内引起大气温度、气压、风向、风速、湍流的变化，对大气污染物扩散产生间接影响。典型的如陕西关中地区，盆地地形，不利于大气流动，冬季雾霾扩散条件不利，相同的城市规模，西安的空气质量同期不如郑州。

为了减少城市大气污染，政府和社会各界应采取一系列综合性措施。首先，加强环境监测，实施全面的空气质量监测和评估，以提供准确、可靠的数据和信息。其次，加强排放标准的制定和强制执行，对涉及工业、交通等污染源的排放行为进行严格监管，并严肃追究违规者的责任。同时，积极推广清洁能源和低碳交通工具的使用，以减少污染物的排放。此外，还应加强公众的环保意识和教育，通过宣传和培训等方式，引导公众采取绿色出行和生活方式，共同参与环境保护。通过政府、企业和公众的共同努力，可以有效减少城市大气污染，改善人民的生活环境，提高城市的生活质量。城市大气污染主要是以下几个方面的污染：

（1）生存环境　目前大气污染物已知约有 100 多种，按其存在状态可分为两大类：一种是气溶胶状态污染物，另一种是气体状态污染物[5]。这些物质被人体吸入后能够直接刺激呼吸道，引起咳嗽、喷嚏和呼吸困难等不适。其慢性作用还会导致人体免疫力减弱，诱发慢性呼吸道疾病，严重的还可引起肺水肿、肺癌。相对于可见的大气污染霾，随着城市汽车保有量逐渐增多，城市大气具有潜在的光化学烟雾危险性。光化学烟雾是在适合的气象条件下，汽车尾气中的碳氢化合物在阳光作用下发生光化学反应，生成高浓度臭氧及过氧乙硝酸醛、酮、酸、细粒子气溶胶等二次污染物，形成一次污染物和二次污染物共存的污染[6]。这种烟雾使人眼睛发红，咽喉疼痛，呼吸憋闷、头昏、头痛，导致呼吸系统弱的老人、儿童呼吸衰竭死亡。工业废气中同时含有多种有毒有害化学物质，如钴、铬、铅、镍、锰、汞、砷氟化物、石棉、有机氯杀虫剂等。这些化学物质虽然浓度很低，但可在体内逐渐蓄积，影响神经系统、内脏功能和生殖、遗传等，其中钴、镍、汞、铬、多环芳烃及其衍生物还具有致癌作用[7,8]。

（2）生物生存环境污染　污染对生物生存环境的影响是多方面的，虽然大气中 CO_2 浓度的升高对植物光合作用有正面的促进作用，但随着 CO_2、SO_2 等污染物的浓度升高，地球表面 70％以上的海洋会面临酸化，整个海洋的生态平衡将打破，大量海洋生物将失去赖以生存的环境。地球大气中的氧气主要来源于海洋藻类，海洋藻类的灭绝将导致全球大气中氧气含量发生变化，进一步改变全球生物多样性。全球 CO 浓度的升高将增强温室效应，海水温度上升，海水中溶解的 CO_2 及两极严寒地区冻土层中 CO_2 进一步释放到大气中，形成温室效应正反馈机制。地球温度将进一步升高，如果这一进程过于猛烈，生物的适应性跟不上环境温度的改变，更多的生物将面临生存威胁。

（3）基础设施　城市巨量化石燃料的消耗，大量的 CO_2、SO_2、NO_x 排放到大气中，这些气态化合物在大气中反应生成硫酸、硝酸和碳酸，这些酸性物质随着大气降水形成酸雨。目前几乎所有的城市基础设施都是由钢材及混凝土构成的，这些城市基础设施暴露在大气中，轻度的酸化会使混凝土碳化，建筑材料表面美观度下降，钢结构日常维护费用上升；严重的酸雨会使混凝土中的硅酸钙转化为钙矾石，体积膨胀；混凝土构件表面开裂；保护层剥蚀；混凝土内部钢筋生锈后会造成容积扩张膨胀；混凝土承担很大拉力而裂开；混凝土碳化到一定程度时，基础设施将大量产生裂缝；其使用限期降低，甚至影响结构安全，全社会将因酸雨造成的基础设施快速退化而承受巨额经济损失。

大气污染物主要有下述几种：

（1）总悬浮颗粒物　总悬浮颗粒物（TSP）是指悬浮在空气中的空气动力学当量直径小于 $100\mu m$ 的颗粒物。大气中悬浮颗粒物的组成十分复杂，而且变化很大，下文介绍的 PM10（粒径小于等于 $10\mu m$ 的颗粒物）和 PM2.5（粒径小于等于 $2.5\mu m$ 的颗粒物）都属于 TSP 的一部分。并且总悬浮颗粒物的形成也较为复杂，简单的分为一次颗粒物和二次颗粒物。一次颗粒物是由天然污染源和人为污染源释放到大气中直接造成污染的物质，如风扬起的灰尘、燃烧和工业烟尘。二次颗粒物是通过某些大气化学过程所产生的微粒，如二氧化硫转化生成硫酸盐。

（2）颗粒物　PM10，即颗粒物物质（粒径小于等于 $10\mu m$）的英文缩写，是指环境空气中空气动力学当量直径小于等于 $10\mu m$ 的颗粒物，也被称为可吸入颗粒物。人们最常见的对其感知就是在沙尘暴天气中，同时可以看出 PM10 包括 PM2.5。在雾天情况下，PM2.5 占 PM10 的比例较高。根据北京环保局公布的监测数据，在某些天气条件下，PM2.5 可以占到 PM10 的 70% 以上。

PM2.5，即细颗粒物（粒径小于等于 $2.5\mu m$）的英文缩写，是指环境空气中空气动力学当量直径小于等于 $2.5\mu m$ 的颗粒物。虽然 PM2.5 在地球大气中占比较小，但它对空气质量和能见度等方面有着重要的影响。与较大的大气颗粒物相比，PM2.5 的粒径更小，富含大量有毒有害物质，并且在大气中停留时间较长、传输距离较远，因此对人体健康和大气环境质量产生了显著的影响。在之前的环境空气质量标准（GB 3095—1996）中，并没有将 PM2.5 纳入评估范围，这导致了北京环保局发布的环境质量指数与美国大使馆发布的数值存在较大差异。然而，2012 年 2 月，国务院发布了新修订的《环境空气质量标准》（GB 3095—2012），其中新增了对 PM2.5 的监测指标。

（3）氮氧化物　二氧化氮与氮氧化物联系紧密，因为 NO 在大气中极易与空气中的氧发生反应生成 NO_2，故大气中 NO_x 普遍以 NO_2 的形式存在。在温度较高或有云雾存在时，NO_2 进一步与水分子作用形成酸雨中的重要成分硝酸（HNO_3）。在有催化剂存在时，如加上合适的气象条件，NO_2 转变成硝酸的速度加快。特别是当 NO_2 与 SO_2 同时存在时，可以相互催化，形成硝酸的速度更快。

（4）臭氧　臭氧是光化学烟雾的代表性污染物，主要由空气中的氮氧化物和碳氢化合物在强烈阳光照射下，经过一系列复杂的大气化学反应而形成和富集。虽然在高空平流层的臭氧对地球生物具有重要防辐射保护作用，但城市低空的臭氧却是一种非常有害的污染物。

（5）硫氧化物　二氧化硫（SO_2）、三氧化硫（SO_3）和硫酸盐是煤炭和石油燃烧中释放的主要含硫污染物。此外，火山活动也是天然的硫氧化物排放源。二氧化硫对人体健康有害，并与大气中的水反应，导致酸雨的形成。在城市地区，二氧化硫主要来自于工业部门，如火力发电、燃料燃烧、有色金属冶炼、钢铁、化工和硫黄厂等生产过程，以及小型供暖锅炉和家用煤炉。二氧化硫是一种无色、具有刺激性气味的气体，在阳光或空气中，可以在一些金属氧化物的催化下被氧化为三氧化硫。三氧化硫具有很强的吸湿性，在与水蒸气接触时形成硫酸雾。它的刺激性是二氧化硫的十倍，并且是酸雨形成的主要原因之一。吸入二氧化硫会对人类呼吸系统产生不良影响。它会迅速与上呼吸道中的水结合，形成刺激性很强的三氧化硫，从而损害呼吸功能，加剧现有呼吸系统疾病，并引发哮喘、呼吸困难、咳嗽等症状。易受二氧化硫影响的人群包括哮喘病患者、心血管疾病患者、慢性支气管炎和肺气肿患者，以及儿童和老年人。

（6）碳氢氧化物　自然界中的碳氢化合物主要是由生物分解过程产生的，如甲烷和乙烯等。甲烷具有结构稳定性，不会引起光化学污染的危害，然而乙烯具有较强的光化学活性，还会产生刺激眼睛的甲酸。人为排放的碳氢化合物主要来自不完全燃烧过程和挥发性有机物的蒸发。大部分碳氢化合物对人体健康无害，但能够导致光化学烟雾的形成。

（7）铅　碳氢化合物可以通过空气、食品和水进入人体，并可能附着在尘粒上，储存在血液、骨骼和软组织中。铅的摄入会引发严重的肾病、肝病、神经系统疾病和其他器官问题。此外，铅还可能导致心理紊乱、痉挛和智力迟钝，尤其对儿童的危害更大。多年来，铅一直通过含铅汽油的尾气进入大气中。2003 年，俄罗斯禁止生产含铅汽油，这导致该国大气中铅的浓度迅速下降。铅和其他重金属一样，也可以渗透到植物中。因此，在燃烧落叶时，需要格外小心，因为这种极其危险的毒素可能会通过燃烧再次释放到空气中。

7.2　环境矿物材料治理大气污染的研究与应用

7.2.1　环境矿物材料治理有害气体

7.2.1.1　改性锰-蒙脱石 K10 对汞蒸气、一氧化氮、二氧化硫和氯化氢的联合去除

以 Wu[9] 工作为例，介绍锰-蒙脱石 K10 对汞蒸气、一氧化氮、二氧化硫和氯化氢的联合去除。汞排放由于其极高的毒性、挥发性、持久性和生物蓄积性，已成为一个引起相当关注的重大环境问题。由于煤炭是中国的主要能源，煤炭燃烧也是汞排放的主要来源。煤炭燃烧过程中排放的汞主要有三种形式：氧化汞（Hg^{2+}）、颗粒结合汞（Hg^p）和单质汞（Hg^0）。汞排放因其毒性、挥发性和生物积累性而成为重大环境问题，煤炭燃烧是中国汞排放的主要来源。其中，Hg^{2+} 可通过 WFGD 去除，Hg^p 可被静电除尘器或织物过滤器捕获，而 Hg^0 难以去除。蒙脱土具有高孔隙度和良好热稳定性，可有效吸附 Hg^0，且成本低。结合锰和蒙脱土的优点，合成新型样品可有效去除 Hg^0。将 K10 蒙脱土和 $Mn(NO_3)_2$ 前体混合在去离子水中，搅拌后蒸发多余水分并干燥，最后煅烧并研磨筛选颗粒。

汞去除率测定在一个含有 0.05g 待测样品的双层石英管反应器（直径 4mm）中进行。通过渗透管产生浓度为 120mg/m^3 Hg^0 的气体，基础气体为 N_2。将 0%～5% O_2、0～500ppm NO、0～1000ppm SO_2、0～5ppm HCl、0%～5% H_2O 和基础气 N_2 组成的模拟气体在稳态状态下引入反应器（ppm 是百万分之一，质量浓度）。气体通过的管道都被加热到 90℃，以防止汞在内部表面沉积。使用 Lumex RA915M 分析仪（一种利用冷原子吸收法测定汞含量的专用仪器，最低检测限为 0.5ng）连续监测 Hg^0 浓度。在所有测试中，总气体流动速率为 500mL/min，稳定反应时间至少 3h，每次测试前进行汞浓度质量平衡。Hg^0 去除率（η）为

$$\eta = \frac{\Delta Hg^0}{Hg^0_{inlet}} = \frac{Hg^0_{inlet} - Hg^0_{outlet}}{Hg^0_{inlet}} \times 100\%$$

式中 Hg^0_{inlet} 和 Hg^0_{outlet} 分别为反应器入口和出口测得的汞浓度，mg/m^3。

如图 7.1，当锰含量低于 4% 时，Hg^0 在低温（<200℃）下的去除效率较低，但随着温度的升高，其去除效率显著提高。在高温（>200℃）下，性能相对较高且稳定。4% 锰/蒙

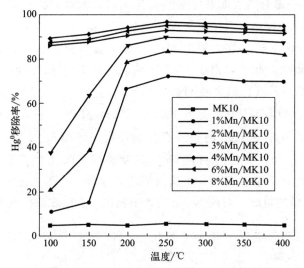

图 7.1　不同锰/蒙脱石 K10 样品在不同温度下的 Hg^0 去除效率[9]

脱石 K10 样品在 100～400℃ 范围内表现出最高的 Hg^0 去除效率和稳定性。与其他含锰材料不同，锰/蒙脱石 K10（锰含量 4%）在高温下的优异性能部分归因于蒙脱石 K10 的热稳定性和化学稳定性。

实验将 Hg^0 与 NO、HCl 和 SO_2 废气组分分别混合，分别在含或不含 O_2 的条件下考察汞蒸气的去除效果，结果如图 7.2 所示。为了解释各气体的去除机理，进行了温度递升脱附法（temperature-programmed desorption，TPD），如图 7.3。

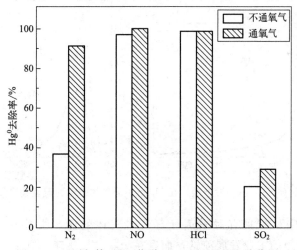

图 7.2　不同气体对锰/蒙脱石 K10 上汞的去除作用

我们可以发现 O_2、N_2、NO、HCL 和 SO_2 均对除汞能力有影响，下面分别说明。

O_2 及 $NO+O_2$ 的作用：在纯氮气下，4% 锰/蒙脱石 K10 对 Hg^0 的去除效率为 36.3%。加入 5% 氧气后，性能提高到 90.9%。氧气作为 Hg^0 的氧化剂，可以再生晶格氧，补充已消耗的化学吸附氧，从而促进 Hg^0 的氧化。

NO 及 $NO+O_2$ 的作用：在纯氮气中加入 500mg/L NO，Hg^0 去除率提高到 96.6%。这可能是由于部分样品中出现了 MnO_2，它可以吸附和氧化 NO。此外，NO 被弱吸附在金属氧化物样品表面，一部分与表面氧反应生成 NO_2，后者对 Hg^0 的氧化活性更强。

HCl 及 HCl+O_2 的作用：在纯氮气中只添加了 5mg/L 的 HCl 后，Hg^0 的去除率提高到 98.9%。晶格氧和化学吸附氧会辅助 HCl 转化为氯气或其他氯化合物，这些化合物在 HCl 存在下将 Hg^0 氧化。此外，由于 HCl 气氛下 Hg^0 的去除性能明显优于纯氮气气氛，HCl 可以增强 Hg^0 在锰基催化剂上向 $HgCl_2$ 的转化。

SO_2 及 SO_2+O_2 的影响：在纯氮气中加入 1000mg/L SO_2 后，Hg^0 去除效率从 36.3% 下降到 20.7%，可见 SO_2 对 Hg^0 的去除有抑制作用。而加入 5% O_2 后，Hg 的去除率从 20.7% 提高到 29.1%。SO_2 可以与 Hg^0 竞争锰/蒙脱石 K10 上的活性位点。另一方面，吸附的 SO_2 可以与表面氧反应形成 SO_3，从而消耗活性氧。从图 7.3 的 TPD 结果可以看出，添加 O_2 只导致了轻微的缓解，与纯 N_2 下的效率相比，去除效率仍然明显受到抑制。

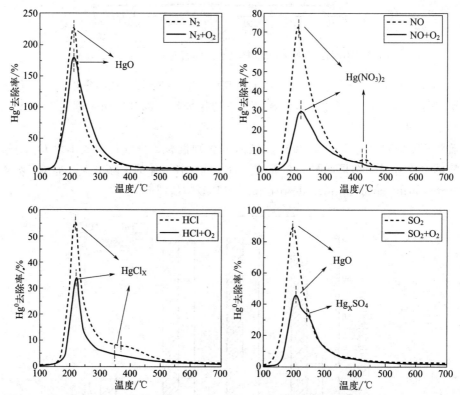

图 7.3　锰/蒙脱石 K10（4% 掺杂量）在 N_2 下不同气体组分的温度递升脱附曲线（TPD）

因此，锰/蒙脱石 K10 具有对汞蒸气等有害气体的循环去除功能。汞的去除率达到 80%～99%，具有较强的工业发展前景，而后在吸收二氧化硫、氯化氢和一氧化氮等气体的同时，除去了吸收的汞，完成了循环吸收，因此本催化剂具有高效性、重复性。

7.2.1.2　赤铁矿、方镁石对发酵气体中 H_2S 的抑制作用

在畜禽养殖过程中，经常会产生大量有害气体，其中硫化氢的含量通常较高（图 7.4），它所带来的危害非常严重，包括恶臭、金属材料的腐蚀和对生物体的毒性作用。因此，硫化氢引起了极大的关注。据报道，许多畜禽养殖场发生的人畜伤亡事故都与硫化氢直接相关。长期暴露在高浓度的硫化氢环境中可能导致急性呼吸道窘迫综合征或肺气肿等疾病，同时还

会加速猪圈和畜棚中钢筋的腐蚀，导致板条和粪渠过早损坏。

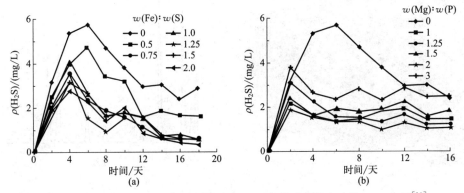

图 7.4   添加了赤铁矿（a）和方镁石（b）后发酵过程中产生的 H_2S 含量[10]

硫化氢是在厌氧条件下由微生物分解硫酸盐和含硫有机物（如蛋白质）产生的。它在水中具有一定的溶解度，因此粪污可以容纳一定量的硫化氢。然而，在某些特定情况下，例如清理粪池、搅拌和泵出粪浆、操作和维护粪料处理设备或干燥和清洗管道时，可能会释放高浓度的硫化氢，从而产生潜在的危害。

在粪污厌氧发酵过程中，硫化氢的产生主要与硫酸盐还原菌的活动有关。硫酸盐还原菌可以将硫酸盐或有机物中的硫还原为硫离子，然后这些硫离子通过水解作用产生硫化氢。因此，添加化学试剂的主要目标是抑制硫化氢的产生、抑制硫酸盐还原菌的活性、提高溶液的pH 值以及固定溶液中的硫离子。然而，目前使用的化学试剂存在一些问题，例如效率不高或价格昂贵，这在一定程度上限制了其推广应用。

因此，寻找廉价且高效的抑制硫化氢产生的材料成为当前研究的重点。赤铁矿是一种广泛分布于地球表面环境中的重要铁氧化物，已被证明在厌氧条件下可以进行还原分解，产生亚铁离子。这些亚铁离子可以与体系中的阴离子如碳酸根离子、磷酸根离子和硫离子等发生反应，生成次生铁矿物如菱铁矿、蓝铁矿和铁硫化物，从而具有固硫作用。此外，方镁石作为一种廉价的化工原料，在溶解于水时会导致溶液的 pH 升高，可能对粪污发酵体系中的硫酸盐还原菌活性产生影响。归显扬的研究[10] 旨在利用这两种廉价材料作为粪污发酵体系的添加剂，探讨其对硫化氢产生的抑制作用及其机制，以期为解决畜禽养殖过程中产生有害气体硫化氢的问题提供新的思路和方法。

将赤铁矿和方镁石与粪污混合，模拟发酵，再测定发酵后产物中 H_2S 的含量以及其他元素的含量从而确定其对 H_2S 的防治能力。通过对发酵后剩余物进行分析可得（图 7.5），固体产物主要为有机质分解残余，少量为无机矿物，各实验组中除各自的添加物（如针铁矿）外，其余矿物主要为碳酸盐、硅酸盐和硫化物等。值得注意的是，空白实验中除存在碳酸盐和硅酸盐矿物外，也存在硫化物矿物。

在这里研究的猪粪厌氧发酵系统中，只进行了厌氧处理，没有进行消毒处理。因此，理论上，样品中原本存在的厌氧和好氧微生物也存在于实验系统中，而好氧微生物可能会因缺氧而生长受到抑制（甚至死亡）。在厌氧发酵系统中，通常认为至少存在三种微生物功能群：厌氧发酵微生物（在产生酸的同时降解大分子和难降解有机物，本研究中的 pH 降低与这些微生物有关），产甲烷菌（可能不存在于原始系统中，但本研究中进行了接种）和 SRB。其中，SRB 可能不是系统中占主导地位的细菌，但它是 H_2S 生产所必需的细菌。在这项研究

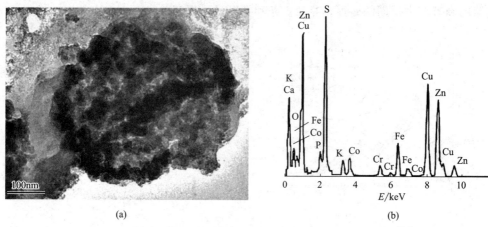

图 7.5　发酵后形成的纳米硫化物（a）及其成分能谱图（b）[10]

中，每个实验中都产生了 H_2S，表明系统中存在 SRB。SRB 通过减少有机物中的硫酸盐、亚硫酸盐或硫化物来生长，形成硫化物，然后水解产生 H_2S。该过程的典型反应为：

$$8H^+ + SO_4^{2-} + 8e^- \longrightarrow S^{2-} + 4H_2O$$

$$6H^+ + SO_3^{2-} + 6e^- \longrightarrow S^{2-} + 3H_2O$$

$$S^0 + 2e^- \longrightarrow S^{2-}$$

$$2H^+ + S^{2-} \longrightarrow H_2S$$

当赤铁矿加入发酵体系时，可能会发生溶解和还原分解两种过程。溶出的三价铁在还原环境中最终会被还原为二价铁。因此，无论是固体中的三价铁还是溶液中的三价铁，都有被还原的趋势。体系中的微生物如铁硫酸盐还原菌、硫化氢和氢气等都有可能还原两种形态的三价铁。与赤铁矿直接反应时，可能的反应过程为：

$$Fe_2O_3 + 6H^+ + 2e^- \longrightarrow 2Fe^{2+} + 3H_2O$$

$$4Fe_2O_3 + H_2S + 14H^+ \longrightarrow 8Fe^{2+} + SO_4^{2-} + 8H_2O$$

$$Fe_2O_3 + H_2 + 4H^+ \longrightarrow 2Fe^{2+} + 3H_2O$$

Fe^{2+} 会与产生的 S^{2-} 反应生成沉淀，反应如下：

$$Fe^{2+} + xS^{2-} \longrightarrow FeS_x$$

而对于方镁石而言，其与水反应生成氢氧化镁，再离解出氢氧根离子，提高体系的 pH 值，增加发酵液的碱度，添加氧化镁后体系 pH 上升到 10 左右。在这样的 pH 条件下，可能会抑制厌氧发酵微生物和硫酸盐还原菌的生物活性，进而抑制硫化氢的产生。反应结束后 pH 有所下降，可能与厌氧发酵微生物的产酸有关，因此，推测添加氧化镁导致的 pH 上升并没有太多影响厌氧发酵微生物的活性，影响更多的可能是硫酸盐还原菌的活性。即存在较多的锌、铁等阳离子，因此，推测添加方镁石实验中 6 天后硫化氢浓度趋于稳定的原因，是硫化氢的消耗速率（生成硫化物沉淀）和产生速率达到相等。

7.2.2　环境矿物材料缓解温室效应

大气中以 CO_2 为主的温室气体如同为地球罩上了一层玻璃，它使阳光透过，却阻挡了热量向太空辐射，从而使大气层增温，这一现象称为温室效应。温室效应不仅成为科学家的共识，而且也被包括我国在内的 125 个国家共同签署的《联合国气候变化框架条约》所确认，该条约指出："人类活动已大幅度增加温室气体的浓度，增强了温室效应，将引起大气增温，并对生态系统和人类产生不利影响。"

造成温室效应的主要起因有两个。首先是煤炭和石油的消耗量剧增，从而向大气中排放大量 CO_2。另一个原因是对森林资源的乱砍滥伐，导致森林的光合作用量减少，影响了全球 CO_2 的动态平衡。近几十年来，由于人类经济活动强烈，全球工业 CO_2 排放量不断增加，1990 年已达 60 亿吨，致使大气层 CO_2 浓度每年增加 24mg/L。树木通过光合作用吸收 CO_2，在体内将其转化为木质组织，并放出氧气。每生长 1m 木材可吸收 850kg 的 CO_2。地球上 60% 的氧气是陆生植物制造的，因此人们将巴西热带雨林称为地球的肺脏。然而，全球每年有 1000 多万公顷的热带雨林遭破坏，人们将林地碎为农田砍伐林木作薪柴。

据报道，N_2O 是比 CO_2 强 150 倍的温室气体，它也被认为是消耗臭氧的物质。

7.2.2.1　5A 型沸石用于吸附 N_2、CH_4、N_2O、CO_2

开发具有足够高选择性和吸附容量的合适吸附剂，有望实现变压吸附过程中的空气分离，从而减少能源生产过程中的碳排放，为环境保护作出贡献。

在 298K 和 800mmHg❶的气体压力下，Saha[11] 对吸附剂样品上二氧化碳、甲烷、一氧化二氮和氮气的吸附平衡和动力学进行了体积测量（图 7.6）。在给定压力下，将吸附气体引入吸附系统，记录气体压力随时间的变化，并将其转化为瞬态吸附量作为时间的函数。瞬时吸附吸收量产生吸附动力学，最终吸附量在终端压力下决定了给定压力下的吸附平衡量。

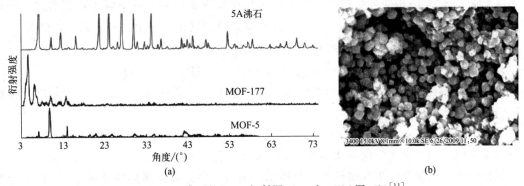

图 7.6　5A 沸石的 XRD 衍射图（a）和 SEM 图（b）[11]

采用亨利定律线性等温线方程和朗缪尔模型对气体的吸附进行了关联分析，以评价其吸附平衡选择性和预测纯组分等温线对混合气体的吸附。亨利等温线方程是：

$$q = Kp$$

式中，q 为单位重量吸附剂的吸附量，%；p 为平衡态吸附质气体压力，torr；K 为亨利定律常数，%/torr。朗缪尔等温线表示为：

$$q = \frac{a'_m bp}{1 + bp}$$

式中 a_m（%）和 b（$torr^{-1}$）为朗缪尔等温线方程参数。它们可以由 $1/q$ 对 $1/p$ 的线性朗缪尔图的斜率和截距来确定。

---

❶　$1mmHg = 1torr = 133Pa$。

吸附平衡选择性（acp）测试：为了评价吸附剂对气体的吸附和净化效果，有必要了解吸附剂的吸附性能，包括吸附量和选择性。组分 1 和 2 之间的吸附平衡选择性 R_{12} 定义为：

$$R_{12} = \frac{X_1}{X_2} \times \frac{Y_1}{Y_2} \approx \frac{K_1}{K_2} \approx \frac{a_{m1}b_1}{a_{m2}b_2}$$

其中，较强吸附组分与较弱吸附组分分别表示成组分 1 和组分 2。X_1 与 X_2 分别代表了组分 1 和组分 2 在吸附剂表面（或吸附相）中的摩尔分数，而 Y_1 和 Y_2 则代表了组分 1 和组分 2 在气相中的摩尔分数。a_{m1} 和 a_{m2} 是组分 1 和 2 的朗缪尔方程常数，而 K_1 和 K_2 则是组分 1 和 2 的亨利常数。上式中定义的平衡选择性基本上是两组分的亨利常数之比，它在极低的气体压力和吸附剂的低吸附负荷下才具有有效的本征选择性。

对于变压吸附过程，下式中定义的吸附剂选择参数 S 在吸附剂评价与选择中更为实用，因为它包含了组分 1 和组分 2 的吸附量差之比：

$$S = \frac{\Delta q_1}{\Delta q_2} \alpha_{12}$$

此处 Δq_1 和 Δq_2 为组分 1 和组分 2 在吸附压力和解吸压力下的吸附平衡容量差计算的工作容量。

结果表明，天然的 5A 型沸石对一般气体都具有强烈的吸附能力，尤其是对温室气体吸附能力极强，是缓解温室效应的新型材料。

7.2.2.2 赤铁矿、磁铁矿催化 CO_2 转化为甲烷

以 CO_2 为碳源的碳捕集与利用（CCU）在化学品和燃料的合成中做了许多努力。一种可能的途径是由 Sabatier 和 Senderens[12] 首先探索的二氧化碳催化加氢生成甲烷和水。

$$CO_{2(g)} + 4H_2 \Longleftrightarrow CH_{4(g)} + 2H_2O_{(g)} \quad \Delta_R H^0 = -165 kJ/mol$$

$$CO_{(g)} + 3H_2 \Longleftrightarrow CH_{4(g)} + H_2O_{(g)} \quad \Delta_R H^0 = -206 kJ/mol$$

表明 CO_x 甲烷化是一个可逆的强放热反应，减少了分子数量。因此，随着温度的降低和压力的增加，会出现较高的热力学产率。

实际上常见的氧化铁类的矿物主要是 FeO、Fe_2O_3 和 Fe_3O_4，相应的研究也是以这几种物质而开展，因此下文中仅以化学式代表赤铁矿和磁铁矿等矿物。

氧化铁样品的穆斯堡尔光谱如图 7.7 所示。通过光谱分峰得到异构体位移 δ、四重分裂 E_Q 和磁超精细场 H_{hf}，见表 7.1。α-Fe_2O_3（PVA）、γ-Fe_2O_3 和 γ-Fe_2O_3（n）的穆斯堡尔特征均是一个典型的六重峰，证实了 α-Fe_2O_3 和 γ-Fe_2O_3 的存在。此外，Fe_3O_4 样品的光谱与反尖晶石型 Fe_3O_4 的光谱相吻合，意味着由于四面体和八面体两套晶格位，就存在两个六面体。FeO 样品显示了两个与方铁矿结构相关的双晶，其 Fe^{2+} 位点的配位略有不同。而具有较高的同分异构体位移（1.00mm/s）和较小的四极分裂（0.29mm/s）的二元结构表明，八面体配位的 Fe^{2+} 位点具有较高的对称性，而这归因于 FeO 的化学计量完整性。相反，另一个高四极分裂（0.76mm/s）表明结构有序性不佳，因此可以归为非化学计量 $Fe_{1-x}O$。此外，在 FeO 样品中也出现了两个典型的 Fe_3O_4 六重峰，大约占 13%。然而，与 XRD 相比，铁元素未被穆斯堡尔光谱证实，这可能与铁元素的丰度较小有关。对于 α-Fe_2O_3 示例，在预期的六元组旁发现了另一个二元组：α-Fe_2O_3。根据同分异构体位移（0.29mm/s）和四重分裂（0.67mm/s），这一特征可归因于小于约 20nm 的超磁性氧化铁（spm）。

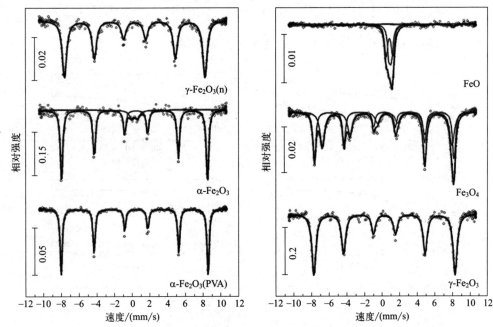

图 7.7　不同矿物相的氧化铁在室温下的穆斯堡尔谱

表 7.1　不同矿物相的氧化铁样品的穆斯堡尔谱参数

样品	$\delta/(mm/s)$	$E_Q/(mm/s)$	H_{hf}/kOe	含量/%	Assignment
α-Fe_2O_3（PVA）	0.37	-0.21	516	100	α-Fe_2O_3
α-Fe_2O_3	0.37	-0.21	512	93	α-Fe_2O_3
	0.29	0.67		7	Spm Fe_2O_3
γ-Fe_2O_3(n)	0.32	-0.01	493	100	γ-Fe_2O_3
γ-Fe_2O_3	0.32	0.01	498	100	γ-Fe_2O_3
Fe_3O_4	0.30	-0.03	498	47	A 型 Fe_3O_4
	0.64	-0.02	457	53	B 型 Fe_3O_4
FeO	1.00	0.29		39	stoichiomentric FeO
	0.91	0.76		48	Non-stoichiomentric $Fe_{1-x}O$
	0.18	-0.01	488	6	A 型 Fe_3O_4
	0.70	-0.04	462	7	B 型 Fe_3O_4

注：A、B 型 Fe_3O_4 分别是顺式、反式尖晶石晶型（在 AB_2O_4 尖晶石型晶体结构中，若 A^{2+} 分布在四面体空隙，而 B^{3+} 分布于八面体空隙，称为正尖晶石；若 A^{2+} 分布在八面体空隙，而 B^{3+} 一半分布于四面体空隙另一半分布于八面体空隙，通式为 B（AB）O_4，称为反尖晶石）。

在 350℃ 和大气压下，通过摩尔比为 200 的 CO_2/H_2 气体来测试氧化铁样品的 CO_2 加氢活性（图 7.8）。在催化甲烷化试验中，CH_4 是气相中发现的唯一含碳产物。乙烷、乙烯、丙烷、丙烯以及甲醇等高级碳氢化合物均未被 FTIR 光谱仪检测到。进口和出口温度之差小于 10K，并且在测试时间内控制压力不变。所有催化剂都遵循一个相似的趋势，即开始时 CH_4 的生成很少，而 CO 的产率很高（图 7.9）。随后，CO 的生成量降低，而 CO_2 的转化率以及 CH_4 选择性增加。对于每个样品，碳的质量平衡用以下公式计算：

$$\Delta n_C = \dot{V} V_m^{-1} \int_0^t \left[y(CO_2)_{in} - y(CO_2)_{out} - y(CO)_{out} - y(CH_4)_{out} \right]$$

t 为流动时间，$\dot{V}$ 为总气体流量，V_m 为摩尔气体体积。

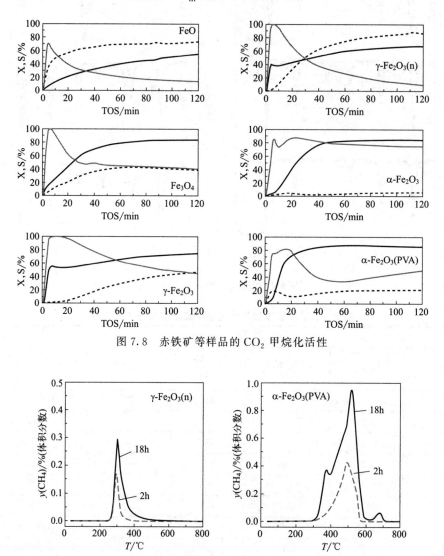

图 7.8 赤铁矿等样品的 CO_2 甲烷化活性

图 7.9 400℃甲烷化 2h 和 18h 后 γ-Fe₂O₃(n) 和 α-Fe₂O₃(PVA) 的 TPH 图用于研究催化剂本身的稳定性

　　为了详细研究 CO_2 甲烷化产生的物质种类，我们进行了温度程序氢化（TPH）研究。通过测量 TPH 记录的 CH_4 量，可以计算出碳沉积量，结果如表 7.2 所示。长期实验（TOS长）增加了碳沉积，这是质量平衡推断出的每个样品的碳沉积量所证明的。然而，TPH 释放的碳量明显小于质量平衡释放的碳量，特别是 α-Fe₂O₃(n) 释放的碳量更明显。这些差异表明，碳质物种在 TPH 下不完全转化为 CH_4，甚至在高达 800℃ 时仍以无活性碳部分的形式存在于催化剂上。此外，铁基催化剂上存在大量碳的加氢行为，这是通过特定 TPH 信号反映的碳质物种所表征的。

　　因此赤铁矿、磁铁矿等的铁氧化物具有极强的二氧化碳甲烷化的能力，是解决温室效应、开创绿色新能源道路的重要途径。

表 7.2 在 400℃ 下 TOS 为 2h 和 18h 时，γ-Fe₂O₃(n) 和 α-Fe₂O₃(PVA) 上形成的碳质物质 (n_C) 的总量

项目	$\gamma\text{-Fe}_2\text{O}_3(\text{n})$		$\alpha\text{-Fe}_2\text{O}_3(\text{PVA})$	
	TOS=2h	TOS=18h	TOS=2h	TOS=18h
$n_{\text{C,TPH}}/\mu\text{mol}$	104	298	845	2226
$n_{\text{C,massbalance}}/\mu\text{mol}$	133	678	850	2380

7.2.2.3 钴基类水滑石光催化还原二氧化碳

类水滑石化合物（LDHs）是具有重要应用价值的新型二维层状材料，其结构可提供多种功能性的阳离子组成以及可调节的能带结构等特性，因此具有极大的光催化还原 CO_2 的应用潜力。LDHs 材料由超薄复合金属板层组成，这种结构有利于载流子的高效扩散和分离，同时其表面裸露的大量羟基基团增强了其对 CO_2 的吸附能力以及对水等溶剂的耐受性。由于这些独特的优势，各种 LDH 材料在 CO_2 光还原领域得到了广泛的研究，如 ZnAl-LDHs[13]、NiAl-LDH[14]、ZnCuGa-LDH、MgIn-LDH[15]、Zn-CrLDH[16] 等。

作为无机二维材料的一种，类水滑石化合物，又被称为层状双金属氢氧化物（LDHs），是一种独特的由带正电的金属氢氧化物板层和板层间的插层阴离子与水分子堆叠而成的阴离子型化合物（结构如图 7.10）。其分子式为：

$$\left[\text{M}_{1-X}^{2+}\text{M}_X^{3+}\text{OH}_2\right]^X \text{A}_{X/n}^{n-} m\text{H}_2\text{O}$$

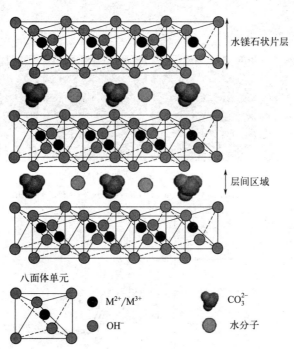

图 7.10 层状双金属氢氧化物（LDHs）的结构示意图[14]

其中，M^{2+} 为二价金属阳离子，如 Mg^{2+}、Zn^{2+}、Co^{2+}、Ni^{2+} 等，M^{3+} 为三价金属阳离子，如 Al^{3+}、In^{3+}、Cr^{3+} 等；X 为 $M^{3+}/(M^{2+}+M^{3+})$ 的摩尔比，通常在 $0.20 \sim 0.44$ 区间内容易形成稳定的 LDHs 结构；A^{n-} 为 n 价插层阴离子，如 CO_3^{2-}、SO_3^{2-}、Cl^-、NO_3^- 以及多金属氧酸盐等，其主体结构类似于水镁石，由正八面体 MO6 共棱排列连接而

成，金属离子占据八面体中心位，其中在类水镁石基础上部分 M^{3+} 取代 M^{2+}，导致主体呈正电荷属性，依赖 A^{n-} 来实现电荷平衡而呈现电中性。因金属板层主体的强共价键构造，其与插层分子间的相互作用（如静电力、氢键和范德华力）相对较弱，所以可在保持阳离子板层结构及组成稳定的前提下，对 LDHs 进行片层剥离或替换层间阴离子以实现目标阴离子。这种特性为 LDHs 材料的改性提供了重要的理论支持。

图 7.11 是几种水滑石的 TEM 图谱，显示了水滑石的六方结构，且元素分布均匀。图 7.12(a) 显示五个样品均表现出 LDHs 的典型特征峰，无杂峰，表明为二元或三元 LDHs 的纯相。除 (003) 和 (006) 晶面特征峰外，$CoAlIn_x$-LDHs 和 CoIn-LDHs 的其他晶面特征峰均有所偏移。五个样品的 (003) 特征峰出现在 $11.6°$ 的位置，c 值为 23.2Å。CoAl-LDHs 的晶格参数 a 约为 3.068Å，不同于 $CoAlIn_x$-LDHs 和 CoIn-LDHs 的 3.202Å，且 $CoAlIn_x$-LDHs 和 CoIn-LDHs 的特性峰强度较高，与其 TEM 图所呈现的更规整的六方晶型结构相符。

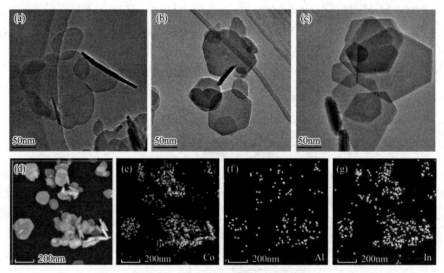

图 7.11　催化剂样品的 TEM 图

（a）CoAl-LDHs；（b）$CoAlIn_6$-LDHs；（c）CoIn-LDHs；（d）～（g）样品 $CoAlIn_6$-LDHs 的元素分布图

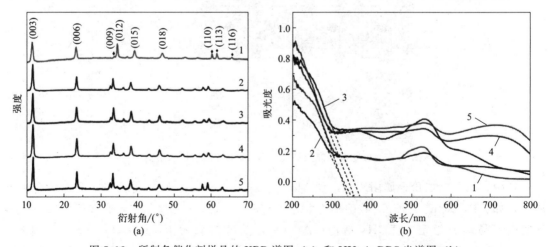

图 7.12　所制备催化剂样品的 XRD 谱图（a）和 UV-vis DRS 光谱图（b）

1—CoAl-LDHs；2—$CoAlIn_3$-LDHs；3—$CoAlIn_6$-LDHs；4—$CoAlIn_9$-LDHs；5—CoIn-LDHs；

通过 UV-vis DRS 表征了 CoAl-LDHs、CoIn-LDHs 和 CoAlIn$_x$-LDHs。各样品紫外吸收边分别为 341.2nm、356.4nm、369.8nm、362.5nm 和 359.7nm，加入 Al^{3+} 和 In^{3+} 增强了光吸收能力。CoAlIn$_6$-LDHs 在 500~580nm 处有一个吸收峰，由 Co^{2+} 的 3d 轨道分裂引起。CoAlIn$_9$-LDHs 和 CoIn-LDHs 在 650~800nm 范围的吸收峰由双金属氧桥（Co^{2+}-O-In^{3+}）间金属对金属的电荷转移引起。CoAl-LDHs 在此范围没有吸收峰响应。因此，CoAlIn$_x$-LDHs 和 CoIn-LDHs 具有较强的可见光吸收性质，有利于光催化 CO$_2$ 还原反应。

通过分析紫外光下还原 CO$_2$ 成甲醇（CH$_3$OH）的产率评价了所制备材料的光催化活性。图 7.13(a) 为各光催化剂的甲醇产率，CoAl-LDHs 和 CoIn-LDHs 的产率较低，分别为 158.45μmol/（g·h）和 169.63μmol/（g·h）。当主体板层中三价金属中心位为 Al^{3+} 与 In^{3+} 共存时，光催化产率明显提高，且 [Al^{3+}]/[In^{3+}] 摩尔比为 1∶6 时（CoAlIn$_6$-LDHs），CH$_3$OH 产率最高达到 233.71μmol/（g·h）。这是由于 CoAlIn$_6$-LDHs 较大的比表面积和富表面氧缺陷的片层结构提供了丰富的中心位点，且其较强的可见光响应以及高效的光生电子-空穴对分离效率增强了其光催化反应效率。当 [Al^{3+}]/[In^{3+}] 摩尔比降低为 1∶9 时，CoAlIn$_9$-LDHs 的光催化甲醇产率降低为 201.82μmol/（g·h），这主要是因为其结构及光电性质更接近二元的 CoIn-LDHs，这一趋势与材料的 BET 及荧光光谱等表征结果一致。

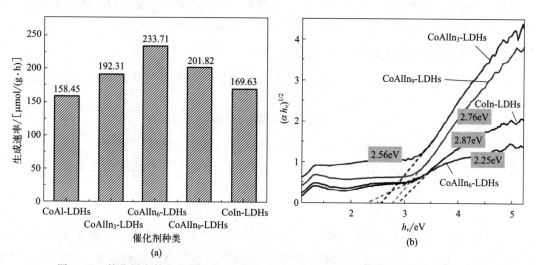

图 7.13　催化剂光催化还原 CO$_2$ 生成的 CH$_3$OH 产率 (a) 催化剂的禁带宽度 (b)

通过催化剂 UV-vis DRS 光谱图，采用以下公式：

$$\alpha h_\nu = A(h_\nu - E_g)^{\eta/2}$$

计算得到对应催化剂带隙，其中 α 值通过 Kubelka-Munk 公式计算获得，η 取决于材料的光跃迁性质（即为直接还是间接带隙半导体），并以 h_ν 为横坐标，$(\alpha h_\nu)^{1/2}$ 为纵坐标绘制出带隙图，为各曲线做切线延伸至 x 轴即得对应半导体材料的禁带宽度（E_g）。适当的半导体禁带宽度既有利于光生电子的跃迁转移，又能抑制光生载流子的复合。如图 7.13(b) 所示，催化剂 CoAlIn$_3$-LDHs、CoAlIn$_6$-LDHs、CoAlIn$_9$-LDHs 和 CoIn-LDHs 的禁带宽度分别为 2.56eV，2.25eV，2.76eV 和 2.87eV，对比可知摩尔比为 [In^{3+}]/[Al^{3+}]=6 时，即三元的 CoAlIn$_6$-LDHs 禁带宽度最窄，最有利于光催化反应效率的提高。

7.2.3 环境矿物材料治理酸雨气体

中国的大气污染属典型的煤烟型污染，以粉尘和酸雨危害最大，酸雨问题实质就是二氧化硫问题。二氧化硫经济损失见表7.3。

表 7.3 中国二氧化硫经济损失 (1995)[18]　　　　　　单位：10^9 人民币

项目	SO₂ 控制区	酸雨控制区	两控区	两控区之外	总计
农作物	12.27	167.70	179.97	37.7	217.67
森林	0.00	775.80	775.8	0.00	775.80
人体健康	65.02	5618	121.20	50.67	171.87
总计	77.59	999.68	1076.9	88.37	1165.3

尽管中国采取了措施来限制二氧化硫排放，但酸雨污染状况仍不容乐观。2000 年，157个城市出现酸雨，占 61.8%，其中 92 个城市年均 pH 值小于 5.6。酸雨面积占国土面积的30%。中国的二氧化硫排放量从 1990 年的 1495 万吨增加到 1995 年的 2370 万吨，2000 年全国废气中二氧化硫排放总量为 1995 万吨，其中工业来源排放量 1612 万吨。2004 年全国二氧化硫的排放量达到了 2254.9 万吨。我国酸雨的化学特征是 pH 值低，硫酸根离子浓度高于欧美，铵根离子和钙离子浓度也较高，硝酸根离子浓度较低，属典型的硫酸型酸雨。因此，控制二氧化硫排放总量是抑制中国酸雨污染发展的关键所在。

7.2.3.1 石灰石-石膏法吸收二氧化硫

石灰石湿法烟气脱硫反应机理复杂，主要反应为烟气中的二氧化硫先溶解于吸收液中，然后离解成氢离子和亚硫酸氢根离子。主要如下：

$$SO_2(g) \longrightarrow SO_2(aq)$$
$$SO_2(aq) + H_2O \rightarrow H_2SO_3 \longrightarrow H^+ + HSO_3^- \rightarrow 2H^+ + SO_3^{2-}$$

第一步是速度控制过程之一。在吸收塔下部的浆液池中，亚硫酸氢根离子（HSO_3^-）被通入的空气强制氧化为硫酸根（SO_4^{2-}）

$$HSO_3^- + 1/2O_2 \longrightarrow SO_4^{2-} + H^+$$

上面的氧化反应要求 pH 值小于 5.5。在自然氧化工艺中，亚硫酸氢根离子（HSO_3^-）氧化不完全。在浆液池中将是由亚硫酸根离子（SO_3^{2-}）和亚硫酸氢根离子（HSO_3^-）等组成的缓冲浆液系统。石灰石溶解度是非常低的，其溶解反应式为：

$$CaCO_3 \longrightarrow Ca^{2+} + CO_3^{2-}$$
$$H^+ + SO_4^{2-} + Ca^{2+} + CO_3^{2-} + 2H_2O \longrightarrow CaSO_4 \cdot 2H_2O(s) + HCO_3^-$$

石膏的产生使石灰石进一步溶解，同时氢离子和碳酸氢根离子结合产生二氧化碳和水；

$$H^+ + HCO_3^- \longrightarrow CO_2(ag) + H_2O$$
$$CO_2(aq) \longrightarrow CO_2(g)$$

浆液池中是由石灰石、碳酸氢钙和石膏等组成的浆状混合物，其部分被强制循环，部分作为产物排出，同时补充新鲜的石灰石浆液以维持 pH 值的稳定。以上反应主要在吸收塔内发生。其物理和化学过程可表示如下：

$$SO_2(g) + CaCO_3(s) + 1/2O_2(g) + 2H_2O(l) \longrightarrow CaSO_4 \cdot 2H_2O(s) + CO_2(g)$$

由于石灰石脱硫剂含有多种物质，烟气中含有多种气体，飞灰中也有多种物质，因此用石灰石浆液脱除烟气中的二氧化硫是一个复杂的体系。研究表明，这些物质可以在溶液中相互作用，生成多种中性离子和固体物质。脱硫反应的基础是溶液中 H^+ 的生成，它促进了 Ca^{2+} 的生成，因此喷淋塔内二氧化硫吸收速率的过程非常复杂，受到多种因素的影响。因此，湿式脱硫工艺应该不仅关注吸收液 pH 值的稳定控制，还应加强对石灰石湿法脱硫机制的研究，以指导脱硫塔的设计。

根据文献[19]，下面介绍一下模型的简化与假设条件。

和石灰石溶解模型相似，由于喷淋塔内的情况复杂，完全真实地模拟烟气脱硫化学反应和二氧化硫吸收过程和石灰石的溶解一样困难。为了建立喷淋塔内二氧化硫吸收模型，综合前面的分析和前人试验结论，首先假设：

① 假设烟气处于理想状态，忽略因水蒸气的蒸发及物质的吸收而导致烟气流速的改变。

② 根据双膜理论，传质阻力集中在膜内，所以反应物在液相本体内无浓度梯度。

③ 石灰颗粒为实心的球体，表面无孔且均匀分散在液相中，溶解过程遵循缩芯原理。

④ 不考虑生成物对石灰石溶解的影响，假定生成物产生就扩散到液相本体中。

⑤ 忽略反应热和吸收剂溶解热，假定反应过程中温度恒定。

⑥ 由于烟气中的含氧量不高，而且浆液滴在喷淋塔内吸收区的停留时间有限，因此不考虑自然氧化过程。

根据双膜理论，喷淋塔内二氧化硫吸收过程可分为三个阶段：气膜扩散、气液膜扩散和固体溶解扩散。每个阶段在传质过程中的作用不同。下面将讨论这三个过程并建立二氧化硫吸收模型。

（1）气膜控制　在脱硫塔顶部，由于二氧化硫分压小和石灰石浆液浓度高，气液交界面的瞬间反应为主要反应。因此，二氧化硫主要通过气膜扩散，反应阻力受气膜控制，可根据双膜理论进行判断。此时二氧化硫的传质速率为：

$$n_A = a_D k_{Ag} P_A$$

积分可得：

$$\int_0^{t_1} n_A = \int_0^{t_1} a_D k_{Ag} P_A$$

时间 t_1 内的总二氧化硫量为 $P_A t_1$，则脱硫效率为：

$$\eta_1 = \frac{\int_0^{t_1} a_D k_{Ag} P_A}{P_A t_1}$$

即：

$$\eta_1 = a_D k_{Ag}$$

（2）气液膜共同控制　随着反应进行，沿着脱硫塔方向，石灰石溶解量减少，二氧化硫浓度增加。反应起始于气液界面处液膜内某一位置。因此，二氧化硫吸收阻力受气液膜共同控制，特别是在气液界面处的气膜中：

$$n_A = k_{Ag} a_D (P_A - P_{A1})$$

在气液界面处的液膜中：

$$n_A = k_{Al} a_D C_{Ai} \left(1 + \frac{D_B C_{BL}}{D_A C_{Ai}}\right)$$

在固体周围的液膜中：

$$n_B = k_s a_p (C_{BS} - C_{BL})$$

为消去中间变量 C_{BL} 和 C_{Ai}，根据计量关系，在稳态时应有

$$n_A = n_B$$

由亨利定律得：

$$P_{Ai} = \frac{C_{Ai}}{H}$$

由上式可推导二氧化硫的吸收速率为：

$$n_A = \frac{k_{BL}a_D C_{BS} + k_{AL}a_D HP_A}{\left(\frac{k_{AL}H}{k_{Ag}} + 1\right) + \frac{k_{BL}a_D}{k_s a_p}}$$

由此式可得石灰石转化率 x 在气液膜控制时转化率和时间的关系为：

$$x = \frac{(k_{BL}a_D C_{BS} + k_{AL}a_D HP_A)M}{W_0\left(\frac{k_{AL}H}{k_{Ag}} + 1\right)}$$

转化率 x 和石灰石粒径的关系是：

$$x = \frac{W_0 - W}{W_0} = 1 - \left(\frac{d_p}{d_{p_0}}\right)^3$$

悬浮颗粒的总表面积为：

$$a_p = \frac{1}{4}n\pi d_p^2$$

式中，d_{p_0} 为石灰石颗粒初始平均直径，m；W_0 为石灰石起始质量，kg；W 为石灰石质量，kg；n_A、n_B 分别为传质速率，kmol/s；k_{Ag}、k_{AL} 分别为二氧化硫气膜和液膜传质系数，m/s；k_{BL} 为石灰石液膜传质系数，m/s；a_D 为浆滴总表面积，m^2；a_p 为悬浮颗粒表面积，m^2；C_{BS} 为石灰石饱和溶解度，$kmol/m^3$；H 为亨利系数，$P_a \cdot m^3/mol$；P_A 为气相主体处的二氧化硫分压，kPa。

为得到二氧化硫吸收速率和时间的关系，将上述公式结合，可以得到

$$\frac{dn_A}{dt} = \frac{k_{BL}a_D C_{BS} + k_{AL}a_D HP_A}{\left(\frac{k_{AL}H}{k_{Ag}} + 1\right) + \frac{k_{BL}a_D}{k_s a_{p0}}(1 - \frac{4}{3}\frac{(k_{BL}a_D C_{BS} + k_{AL}a_D HP_A)M}{\left(\frac{k_{AL}H}{k_{Ag}} + 1\right)W_0}t)^{\frac{2}{3}}}$$

此为积分上式，令：

$$A_1 = k_{BL}a_D C_{BS} + k_{AL}a_D HP_A$$

$$B_1 = \left(\frac{k_{AL}H}{k_{Ag}} + 1\right)$$

$$C_1 = \frac{k_{BL}a_D}{k_s a_{p0}}$$

$$\alpha = \frac{4}{3}\frac{(k_{BL}a_D C_{BS} + k_{AL}a_D HP_A)M}{\left(\frac{k_{AL}H}{k_{Ag}} + 1\right)W_0}$$

则积分上式变为：

$$\frac{dn_{A_2}}{dt} = \frac{A_1}{B_1 + \dfrac{C_1}{(1-\alpha t)^{2/3}}}$$

$$dn_{A_2} = \frac{A_1(1-\alpha t)^{2/3}}{(1-\alpha t)^{2/3}B_1 + C_1}t$$

$$dn_{A_2} = -\frac{1}{\alpha}\frac{A_1(1-\alpha t)^{2/3}}{(1-\alpha t)^{2/3}B_1 + C_1}d(1-\alpha t)$$

令 $1-\alpha t = u$，则上式变为：

$$dn_{A_2} = -\frac{1}{\alpha}\frac{A_1 u^{\frac{2}{3}}}{u^{\frac{2}{3}}B_1 + C_1}du$$

$$dn_{A_2} = -\frac{A_1}{\alpha}\int_{u_1}^{u_2}\frac{1}{B_1}du + \int_{u_1}^{u_2}\frac{1}{B_1 u^{2/3} + C_1}du$$

令 $x = u^{1/3}$，则 $du = 3x^2 dx$。

所以 $\int_{u_1}^{u_2}\dfrac{1}{B_1 u^{2/3} + C_1}du$ 变为 $\int_{x_1}^{x_2}\dfrac{3x^2}{B_1 x^2 + C_1}du$

积分可得 $\int_{x_1}^{x_2}\dfrac{3x^2}{B_1 x^2 + C_1}d_x = 3\int_{x_1}^{x_2}\dfrac{1}{B_1}d_x - \dfrac{C_1}{B_1}\int_{x_1}^{x_2}\dfrac{1}{C_1 + B_1 x^2}d_x$

即：

$$\int_{x_1}^{x_2}\frac{3x^2}{B_1 x^2 + C_1}d_x = \frac{3x}{B_1}(x_2 - x_1) - \frac{3C_1}{B_1\sqrt{B_1 C_1}}\tan^{-1}\sqrt{\frac{B_1}{C_1}}(x_2 - x_1)$$

上式积分可得：

$$\int dn_{A_2} = \frac{3A_1}{B_1}(t_1 - t_2) + \frac{3A_1 C_1}{\alpha B_1^2}\left[(1-\alpha t_2)^{\frac{1}{3}} - (1-\alpha t_1)^{\frac{1}{3}}\right]$$

$$-\frac{3A_1 C_1\sqrt{C_1}}{\alpha B_1^2\sqrt{B_1}}\tan^{-1}\left\{\sqrt{\frac{B_1}{C_1}}\left[(1-\alpha t_2)^{\frac{1}{3}} - (1-\alpha t_1)^{\frac{1}{3}}\right]\right\}$$

通过泰勒公式整理上式得：

$$\int dn_{A_2} = \frac{A_1}{\alpha C_1}(1-\alpha t)^{\frac{5}{3}}$$

所以脱硫塔内脱硫效率随脱硫塔高度的变化为：

$$\eta_2 = \frac{\int d_{nA_2}}{HP_A t} = \frac{\dfrac{A_1}{\alpha C_1}(1-\alpha t)^{\frac{5}{3}}}{HP_A t} = \frac{A_1\left(1-\alpha\dfrac{L}{v}\right)^{\frac{5}{3}}}{\alpha C_1 HP_A L}$$

（3）固体溶解控制　在喷淋塔内，随着液滴下降，底部二氧化硫浓度高，而石灰石溶解量逐渐减少。因此，二氧化硫吸收过程受石灰石溶解速率影响大。当二氧化硫到达气液界面并达到饱和溶解度 C_A 时，可以忽略气膜传质阻力，固液传质成为主要阻力。

在气液界面处的液膜中二氧化硫吸收速率为：

$$n_A = k_{AL}a_D(C_A - C_{AL})$$

在固体周围的液膜中二氧化硫吸收速率为

$$n_A = k_{AL} a_p C_{AL}$$

在固体周围的液膜中石灰石溶解速率为

$$n_B = k_S a_p \left(1 + \frac{D_A C_{AL}}{D_B C_{BS}} \right)$$

同理我们根据稳态时 $n_A = n_B$，由上三式消去 C_{AL}、C_{BL} 可以得到固体溶解控制时二氧化硫吸收速率的表达式：

$$n_A = \frac{k_{BL} a_D C_{BS} + k_{AL} a_D C_A}{1 + \dfrac{k_{BL}}{k_S} \dfrac{a_D}{a_p}}$$

石灰石转化率：

$$x = \frac{W_0 - W}{W_0} = 1 - \left(\frac{d_p}{d_{p0}} \right)^3$$

悬浮颗粒总表面积：

$$a_p = \frac{1}{4} n \pi d_p^2$$

代入可得：

$$dn_A = \frac{k_{BL} a_D C_{BS} + k_{AL} a_D C_A t^2}{1 + \dfrac{k_{BL} a_D}{k_S a_{p0} \left(1 - \dfrac{M k_S (k_{BL} C_{BS} + k_{AL} C_A)}{4 k_{BL} \rho d_{p_0}} \right)^2}} dt$$

为积分式令：

$$A_2 = k_{BL} a_D C_{BS} + k_{AL} a_D C_A$$

$$B_2 = \frac{k_{BL} a_D}{k_S a_{p0}}$$

$$\beta = 1 - \frac{M k_S (k_{BL} C_{BS} + k_{AL} C_A)}{4 k_{BL} \rho d_{p0}}$$

则可化简为：

$$dn_{A_3} = \frac{A_2}{1 + \dfrac{B_2}{\beta^2 t^2}} d$$

同理积分上式得：

$$\int dn_{A_3} = \int_{t_2}^{t_3} \left(A_2 t - \frac{A_2 \sqrt{B_2}}{\beta^2} \tan^{-1} \frac{t}{\sqrt{\dfrac{B_2}{\beta^2}}} \right)$$

利用泰勒公式整理得：

$$\int dn_{A_3} = \frac{A_2 \beta^2}{3 B_2} t^3$$

则脱硫效率的表达式为：

$$\eta_3 = \frac{\int dn_{A_3}}{P_A t} = \frac{A_2 \beta^2 t^3}{3 B_2 P_A t} = \frac{A_2 \beta^2 t^2}{3 B_2 P_A} = \frac{A_2 \beta^2 L^2}{3 B_2 P_A v^2}$$

本部分内容全面阐述了目前喷淋塔内二氧化硫吸收模型的研究进展，在前人的基础上运用传质理论对喷淋塔内二氧化硫的吸收过程建立了动态数学模型，该模型考虑了喷淋塔内石灰石溶解特性的变化，及其对二氧化硫吸收的影响，模型计算结果与实验结果相对吻合较好，对喷淋塔的工业应用起到了一定的指导作用。

利用建立的二氧化硫吸收模型，对喷淋脱硫系统中不同入口距离、入口二氧化硫浓度、烟气流速、液气比、浆液喷淋强度和粒径对脱硫效率的影响进行数值计算。结果表明：

在同一喷淋塔内相同风速下，脱硫效率随塔高上升，但上升速率随塔高下降；脱硫效率随入口二氧化硫浓度的增加而逐渐减小，可通过调整喷淋层运行模式及喷淋强度等措施应对入口二氧化硫浓度变化；模型和实验均表明气比增加时脱硫效率也增加；脱硫效率在风速一定时随浆液喷淋强度的增加而增加，在相同的喷淋强度下，脱硫效率随塔径的增加而增加；脱硫效率随风速的增大而减小。

模型显示随着浆液粒径的增大脱硫效率逐渐减小，在浆液粒径为 3.5～35mm 时，脱硫效率下降不明显，因此实际喷淋系统中浆液粒径一般按 2.5～3.5mm 选取。

7.2.3.2 氧化锰矿浆脱除烟气二氧化硫

传统的石灰石-石膏法烟气脱硫不仅成本高，还会产生大量二次污染物。相比之下，氧化锰矿湿法脱硫不仅能脱除 SO_2，还能将矿粉中的锰浸出生成硫酸锰。为了实现电解阳极液的循环配浆并满足脱硫达标排放与高锰浸出率的要求，结合电解锰企业生产特点与锰渣煅烧烟气高浓度 SO_2 特性，提出了以氧化锰矿为脱硫原料、电解阳极液配浆直接脱硫的新工艺。该工艺省去了二氧化硫制备硫酸、氧化锰矿还原焙烧、硫酸酸浸锰矿 3 个工艺单元，显著降低了投资和运行成本，具有较好的应用前景。

实验研究表明，随着脱硫时间的增加，烟气中 SO_2 越高，脱硫率越低，而锰浸出率增加。因此，应采用多级逆流方式实现高效脱硫和深度浸锰的目标。脱硫率随着氧化锰粒径的减小而增高，粒径应小于 120 目。烟气脱硫操作温度控制在 50～80℃，液固比宜选取 9：1～6：1。处理装置的进气流量对脱硫浸锰的效率具有较佳值，本实验装置选择 2.0m^3/min。采用模拟电解阳极液对 7% 的模拟烧烟气进行的 5 级氧化锰浆脱硫实验表明，在液固比为 9：1、锰矿粒径为 200 目、温度 50℃时，前 4 级脱硫时间 20min，第 5 级 100min 下，SO_2 出口浓度为 111.4mg/m^3，矿浸出率为 93.12%，浆液中 Mn^{2+} 浓度为 46.26mg/L，连二硫酸锰浓度为 4.0g/L。

总之，以氧化锰矿为脱硫原料、电解阳极液配浆来直接脱硫的新工艺是一种集脱硫浸锰为一体的新方法，与传统的硫资源利用方式相比，投资和运行成本显著降低，具有较好的应用前景，如图 7.14 所示。

烟气进出口 SO_2 浓度采用酸碱滴定法进行测定。以 3.0% 的 H_2O_2 溶液为吸收剂，甲基

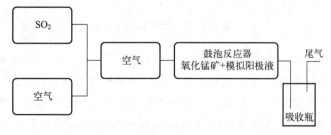

图 7.14　氧化锰矿（模拟阳极液）脱硫工艺实验流程

橙-溴甲酚绿为指示剂，用 NaOH 标准溶液进行滴定，溶液由酒红色变为亮绿色为滴定终点。SO_2 出口浓度可按下式进行计算：

$$c_{(SO_2)} = \frac{1}{2} \times \frac{(V_{(NaOH)} - V_{空白}) \times c_{(NaOH)}}{V_{gas}} \times 22.4 \times \frac{101.325T}{273P} \times 10^{-1}$$

式中，$c_{(SO_2)}$ 为 SO_2 浓度，%；$c_{(NaOH)}$ 为 NaOH 标准溶液浓度，mol/L；V_{gas} 为混合气体采样体积，L；$V_{(NaOH)}$ 为滴定消耗的 NaOH 标准溶液体积，mL；$V_{空白}$ 为消耗的 NaOH 标准溶液体积，mL；T 为温度，K。

氧化锰矿在不同 SO_2 进口浓度下脱硫率和浸锰率随时间的变化情况见图 7.15。在氧化锰矿脱硫过程中，主要发生脱硫反应，即 MnO_2 与 SO_2 反应生成 $MnSO_4$。与此同时会伴随着副反应的发生，生成 MnS_2O_6。

$$MnO_2 + SO_2(aq) \longrightarrow MnSO_4$$
$$MnO_2 + 2SO_2(aq) \longrightarrow MnS_2O_6$$

此外，SO_2 会与 H_2O 以及 O_2，发生反应生成 H_2SO_4。同时，生成的 Mn^{2+} 作为催化剂催化 H_2SO_4 的生成反应。

$$SO_2(g) \longrightarrow SO_2(aq)$$
$$SO_2 + H_2O \longrightarrow H_2SO_3$$
$$2H_2SO_3 + O_2 \longrightarrow 2H_2SO_4$$
$$SO_2(aq) + \frac{1}{2}O_2(aq) + H_2O \xrightarrow{Mn^{2+}} H_2SO_4$$

而锰矿中的 $MnCO_3$ 则主要与溶液中的 H_2SO_4 发生反应生成 $MnSO_4$，完成浸锰过程。锰矿中的 Mn_2O_3 则主要与 H_2SO_4 发生反应生成 MnO_2 和 $MnSO_4$，而生成的 MnO_2 则可进一步与 SO_2 反应生成 $MnSO_4$。

$$MnCO_3 + H_2SO_4 \longrightarrow MnSO_4 + CO_2 + H_2O$$
$$Mn_2O_3 + H_2SO_4 \longrightarrow MnSO_4 + MnO_2 + H_2O$$

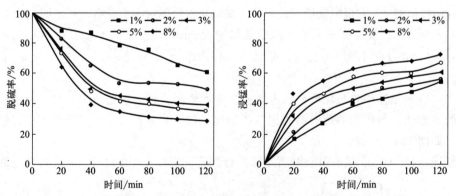

图 7.15　氧化锰矿在不同 SO_2 进口浓度下脱硫率和浸锰率随时间的变化

锰渣煅烧烟气中 SO_2 浓度较高，采用氧化锰矿进行脱硫，要求出口 SO_2 浓度达标，锰浸出率>90%，单级脱硫无法满足要求，采用多级锰浆脱硫系统进行处理。电解阳极液配制的氧化锰矿浆从最后一级吸收装置加入，反向逐级流入前一级吸收装置，第一级排出。烟气和锰浆采用此种流动方式，可保证系统具有较高脱硫效率和锰浸出率。处理后 SO_2 浓度<0.2%，再深度处理达标排放。实验表明 5 级吸收装置可取得较好效果，入口浓度依次为

0.1%、1.0%、3.0%、5.0%以及 8.0%，条件为总气量 2m³/min，液固比 9:1，模拟阳极液 2L，锰矿粒径 200 目，温度 50℃，前 3 级吸收时间 20min，最后 2 级吸收时间 120min。

7.2.3.3 天然矿物颗粒与 NO₂ 的非均相反应

NO₂ 是大气中的重要污染物之一，其体积浓度可高达几百 ppb（十亿分之一），尤其在东亚地区。它与矿物颗粒的非均相反应对大气有重要作用。首先，该反应可通过改变 NO₂ 浓度促进 HONO 形成，影响大气光化学性质。其次，反应可改变矿质颗粒物的性质，如硝酸盐可能改变其吸湿性和云凝结核活性。最后，生成的硝酸盐可能是海洋生态系统的重要营养来源。大气中 NO 会与不同矿质颗粒物组分发生非均相反应，主要包括矿质氧化物、含铁矿物、碳酸盐、黏土矿物和沙尘[20]。

(1) NO₂ 与伊利石的反应　硝酸盐相对含量为反应后硝酸盐质量与矿质颗粒物质量比，未扣除伊利石自身硝酸盐背景。图 7.16 显示了不同反应湿度下 NO₂ 与伊利石反应后硝酸盐相对含量随时间变化。反应湿度＜1% 时，硝酸盐相对含量基本接近且平均为 (0.41± 0.01)%。反应湿度 20% 时，硝酸盐生成量小幅增加，反应时间由 3h 延长至 6h 时，硝酸盐相对含量由 (0.51±0.02)% 增加至 (0.54±0.05)%，反应时间继续延长至 12h 和 24h 时，硝酸盐相对含量不再增加，表明在 20% 湿度条件下反应在前 6h 已达到饱和。

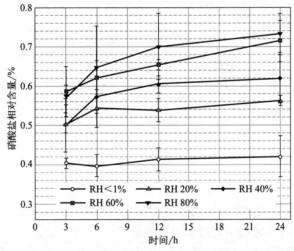

图 7.16　不同湿度下 NO₂ 与伊利石非均相反应后硝酸盐相对含量随反应时间的变化

当反应湿度在 40%～80% 之间时，硝酸盐相对含量小幅增长，相比湿度小于 1% 的情况，该湿度范围内硝酸盐相对含量至少高 0.1 个百分点。相同时间下，随着反应湿度提高硝酸盐相对含量略微增加；而相同湿度下，随着时间延长硝酸盐相对含量也小幅增长，最大为 (0.73±0.05)%。反应湿度提高有助于矿质颗粒物表面吸附更多水分子，进而有助于生成硝酸盐。总体来看，随着反应湿度上升硝酸盐相对含量增加并最大达约 0.73%，当湿度为 40%～80% 时，反应时间延长对硝酸盐相对含量有小幅促进作用。本书用硝酸盐生成速率表示 NO₂ 平均反应摄取系数。根据图 7.16 结果，利用 BET 比表面积归一化后，计算出不同反应湿度下 (0%～80%)10±0.5ppm NO₂ 与伊利石在反应前 3h 的 NO₂ 平均反应摄取系数，见表 7.4。

表 7.4　反应前 3h 在伊利石颗粒物表面的平均摄取系数 γ（NO_2）

反应湿度	$\gamma(NO_2)/\times 10^{-8}$
<1%	0.44±0.01
20%	0.56±0.03
40%	0.55±0.08
60%	0.65±0.07
80%	0.64±0.03

（2）NO_2 与高岭土的反应　反应前高岭土不含硝酸盐，含少量硫酸盐。与浓度为 $10\pm0.5mg/L$ NO_2 反应后生成硝酸盐，图 7.17 显示反应后高岭土中硝酸盐相对含量随反应时间的变化。在不同湿度条件下，硝酸盐的相对含量随反应时间的延长呈小幅度增加，当反应时长为 12h 时达到饱和。在相同反应时长下，硝酸盐的相对含量随反应湿度提高呈小幅度增加趋势。当湿度由 <1% 提高至 60% 时，反应 12h 后硝酸盐的相对含量由（0.32±0.02）% 增加至（0.52±0.03）%。

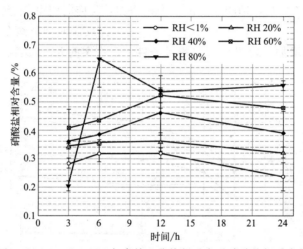

图 7.17　不同湿度下 $10\pm0.5mg/L$ NO_2 与高岭土非均相反应后硝酸盐相对含量随反应时间的变化

当湿度为 90% 时，反应 3h 后硝酸盐相对含量为（0.20±0.02）%，反应 6h 后达到最大，为（0.65±0.10）%，之后不再增加。与湿度 <90% 结果相比，较高湿度条件下反应提前达到饱和并生成更多硝酸盐（反应时长为 3h 的结果除外）。与 NO_2 与伊利石的结果相比，伊利石中硝酸盐相对含量略高于高岭土，二者最大相差不足 0.08 个百分点。因此，NO_2 非均相反应对伊利石和高岭土中硝酸盐生成的贡献均有限。

（3）NO_2 与蒙脱石的反应　蒙脱石与 $10\pm0.5mg/L$ NO_2 反应后生成硝酸盐。在不同条件下，反应后蒙脱石中硝酸盐的相对含量随反应时间的变化结果如图 7.18 所示。反应湿度 <1% 时，硝酸盐的相对含量随反应时间的增加显著增加，反应至 12h 时硝酸盐的含量可达（2.49±0.22）%，而当反应时间延长至 24h 时，硝酸盐的含量为（1.76±0.41）%。反应湿度为 20%～80% 时，硝酸盐的相对含量随反应时间的延长也呈显著增加趋势，但未达到饱和。以湿度为 60% 的反应为例，当反应时长由 3h 延长至 24h 时，硝酸盐的相对含量由（0.83±0.06）% 增加至（2.38±0.15）%。对于相同反应时长下的反应，不同反应湿度对硝酸盐相对含量无显著影响。与已有研究相比，蒙脱石与 NO_2 的非均相反应对硝酸盐贡献大

于伊利石和高岭土，但小于 $CaCO_3$。

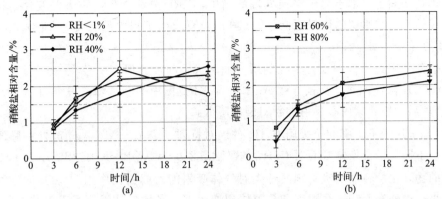

图 7.18　不同湿度下 $10\pm0.5mg/L$ NO_2 与蒙脱石非均相反应后硝酸盐相对含量随反应时间变化

反应前蒙脱石在空白膜上覆盖 0.1 层。根据硝酸盐相对含量估算 24h 后蒙脱石表面硝酸盐的覆盖率在湿度<1%时约为 0.27，在湿度为 20%时约为 0.35，湿度为 40%时约为 0.39，湿度为 60%时约为 0.36，湿度为 80%时约为 0.32。尽管蒙脱石生成的硝酸盐最大含量大于伊利石和高岭土，但由于蒙脱石 BET 比表面积大，其表面硝酸盐覆盖率仅略高。因此，与伊利石和高岭土相比，蒙脱石与 NO_2 非均相反应对硝酸盐贡献更大。

7.2.4　环境矿物材料治理有机气体

7.2.4.1　离子交换的蒙脱石吸附乙烯

天然膨润土的组成（质量分数）如下：60.22% SiO_2；20.83% Al_2O_3；3.23% Fe_2O_3；4.67% MgO；2.36% CaO；0.30% Na_2O；1.82% K_2O；6.22% LOI（烧失量）将样品粉碎、研磨、过筛，通过<63μm 的筛子。为了确定吸附性能的变化，将膨润土样品在摇床中用 100mL 的 1mol/L KNO_3、$LiNO_3$、$AgNO_3$ 和 $Mg（NO_3）_2$ 溶液在 90℃下处理 4h。处理后，将样品分离并用热蒸馏水洗涤数次，在室温下干燥，然后在 100℃的烘箱中干燥 20h，保存在干燥器中。将改性后的样品分别记为 K-B、Li-B、Ag-B 和 Mg-B。

原料（B）和离子交换膨润土样品的粉末 XRD 谱图如图 7.19 所示。样品 B 主要由蒙脱

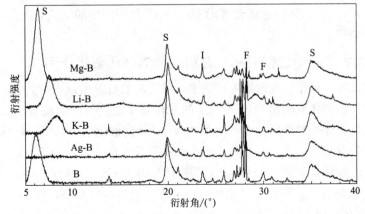

图 7.19　文献［24］给出的蒙脱石基样品 B、Ag-B、K-B、Li-B 和 Mg-B 样品的
XRD 图谱（S：蒙脱石；F：长石；I：伊利石）的 XRD 图

石组成。此外，样品中还含有云母/伊利石和长石。由蒙脱石的 d_{001} 间距（14.45Å）可知，原材料为钙基膨润土。由于离子交换处理的结果，XRD 迹线发生了很大的变化，特别是由于蒙脱石层间空间中水层的数量不同，001 峰的位置发生了很大的变化。Ag-B、K-B、Li-B 和 Mg-Bd 的晶格间距是：$d_{001Mg-B}$（14.04Å）＞$d_{001Li-B}$（11.89Å）＞d_{001K-B}（10.73Å）。d_{001} 间距值随着阳离子价和水合半径的增大而增大，与前人研究一致[21-23]。另一方面，与 1mol/L AgNO$_3$ 溶液的离子交换导致 Ag-B 样品 XRD 图中的 001 峰消失（图 7.19）。此外，AgNO$_3$ 处理后，柱状蒙脱石反射的相对强度降低。

在 100kPa 压力下，膨润土吸附 C_2H_4 的绝对量列于表 7.5。经 Ag$^+$ 改性的膨润土吸附乙烯最多。不同离子交换蒙脱石对 C_2H_4 的吸附量依次为 Ag-B＞K-B＞B＞Li-B＞Mg-B。吸附质气体的物理化学特性及吸附剂的种类对气体吸附能力起关键作用[24]。层间空间、交换阳离子大小、内外表面积、孔隙度和孔隙体积变化都会导致气体滞留显著变化。除了 Ag-B 外，C_2H_4 保留量随着比表面积增加而增加。Ag$^+$ 在蒙脱石中交换显著影响其气体吸附行为，Ag-B 样品对乙烯表现出优先吸附。然而，Ag-B 样品的比表面积适中（72m^2/g），吸附选择性归因于 C_2H_4 的 π 电子与银离子之间的特异性相互作用[25-27]。由于 π 电子的存在，高极化率和四极矩，乙烯与 Ag-B 表面的相互作用比其他离子交换形式更强烈。本书测定的 Ag-B 对 C_2H_4 的吸附量为 1.817mmol/g（273K）。

表 7.5　几种蒙脱石样品的氮气吸脱附数据以及乙烯吸附量

样品	BET 表面/(m^2/g)	微孔表面/(m^2/g)	微孔体积/(m^3/g)	C_2H_4 吸附量/(mmol/g)
B	71	29.6	0.012	0.292
Ag-B	72	27.2	0.011	1.817
K-B	98	41.3	0.017	0.335
Li-B	92	32.6	0.013	0.240
Mg-B	72	26.9	0.011	0.201

由于层间阳离子和层间空间中水层数不同，样品的 XRD 谱图不同且观察到不同的 d 间距。碱处理过的膨润土 B 比表面积大于原始膨润土 B。天然膨润土与 KNO$_3$、LiNO$_3$、AgNO$_3$ 和 Mg(NO$_3$)$_2$ 进行离子交换并洗涤，显著提高了 C_2H_4 和 H$_2$ 的比表面积和滞留率。研究发现，K$^+$ 处理的膨润土适合吸附 H$_2$，Ag$^+$ 处理的膨润土适合吸附 C_2H_4，因此可用于食品储存和储能方面的应用。

7.2.4.2　层状水滑石衍生物对尾气有机气体的催化氧化作用

VOCs 是雾霾和臭氧等空气污染主要因素，对人类和自然生命也有危害。在相对较低的操作温度下，非均相催化氧化是消除 VOCs 的最佳技术之一，副产物较少。传统上，负载贵金属和金属氧化物体系被研究为两种类型的 VOC 燃烧催化剂。以 LDHs 为前体，开发过渡金属氧化物作为贵金属催化剂的替代品已经取得了很大的进展。LDHs 是一类阴离子黏土材料，由带正电的金属氢氧化物层和层间阴离子 NO$_3^-$、CO$_3^{2-}$ 组成，可表示为 M$_{1-x}^{2+}$M$_x^{3+}$(OH)$_2$(A^{n-})$_{x/n}$·mH^{2}O。LDHs 的结构可以识别为水镁石结构[Mg(OH)$_2$]中部分取代的 Mg^{2+} 阳离子与三价金属，如 Al^{3+}。金属阳离子在类水镁石层中以有序、均匀的方式分散。用 Zn^{2+}、Ni^{2+}、Cu^{2+}、Co^{2+} 或 Fe^{3+}、Cr^{3+}、Mn^{3+} 部分或全部替代 Mg^{2+} 或 Al^{3+} 阳离子，可获得多种 LDH 材料。LDH 基材料具有良好的光催化性能。

（1）基于混合金属氧化物（MMO）的 VOC 催化剂　许多种活性过渡金属可纳入 LDHs 主层。不同温度煅烧得到的 MMO 对 VOCs 具有良好的催化活性。制备因素影响结构。Mn_6Al_2HT 对甲苯氧化活性最高，二价阳离子在保证 VOC 氧化效率方面起着关键作用。

混合氧化物协同作用导致结构和性能变化。Jiratova 等[28] 分析了阳离子组成对 LDH 中乙醇氧化的影响。含锰三元混合氧化物催化剂比其他催化剂活性更高，CuNiMn 混合氧化物催化剂表现出最好的氧化活性。Li 等人[29] 报道了用于苯氧化的 CoCuAl 尖晶石氧化物，通过共沉淀法合成，并在 500℃下煅烧。混合氧化物优化了物理化学和催化性能，Co/Mn/Mg/Al 催化剂对 VOCs 降解活性的顺序为丁醇＜乙醇＜甲苯[30]。

Li 等人[31,32] 在 400℃下煅烧后，通过相应的 LDH 共沉淀，构建了一系列 Cu 或 Ni 掺杂的 CuNiCo 催化剂，并系统地评估了主体层内的摩尔比（Cu/Ni：Co）与它们的苯减除性能之间的关系（图 7.20）。Cu_xCo_3-$xAlO$ 催化剂由 CuO 和 Co_3O_4 混合相组成，而 Ni_xCo_3-$xAlO$ 催化剂由 Co_3O_4 相组成，不含 NiO 相，揭示了固溶体的形成。苯的氧化活性均呈火山状，表明存在 Cu 或 Ni 掺杂。可以得出结论，掺杂会通过 Cu/Ni 与 Co 的配位引起催化剂的还原性和表面氧的变化。Zhao 等[33] 研究了 Co/Al 摩尔比和煅烧温度对丙酮氧化的影响。当 $T_{90}=225℃$ 时，5：1 的 CoAlO-300 催化剂在丙酮氧化中表现良好。Co/Al 摩尔配比通过影响表面 Co^{3+}/Co^{2+} 的摩尔比和低温还原性来影响活性。

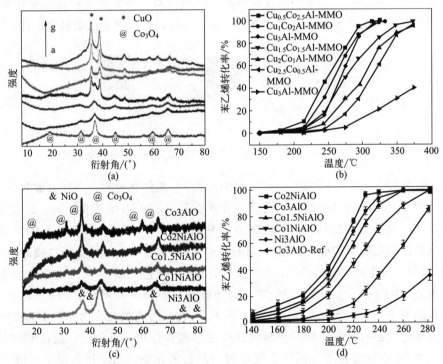

图 7.20　CoCuAlO 和苯转化率随温度变化的 XRD 图［（a）、（b）］
以及 CoNiAlO 和苯转化率随温度变化的 XRD 图［（c）、（d）］

很显然可以发现，制备方法影响 LDHs 理化性质和甲苯氧化活性。共沉淀、微波辅助和超声辅助法评价 MgAl 和煤-水滑石衍生催化剂。微波辅助催化剂 MgAlHTMW500 和

CoAlHTMW500 表现出最高活性，具有棒状结构、大表面积和更小晶粒尺寸。Co-Mn 混合氧化物在甲苯和 2-丙醇降解中表现协同效应，共沉淀法合成的氧化物具有增强氧迁移率和氧化还原性能。Co 和 Mn 通过共沉淀法的协同作用提高甲苯-2-丙醇混合物的催化活性[34-36]。

Mo 和 Jiratova 等人[37,38] 通过均相共沉淀法报道了定义良好的 CoAl LDH 前驱体，其具有不同自组装 3D 纳米结构形态，受不同氨释放试剂和溶剂的影响。合成催化剂表现出不同的物理和化学特征，如酸位分布、酸度、表面积和表面元素组成，这些特征进一步与它们的物理化学性质和催化活性系统相关。以尿素为沉淀剂，在乙醇溶剂中合成的具有均匀球团状结构的 CoAlO 样品，在 T_{99}(苯)＝230℃时表现出最佳活性，这归因于大量有利于 VOCs 吸附的 Lewis 酸位点。碱掺杂通过中和酸性中心和修饰表面电子性质，对催化分析活性产生积极影响。研究了钾离子修饰的 CoMnAl 混合氧化物催化剂（0%～3%）对甲苯和乙醇的总氧化作用。低钾离子掺杂影响了催化剂的表面酸碱性质，而高钾离子掺杂时，Mn 氧化物从原来的尖晶石相中分离出来，导致 VOCs 氧化发生显著变化。

（2）贵金属/MMO 挥发性有机化合物催化剂　低温氧化活性和长期稳定性在挥发性有机化合物分解中起关键作用。虽然煅烧的 LDH MMO 对 VOC 减排有良好催化性能，但低温活性、引发温度和耐久性不及贵金属催化剂。例如，CoAlCeO 催化剂在甲苯和丁酮氧化方面表现出效率，但低温活性不如 Pd/Al$_2$O$_3$[39]。这是一种通过在 LDH 底物上预加载贵金属前驱体来制备负载型贵金属催化剂的好方法（示意图如图 7.21 所示），具有以下优势：①载体结构特性影响贵金属纳米颗粒均匀分散；②载体与贵金属相互作用使活性物质固定，提高热稳定性；③影响贵金属氧化态，有利于挥发性有机化合物的低温氧化活性。

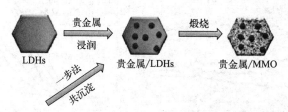

图 7.21　贵金属/MMO 挥发性有机化合物氧化催化剂的制备示意图

Basile 等人[40] 研究了 Ru/Rh-MgAl LDHs 合成和热演化过程，良好分散和稳定贵金属颗粒导致比浸渍催化剂活性更高。不同负载方式显著影响 LDHs 催化活性。Li 等[30] 等通过浸渍、湿离子交换或直接共沉淀阶段制备了 Pd 负载 CoAl LDH 衍生的 Pd/Co$_3$AlO 催化剂，与传统热燃烧法制备的催化剂相比，LDH 衍生的 Pd/Co$_3$AlO 均表现出较高甲苯氧化活性。因此，LDH 衍生的 Pd/Co$_3$AlO 催化剂具有高表面积、小晶粒尺寸和高度分散的 PdO 颗粒。Pd/Co$_3$AlO（COP）在 T_{90}＝230℃时活性最佳，副产物最少，因为 Co$_3$O$_4$ 与 PdO 之间协同作用易于还原，且氧空位高，贵金属 Pd 在挥发性有机化合物分解中起重要作用。

贵金属在挥发性有机化合物的分解活性中也起重要作用。Zhao[41] 通过 CoAl LDH 固载 Ag、Pt 和 Pd 煅烧制备了不同贵金属负载尖晶石氧化物，用于甲苯燃烧。由于 PdO 与 CoAlO 相互作用，Pd-CoAlO 催化剂具有最高低温还原性、丰富表面 Co^{3+} 和表面吸附氧通过协同效应。制备了 Pd-MgAlO 和 Pd-CoAlO 催化剂，比较了它们的催化活性，Pd-MgAlO 活化能高于 Pd-CoAlO，但催化活性较差，而 Pd-CoAlO 甲苯燃烧性能较好，这证实了 LDH 前体在挥发性有机化合物氧化过程中起重要作用，并且 CoAlO 载体的 Co 参与了反应过程[42]。

（3）VOC 催化剂的反应机理　在设计具有高活性的多相 LDH 基 VOC 氧化催化剂时，了解表面氧化机理非常重要。有三种常用的动力学模型：Langmuir-Hinshelwood、Eley-Rideal 和 Mars-vanKrevelen，用于解释 VOC 催化氧化的机理。L-H 模型预测吸附的氧和 VOC 分子在活性位点上相互作用，E-R 模型假设催化剂活性位点上吸附的分子与来自气相的分子发生反应，MvK 机理主要基于氧化还原反应[43,44]。催化成分、理化性质、VOC 成分等都会影响表面氧化机理。

MvK 机理模型通常用于描述 VOC 在金属氧化物催化剂上的焚烧[45-47]。基于 Mo 的 XPS 结果研究了不同煅烧温度下苯在 CoMnAlO 上氧化的反应机理，这与 MvK 模型有关[45]。Mo 通过 Co^{3+}-Mn^{3+}↔Co^{2+}-Mn^{4+} 的氧化还原电子传递在 Co 和 Mn 之间发挥了良好的协同作用，这是 Co 和 Mn 混合氧化物形成后催化反应的关键。$CoMn_2AlO$-350 样品在低温处理下具有较高的 Mn^{4+}/Mn^{3+} 摩尔比，含有更多的吸附氧，这是高催化活性的原因。$CoMn_2AlO$-550 在高温处理下具有较高的 Co^{3+}/Co^{2+} 摩尔比，会产生更多的晶格氧，导致苯的氧化活性最高。

为了研究甲苯反应中 PdO 相的促进剂，制备了 Pd-CoAlO-N 和 pd-coal-air，发现在甲苯减排中 PdO 相起关键作用，与 CoAlO 支持协同参与[41]。采用原位 DRIFTS 实验评价了 CoAlO 和 Ag/Pt/Pd-CoAlO 的中间物质及其反应机理，发现甲苯燃烧主要经历了苯甲酸、乙醛和苯甲酸酯的顺序，而 Ag/Pt/Pd-CoAlO 催化剂上不存在醛类物质，表明苯甲酸盐是甲苯氧化的主要中间物质。

7.2.4.3　改性海泡石制备及其对甲醛的吸附行为研究

测试甲醛浓度主要采用 GB/T 15516—1995 规定的乙酰丙酮分光光度法。制备七个不同浓度的甲醛标准溶液，加入 10mL 容量瓶中，用去离子水定容。加入 2.0mL 0.25% 乙酰丙酮溶液，在沸水浴中加热 5min 后取出冷却至室温。使用可见光分光光度计测定溶液的吸光度，以去离子水为参比，扣除背景值后得出结果。其所得的甲醛标准曲线如图 7.22 所示。

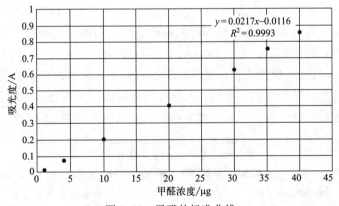

图 7.22　甲醛的标准曲线

甲醛的标准曲线拟合方程为 $y=0.0217x-0.0116$，拟合方程的方差为 0.9993，则试验可用上述方程计算甲醛浓度。取不同浓度的甲醛溶液，经汽化后充入光化学反应器（仪器如图 7.23 所示）密闭箱内，密封箱体，每隔一段时间用大气采样器从密闭箱体内抽取 20L 气体，参照 GB/T 15516—1995 方法测量箱体内甲醛浓度。

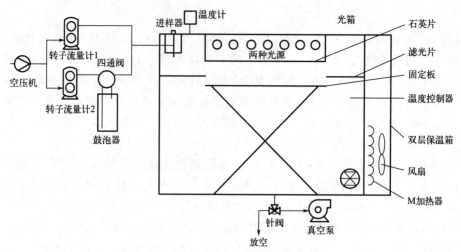

图 7.23　甲烷吸附实验装置示意图

通过空箱测试甲醛浓度随时间变化的试验，得到表 7.6 的试验结果，由表可知，在空箱内加入不同浓度的甲醛气体后，箱内甲醛含量有细微的下降趋势，在后续海泡石吸附甲醛试验中可以将此数值作为背景值。

表 7.6　吸附试验甲醛含量变化值

浓度 /(mg/cm^3)	甲醛浓度/(mg/cm^3)							
	0h	2h	4h	6h	8h	12h	24h	48h
4.500	4.500	4.459	4.443	4.439	4.438	4.437	4.432	4.430
1.500	1.500	1.488	1.483	1.480	1.477	1.475	1.472	1.471
0.650	0.650	0.647	0.646	0.646	0.645	0.644	0.643	0.643

随着计算机技术、统计力学和各种模拟理论的完善，可以使用计算机模拟不同微孔模型对气体的吸附行为；模拟气体在微孔结构中的吸附位点；模拟在吸附过程中的能量变化。因此，本部分将从分子层面，通过蒙特卡洛方法，研究海泡石对甲醛吸附的影响。

（1）模型构建　利用 Materials Studio 软件建立海泡石的简化模型和甲醛模型。海泡石采用的晶胞参数：$a_0 = 5.27\text{Å}$，$b_0 = 26.7\text{Å}$，$c_0 = 13.5\text{Å}$，$Z = 2$。根据结构化学的基本原理，基于 Materials Studio 模拟软件，在 Visualizer 模块下建立海泡石的分子模型。海泡石的晶体结构具有极高的对称性和周期性，因此在构建吸附甲醛的海泡石的晶体结构时，只建立一个单晶胞海泡石模型作为吸附剂。海泡石的晶体结构如图 7.24 所示。

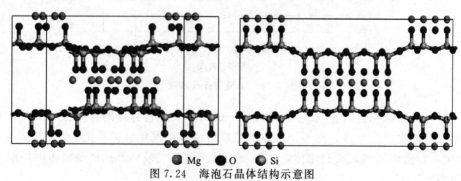

● Mg　● O　● Si
图 7.24　海泡石晶体结构示意图

所采用的甲醛分子模型在 MS2018 软件中的 Visualizer
模块下手动绘制完成。然后在 Forcite 模块下进行几何优化，
优化后的甲醛晶体结构见图 7.25。

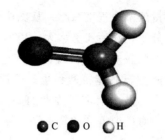

为研究改性海泡石性质，可以首先建立一个原始的海泡
石模型，然后将海泡石中的每个原子按照 Modify‖Charges
的步骤，在 Edit 栏中附上电荷。然后在 Modify‖Modify
Element 中选择 H 原子，最后按照上述步骤将其变为氢离子
（图 7.26）。模拟所得的氢离子改性海泡石结构图见图 7.27。

图 7.25　优化后的甲醛分子模型

●C　○O　○H

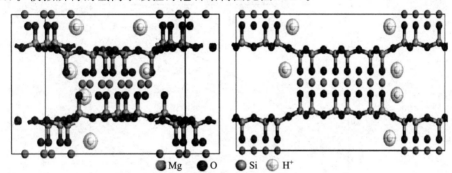

●Mg　●O　○Si　◉H⁺

图 7.26　氢离子在海泡石晶体模型中的落位图

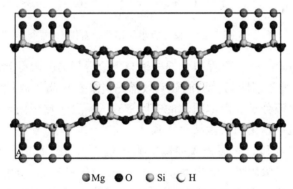

●Mg　●O　○Si　◖H

图 7.27　氢离子改性海泡石晶体结构模型

（2）吸附等温线模拟

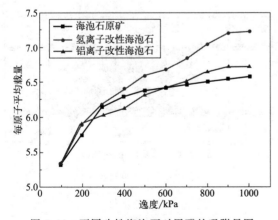

图 7.28　不同改性海泡石对甲醛的吸附量图

对于吸附性能的研究，可以借吸附等温
线进行分析。将原始的海泡石、氢离子改性
海泡石和铝离子改性海泡石晶体模型分别进
行模拟吸附甲醛的试验。试验所得的吸附量
曲线如图 7.28 所示。

根据图 7.28，三种海泡石晶体模型均
表现出对甲醛的吸附能力。氢离子改性海泡
石晶体模型显示出最高的甲醛吸附量，这表
明改性能够提升海泡石的吸附能力。随着压
力增加，三种海泡石晶体模型对甲醛的吸附
量也增加，但总体趋势是随着压力增大，吸

附量的增强程度减小。从图中低压区可以观察到，当压强较低时，海泡石能够吸附较多的甲醛分子，随后压力增大，仍然有部分甲醛分子被吸附，但总体而言，压力增大后对甲醛的吸附量较小。对三种改性海泡石晶体模型对甲醛的吸附量进行分析，可以得出氢离子改性海泡石晶体模型和铝离子改性海泡石晶体模型对甲醛的吸附量较原始海泡石晶体模型更大，其中氢离子改性的海泡石对甲醛的吸附量最大。

对模拟得到的氢离子改性海泡石晶体模型吸附曲线进行 Langmuir 方程拟合。拟合结果见图 7.29。

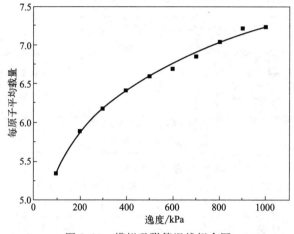

图 7.29　模拟吸附等温线拟合图

从图 7.29 可知，Langmuir 方程拟合的曲线与模拟得到的吸附等温线表现出良好的相关性，表明 Langmuir 单分子层吸附模型能够有效描述甲醛在氢离子改性海泡石晶体模型上的吸附行为。这意味着甲醛分子在海泡石上的吸附形式为单分子层吸附，并且甲醛分子之间没有相互作用的影响。这一结论与实验结果一致。

海泡石因其孔道结构和比表面积大而能吸附甲醛。加工过程中，海泡石晶体结构遭破坏，表面自由能增大，可吸附外在异电粒子，表面发生极性吸附。海泡石是极性物质，因此可吸附甲醛。其原矿结构由海泡石絮团层状或链状组成，吸附机理类似于活性炭等多孔材料。其吸附密度、能量场及吸附位点见图 7.30、图 7.31。

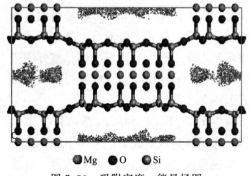

图 7.30　吸附密度、能量场图

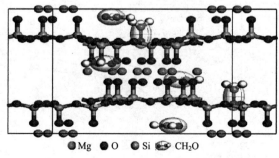

图 7.31　吸附位点图

7.3 资料补充

7.3.1 程序升温技术

程序升温脱附（TPD）是一种检测固体物质在加热过程中，固体（表面）物理和化学性质变化的技术。在该技术中，固体物质或已吸附某些气体的固体物质以一定的升温速率加热，通过检测流出气体的组成和浓度来观察固体物质的变化。除了 TPD，还有程序升温还原（TPR）和程序升温氧化（TPO）等技术。

程序升温脱附的基本原理是当固体物质加热时，吸附在固体表面的分子会受到热量的作用，当其能够克服逸出所需的能垒（通常称为脱附活化能）时，就会发生脱附。由于不同吸附质与相同表面，或者相同吸附质与表面上性质不同的吸附中心之间的结合能力不同，脱附所需的能量也会有所不同。因此，通过热脱附实验结果，我们不仅可以了解吸附质与固体表面的结合能力，还可以揭示脱附发生的温度和表面覆盖度下的动力学行为。

脱附速度的计算——Wigner-Polanyi 方程：

$$N = -V_m \mathrm{d}\theta/\mathrm{d}t = A\theta^n \exp[-E_d(\theta)/RT]$$

V_m 表示单层饱和吸附量，N 表示脱附速率，A 表示脱附频率因子，θ 表示单位表面覆盖度，n 表示脱附级数，$E_d(\theta)$ 表示脱附活化能，它是覆盖度 θ 的函数，T 表示脱附温度。脱附速度主要受温度和覆盖度的影响。在开始升温时，覆盖度较高，导致脱附速度急剧增加，此时脱附速度主要受温度影响；随着脱附分子的脱离，覆盖度 θ 逐渐降低，当达到某个临界值时，脱附速率开始由 θ 决定，同时脱附速率开始减小；最后当 $\theta=0$ 时，速度也降为零。TPD 所能提供的信息：

① 吸附类型（活性中心）的个数；

② 吸附类型的强度（中心的能量）；

③ 每个吸附类型中质点的数目（活性中心的密度）；

④ 脱附反应的级数；

⑤ 表面能量分析等方面的信息。

通过 TPD 图谱分析，我们可以利用曲线上峰的数量、位置和面积大小来确定吸附物种的数量和近似浓度。通过调整初始覆盖度或升温速度，可以计算出各个物种的脱附活化能，从而评估物种与表面的结合强度。此外，结合其他手段如红外吸收光谱、核磁共振和质谱等，可以进一步解释反应级数和物种的形态。

TPD 技术的优点：

① 该设备具有简便易行的操作性和便利性；

② 该设备不受研究对象限制，几乎可以包括所有实用的催化剂，包括负载型和非负载型的金属、金属氧化物催化剂等；

③ 该设备从能量角度出发，原位考虑活性中心及其对应的表面反应，提供了关于表面结构的丰富信息；

④ 该设备能够轻松改变实验条件，如吸附条件、升温速度和程序等，从而获得更多的数据；

⑤ 该设备对催化剂制备参数非常敏感，具备高度的鉴别能力；

⑥ 在同一装置中，还可以进行催化剂其他性质的测定，如活性表面积、金属分散度以及催化剂中毒和再生等条件的研究。

TPD 作为一种流动法，在实用催化剂的应用基础研究方面具有较高适用性，但在纯理论性基础研究方面还存在一些不足之处。其局限性主要体现在以下几个方面：

① 对于一级反应动力学的研究非常困难；

② 当产物比反应物更难以吸附在催化剂上时，由于反应物和产物的不断分离，逆反应被抑制，导致实际转化率高于理论计算的转化率；

③ 在加载气对反应有影响的情况下，所得结论的可信度降低；

④ 不能用于研究催化剂的寿命。

7.3.2　穆斯堡尔谱

穆斯堡尔谱是根据穆斯堡尔效应由穆斯堡尔谱仪测得的一种 γ 射线吸收谱。它与红外吸收光谱（IR）类似，不过激发的电磁波源却是波长极短的 γ 射线（大约 10^{-10} m）。穆斯堡尔效应涉及原子核的性质，包括核的能级结构以及核所处的化学环境，据此可以应用穆斯堡尔谱来对原子的价态、化学键的离子性和配位数、晶体结构、电子密度和磁性质等进行研究。因此，穆斯堡尔谱在化学和材料领域也得到了日益广泛的应用。

穆斯堡尔效应是指固体中某些原子核具有无反冲地发射 γ 射线的概率，同时基态原子核对发射的 γ 射线也具有无反冲地共振吸收的概率。这种原子核无反冲发射或共振吸收 γ 射线的现象即为穆斯堡尔效应。

穆斯堡尔谱是指当 γ 射线穿过物体时，如果入射 γ 光子的能量与物体中某些原子核能级的跃迁能量相等，这些能量的 γ 光子将被原子共振吸收；而能量差异较大的 γ 光子则不会被共振吸收。穆斯堡尔谱中所测得的 γ 光子数量与能量之间的关系即为穆斯堡尔谱。

多普勒效应和多普勒速度可以这样理解：当声波或电磁波的波源与接收者相对运动时，接收者接收到的辐射波的频率或能量将随着相对运动速度发生变化，这就是多普勒效应。为了实现共振吸收，我们可以通过调节辐射源的运动速度来改变接收体接收到的 γ 光子的能量。为了方便表示，穆斯堡尔谱的 X 轴使用多普勒速度 v（mm/s）来表示能量大小。通常情况下，辐射源和接收体之间的相对速度仅需几毫米每秒到几厘米每秒。

7.3.2.1　穆斯堡尔谱仪的结构

穆斯堡尔谱仪由放射源、驱动装置、放大器、γ 射线探测器和数据记录设备组成。在透射穆斯堡尔谱中，共振吸收时透过计数率最小，形成倒立的吸收峰。对于简单的谱图，定性分析即可获取有价值的信息；对于复杂的谱图，则需要进行分峰拟合，并与理论谱线进行比对，以获取有用的信息。穆斯堡尔谱仪见图 7.32。

放射源是提供特定能量 γ 射线的源，根据样品（吸收体）的不同进行选择。常见的穆斯堡尔放射源包括 ^{57}Co、^{119}Sn 和 ^{121}Sb。穆斯堡尔核素的分布不均匀，主要集中在原子序数为 50～80 的范围内。最轻的穆斯堡尔核素是 ^{40}K。驱动装置用于实现放射源的运动，以根据多普勒效应调制频率或能量。探测器用于探测透过的 γ 射线。由于大多数穆斯堡尔放射源辐射的 γ 射线不是单色的，需要选择适当的探测器。穆斯堡尔核 γ 射线的能量通常在 10～100keV 范围内，因此可以使用正比计数器、NaI（TI）闪烁探测器和半导体探测器。

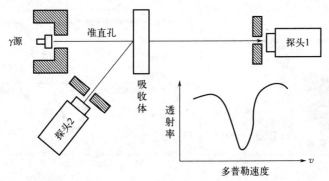

图 7.32 穆斯堡尔谱仪示意图

优点：

① 设备简单、测量简便；

② 提供多种物理和化学信息；

③ 分辨率、灵敏度高；

④ 无破坏性对试样进行测量；

⑤ 受其他元素干扰影响较小，只有特定核存在共振吸收；

⑥ 穆斯堡尔效应受核外环境影响范围通常在 2nm 内，适用于细晶体和非晶体材料的检测；

⑦ 可研究导体、半导体、绝缘体，试样可以是晶态或非晶态材料，薄膜或固体表层，也可以是粉末、超细小颗粒，甚至冷冻的溶液。

缺点：

① 无法测量气体和不太黏稠的液体；

② 只有有限数量的核具有穆斯堡尔效应，常见的元素为 Fe、Sn 和 Sb；

③ 许多实验需要在低温条件下或具备制备源的条件下进行。

7.3.2.2 穆斯堡尔谱的应用

(1) 区分原子所处环境　根据图 7.33(a)，$Fe_2N@N\text{-}CFBs$ 样品在室温下的穆斯堡尔谱呈现出两种不同的分裂谱，表明存在两种不同位置的 Fe 元素。这两个分裂谱的面积比例与两种 Fe 元素的比例相关。通过分峰拟合，研究人员将这两种 Fe 元素确定为 Fe-Ⅲ 和 Fe-Ⅱ 两种不同位置。Fe-Ⅲ 谱的存在是由于其周围存在临近的 N 原子，导致同质异能位移的发生。而 Fe-Ⅱ 谱的存在则说明相较于理想情况下的 Fe_2N，Fe_2N 的化学计数存在一定的偏移，即存在 $\zeta\text{-}Fe_2N_{1-z}$。通过计算峰面积之比，研究人员得出了 Z 值，并确定了材料的成分为 $Fe_2N_{0.84}$。

(2) 测定元素的价态　利用穆斯堡尔谱对电极材料进行了放电前后元素价态变化的测定。根据图 7.33(b)，初始时，负极材料 $LiSbO_3$ 中 Sb 的价态全部为五价。当其放电至 0V 后，电极材料中只有 46% 的 Sb 保持五价状态。这意味着部分 Sb 被还原，但仍有部分 Sb 未被还原。

(3) 测量晶态和非晶态　穆斯堡尔谱具有高度敏感性，能够准确反映共振原子核周围化学环境的变化，因此可用于确定固体的晶态或非晶态特性。晶态固体的穆斯堡尔谱具有确定的数值，谱线呈尖锐状；而非晶体的穆斯堡尔谱参量连续变化，谱线较宽。图 7.34(a) 展示了 $Fe_{75}P_{15}C_{10}$ 的非晶态和晶态穆斯堡尔谱，明显显示它们之间存在显著差异。

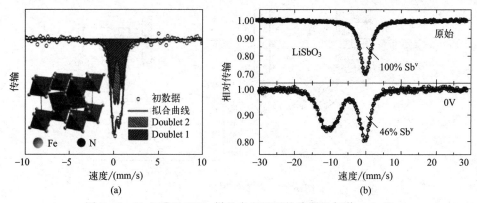

图 7.33 Fe₂N@N-CFBs 样品在室温下的穆斯堡尔谱（a）和

LiSbO₃ 在初始时以及放电至 0V 时的穆斯堡尔谱（b）

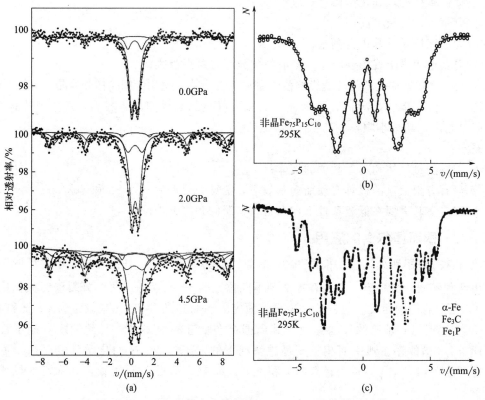

图 7.34 （a）非晶态和晶态的 Fe₇₅P₁₅C₁₀ 的穆斯堡尔谱

（b）、（c）不同压力下 NiFe₂O₄ 纳米固体的室温穆斯堡尔谱

（4）研究材料的磁性质　对制备在不同压力下的 $NiFe_2O_4$ 纳米固体进行了研究。根据图 7.34(b)、(c)，常压下的 $NiFe_2O_4$ 颗粒的穆斯堡尔谱呈现出弱的磁分裂六线谱和强的超顺磁双线谱的叠加。当颗粒被压制成纳米固体后，随着压力的增加，谱线中的铁磁性成分逐渐增强，顺磁性成分逐渐减弱，并在六线谱中出现向低场方向明显的不对称展宽。对于常规的 $NiFe_2O_4$ 晶体来说，金属离子之间存在强烈的超交换相互作用，导致原子核磁能级的分裂，从而使穆斯堡尔谱呈现磁分裂六线谱。因此，样品谱线中的顺磁谱应该是由小尺寸效应

引起的超顺磁弛豫效应所导致的。

（5）研究相成分的转变　图7.35展示了在不同反应温度下生成的 Fe_xN/膨胀石墨的穆斯堡尔谱。通过穆斯堡尔谱的拟合，得到了各子谱参数峰面积百分比、线宽（W）、化学移（I.S.）、四极分裂（ΔE_Q）和超精细场（H_i），这些参数列在表7.7中。在氮化温度为 300～400℃的样品中，可以观察到与 α-Fe 对应的穆斯堡尔谱，说明在低于400℃的温度下，氨气的氮化能力不够，只能部分氮化铁颗粒。当温度从300℃升至400℃时，对应于 α-Fe 子谱的峰面积比从 69.76% 下降至 34.65%，表明氮化程度得到了提高。在400℃之后，γ-Fe_4N 逐渐转化为 ε-Fe_xN（$2<x<3$）。

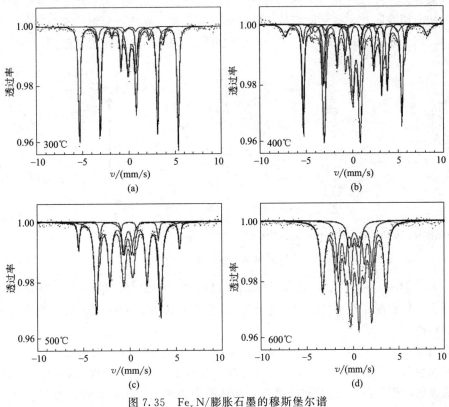

图7.35　Fe_xN/膨胀石墨的穆斯堡尔谱

表7.7　Fe_xN/膨胀石墨的穆斯堡尔谱参量

样品	亚频谱	峰面积/%	W/(mm/s)	I.S./(mm/s)	ΔE_Q/(mm/s)	H_1/T
Fe_xN-300	六线谱	69.76	0.242	0		33.15
		10.26	0.342	0.09		21.63
	双线谱	19.98	0.395	0.18	0.833	
Fe_xN-400	六线谱	34.65	0.264	0		33.03
		23.25	0.332	0.11		21.63
		7.23	0.272	0.19		31.06
		10.74	0.656	0.15		47.48
		3.54	0.277	0.18		21.50
	双线谱	20.58	0.445	0.19	0.74	
Fe_xN-500	六线谱	13.32	0.248	0.22		33.94
		72.86	0.422	0.15		21.63
	双线谱	13.81	0.479	0.28	0.78	

样品	亚频谱	峰面积/%	$W/(mm/s)$	I. S. /(mm/s)	$\Delta E_Q/(mm/s)$	H_1/T
Fe$_x$N-600	六线谱	50.75	0.540	0.18		21.50
		31.77	0.418	0.22		10.67
	双线谱	17.46	0.431	0.21	0.73	

7.3.3 Jahn-Teller 效应

如图 7.36，Jahn-Teller 效应是一种描述分子和离子的几何畸变的电子效应，与某些电子构型有关。Jahn-Teller 定理表明，任何具有空间简并电子基态的非线性分子都会发生几何畸变，从而消除简并性和降低能量。这种畸变通常在八面体络合物中观察到，其中两个轴向键可以比四个赤道键或长或短。这种效应也可以在四面体化合物中观察到。

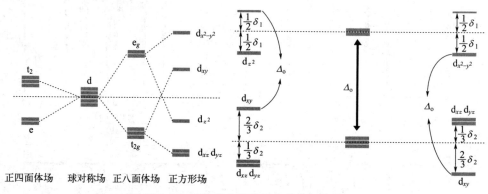

图 7.36 d 轨道在晶体场中的能级分裂

1937 年，HermannJahn 和 EdwardTeller 提出了一个定理，指出"除非分子是线性分子，否则稳定性和简并性不可能同时存在"。这会导致简并性的破坏，从而稳定分子，从而降低其对称性。

1937 年之后，该定理得到了修正，Housecroft 和 Sharpe 将其表述为"任何处于简并电子态的非线性分子系统都将是不稳定的，并将发生畸变，形成一个较低对称性和较低能量的系统，从而消除简并性"。这在过渡金属八面体络合物中最常见，也可以在四面体化合物中观察到。

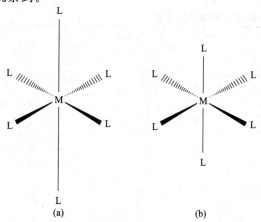

图 7.37 八面体络合物的伸长（a）与压缩（b）

对于给定的八面体络合物，当构建分子轨道时，五个 d 原子轨道被分成两个简并集。这些由集合的对称标签表示：t_{2g}（d_{xz}，d_{yz}，d_{xy}）和 e_g（d_{z^2}，$d_{x^2-y^2}$）。当一个分子具有简并电子基态时它会畸变以消除简并性，并形成一个较低的能量（对称性降低）系统。如图 7.37 所示，八面体络合物将伸长或压缩。

当八面体络合物表现出伸长时，轴向键比赤道键长。当八面体络合物表现出压缩时，赤道键比轴向键长。伸长和压缩效应由金属和配体轨道之间重叠的部分决定。因此，这种畸变根据金属和配体的类型而变化很大。一般来说，金属-配体的轨道相互作用越强，观察到 Jahn-Teller 效应的机会就越大。

以八面体构型的 d^9 为例，从 $d^{10} \to d^9$ 是去掉一个电子，如果去掉的电子是 $d_{x^2-y^2}$，则 d 的电子结构为：$(t_{2g})^6 \ (d_{z^2})^2 \ (d_{x^2-y^2})^1$。这就减小了对 x 轴和 y 轴上的力，使 $\pm x$ 和 $\pm y$ 上的四个配体能够向内位移，从而形成四个较短的键；也使 d_{z^2} 轨道上的电子外移，使方向上的两个配体形成较长的键。这样的畸变使 $d_{x^2-y^2}$ 轨道上升，d_{z^2} 轨道下降，消除了简并性，形成了四个共面的短键和两个与该面垂直的长键。

从 $d^{10} \to d^9$ 是去掉一个电子，如果去掉的电子是 d_{z^2}，则 d^9 的电子结构为：$(t_{2g})^6$ $(d_{x^2-y^2})^2 (d_{z^2})^1$。这就减小了对 z 轴上的力，使 $\pm z$ 上的两个配体能够向内位移，从而形成两个较短的键；也使 $d_{x^2-y^2}$ 轨道上的电子外移，使 $\pm x$ 和 $\pm y$ 方向上的四个配体形成较长的键。这样的畸变使 d_{z^2} 轨道上升，$d_{x^2-y^2}$ 轨道下降，消除了简性，形成了四个共面的长键和两个与该面垂直的短键。

（1）畸变的原因　从量子力学我们可以知道，在一级近似下，一个轨道的稳定化作用等于另一个轨道的去稳定化作用。如图 7.38（a）所示，以八面体构型的 d^9 为例，现在 e_g 轨道上有三个电子，有两个填充到能量降低 $\frac{1}{2}\delta_1$ 的轨道上，另外一个填充到能量升高 $\frac{1}{2}\delta_1$ 的轨道上，体系的总能量降低 $\frac{1}{2}\delta_1$，获得 $\frac{1}{2}\delta_1$ 的 Jahn-Teller 稳定化能。

Jahn-Teller 效应的畸变程度取决于电子-振动耦合的强度，电子-振动耦合的强度与分子的对称性、电子构型、配体场强等因素有关。一般来说，简并轨道中电子数目越少，配体场强越小，分子对称性越高，Jahn-Teller 效应就越明显，畸变程度就越大。

（2）电子配置　对于在过渡金属中发生的 Jahn-Teller 效应，必须在 t_{2g} 或 e_g 轨道中存在简并。八面体配合物的电子状态取决于 d 电子的数量和分裂能量 Δ。

当 Δ 大于电子配对能时（大分裂能），电子在占据 e_g 之前在 t_{2g} 中成对；

当 Δ 小于电子配对能时（小分裂能），在 t_{2g} 配对之前，电子将占据 e_g。

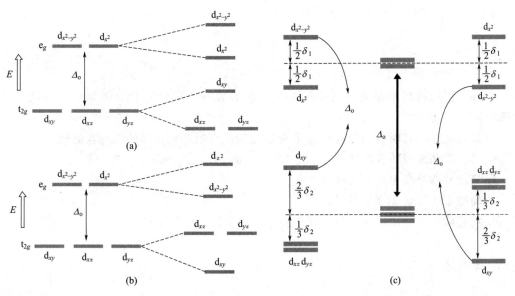

图 7.38　八面体络合物的伸长（a）、八面体络合物的压缩（b）和不同的能级分裂（c）

八面体络合物的 Δ 由化学环境（配体身份）以及金属离子的性质和电荷决定。

如果 d 电子的电子构型根据 Δ 的不同而不同，则具有更多成对电子的构型称为低自旋，而具有更多未成对电子的构型则称为高自旋。

（3）大分裂能　图 7.39 显示了具有大 Δ 的八面体配合物的各种电子构型。

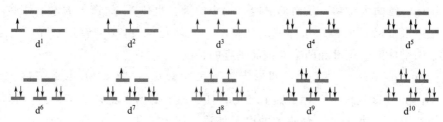

图 7.39　具有大 Δ 的八面体配合物的各种电子构型

d^3、d^6、d^8 和 d^{10} 不存在 Jahn-Teller 效应；

d^1、d^2、d^4、d^5、d^7 和 d^9 存在 Jahn-Teller 效应。

上述电子构型对应于多种过渡金属。

（4）小分裂能　图 7.40 显示了具有小 Δ 的八面体配合物的各种电子构型。

图 7.40　具有小 Δ 的八面体配合物的各种电子构型

d^3、d^5、d^8 和 d^{10} 不存在 Jahn-Teller 效应；

d^1、d^2、d^4、d^6、d^7 和 d^9 存在 Jahn-Teller 效应。

上述电子构型对应于多种过渡金属。

 思考题

1. 环境矿物材料治理大气污染的常见机理有哪些？分别有什么特征？利用的是什么原理？

2. 简述工业钙基固硫，即石灰石-石膏法治理燃煤中二氧化硫的原理及流程。

3. 具体举例说明环境矿物材料治理 NO_x、SO_x 污染的案例（至少三个）。

4. 简述并推导吸附模型及理论方程。

5. 简述 LDHs 的定义和性质。

6. 简述确定半导体催化剂的导带、价带和禁带宽度的测试方法。

参考文献

［1］《环境科学大辞典》委员会. 环境科学大辞典［M］. 北京：中国环境科学出版社，2008.

［2］ 李新创．加快推进钢铁产业高质量发展［R］．冶金工业规划研究院党委，2020．

［3］ 佚名．2016 年我国能源消费总量 43.6 亿吨标煤［J］．电力勘测设计，2017，1：35．

［4］ 商讯．2019 上半年全国机动车保有量达 3.4 亿辆［J］．商用汽车，2019，7：7．

［5］ 吴亚西．不同状态的空气污染物分离方法的研究［J］．中国预防医学科学院环境卫生监测所，1999，6：341-343．

［6］ 单志强，陈建华．光化学烟雾的形成、危害及防治［J］．地质灾害与环境保护，2003，3：36-38．

［7］ 李敏，高燕红，郭凌川，等．广州大气 $PM_{2.5}$ 中重金属污染的健康风险评价［J］．环境与健康杂志，2016，33：421-424．

［8］ 祁正兴，印家健，陆敏春，等．多环芳烃及其衍生物致癌性的支持向量机预测模型［J］．四川大学学报（自然科学版），2005，6：1213-1218．

［9］ WU Y，XU W，YANG Y，et al. Removal of gas-phase Hg 0 by Mn/montmorillonite K 10［J］．RSC Adv.，2016，6：104294-104302．

［10］ 归显扬，陈天虎，周跃飞，等．赤铁矿和氧化镁对养殖粪污厌氧发酵气体中 H_2S 的抑制［J］．合肥工业大学资源与环境工程学院，东华工程科技股份有限公司，2011，4：732-737．

［11］ SAHA D，BAO Z，JIA F，et al. Adsorption of CO_2，CH_4，N_2O，and N_2 on MOF-5，MOF-177，and Zeolite 5A［J］．Environ. Sci. Technol.，2010，44：1820-1826．

［12］ SABATIER P，SENDERENS J. Direct hydrogenation of carbon oxides in the presence of various split metals［J］．Comptes Rendus Hebdomadaires Des Seances De L Academie Des Sciences，1902，134：689-691．

［13］ ZHAO Y F，CHEN G B，BIAN T，et al. Defect-rich ultrathin ZnAl-layered double hydroxide nanosheets for effi cient photoreduction of CO_2 to CO with water［J］．Adv. Mater.，2015，27：7824-7831．

［14］ TAN L，XU S M，WANG Z L，et al. Highly selective photoreduction of CO_2 with suppressing H-2 evolution over monolayer layered double hydroxide under irradiation above 600 nm［J］．Angew. Chem. Int. Ed.，2019，58：11860-11867．

［15］ LI M M J，CHEN C P，AYVALI T，et al. CO_2 hydrogenation to methanol over catalysts derived from single cationic layer CuZnGa LDH precursors［J］．Acs Catal.，2018，8：4390-4401．

［16］ TERAMURA K，IGUCHI S，MIZUNO Y，et al. Photocatalytic conversion of CO_2 in water over layered double hydroxides［J］．Angew. Chem. Int. Ed.，2012，51：8008-8011．

［17］ ZHAO Y F，JIA X D，WATERHOUSE G I N，et al. Layered double hydroxide nanostructured photocatalysts for renewable energy production［J］．Adv. Energy Mater.，2016，6：1501974-1501994．

［18］ 郝吉明，贺克斌．中国燃煤二氧化硫污染控制战略［J］．中国环境科学，1996，3：208-212．

［19］ 赵光玲．石灰石-石膏法二氧化硫吸收过程理论研究［D］．沈阳：东北大学，2008．

［20］ 贾小红．二氧化氮与矿质颗粒物的非均相反应［D］．广州：中国科学院大学，2022．

［21］ BALEK V，BENEŜ M，ŜUBRT J，et al. Thermal characterization of montmorillonite clays saturated with various cations (Conference Paper)［J］．Therm. Anal. Calorim.，2008，92：191-197．

［22］ BEREND I，CASES J-M，FRANCOIS M，et al. Mechanism of adsorption and desorption of water-vapor by homoionic montmorillonites. 2. the Li^+，Na^+，K^+，Rb^+ AND Cs^+-exchanged forms［J］．Laboratoire Environment et Minéralurgie et UA 235 du CNRS，BP 40，54501 Vandœuvre Cedex，France Centre de Recherches Pé，trographique et Gé，ochimique，BP. 20，Vandœuvre，France，1995，43：324-336．

［23］ LI Y，WANG X，WANG J. Cation exchange，interlayer spacing，and thermal analysis of Na/Ca-montmorillonite modified with alkaline and alkaline earth metal ions（Article）［J］．J. Therm. Anal. Calorim.，2012，110：1199-1206．

［24］ BAKSH M S A，YANG R T. Unique adsorption properties and potential energy profiles of microporous pillared clays［J］．Life Sci.，1992，38：1357-1368．

［25］ CHO S-H，PARK J-H，HAN S-S，et al. Comparison of $AgNO_3$/Clay and $AgNO_3$/ALSG sorbent for ethylene separation. adsorpt.—J［J］．Int. Adsorpt. Soc.，2005，11：145-149．

［26］ CHOUDARY N V，KUMAR P，BHAT T S G，et al. Adsorption of light hydrocarbon gases on alkene-selective adsorbent［J］．Ind. Eng. Chem. Res.，2002，41：2728-2734．

［27］ JARONIEC M. Adsorbents：fundamentals and applications（Book）［J］．J. Am. Chem. Soc.，2003，125：12059．

[28] JIRATOVA K, KOVANDA F, LUDVIKOVA J, et al. Total oxidation of ethanol over layered double hydroxide-related mixed oxide catalysts: Effect of cation composition [J]. Catal. Today, 2016, 277: 61-67.

[29] DENG Y Z, TANG W X, LI W H, et al. MnO_2-nanowire@NiO-nanosheet core-shell hybrid nanostructure derived interfacial Effect for promoting catalytic oxidation activity [J]. Catal. Today, 2018, 308: 58-63.

[30] LI P, HE C, CHENG J, et al. Catalytic oxidation of toluene over $Pd/Co_3 AlO$ catalysts derived from hydrotalcite-like compounds: Effects of preparation methods [J]. Appl. Catal. B-Environ. , 2011, 101: 570-579.

[31] LI S D, WANG H S, LI W M, et al. Effect of Cu substitution on promoted benzene oxidation over porous CuCo-based catalysts derived from layered double hydroxide with resistance of water vapor [J]. Appl. Catal. B-Environ. , 2015, 166: 260-269.

[32] LI S D, MO S P, LI J Q, et al. Promoted VOC oxidation over homogeneous porous $Co_x NiAlO$ composite oxides derived from hydrotalcites: effect of preparation method and doping [J]. RSC Adv. , 2016, 6: 6874-6884.

[33] ZHAO Q, GE Y L, FU K X, et al. Oxidation of acetone over Co-based catalysts derived from hierarchical layer hydrotalcite: Influence of Co/Al molar ratios and calcination temperatures [J]. Chemosphere, 2018, 204: 257-266.

[34] GENTY E, BRUNET J, POUPIN C, et al. Co-Al mixed oxides prepared via LDH route using microwaves or ultrasound: Application for catalytic toluene total oxidation [J]. Catalysts, 2015, 5: 851-867.

[35] CASTANO M H, MOLINA R, MORENO S. Cooperative effect of the Co-Mn mixed oxides for the catalytic oxidation of VOCs: Influence of the synthesis method [J]. Appl. Catal. B-Environ. , 2015, 492: 48-59.

[36] GENNEQUIN C, BARAKAT T, TIDAHY H L, et al. Use and observation of the hydrotalcite " memory effect" for VOC oxidation [J]. Catal. Today, 2010, 157: 191-197.

[37] MO S P, LI S D, LI J Q, et al. Rich surface Co (Ⅲ) ions-enhanced Co nanocatalyst benzene/toluene oxidation performance derived from (CoCoIII) -Co-II layered double hydroxide [J]. Nanoscale, 2016, 8: 15763-15773.

[38] JIRATOVA K, MIKULOVA J, KLEMPA J, et al. Modification of Co-Mn-Al mixed oxide with potassium and its effect on deep oxidation of VOC [J]. Appl. Catal. B-Environ. , 2009, 361: 106-116.

[39] BRUNET J, GENTY E, BARROO C, et al. The CoAlCeO mixed oxide: An alternative to palladium-based catalysts for total oxidation of industrial VOCs [J]. Catalysts, 2018, 8: 1-20.

[40] BASILE F, BASINI L, FORNASARI G, et al. New hydrotalcite-type anionic clays containing noble metals [J]. Chem. Commun. , 1996, 7: 2435-2436.

[41] ZHAO S, Li K Z, JIANG S, et al. Pd-Co based spinel oxides derived from pd nanoparticles immobilized on layered double hydroxides for toluene combustion [J]. Appl. Catal. B-Environ. , 2016, 181: 236-248.

[42] JABLONSKA M, CHMIELARZ L, WEGRZYN A, et al. Hydrotalcite derived (Cu, Mn) -Mg-Al metal oxide systems doped with palladium as catalysts for low-temperature methanol incineration [J]. Appl. Clay Sci. , 2015, 114: 273-282.

[43] ZHANG Z X, JIANG Z, SHANGGUAN W F. Low-temperature catalysis for VOCs removal in technology and application: A state-of-the-art review [J]. Catal. Today, 2016, 264: 270-278.

[44] HE C, CHENG J, ZHANG X, et al. Recent advances in the catalytic oxidation of volatile organic compounds: A review based on pollutant sorts and sources [J]. Chem. Rev. , 2019, 119: 4471-4568.

[45] MO S P, LI S D, LI W H, et al. Excellent low temperature performance for total benzene oxidation over mesoporous CoMnAl composited oxides from hydrotalcites [J]. J. Mater. Chem. A, 2016, 4: 8113-8122.

[46] CASTANO M H, MOLINA R, MORENO S. Oxygen storage capacity and oxygen mobility of Co-Mn-Mg-Al mixed oxides and their relation in the VOC oxidation reaction [J]. Catalysts, 2015, 5: 905-925.

[47] GENUINO H C, DHARMARATHNA S, NJAGI E C, et al. Gas-phase total oxidation of benzene, toluene, ethylbenzene, and xylenes using shape-selective manganese oxide and copper manganese oxide catalysts [J]. J. Phys. Chem. C, 2012, 116 : 12066-12078.

环境矿物材料处理放射性核废物

8.1 核物理基础知识

8.1.1 核物理发展历程

核物理是 20 世纪新建立的一个物理学分支。它研究原子核的结构和变化规律，射线束的产生、探测和分析技术，以及同核能、核技术应用有关的物理问题。它是一门既有深刻理论意义，又有重大实践意义的学科。

1896 年，A. H. Becquerel 发现天然放射性，这是人们第一次观察到的核变化。通常就把这一重大发现看成是核物理学的开端。此后的 40 多年，人们主要从事放射性衰变规律和射线性质的研究，并且利用放射性射线对原子核做了初步的探讨，这是核物理发展的初期阶段。在这一时期，人们为了探测各种射线，鉴别其种类并测定其能量，初步创建了一系列探测方法和测量仪器。大多数的探测原理和方法在以后得到了发展和应用，有些基本设备，如计数器、电离室等，沿用至今。探测、记录射线并测定其性质，一直是核物理研究和核技术应用的一个中心环节。放射性衰变研究证明了一种元素可以通过衰变而变成另一种元素，推翻了元素不可改变的观点，确立了衰变规律的统计性。统计性是微观世界物质运动的一个重要特点，同经典力学和电磁学规律有原则上的区别。放射性元素能发射出能量很大的射线，这为探索原子和原子核提供了一种前所未有的武器。1911 年，E. Rutherford 等人利用 α 射线轰击各种原子，观测 α 射线所发生的偏析，从而确立了原子的核结构，提出了原子结构的行星模型，这一成就为原子结构的研究奠定了基础。此后不久，人们便初步弄清了原子的壳层结构和电子的运动规律，建立和发展了描述微观世界物质运动规律的量子力学。1919 年，E. Rutherford 等又发现用 α 粒子轰击氮核会放出质子，这是首次用人工实现的核蜕变反应。此后用射线轰击原子核来引起核反应的方法逐渐成为研究原子核的主要手段。

20 世纪 40 年代前后，核物理进入一个大发展的阶段。1939 年，O. Hahn 和 F. Strassmann 发现了核裂变现象；1942 年，E. Fermi 建立了第一个链式裂变反应堆，这是人类掌握核能源的开端。在 30 年代，人们最多只能把质子加速到一百万电子伏特的数量级，而到 70 年代，人们已能把质子加速到四千亿电子伏特，并且可以根据工作需要产生各种能散度特别小、准直度特别高或者流强特别大的束流。

20 世纪 40 年代以来，粒子探测技术也有了很大的发展。半导体探测器的应用大大提高了测定射线能量的分辨率。核电子学和计算技术的飞速发展从根本上改善了获取和处理实验数据的能力，同时也大大扩展了理论计算的范围。所有这一切，开拓了可观测的核现象的范围，提高了观测的精度和理论分析的能力，从而大大促进了核物理研究和核技术的应用。通过大量的实验和理论研究，人们对原子核的基本结构和变化规律有了较深入的认识。基本弄清了核子（质子和中子的统称）之间相互作用的各种性质，对稳定核素或寿命较长的放射性核素的基态和低激发态的性质已积累了较系统的实验数据。并通过理论分析，建立了各种适用的模型。通过核反应，已经人工合成了 17 种原子序数大于 92 的超铀元素和上千种新的放射性核素。这种研究进一步表明，元素仅仅是在一定条件下相对稳定的物质结构单位，并不是永恒不变的。

天体物理研究表明，核过程是天体演化中起关键作用的过程，核能就是天体能量的主要来源。人们还初步了解到在天体演化过程中各种原子核的形成和演变的过程。在自然界中，各种元素都有一个发展变化的过程，都处于永恒的变化之中。通过高能和超高能射线束和原子核的相互作用，人们发现了上百种短寿命的粒子，即重子、介子、轻子和各种共振态粒子。庞大的粒子家族的发现，把人们对物质世界的研究推进到一个新的阶段，建立了一门新的学科——粒子物理学，有时也称为高能物理学。各种高能射线束也是研究原子核的新武器，它们能提供某些用其他方法不能获得的关于核结构的知识。

核放射污染主要来自于电离辐射。电离辐射（如 X 线、中子、质子、α 或 β 粒子、γ 射线）可直接或通过继发反应损害组织。大剂量辐射可在数天内产生可见的身体效应。小剂量所致的 DNA 变化可使被照射者产生慢性疾病，使他们的后代发生遗传学缺陷。损伤程度与细胞的愈合或死亡之间的关系十分复杂。有害的电离辐射源包括用于诊断和治疗的高能 X 线，镭和其他天然放射性物质（如氡），核反应堆，回旋加速器，直线加速器，可变梯度同步加速器，用于治疗癌肿的密封的钴和铯以及大量用于医学和工业的人工产生的放射性物质。反应堆意外地泄漏大量辐射的事故已有数次，例如，最广为人知的 1979 年发生于宾夕法尼亚州三里岛的事故和 1986 年发生在乌克兰切尔诺贝利事故。后者导致 30 多人死亡和很多放射损伤；大部分东欧及部分西欧地区，亚洲和美国都能测到显著的放射性。

8.1.2 常用核辐射物理量

常用的描述辐射强度和剂量的量和单位如下：

放射性活度：表示放射性元素或同位素每秒衰变的原子数，单位是贝克勒尔，简称贝可（Bq），这是为了纪念 100 多年前首次发现天然放射性物质的法国科学家贝克勒尔。1Bq 的定义是每秒钟有一个原子核发生核衰变。另一个常用的旧单位是居里（Ci）：$1Ci = 3.7 \times 10^{10} Bq$。

吸收剂量：吸收剂量是最基本的剂量学的物理量，是指射线与物体发生相互作用时，单位质量的物体所吸收的辐射能量的度量。单位是戈瑞（Gray，Gy），$1Gy = 1J/kg$。可以看出，吸收剂量是一个描述物质吸收辐射能量大小的量。空气吸收剂量率是指单位时间内单位质量的物体所吸收的辐射能量的度量，单位是 Gy/h。

有效剂量：为了描述辐射所致机体健康危害的大小，定量地评价辐射照射有可能导致的风险的大小。在辐射防护评价中，人为地引入了有效剂量的概念。有效剂量的单位是希沃特（Sivert，Sv），是以瑞典著名的核物理学家希沃特的名字命名的。希沃特是个量值很大的单位，1Sv 相当于每克物质吸收 0.001J 的能量。在实际应用中，通常更多地使用毫希沃特（mSv）或微希沃特（μSv）。普通公众每年受到天然本底辐射的有效剂量为 2.4mSv（世界平均值）。

当量剂量：不同种类的辐射（α、β、γ、中子）照射人体，虽使人体有相同的吸收剂量，但却会造成不同的伤害现象。为此，针对不同种类的辐射定出辐射权重因数（Q），代表不同辐射对人体组织造成不同程度的生物伤害，它们的值列于表 8.1。

表 8.1　不同种类的辐射定出辐射权重因数 Q 值

辐射种类	辐射权重因数（Q）
光子、电子及介子（所有能量）	1
质子（不包括反冲质子），能量大于 2MeV	5
中子	5～20
A 粒子、裂变碎片、重核	20

以水为例，可用贝克每升（Bq/L）给出该核素的活度浓度。对每一种放射元素，使用它的剂量转换系数（mSv/Bq）和每年平均摄入的饮水量（L/年），从水中该核素的活度浓度（Bq/L）可以估算其所致的年有效剂量（mSv/年）。例如，天然铀系（放射核素，铀-238）的剂量转换系数为 4.5×10^{-5} mSv/Bq，而铀-234 为 4.9×10^{-5} mSv/Bq。

8.1.3　核电站发展历程

第一代核电站：核电站的开发和建设开始于 20 世纪 50 年代。例如：1951 年，美国最先建成世界上第一座实验性核电站。1954 年苏联也建成发电功率为 5000kW 的实验性核电站。1957 年，美国建成发电功率为 9 万千瓦的原型核电站，证明了利用核能发电的技术可行性，其原型核电机组被称为第一代核电站。

第二代核电站：20 世纪 60 年代后期，在实验性和原型核电站机组的基础上，陆续建成发电功率为几十万千瓦或几百万千瓦，并采用不同工作原理的所谓"压水堆""沸水堆""重水堆""石墨水冷堆"等核反应堆技术的核发电机组，进一步证明核能发电技术可行性的同时，使核电的经济性也得以证明。如今，世界上商业运行的四百多座核电机组绝大部分是在这一时期建成的，习惯上称其为第二代核电站。

第三代核电站：20 世纪 90 年代，为了消除美国三里岛和苏联切尔诺贝利核电站事故的负面影响，世界核电业界集中力量对严重事故的预防和缓解进行了研究和攻关，美国和欧洲先后出台了《先进轻水堆用户要求文件》（URD 文件）、《欧洲用户对轻水堆核电站的要求》（EUR 文件），进一步明确了预防与缓解严重事故，提高安全可靠性的要求。于是，国际上通常把满足 URD 文件或 EUR 文件的核电机组称为第三代核电机组。第三代核电机组有许多设计方案，其中比较有代表的设计就是美国西屋公司的 AP1000 和法国阿海珐公司开发的 EPR 技术。这两项技术在理论上都有很高的安全性，但实践起来却困难重重。由于某些方面的技术还不够成熟，以致在世界各国使用第三代核电技术的装机数寥寥无几。在这方面中国走在了世界的前列，浙江三门和山东海阳就采用了美国西屋公司的 AP1000 技术；广东台山则采用法国阿海珐公司的 EPR 技术，它们的建成，成为了世界第三代核电站的先行者。

第四代核电站：2000 年，在美国能源部的倡议下，美国、英国、瑞士、南非、日本、法国、加拿大、巴西、韩国和阿根廷这 10 个有意发展核能的国家，联合组成了"第四代国际核能论坛"，并于 2001 年 7 月签署了合约，约定共同合作研究开发第四代核能技术，期盼进一步降低电站的建造成本，更有效地保证安全性，使核废料的产生最少化和防止核扩散。但遗憾的是，迄今还没有建成符合这些要求的第四代核电站。

中国核电站的建设始于 20 世纪 80 年代中期。首台核电机的组装在秦山核电站进行，1985 年开工，1994 年商业运行，电功率为 300MW，为中国自行设计建造和运行的原型核电机组，使中国成为继美国、英国、法国、苏联、加拿大和瑞典后，全球第 7 个能自行设计建造核电机组的国家。截至 2013 年 2 月，中国大陆已建成并投入商业运行的核电站有 7 个，分别为浙江秦山核电站一期、二期、三期，广东大亚湾核电站和岭澳核电站一期、二期，江苏田湾核电站，共 15 台机组，还有 28 台机组处于建设中。

日前，在国家新闻办公室（简称国新办）举行的新闻发布会上报道称：中国核能行业协会此前发布的《中国核能发展报告 2023》显示，截至 2023 年 4 月末，中国在建核电机组 24 台，总装机容量 2681 万千瓦。根据中国核能行业协会数据，截至 2023 年 6 月 30 日，中国运行核电机组共 55 台（不含台湾地区），额定装机容量为 56993.34MW。2023 年上半年，全国有一台核电机组投入商运，即中广核广西防城港核电站 3 号机组。2023 年 7 月 31 日，国务院常务会议最新核准了山东石岛湾、福建宁德、辽宁徐大堡核电项目共计六个核电机组，将带动产业链进一步发展。目前，中国所有在运、在建以及审批通过的核电机组均在沿海地区。据界面新闻统计，广东目前在运、在建核电机组数量为 20 台，位居全国第一。其中，已投产发电的核电机组为 14 台，2022 年发电量 1148.6 亿千瓦时，占全国在运机组发电量的 27.5％。浙江省、福建省分别拥有在运核电机组 11 台、10 台，位居全国第二、三名。江苏省和辽宁省均拥有在运核电机组 6 台。整体来看，中国在运核电机组中有 52 个压水堆，秦山第三核电厂在运 2 个重水堆，石岛湾核电厂 1 个高温气冷堆已并网发电。在建和筹建核电机组中，除霞浦示范项目的两台快堆机组以外，其余均为三代压水堆技术。霞浦示范项目的快堆，为第四代核电技术。

8.2　放射性核污染危害

根据国际原子能机构（IAEA）的定义，放射性废物是指含有放射性核素或被放射性核素污染的任何材料，其浓度或放射性率高于主管当局规定的豁免量[1]。通常来说，放射性核污染危害是指由于人类活动造成物料、人体、场所、环境介质表面或者内部出现超过国家标准的放射性物质或者射线。IAEA 将放射性废物分为豁免废物（exempt waste，EW），低、中水平废物（low and intermediate level waste，LILW），以及高水平废物（high level waste，HLW）。根据 Rahman 建议，放射性废物的分类具体如表 8.2。

表 8.2　放射性废物的分类[2]

危险等级	典型特征
EW	达到或低于清除水平的活动水平，清除水平基于公众每年低于 0.01mSv 的剂量
LILW	活动水平高于清除水平，热功率低于约 $2kW/m^3$
LILW-SL	限制的长寿命放射性核素浓度（单个废物包装中的长寿命 α 放射性核素限制为 4000Bq/g，每个废物包装的总体平均值限制为 400Bq/g）
LILW-LL	长寿命放射性核素浓度超过短期废物限值
HLW	$2kW/m^3$ 以上的热功率和超过短期废物限制的长期放射性核素浓度

放射性污染的特点：绝大多数放射性核素毒性，按致毒物本身重量计算，均高于一般的化学毒物；按放射性损伤产生的效应，可能影响遗传给后代带来隐患；放射性剂量的大小只

有辐射探测仪才可以探测，非人的感觉器官所能知晓；射线的辐照具穿透性，特别是γ射线可穿透一定厚度的屏障层；放射性核素具有蜕变能力；放射性活度只能通过自然衰变而减弱。

放射性对生物的危害是十分严重的，分为急性损伤和慢性损伤。如果人在短时间内受到大剂量的X射线、γ射线和中子的全身照射，就会产生急性损伤。轻者有脱毛、感染等症状。当剂量更大时，出现腹泻、呕吐等肠胃损伤。在极高的剂量照射下，发生中枢神经损伤直至死亡。对于中枢神经，症状主要有无力、倦怠、无欲、虚脱、昏睡等，严重时全身肌肉震颤而引起癫痫样痉挛。细胞分裂旺盛的小肠对电离辐射的敏感性很高，如果受到照射，上皮细胞分裂受到抑制，很快会引起淋巴组织破坏。

放射能引起淋巴细胞染色体的变化。在染色体异常中，用双着丝粒体和着丝立体环估计放射剂量。放射照射后的慢性损伤会导致白血病和各种癌症的发病率增加。环境中的放射性物质可以由多种途径进入人体，他们发出的射线会破坏机体内的大分子结构，甚至直接破坏细胞和组织结构，给人体造成损伤。高强度辐射会灼伤皮肤，引发白血病和各种癌症，破坏人的生殖技能，严重的能在短期内致死。少量累积照射会引起慢性放射病，使造血器官、心血管系统、内分泌系统和神经系统等受到损害，发病过程往往延续几十年。

辐射生物效应：辐射作用于生物体时能造成电离辐射，这种电离作用能造成生物体的细胞、组织、器官等损伤，引起病理反应，称之为辐射生物效应。辐射对生物体的作用是一个非常复杂的过程，生物体从吸收辐射能量开始到产生辐射生物效应，要经历许多不同性质的变化，一般认为有四个阶段：①物理变化阶段，持续 $10\sim16s$，细胞被电离；②物理-化学变化阶段，持续 $10^{-6}s$，离子与水分子作用，形成新产物；③化学变化阶段，持续几秒，反应产物与细胞分子作用，可能破坏复杂分子；④生物变化阶段，持续时间可以几十分钟至几十年，上述的化学变化能破坏细胞及功能，并具有遗传性。

放射性物质进入人体的途径主要有三种：呼吸道吸入、消化道食入、皮肤或黏膜侵入。放射性物质主要经消化道进入人体，而通过呼吸道和皮肤进入的较小。而在核试验和核工业泄漏事故时，放射性物质经消化道、呼吸道和皮肤这三条途径均可进入人体而造成危害。

（1）呼吸道吸入　从呼吸道吸入放射性物质的吸收程度与其气态物质的性质和状态有关。难溶性气溶胶吸收较慢，可溶性较快；气溶胶粒径越大，在肺部的沉积越少。气溶胶被肺泡膜吸收后，可直接进入血液流向全身。

（2）消化道食入　消化道食入是放射性物质进入人体的重要途径。放射性物质既能被人体直接摄入，也能通过生物体，经食物链途径进入体内。

（3）皮肤或黏膜侵入　皮肤对放射性物质的吸收能力波动范围较大，一般在 $1\%\sim1.2\%$，经由皮肤侵入的放射性污染物，能随血液直接输送到全身。由伤口进入的放射性物质吸收率较高。

无论以哪种途径，放射性物质进入人体后，都会选择性地定位在某个或某几个器官或组织内，叫作选择性分布。其中，被定位的器官称为紧要器官，其将受到某种放射性物质的较多照射，损伤的可能性较大，如氡会导致肺癌等。放射性物质在人体内的分布与其理化性质、进入人体的途径以及机体的生理状态有关。但也有些放射性物质在体内的分布无特异性，广泛分布于各组织、器官中，叫作全身均匀分布，如有营养类似物的核素进入人体后，将参与机体的代谢过程而遍布全身。

放射性物质进入人体后，要经历物理、物理化学、化学和生物学四个辐射作用的不同阶段。当人体吸收辐射能之后，先在分子水平发生变化，引起分子的电离和激发，尤其是大分子的损伤。有的发生在瞬间，有的需经物理的、化学的以及生物的放大过程才能显示所致组织器官的可见损伤，因此时间较久，甚至延迟若干年后才表现出来。

8.2.1 放射性核废物来源

放射性元素的原子核在衰变过程放出 α、β、γ 射线的现象，俗称放射性。由放射性物质所造成的污染，叫放射性污染。放射性污染的来源有：原子能工业排放的放射性废物，核武器试验的沉降物以及医疗、科研排出的含有放射性物质的废水、废气、废渣等。介绍如下：

原子能工业排放的废物：原子能工业中核燃料的提炼、精制和核燃料元件的制造，都会有放射性废弃物产生和废水、废气的排放。这些放射性"三废"都有可能造成污染，由于原子能工业生产过程的操作运行都采取了相应的安全防护措施，"三废"排放也受到严格控制，所以对环境的污染并不十分严重。但是，当原子能工厂发生意外事故，其污染是相当严重的。国外就有因原子能工厂发生故障而被迫全厂封闭的实例。

表 8.3 给出了额定装机容量为 1300MW 的压水堆（PWR）和沸水堆（BWR）现有核电站在运行和处理液体和气体废物过程中产生的固体废物的数量和性质的基本数据。关于放射性废物的数据各不相同，并受到当地条件的很大影响，即液体和气体废物的半衰期，在排放之前，通过冷却水稀释液体废物等，让我们了解正常运行期间可能预期的体积和活动的顺序。

表 8.3　压水堆（PWR）和沸水堆（BWR）核电厂运行产生的固体废物以及处理液体和气体废物产生的固体废弃物的数量和特性

污染源	材料类型	BWR			PWR		
		排放体积/(m³/d)	活度/(GBq/m³)	总活度/(GBq/d)	排放体积/(m³/d)	活度/(GBq/m³)	总活度/(GBq/d)
废液处理	来自蒸发器	0.2	0.9~13		0.4	0.5~48	0.2~20
	干样	0.03	7.4~93	0.2~3	0.05	4~400	0.02~0.2
	过滤产物	0.36	1~18.5	0.3~7	0.2	0.07~0.7	
	干样	0.1	4~75		0.04	0.4~4	
处理系统	干样	0.01	185~1850	1~10		4000~18500	30~150
						1850~18500	15~150
反应器用水	交换离子功率	0.03	40~400		0.01	—	—
	过滤床层	—	0.7~4		0.01	—	—
三级结构	交换离子功率	0.3	15~18.5	0.2~1.3	—	—	—
	过滤床层	0.06					
废气过滤	活性炭	0.002	100	9	0.01	0.4~40	0.004~0.4
		0.9			0.01	0.4~40	0.004~0.4
其他环节	纸、布	0.2	550	1.7	0.3	0.07~7	0.02~0.2
	备件	—	7.4	—	0.01	4~400	0.02~2
	控制杆	0.03	—	70000	0.01	10^5	1400
	反应堆仪器材料	0.001	200×10^4	1200	0.001	10^5	85
		0.15	400	5	0.001	10^5	56

压水堆乏燃料组分（质量分数：%）中包含约 0.9% 的 ^{238}U、0.9% 的 ^{235}U 和 1% 的 ^{239}Pu；约 0.1% 的 ^{237}Np、^{241}Am、^{247}Cm 次锕系核素（MA）；约 3% 的 ^{90}Sr、^{137}Cs、^{99}Tc、^{147}Pm 等贵金属裂变产物（FP）。乏燃料后处理流程产生的高水平放射性废物（HLW）有含量虽少但毒性高的长寿命 Np、Am、Cm 等次锕系元素和占大部分的裂变产物（FP）。由于 HLW 的放射性总活度和比活度大、毒性高，其中多种核素的半衰期超过 10^4 年。

以瑞士贝兹瑙核电站为例，该电站有两台机组，每台机组的输出功率为 350MW，自 1951 年以来一直在运行。该核电站气体排放物主要含有 ^{133}Xe，平均排放量为 35m³/s，最大排放量为 55m³/s，烟囱高 45m。允许的年排放量为 19PBq（5×10^5Ci）稀有气体、11 TBq（300Ci）^{131}I 和无限量的氚。实际排放的废气为允许水平的 1.2%，稀有气体排放量为 ^{131}I 排放量的 2×10^{-3}%；氚的排放量为每年 14 TBq（370Ci）。气态废物储存在临时衰变槽中。体积高达 3.74m³/d 的冷却水在带有混床的离子交换过滤器上进行处理，其他液体废物经过过滤、蒸发和脱盐进行处理，计算得离子交换过滤器的运行每年产生总活性为 TBq（4000 Ci）。固体废物处理则采用破碎、压实和焚烧等方式。

核武器试验的沉降物：在进行大气层、地面或地下核试验时，排入大气中的放射性物质与大气中的飘尘相结合，由于重力作用或雨雪的冲刷而沉降于地球表面，这些物质称为放射性沉降物或放射性粉尘。放射性沉降物播散的范围很大，往往可以沉降到整个地球表面，而且沉降很慢，一般需要几个月甚至几年才能落到大气对流层或地面，衰变则需上百年甚至上万年。1945 年美国在日本的广岛和长崎投放了两颗原子弹，使几十万人死亡，后续相当一段时间内有大批幸存者也饱受放射性病的折磨。

医疗放射性：医疗检查和诊断过程中，患者身体都要受到一定剂量的放射性照射，例如，进行一次肺部 X 光透视，约接受 $(4\sim20) \times 10^{-4}$Sv 的剂量，进行一次胃部透视，约接受 0.015～0.03Sv 的剂量。

科研放射性：科研工作中广泛地应用放射性物质，除了原子能利用的研究单位外，金属冶炼、自动控制、生物工程、计量等研究部门，几乎都有涉及放射性方面的课题和试验。在这些研究工作中都有可能造成放射性污染。

8.2.2 核污染特征及相关法令

针对放射性核污染物特点，国际原子能机构制定安全标准，以促进放射性废物的适当管理。其中之一是涉及放射性废物分类一般标准的《安全导则》——《放射性废物分类》《安全标准丛书》（第 GSG-1 号）。该分类体系主要侧重于长期安全，这就需要有解决不同类型废物的适当处置和管理方案。该分类体系定义了六类废物：免管废物（EW）、极短寿命废物（VSLW）、极低放废物（VLLW）、低放废物（LLW）、中放废物（ILW）和高放废物（HLW）。极低放废物、低放废物、中放废物和高放废物通过处置进行安全和可持续的管理。这些分类将不同类型的废物与原则上合适的处置方案联系起来。必须证明特定类型的废物在特定处置设施中进行处置是合适的。

根据《中华人民共和国放射性污染防治法》，中华人民共和国国务院令（第 612 号）《放射性废物安全管理条例》已经于 2011 年 11 月 30 日国务院第 183 次常务会议通过，2012 年 3 月 1 日起施行。其中第三条为"放射性废物的处理、贮存和处置及其监督管理等活动，适用本条例。本条例所称处理，是指为了能够安全和经济地运输、贮存、处置放射性废物，通过净化、浓缩、固化、压缩和包装等手段，改变放射性废物的属性、形态和体积的活动。本条例所称贮存，是指将废旧放射源和其他放射性固体废物临时放置于专门建造的设施内进行保管的活动。本条例所称处置，是指将废旧放射源和其他放射性固体废物最终放置于专门建造的设施内并不再回取的活动"。因此，我国有严格的放射性核污染物的排放与立法规定。

但国际上也有无视《安全导则》的案例[4]，以日本福岛核电站排放为例。首先介绍一下福岛核事故，2011 年 3 月 11 日日本东北太平洋地区发生里氏 9.0 级地震，继而发生海啸，该地震导致福岛第一核电站、福岛第二核电站受到严重的影响。2011 年 4 月 12 日，日本原子力安全保安院（Nuclear and Industrial Safety Agency, NISA）将福岛核事故等级定为核事故最高分级 7 级（特大事故），与切尔诺贝利核事故同级。为排水降温，东京电力公司采用了喷水降温的常规方式，由此产生了大量核废水。如图 8.1 所示。

图 8.1　日本福岛核电站喷水降温照片

2021 年 4 月 13 日，日本政府正式决定将福岛第一核电站上百万吨核污染水排入大海。据报道，日本复兴厅 2021 年度预算中有关福岛核事故的公关经费大幅提升至 20 亿日元，是 2020 年的四倍。2021 年 7 月，福岛核电站再次发生核废弃物泄漏，研究表明福岛核事故泄漏物质铯抵达北冰洋后回流至日本。2021 年 12 月 14 日，东电启动钻探调查，计划在近海 1km 处排放核污水。2021 年 12 月 21 日，东京电力公司将向日本原子能规制委员会提出福岛第一核电站核污染水排海计划申请。2022 年 7 月 22 日上午，日本原子能规制委员会正式批准了东京电力公司有关福岛第一核电站事故后的核污染水排海计划。2023 年 8 月 24 日 13 时，日本福岛第一核电站启动核污染水排海。截至 2023 年 9 月 4 日，日本福岛第一核电站核污染水首轮排海作业结束，总计向太平洋排出 7788t 核污水。根据东京电力公司的计划，接下来将进行设备检查，最早将于 9 月底开始第二轮排海，2023 年将分 4 次排放 3.12 万吨核污水。

日本的排放行为给环境带来巨大隐患。自 8 月 24 日排海以来，虽然日本自称在福岛第一核电站周边海域进行每周一次的海水监测，但三次监测结果显示，所有 11 个监测地点的氚浓度均低于 10Bq/L，低于世界卫生组织的饮用水水质指标 10000Bq/L。另一方面，国际原子能机构（IAEA）9 月 8 日称，该机构在福岛第一核电站附近 3km 海域进行独立采样分析，样本的氚浓度均低于 10Bq/L。

然而，无论是 IAEA 还是日本环境省，目前为止发布的检测结果仅涉及放射性核素氚，东电发布的海水取样报告也只包含氚、铯-134、铯-134。实际上，核污染水中除了氚之外，还有锶-90、锶-89、钴-60、碘-129等60多种核素，没有详细数据来证实这些核素对海洋生物的影响究竟有多大。东电方面声称，核污水经过了多核素处理设备（ALPS）等的处理，除氚之外的放射性核素均降至标准值之下。但是对于东电这个曾有隐瞒核电站安全事故历史的责任方来说，不容推卸责任。

日本核污染水入海已成事实，害人害己，包括中国、韩国在内众多亚洲国家对日本政府进行了谴责与外交交涉。甚至是日本本国的渔业相关人士也坚持抗议。根据新华社报道，9月8日，日本150名渔业从业者向福岛地方法院提起集体诉讼，包括福岛、岩手、茨城、东京等地的渔民，他们控诉日本政府和东京电力公司的核污水排海行为侵犯了渔民的捕鱼权，还威胁公民和平生活的权利，要求立即停止。

预计持续30年的核污水排海作业对福岛渔业来说是一个重大打击，虽然此前日本政府设立了总额达到800亿日元的基金，用于补贴福岛涉渔产业。核污水排海开始后，该国政府9月5日又追加207亿日元，作为对日本国内水产业的支援措施。资金补偿难以掩盖福岛水产品受到核污染水影响的事实，中国海关总署已经于8月24日宣布，为全面防范日本福岛核污染水排海对食品安全造成的放射性污染风险，保护中国消费者健康，确保进口食品安全，全面暂停进口日本水产品。而据人民日报8月28日报道，日本多个在野党、工会团体当天在福岛县当地最大港口小名滨港举行抗议集会，参加集会的多位在野党国会议员一致要求，日本政府立即撤销核污染水排海计划，终止排海作业，保护当地渔业从业者的生计。

日本水产厅2023年9月初实施的一项调查发现，福岛核污水排放后，由于中国全面禁止进口日本水产，日本国内扇贝、海参、鲕鱼的价格下跌。据悉，核污水排放后的第二天，福岛沼之内渔港的比目鱼收购价下跌15%。在北海道，每千克扇贝的交易价下跌了20多日元。日本一些地区认为自己的农林水产品也因为核污水排海被殃及，比如本州中北部日本海一侧的新潟县，该县知事花角英世表示，核污染水排放后要绕太平洋一圈才会到新潟附近海域。去新潟旅行的中国游客罗女士告诉澎湃新闻，当地政府的工作人员在机场向海外游客发放有关旅游规划的问卷调查，并与她主动谈起核污染水问题。工作人员称，农产品和水产品是新潟的代表性物产，因核污染水排海问题受到打击，虽然新潟主要面向日本海，但也受到了牵连，无法明说新潟和福岛的水产不一样。

为了应对不断蔓延的负面影响，日本政府出台了"保护水产业"的一揽子支持政策，包括扩大国内消费和维持生产，试图加强国内加工体系，转移出口目的地等。2023年8月31日，日本首相岸田文雄视察东京的丰洲市场，吃了来自福岛县的章鱼，以求为福岛食品安全背书。4天后，日本复兴相渡边博道也到访该市场，试吃福岛的比目鱼、鲈鱼等刺身，并声称这是"日本之宝"。但这些政治家"作秀"宣传并不能得到亚洲-太平洋国家和人民的原谅。

8.2.3　放射性核废物对环境的污染

核废物是指含有α、β和γ辐射的不稳定元素并伴随有热产生的无用材料。核废物进入环境后会造成水、大气、土壤的污染，并通过各种途径进入人体，当放射性辐射超过一定水平，就能杀死生物体的细胞，妨碍正常细胞分裂和再生，引起细胞内遗传信息的突变。研究表明，母亲在怀孕初期腹部受过X光照射，她们生下的孩子与母亲不受X光照射的孩子相比，死于白血病的概率要大50%。受放射性污染的人在数年或数十年后，可能出现癌症、白内障、失明、生长迟缓、生育力降低等远期效应，还可能出现胎儿畸形、流产、死产等遗传效应。

一台 1000MW 核电站的年核废物中含有 10kg 的镎-237 和 20kg 的锝-99，如以非专业人员允许的年接受辐射剂量率为标准，那么上述核废物即使贮存 100 万年，仍高出允许剂量的 3000 万倍。如果直接排放，需用 6 亿吨水稀释镎-237，用 3000 万吨水稀释锝，才符合环境要求，但这是做不到的。

核废物的存放是举世瞩目的难题。目前常见的高放射性核废物，是采用地质深埋的方法。常见的矿山式处置库，位于 300～1500m 深处。若深部钻孔，如在花岗岩石中凿一个地下处置库，则要建在几千米深处。库的结构包括天然屏障和工程屏障，以防止废物中的放射性核素从包装物中泄漏，但很难保证在长达上百万年中包装材料不被腐蚀、地层不变动。

美国 1986 年准备把人烟稀少的尤卡山作为核废物存放点，当时科学家推测附近 20km 处的一座火山在 27 万年前爆发过，到了 1990 年科学家把火山爆发距今的时间缩短为 2 万年，这使得该火山可能在核废物变得无害前恢复活动。美国科学家尼古拉斯·伦曾说："应记住，在不到 1 万年以前，曾在今天的法国中部爆发过火山，在 7000 年前英吉利海峡还不存在，5000 年前撒哈拉的大部分地区还是肥壤沃土。只有千里眼才能为 20 世纪的核废物选择一个不受干扰的永久性的贮存场所。"

世界各地核电站每年产生约 1 万立方米核废物，存放低放射性（半衰期小于 30 年）的核废物不用深埋，地表下几十米即可，但也得层层设防。法国 1996 年建成第一座大型陆地核废料储存库，外形如一个小山丘，由 140 万吨砂岩、片岩、黄沙和泥土组成，第一层是植被，第二层是硬石层，第三层是沙子，第四层是防水沥青膜，第五层是排水层，第六层是覆盖在装有核废物的铁桶上的硬土石层。

我国已建好的西北处置场、华南处置场，是存放低、中放射性核废物的近地表处置场。对高放射性核废物我国目前还没有地质处置库，只能继续贮存。另外，我国军工还遗留下不少放射性核废物，加上今后要大力发展核电，专家们呼吁必须从战略、战术上重视和减少放射性废物，加强核废物的处置。

8.2.4　放射性核污染对人体的危害

放射性核污染对人体的危害主要包括三方面：

（1）直接损伤　放射性物质直接使机体物质的原子或分子电离，破坏机体内某些大分子如脱氧核糖核酸、核糖核酸、蛋白质分子及一些重要的酶。

（2）间接损伤　各种放射线首先将体内广泛存在的水分子电离，生成活性很强的 H^+、OH^- 和分子产物等，继而通过它们与机体的有机成分作用，产生与直接损伤作用相同的结果。

（3）远期效应　主要包括辐射致癌、白血病、白内障、寿命缩短等方面的损害以及遗传效应等。青年妇女在怀孕前受到诊断性照射后其小孩发生 Downs 综合征的概率增加 9 倍。例如，受广岛、长崎原子弹辐射的孕妇，有的就生下了弱智的孩子。医学界研究发现，受放射线诊断的孕妇生的孩子小时候患癌和白血病的比例增加。

进入人体的放射性物质，在人体内继续发射多种射线引起内照射。当所受有效剂量较小时，生理损害表现不明显，主要表现为患癌症风险增大。应当指出，完全没有必要担心食品中自然存在的非常低的放射性。近年来有专家认为小剂量辐照对人体不仅无害而且有某些好处，即所谓兴奋效应。

8.3 放射性核污染处理方法

核电站之中，基于其生产过程中产生的废水量很大，以及排放的废水中放射性物质的浓度高，因此每个核电站均设有专门处理放射性废水的系统。放射性废水通常采取蒸发和过滤的工艺进行处理。放射性元素多不具有挥发性，在此特性的基础上，处理技术主要是加热废水使其蒸发，残留下来的没有蒸发掉的放射性物质再进行处理。此方法一方面可以充分利用核电站运行中产生的很多废热，节约了能源。另一方面，蒸发过程不需要加入其他物质，这就避免了因为加入某些物质而引起的液体的二次污染。过滤法的原理与人们平常使用的净水器原理基本一致，主要是在放射性废水流经的位置安装可以吸附放射性物质的材料，有效吸收水中的放射性物质，吸附材料中保存放射性物质。等待一段时间后，材料中的放射性物质达到饱和态，换上新的吸附材料即可。替换下来的充满放射性物质的材料再做固化密闭处理。

目前，除了进行核反应之外，采用任何化学、物理或生物的方法，都无法有效地破坏这些核素，难以改变其放射性的特性。对于放射性废物中的放射性物质，现在还没有有效的办法将其破坏，以使其放射性消失。只有利用放射性自然衰减的特性，采用在较长的时间内将其封闭，使放射强度逐渐减弱的方法，达到消除放射性污染的目的。因此，为了减少放射性污染的危害，一方面要采取适当的措施加以防护；另一方面必须严格处理与处置核工业生产过程中排放出的放射性废物。放射废水因其化学性质、放射性核素组成、放射性强度的不同，处理方法也不相同。常见的处理方法包括稀释排放法、放置衰减法、反渗透浓缩法、蒸发法、超率法、混凝沉淀法、离子交换法、固化法、生物处理等。举例介绍如下：

（1）稀释排放法 对符合我国《放射防护规定》中规定浓度的废水，可以采用稀释排放的方法直接排放。排入本单位下水道的放射性废水浓度不得超过露天水源中限制浓度的 100 倍，并必须保证在本单位总排放出水口中的放射性物质含量低于露天水源中的限制浓度，否则必须在排放前用非放射性废水稀释或经过专门净化处理后再排放。并规定在设计和控制排放量时，应取 10 倍的安全系数。这种处理方法从长远看必将导致附近水域放射性本底增加；此外，放射性物质可能被河流或海洋中的植物和动物群有选择性地富集，随时可能被人体吸收。

（2）放置衰减法 放射性废水处理的基本原则就是贮存。对半衰期较短的放射性废液可直接在专门容器中封装贮存，经过一段时间后，待其放射强度降低后，可稀释排放。对半衰期较长的或放射强度高的废液，可使用浓缩后贮存的方法。要求将放射性物质浓缩后装在体积很小的密闭容器内，进行长期贮存。贮存方式是把高浓度的放射性废水，经过蒸发器的蒸发，变成小体积的浓缩液，然后装入密封的屏蔽金属罐里边，贮存在地下或深海之中。也有将放射性废水注入地下池贮存或将废水与陶土等混合烧成陶瓷后埋入地下贮存的办法。这些做法对于半衰期很短的放射性物质是十分有效的。

（3）反渗透浓缩法 反渗透浓缩是一种浓缩的方法。指溶液进入反渗透膜，溶剂水分子在压力作用下渗出，达到浓缩的目的。对于含盐量为 0.5g/L，pH 为 $7\sim8$，β 放射量为 $(5\sim7)\times10^3$ Bq/L 的废液，采用醋酸纤维膜进行反渗透浓缩，去除率可达到 95% 以上。

（4）蒸发法 蒸发浓缩是处理中高浓度放射性废液的一种有效方法，处理效率高，去污系数可达 10 以上，特别适合处理含盐量较多、成分复杂的废液。该法是目前核工业中使用比较广泛的废水处理方法，在废水蒸发过程中，放射性核素和盐分不能挥发，理论上全部放射性核素都应存在于体积很小的蒸发残渣中，但由于雾沫夹带，冷凝液中仍不免带有一点放射性物质，一般需要进一步通过离子交换法处理，浓缩液送至水泥、陶土或石英砂等固化装置固化，埋入地下贮存。此法不适合处理含有挥发性放射性物质（如 Ru、I 等）、有机物和易起泡物质的废水。挥发性物质会在蒸发浓缩过程中，随同水蒸气一同进入馏出液中，达不到放射性物质和水分离的目的。

（5）混凝沉淀法（化学沉淀法） 在早期的核燃料后处理工艺中，无论是铀、钚分离净化，还是废液处理，都曾全面采用沉淀法[5]。该法主要是在废液中加入一定量的化学絮凝剂而形成絮体，吸附废液中的放射性胶体，或借助于某些化学试剂，与放射性物质发生共结晶、共沉淀现象，将水中放射性物质大部分转移或富集于小体积的沉淀泥浆中，经过澄清和过滤，可将絮体沉淀从废液中分离出来。它具有操作简单、费用低廉等特点，但去污系数一般仅为 10 左右，适用于大量的低放射性废水的处理，或用于中放射性废水的预处理。在多种絮凝剂中，聚合铝去除多价放射性核素的效率最高，这是由于放射性核素的羟基水合离子同样能与羟基水合铝离子发生桥联作用，生成沉淀得以去除。在含有放射性元素的废水中加入沉淀剂，如石灰、碳酸钠、硫化钠、磷酸钠、铁氰化钠等，使放射性元素变成沉淀而得以去除。

（6）黏附去污法 黏附去污法是利用物理贴敷，通过黏结的方式将污染去除。例如，崔向前[6] 使用 3M 牌 6969 胶带，利用胶带黏力将污染物质从安全带表面黏除，达到去污目的，去污效果如表 8.4 所示。

表 8.4 污染安全带黏附去核污染前后的数据表

污染点编号	黏附前数据		黏附后数据	
	表面污染	剂量率	表面污染	剂量率
1	19.1	0.52	17.4	0.26
2	26.0	0.68	16.3	0.31
3	27.3	1.10	22.9	0.52

注：表面污染单位 cps（本底 7.5cps），剂量单位 $\mu Sv/h$（本底 $0.13\mu Sv/h$），测量仪 RDS-31＋ABP150。

（7）真空抽吸去污法 电厂常用的大功率吸尘器（凯驰 NT65）对准安全带污染点进行抽吸，吸除安全带表面及浅表层污染物，使污染物与安全带分离，达到去污目的。

（8）浸泡刷洗去污法 通过浸泡分解安全带表面污染油污，同时刷洗使污染物与安全带分离，达到放射性去污的目的。以崔向前[6] 利用的 HAKNEUTRAL 中性去污剂为例，其是一种无泡沫、具有热稳定的去污产品，包含无泡沫的阴阳离子和非离子的表面活化剂、组分剂、水合剂稳定素、香味水、杀菌剂和水。该去污剂的使用 pH 值大约在 6.5，是一种适用于任何物质表面去污的特殊混合物的无泡沫清洗剂，能消除放射性裂变并且腐蚀来自不锈钢、玻璃、陶瓷、塑料和油漆表面的产物。其用于普通物件去污时试剂配比为：对于轻度表面污染的物品可配制 5％；对于中度表面污染的物品可配制 10％；对于污染严重的可配制 15％。

另一类是 HAKUPUR，其主要包括无泡沫非离子表面活化剂、组分剂等。该去污剂是用来清除各种易溶于溶剂的表面腐蚀物，一般用于蒸汽喷洗设备及超声波清洗箱内物品去污，在使用时无泡沫出现。操作中，该产品要与 HAKA-DOKOPUR FS 500 交替使用，首先用 HAKUPUR 初步清洗污垢，然后再用 HAKA-DOKOPUR FS 500 进行最后清洗。HAKUPUR 与水相溶比例为 1:3～1:30，在超声波去污箱 HAKUPUR 的相溶比例为 1:4。在物品被油脂性东西污染时，可直接用 HAKUPUR 去污，但是必须保证去污时间至少为 10min。之后，被溶解的污垢和清洁剂残渣再用水清洗，其用于普通物件去污时试剂配比同中性去污剂一致。

亦可利用浓缩通用粉，如 SL-611 型，其分子式或主要成分为 P_2O_5 和游离碱。该产品为无磷洗涤粉，属碱性产品。使用生物降解度不低于 90% 的表面活性剂，未使用四聚丙烯烷基苯磺酸盐、烷基酚聚氧乙烯等助剂。化学品是用作清洗剂、放射性去污用品。

崔向前[6] 通过去污技术探究发现，采用最终去污工艺流程去污效果明显，对去污后安全带进行污染测量，发现去污合格率接近 50%。其他 50% 去污不合格安全带直接测量不合格，但经表面污染间接法测量（试纸擦拭测量）均合格。其中部分污染安全带的固定污染水平略高于环境本底值水平，满足辐射控制区内污染安全带复用的要求。最优去污方法对中低污染的安全带有良好效果，但是对污染程度高的安全带去污效果略差。主要原因是高污染安全带，其放射性污染物质已经浸入到安全带丝织物本体内部，通过抽吸、浸泡、刷洗、萃取等手段难以将织物深处污染物质转移出来[5]。

例如，针对核医学科放射性核素污染处理，可采用如下流程：①放射性操作完成后，应用剂量监测仪检测操作人员身体（双手、衣服）和操作台面及地面等工作场所，检查有无放射性污染。②如操作台面或地面被污染时，用吸水纸将其吸干后，再用去污粉或 5% 硫代硫酸钠擦洗，应尽量不扩大其污染范围。周围用铅砖或铅板等物将其屏蔽，并作上标记（核素名称、日期等）。③如身体表面污染，先用纱布或吸水纸吸干，污染物如 ^{131}I 可用 5% 硫代硫酸钠洗涤，再以 10% KI 或 NaI 帮助去污，然后用水刷洗。④如衣服被污染时，可放置 10 个半衰期后，用水浸泡洗涤，然后用肥皂浸洗，再用水漂洗数次。⑤将放射性污染物置专用红色塑料袋内，标明核素名称及日期．存放于专用污物桶内。

上述所列方法可称为机械-物理法，主要是利用擦、刷、磨、刮、刨、共振、超声等机械作用除去表面的锈斑、污垢或表面涂层、氧化层，如吸尘法，机械擦拭法、高压射流（如射流打击、冲蚀、剥离、切除作用来除垢、除锈、清焦和清洗，清除污染的放射性核素）、超声去污（利用超声对清洗液及污垢的直接和间接作用，使污垢分散、乳化、剥离，达到去污目的）。

（9）激光去污法　激光去污是利用激光在极短时间内将光能转变成热能的干式清洗。有时候可产生等离子体，等离子去污包括干法去污技术，使用低温等离子体（温度几千度），将附着在物体表面的污垢去除。

（10）化学法　用浓的或稀的化学溶剂与污染的部件相接触，以溶解带有放射性核素的污染物、油漆涂层或氧化膜层，达到去污目的。

化学作用通常包括溶解、氧化、还原、配合（络合、螯合）、钝化、离子交换、缓蚀、表面湿润等[7]。化学去污的优点：适用于难以接近的表面去污，需要的工作时间少，能就地对工艺设备和管道进行去污，可遥控操作；化学去污产生的放射性废气少，清理液经过处理能够回收，采用的化学试剂易于获得。但缺点是：对粗糙、多孔的表面去污效率低，产生的清洗废液体积较大，使用不当时产生腐蚀和安全方面的问题。化学去污常用试剂包括：无机酸类，有机酸类，碱类，氧化环氧类，络合剂类，去污剂类，表面活性剂类，缓蚀剂类。化学去污所用溶剂如下：

利用水（水蒸气）去污。水是一种广泛使用的去污剂，它可溶解化学物质或浸润和冲洗表面上的松散碎渣，它能用于所有的无孔表面。水作为去污的优点是廉价、容易获得、无毒、无腐蚀、与其他大多数放射性废物系统相容。由于水的安全性，它可以用于大型设施和环境清洗作业，用水蒸气去污的优点是可减少用水量。水的缺点是一般需要大量的水，特别是水去污易使放射性污染物扩散而难以控制，水的排放问题是个难题。

利用无机酸及其盐去污。强酸去污作用是破坏和溶解金属表面的氧化膜，降低溶液的pH值，以增加溶解度或金属离子的交换能力。强酸去污快速有效，可用于工厂运行，主要用于退役活动中。HNO_3 作为强酸、强氧化剂，被广泛地应用于溶解不锈钢体系的金属氧化物层；HCl 在退役工程中使用，常用配比为 25% $HCl+20\%$ $HNO_3+3\%$其他添加剂，去污效率高，但具有强腐蚀性；H_3PO_4 可用于碳钢的去污，可对碳钢的表面进行快速去膜和去污。可用各种不同的弱酸和强酸的盐来代替酸本身。酸的盐与酸去除方式类似，都是溶解或络合金属表面的氧化物，但是它们也可以提供游离的钠或铵离子以离子交换的方式置换污染物，其去污系数比单用酸更高。酸的盐优点是增加了酸去污的广泛性，产生较好的腐蚀性溶液。与酸相比，酸的盐对人体较为安全，常用的有硫氢化钠（$NaHSO_4$）、硫酸钠（Na_2SO_4）、草酸铵[$(NH_4)_2C_2O_4$]、柠檬酸铵[$(NH_4)HC_6H_5O_7$]和氟化钠（NaF）等。

利用有机酸及络合剂去污。有机酸及络合剂具有溶解金属氧化膜和分离金属污染物的双重作用，常与洗涤剂、酸或氧化剂的溶液混合使用，以提高去污系数。该法主要用于工厂的运行阶段，较少用于退役工程。有机酸及络合剂的优点是腐蚀性弱，安全性较高，缺点是价格昂贵，反应速率较慢。常用的有机酸及络合剂包括柠檬酸、草酸及草酸过氧化物、乙二胺四乙酸等。

利用碱和含碱盐去污。苛性碱溶解于去除油腻、油膜和其他涂层，可去除碳钢的铁锈以及中和酸，作为表面钝化剂等；用碱性溶液的优点是廉价、易储存、比用酸的材料问题少，缺点是反应时间长、对铝有破坏作用。另外，也有被碱烧伤的危险性。常用于去污的碱性试剂包括 KOH、NaOH、Na_2CO_3、Na_3PO_4、$(NH_4)_2CO_3$ 等。

利用氧化剂和还原剂去污。在去污中，氧化剂被广泛用于处理金属氧化膜、溶解裂变产物，为达到保护或腐蚀之目的对金属表面进行氧化处理，许多金属在高氧化态下易碎裂或溶解，碱性高锰酸盐被广泛用于处理不锈钢。氧化还原剂的优点是在许多化合物的溶解液中起独特的作用。缺点是与一些化合物产生剧烈的反应，在放射性废物处理前需要中和。常用的是 $KMnO_4$、$K_2Cr_2O_7$ 和 H_2O_2。

利用有机溶剂去污。有机溶剂是处理各种设施表面、设备、衣物和玻璃制品等有效而柔和的通用型清洁剂，但它们在有金属腐蚀和持久性污染物时效果并不好。有机溶剂可用于去除物体表面上的有机物质、油脂、石蜡、油和油漆，还用于清洁衣物。由于具有可燃性和毒性蒸气，最好在小区域内或封闭系统中使用。大多数放射性废物系统不能处理有机溶剂。用于去污的有机溶剂有煤油、三氯甲烷、四氯化碳、三氯乙烯、二甲苯、石油醚、酒精等。

利用缓蚀剂去污。缓蚀剂用来抑制腐蚀反应和基体金属的损失。缓蚀剂是有机极性化合物，同附着的 H 原子形成碳链或环，具有诸如氨基（NH_2—）、磺酸（SO_3—）或羧基（CO_2—）这样的一种极性基团。这种极性基团是带电不对称的，倾向于被强烈吸附在易于腐蚀的金属表面上。

利用表面活性剂去污。表面活性剂可以降低液体表面张力，使液体与表面更好接触，常用作润湿剂和乳化剂。表面活性剂通常由长链碳-碳骨架上含有氮、氧或硫原子的极性基组成。极性基是亲水的，而烃链是疏水的，这些分子趋向于迁移至水油界面，极性基将被吸引至水相，而烃残留物仍留在油相。表面活性剂廉价、安全。缺点是作用有限，可能会在放射性废物系统中释放泡沫或氨气。常用的表面活性剂包括十二烷基硫酸钠、烷基磺酸盐等。例如：俄罗斯博奇瓦尔无机材料研究所（VNIINM）完成放射性设施泡沫去污技术开发，该团队发现泡沫去污可在核设施寿期各个阶段（运行和退役）使用，能有效去除埋藏在设备受损金属层中的放射性污染物，并完全去除所需厚度的表面金属层，对正在加工的结构和材料产生温和的、可控的影响，从而将泡沫化合物对通信设备和其他设备的腐蚀和破坏性影响降至最低。使用泡沫去污技术时不需要拆卸设备。在不锈钢、碳钢、塑料化合物和油漆混凝土的水平和垂直表面上使用泡沫去污技术具有很高的效率。

利用电化学方法去污。在含有电解液的槽中，污染物作阳极，电解槽作阴极，通过高密度电流（100～2000A/m^2），即电渗析，不断更新电解液，可除去金属表面污染物，使其表面变得光滑清洁[8]。

其他还包括熔炼法，碱性高锰酸钾-柠檬酸铵法，碱性高锰酸钾-柠檬酸草酸混合液法；CAN-DECON 法，铈氧化法，德国卡尔斯鲁尔研究中心开发的 CORD/UV 法，美国汉福特核基地使用的 CORPEX 法（含强有机络合剂），法国 CEA 专利给出的 SANIDIN 泡沫去污等方法。

实际过程中通常采用组合方法去除核污染。中国发明专利（CN104690083B）[9] 公开了一种被放射性核素 Cs-137 污染的土壤的修复方法，属于环境保护领域，包括：①土壤提取，破碎过筛；②物理淋洗；③多级分离过滤；④化学淋洗；⑤土壤颗粒回收、脱水、pH 调节、土壤回填，共 5 个步骤。本发明在物理淋洗阶段采用去离子水和超声波相结合的技术，去污百分比达到 66%。化学淋洗的去污百分比达到 80%，总去污百分比达到 93%，大大高于传统方法的去污效率。本发明工艺易于实现，过程清洁，设备简单，安全性好，运行成本低。

8.3.1 天然及改性环境矿物（岩石）材料处理放射性核废料

核武器试验、切尔诺贝利核电站[10] 和福岛第一核电站等[11] 灾难，以及核设施运行过程中的意外泄漏，都会导致放射性核素污染环境，另外核能的使用和发展会产生大量放射性废物，严重影响环境和人类健康，因此利用天然矿物（岩石）材料处理危险的核污染物质（radionuclides，RN）显得格外重要。典型的 RN 包括用作核燃料的铀、^{235}U 的裂变产物，如^{129}I、^{90}Sr 和^{137}Cs，以及腐蚀产物，如^{60}Co，其用于癌症放射治疗，并可能释放到环境中。在这个方面，黏土矿物及其复合材料在保护环境免受硝酸盐释放的负面影响方面发挥着重要作用。

首先介绍铀的天然矿物材料处置。蒙脱石已经广泛用于吸附铀的实验研究，如中国内蒙古土、钙基蒙脱石 Ca-Mt（STx-1b）、钠基 Na-Mt、约旦膨润土（Al Azraq 土）均被使用，发现其随着 pH 从 3.0 增加到 6.5 而吸附量增加，这是因为带正电的铀形式（如 UO_2^{2+}）和带负电的蒙脱石表面之间的静电吸引力随之增强。在 pH≥7 时，观察到吸附能力下降，这归因于共沉淀和各种沉淀物的形成，例如 $CaUO_2(CO_3)_2$ 或碳酸盐络合物[12]。值得注意的是，在高初始 Ca^{2+} 浓度下，U（Ⅵ）与 Ca^{2+} 在吸附剂表面的共沉淀是可行的。在水性介质中，铀离子根据 pH 形成不同组成的络合物。在接近中性的 pH（即天然水的 pH）下，形成氢氧化物络合物，如 UO_2OH^+、$(UO_2)_2(OH)_2^{2+}$、$(UO_2)_3(OH)_4^{2+}$、$(UO_2)_3$。相反，在接近地下水的条件下（高 pH 和高 CO_2 含量），会形成中性或带负电荷的水解产物。例如，吸附在带负电荷表面上的 $UO_2(OH)_2$、UO_2CO_3 和 $(UO_2)_2CO_3(OH)^{3-}$)[13]。在低 pH 下，离子强度与吸附效率呈负相关，而在高 pH 下没有观察到这种相关性，这归因于低 pH 下的外层表面络合/阳离子交换和高 pH 下的内层表面络合/共沉淀。然而，SWy-2 土样品在低 pH 时没有观察到吸附效率随离子强度的增加而降低，这归因于其高 Na^+ 含量以及由此抑制电解质离子 Na^+ 和 U(Ⅵ) 之间的竞争[14]。此外，在低离子强度下，随着 pH 从 4.0 增加到 6.8，SWy-2 对铀酰离子的吸附能力降低[15]，而随着离子强度的增加，吸附能力也有所增加。U(Ⅵ) 在二元体系中的吸附速率远高于单体体系；在前一种情况下，吸附速率在 30min 内最大化，然后急剧下降，并在 18～24h 后达到平衡[15]。

铀在伊利石（美国黏土学会）上的吸附与在蒙脱石上的吸附相似，即吸附容量在 pH 从 1.0 增加到 7.0 时增加，随着 pH 的增加而降低，这是因为静电排斥强度的增加。pH 5.0～7.0 时离子强度的增加抑制了 U(Ⅵ) 的吸附，这表明这种吸附涉及外层表面络合。就吸附动力学而言，伊利石不如蒙脱石，因为伊利石吸附 24h 内才能达到最大容量的 30%[16]。

对 U(Ⅵ) 在高岭石上吸附的研究表明，结晶良好的高岭石（KGa-1b）和弱结晶高岭石（KGa-2）优于蒙脱石黏土，如 Ca-Mt（STx-1b）和摩洛哥天然膨润土（IBECO），尽管在 pH 范围为 5～9 时阳离子交换能力很高。高岭石的这种效率是由于铝醇中心的开放面积更大，与硅醇中心相比，铝醇中心对 U(Ⅵ) 具有更高的亲和力。此外，离子强度在不同 pH 范围内不影响吸附，pH=6 除外，在 pH=6 时，这种影响可以忽略不计。U(Ⅵ) 的吸附不受高 pH 的阻碍，因为碳酸铀酰络合物对锐钛矿具有高亲和力，锐钛矿是高岭石中的杂质相，也起到很大作用。

铕[^{152}Eu(Ⅲ)]也是一种常见的放射性污染元素。人们研究了天然矿物及协调有机物（腐殖酸等）对其去除的规律[17]。在低 pH 下以 $Eu(OH)^{2+}$ 存在，在高 pH 下以 $Eu(CO_3)^+$ 和 Eu 存在。在高 pH 下，会形成含氢氧化物的沉淀物。腐殖酸（HA）与土壤共存是天然的完美组合。腐殖酸（HA）的存在有助于在高 pH 条件下形成 Eu^{3+}-腐殖酸盐络合物。在方解石浸出提供的 Ca^{2+} 存在下，Ca^{2+}-Eu^{3+}-腐殖酸盐复合体会沉淀。在黄腐酸（FA）存在的情况下，在 pH>6 时产生可溶性 Eu-FA 复合物。在大多数情况下，Eu(Ⅲ) 的吸附效率随着 pH 的增加而增加，并在接近中性的条件下最大化。使用蒙脱石 SWy-2 和 SWy-3、钠蒙脱石（Kunipia F；Yamagata，日本）、从 MX-80 膨润土中分离的钠蒙脱石、人工黏土混合物（含钠蒙脱石：方解石＝80：20，质量比）、膨润土（基质中的钙蒙脱石；中新世 Kopernica 矿床，斯洛伐克）、未风化千枚岩（波兰苏台德东部）、风化千枚石（波兰西南部 Pomocne 村）、FBX（Ca-Mg 黏土；94%蒙脱石）、Callovo Oxfordian 黏土（法国）、高岭石（英国圣奥斯特尔）、Opalinus 黏土（Zürcher Weinland）、Oparinus 黏土［高岭石、伊利石、二氧化硅和方解石（13.2%～25.1%）］、黄铁矿（1.5%；瑞士）、塔木苏黏土（48.3%白云石；中国内蒙古）、合成钠皂石（Sumecton SA）、合成四硅酸氟云母（Topy Ind. Co.）和 IdP-伊利石黏土（93%伊利石，7%高岭石），发现吸附机理涉及表面络合、离子交换和静电相互作用，在高 pH 下以络合为主，在低 pH 下以阳离子交换为主。Eu(Ⅲ) 的吸附是自发和吸热的。铝醇中心对 Eu(Ⅲ) 的亲和力高于硅醇中心，但在高浓度的 Eu(Ⅲ) 下，在铝醇中心饱和后，硅醇中心的吸附变得重要。碳酸盐对吸附的影响不太明确，在一种情况下，没有观察到这种影响[17]。而在另一种情况中，碳酸盐在 pH>7 时对 Eu(Ⅲ) 的吸附产生了积极影响[18]，黏土中的氧化铁和氢氧化物可提高锕系元素的吸附效率。

其他研究也发现腐殖酸 HA 对黄腐酸 RN 的吸附有积极影响[19]。例如，在酸性更强的介质中，Eu(Ⅲ)和 Cs(Ⅰ)吸附效率的提高可归因于黏土的正表面电荷的降低，这是在低 pH 下吸附带负电荷的腐殖酸所致。黄腐酸通过其强酸性官能团络合 Eu^{3+}，阻碍在 pH>6 时的吸附；如果黏土结合 Eu^{3+} 的能量低，即使在最小 FA 浓度下也能观察到这种效应[20]。

放射性钴(^{60}Co)是医疗中常见的污染物，其去除也在环境矿物材料领域得到广泛研究。以蒙脱石（中国内蒙古）与 Co(Ⅱ)和 U(Ⅵ)的结合为例，U(Ⅵ)不影响 Co(Ⅱ)的吸附，而 Co(Ⅱ)吸附过程可以表征为自发和吸热[15]，类似行为对于膨润土（Kom-Osim，Fayume，埃及）、蒙脱石（Merck）、硅藻土（Qasr El Saga，Fayuome，埃及）和海泡石（默克公司样品）也获得了类似的结果。随着 pH 值在 1~10 范围内的增加，吸附效率增加，在 pH 值为 7 时，蒙脱石和膨润土对 Co(Ⅱ)的去除率（87%）是硅藻土和海泡石在 pH 值为 4 时的 1.1 倍。根据 pH，Co(Ⅱ)以不同的形式存在，例如，在 pH<6 时，Co^{2+} 和 $CoCl^{2+}$ 不太常见，而在 pH>5.5 时，主要形成 $Co(OH)_2$ 的沉淀。蒙脱石、膨润土和硅藻土在 60min 内达到平衡，1.0min 后 Co(Ⅱ)的去除率分别为 65%、70% 和 95%。相反，对于海泡石，平衡需要 48h 才能建立，4h 和 48h 后 Co(Ⅱ)的去除率分别为 50% 和 99%。当高浓度时，竞争离子如 Al^{3+}、Ca^{2+} 和 Na^+ 阻碍了 Co(Ⅱ)在蒙脱石、膨润土和硅藻土上的吸附，而在海泡石存在的情况下，只有 Al^{3+} 表现出这种作用。根据 Hu 等人[15]的说法，这些黏土上的吸附是通过外层表面络合发生的（海泡石除外，在这种情况下涉及内层表面络合），并且是自发和吸热的。

^{60}Co(Ⅱ)在天然黏土（高岭石、伊利石、蛭石、石英和绿泥石；Sale，摩洛哥）上的吸附在 pH=10 时最有效，并且足够快，在 1h 内达到平衡。基于这些信息和文献数据[21]，可以假设 Co(Ⅱ)通过内部球体表面络合或化学吸附结合到黏土表面。这种机制通常具有快速吸附的特点，尽管 Es-shabany 等人的工作没有提供这样的信息[22]。

坡缕石（中国安徽）以及海泡石和黏土（Sale，摩洛哥）在 pH>8.5 时通过内表面络合吸附 Co(Ⅱ)，而离子交换在较低的 pH 下占主导地位，因为对离子强度的依赖性仅在 pH<8.5 时表现出来。此外，Co(Ⅱ)的吸附将平衡 pH 从 7.8 降低到 7.3，这可能表明了特定的吸附和内表面络合作用[23]。除了内表面络合作用外，Mg^{2+} 的化学吸附和取代也有助于与黏土的相互作用。这种吸附是快速的（3h 内达到平衡），Langmuir 和伪二阶模型很好地描述了这一点，这也是海泡石和黏土（Sale，摩洛哥）的典型情况。坡缕石吸附 Co(Ⅱ)的效率是黏土（Sale，摩洛哥）的 8 倍，是海泡石的 1.1 倍，通过 Na_2CO_3 水溶液可以很好地再生，而效率没有显著变化[15,22,23]。

^{90}Sr（锶）具有较短的半衰期，其易溶于水，形成强烈核污染。Sr(Ⅱ)的吸附在很大程度上取决于许多因素，如黏土成分、黏土矿物类型、pH、离子强度、介质中的竞争离子和其他 RN。例如，在 Inshas 墓地采样的黏土（埃及；高岭石、蛭石、伊利石、方解石和斜长石-长石）上吸附的 Sr(Ⅱ)的量在 20~30min 内增加，并在 90min 内迅速达到平衡；然而，Sr(Ⅱ)的选择性不如 Cs(Ⅰ)[24]。随着 pH 在 2~12 范围内的增加（主要形式：Sr^{2+}），吸附容量增加，Cs(Ⅰ)也有类似的趋势。随着温度的升高（25~60℃），吸附能力下降，表明吸附是吸热的。其他证据表明，Sr(Ⅱ)在黏土上的吸附是基于离子交换的。Sr(Ⅱ)在 0.5mol/L HCl 中的解吸比 Cs(Ⅰ)低，这表明 Sr(Ⅱ)比 Cs(Ⅰ)更好地保留，因为后者的溶解度更高。在其他云母黏土，如白云母、黑云母和金云母（中国河北）的情况下，碱性条件（pH>7）有利于 Sr(Ⅱ)在白云母和黑云母黏土上的吸附，而对于金

云母，相关吸附能力在 pH=2～11 范围内随着 pH 的增加而增加。Rafferty 等[25] 观察到高岭石有类似的趋势，而在蒙脱石的情况下，pH 在 5～7 范围内不影响吸附。Missana 等人[26] 也观察到了类似的行为，他们表明，在 pH<8 时，pH 不会影响 Sr（Ⅱ）在伊利石（原始黏土矿物库，黏土矿物协会）上的吸附，而 pH>8 和高离子强度有利于这种吸附。对于膨润土黏土（Almeria，西班牙），与蒙脱石的情况一样，pH 不影响吸附，但在 pH>9 时观察到轻微增加，并且随着离子强度增加显著增加，尽管所获得的吸附能力仍然不如伊利石。在 48h 内，白云母对 Sr（Ⅱ）的吸附能力达到最大值，而黑云母和金云母需要更长的44 天时间。在 pH 7～11 时，由于白云母转变为伊利石，44 天后白云母对 Sr（Ⅱ）的吸附能力下降。电解质（0.1mol/L NaCl）在介质中的存在有利于在低 pH 下的吸附，但在碱性更强的介质中具有相反的效果。与 Na^+ 和 Ca^{2+} 相比，Cs^+ 在 pH 2～11 时对 Sr^{2+} 的吸附有更强的抑制作用。然而，在高 pH 下，Ca^{2+} 成为比 Cs^+ 更强的抑制剂，与 Sr^{2+} 竞争平面位点（PS）和层间位点（ITS），而 Cs^+ 竞争磨损边缘位点（FES），并通过诱导 FES 崩溃和减少 ITS 数量来发挥其抑制作用。Sr（Ⅱ）吸附在低 pH 和离子强度下通过离子交换进行，在高 pH 和离子浓度下通过表面络合进行[27]。对于白云母和黑云母，吸附主要发生在 PS 上，而对于金云母，吸附则主要发生在 FES 和 ITS 上[28]。

膨润土等膨胀黏土以及部分膨胀蛭石对 Cs（Ⅰ）具有高吸附能力，Cs 主要通过带负电荷的夹层与水合 Cs^+ 的外部络合而被吸附。在完全或部分脱水的 Cs^+ 和更耐用的硅氧烷基团之间发生内球络合，在这种情况下，Cs（Ⅰ）在上四面体片和下四面体片之间不可逆地结合以破坏夹层[29]。黏土矿物的夹层对于吸附非常重要，因为该夹层被压实，并且相邻表面的双电层结构强烈重叠，这有利于吸附，并与位于外表面的阳离子相比，增加了位于中间层的阳离子的稳定性[30]。

尽管膨胀黏土具有较高的阳离子交换能力，但在低浓度下对 Cs（Ⅰ）的吸附不如非膨胀和部分膨胀黏土（如伊利石和蛭石）有效。后一种黏土具有特定的吸附位点（FES），其对具有低水合能的离子（如 Cs^+）具有比膨胀黏土更高的亲和力[31]。在 FES 存在的情况下，竞争性离子如 NH_4^+、K^+ 和 Na^+ 不会降低 Cs^+ 的吸附效率，除非它们的浓度超过 Cs^+ 几倍[32]。FES 是指具有高亲和力/低容量的位点，而 PS 是指具有低亲和力/高容量并通过同构取代产生的位点，例如 Al^{3+} 被 Si^{4+} 取代，也包括Ⅱ型位点（TIIS）和 IS。蛭石的位点容量（mmol/kg）是伊利石的 2～3 倍，分别为 0.0010（FES）、0.4000（IS）、0.1200（TIIS）和 0.4800（PS）。蛭石和伊利石中这些位点的存在使其成为 Cs（Ⅰ）的最佳吸附剂[33]。

伊利石在高含量存在时可主导 Cs（Ⅰ）的吸附；此外，在圣胡安的黏土（伊利石、蒙脱石、高岭石混合物）中也观察到了这种优势[26]，尽管其伊利石含量很低。Park 等人也得出了类似的结论[29]，他们测试了四种黏土矿物含量不同的土壤，即 K1 [石英、云母、高岭石（韩国 Kori）]、K2 [石英、白云母、高岭石、绿泥石（韩国 Kory）]、W1 [石英、蒙脱石、云母、高岭土、钠长石（韩国 Wolsong）] 和 W2 [石英、蛭石、水黑云母、云母、高岭石、钠长石（韩国卧松）]。Wilson[34] 采样的土壤吸附 Cs（Ⅰ）的效率是 Kori 采样的土壤的 1.3 倍，尽管没有显著提高。但相反，在低浓度下，Boda（粉砂岩）黏土岩地层样品（石英、钠长石、伊利石-白云母、碳酸盐和赤铁矿）优先吸附 Co-60 和 Cs-137，而不是 Sr-85 和 I-125[35]。具有高含量蒙脱石或其改性的 Na^+ 形式的膨润土黏土优先吸附 Eu-152 和 Sr-90，而不是 Cs-134 和 Ba-133[36]。强碱性条件有利于 Cs（Ⅰ）的吸附，但会引起一些黏土矿物的溶解以及其他黏土矿物的形成和沉淀。在 pH 为 1～12 时，Cs（Ⅰ）主要以 Cs^+ 的形式存在[37]。高离子强度阻碍了 Cs（Ⅰ）的吸附[38]，因为它提供了丰富的电解质离子，如 Na^+，与 Cs^+ 的竞争比 K^+ 和 Ca^{2+} 更有效。后一种离子通过例如 Ca 膨润土黏土的浸出而释放，并且不会显著影响 Cs（Ⅰ）的吸附。此外，竞争离子如 Eu^{3+}、UO_2^{2+} 和 I^- 仅在最小浓度为 $5\mu mol/L$ 和最大浓度为 $250\mu mol/L$ 时影响 Cs^+ 的保留[38]。

因此，辐射污染物在膨胀和非膨胀黏土及其矿物上的吸附机制包括离子交换和络合，并由 pH、离子强度和离子 RN 形式的形态决定。在某些条件下，Sr（Ⅱ）和 Cs（Ⅰ）更好地吸附在非膨胀和部分膨胀的黏土上，因为这些辐射污染物存在特定的吸附位点，即平面点位（planar sites，PS）、层间位（interlayer site，ITS）、类质同象取代点位（type Ⅱ sites，TIIS）和磨损边缘部位（frayed edge sites，FES）（图 8.2）。

黏土用于防止 RN 泄漏已经应用于实际工程。除了黏土，工程屏障的金属成分也可以参与 RN 的固定，甚至在腐蚀过程中也是如此[39]。膨润土和蒙脱石最常用于此目的，因为它们具有有利的缓冲性能、溶胀能力、高吸附能力和低导水性[40]。缓冲性能在屏障寿命方面非常重要，因为与黏性多孔水的接触最终会导致胶结材料的腐蚀，从而在数千年内形成 pH 为 12～13 的高盐含量超碱性溶液[41]。在 100℃下，蒙脱石可以转化为伊利石并经历机械降解，而高温对膨润土水力性能的净影响可以忽略不计[42]。此外，在 150～300℃ 的高温下，预计在深层地质库中，膨润土黏土上固定 RN 的效率低于皂石[43]。作为工程屏障的一部分，可以使用各种模型来预测 RN 在黏土上的行为以及这种行为随时间的变化，例如表面络合模

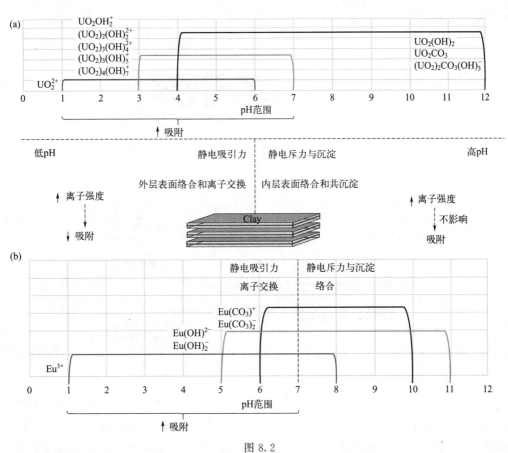

图 8.2

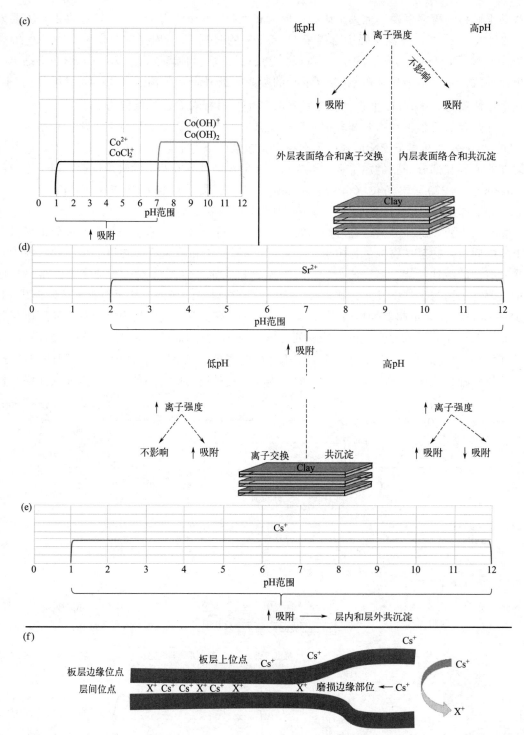

图 8.2　U（Ⅵ）、Eu（Ⅲ）、Co（Ⅱ）、Sr（Ⅱ）和 Cs（Ⅰ）的吸附行为以及相关离子形式的
pH 依赖性物种和最佳吸附范围[(a)～(e)]，Cs（Ⅰ）在特定吸附位点上的吸附特性（f）[38]

型、扩散层模型、三层模型、恒功率模型、电荷分布模型和涉及两个位点质子化、非静电表面络合的模型以及阳离子交换（2SPNE-SC/CE）。所有这些模型都被积极用于描述水-固界面的吸附，并且由于影响吸附过程的大量变量（吸附位点、在不同 pH 下不同离子 RN 形

式、黏土的矿物学组成等）而积极变化，故必须考虑[44]。因此，鉴于其有利的性质和广泛的可用性，黏土和黏土矿物被用作工程屏障和吸附剂的成分，用于从环境中去除 RN。工程屏障的组成最有前景的显然是黏土，它是一种复杂的矿物学混合物。RN 的行为取决于 RN 的类型、黏土矿物类型和其他参数，因此，与单一黏土矿物或其合成二元混合物相比，黏土的矿物学多样性有望使其成为更通用、更高效的材料。

沸石是一类具有有序分布微孔的开放式框架铝硅酸盐。它们的通式可以表示为：$M_{x/n}$$((AlO_2)_x(AlO_2)_y)(H_2O)_z$，其中 M 表示价为 n 的额外骨架阳离子，其补偿骨架的负电荷并使沸石成为阳离子交换剂。它们之间连接的共享 TO_4 四面体（T：Si 或 Al）的角符合框架。因此，不同的连接方式导致沸石的多样性，并且已知数百种沸石。骨架由对应于沸石的开孔窗口的环形成，并且根据这些环的大小，沸石被认为是小孔（8 环）、中孔（10 环）、大孔（12 环）和超大孔沸石（＞12 环）。国际沸石协会分配了一个三个字母的代码来识别[45]，例如：FAU（12 环：X，Y，Faujasite），MOR（12 环和 8 环：丝光沸石），HEU（10 环和 8 圈：Heulandite，斜发沸石），CHA（8 环：菱沸石），LTA（8 环 A）。斜发沸石是自然界中含量最丰富的沸石之一，其晶体具有单斜对称的叶片和板条，其中一些具有多孔笼形状（图 8.3）[46]。

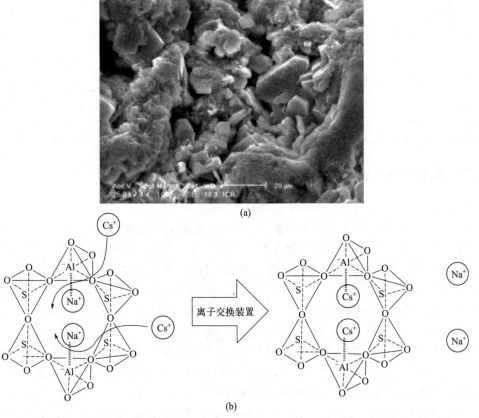

(a)

(b)

图 8.3　天然斜发沸石的扫描电子显微镜图像（a）和沸石中离子交换机理（b）

沸石的吸附性和交换容量取决于网状结构和 Si/Al 比。去除放射性核素的主要机制是离子交换，因为沸石结构中的阳离子可以与水溶液中的阳离子进行交换。沸石的离子交换性能是其应用于环境修复的基础。图 8.3(b) 显示了沸石中钠离子与铯离子交换的示意图。溶液

中吸收剂的条件（pH、温度、竞争阳离子和络合剂的存在以及水合溶解物质的尺寸）在吸附过程中是重要的。因此，可以改善的沸石吸附去除金属的因素是用无机和有机化学物质对它们的改性以及实验条件。天然沸石用于去除放射性污染物质见表8.5。

表 8.5　天然沸石用于去除放射性污染物质举例[46]

吸附剂	元素	来源文献
菱沸石	Cs，Sr	[47]
菱沸石、钙十字沸石、毛沸石、丝光沸石和斜发沸石	Am	[48]
黏土岩、方沸石	Co	[49]
斜发沸石	Cs	[50]
斜发沸石	Cs，Sr	[51]
斜发沸石	Sm	[52]
斜发沸石	Eu	[53]
斜发沸石＋其他矿物	U	[54]
斜发沸石、丝光沸石、方钠石、二次方沸石、方沸石、方钠石	Sr	[55]
脱玻璃和沸石凝灰岩	Am	[56]
毛沸石	Co	[57]
八方沸石-钙十字沸石、丝光沸石	Mo	[58]
HEU 沸石	U	[59]
类沸石材料	Cs，Sr	[60]
	Pu，Am	[61]
类沸石＋钙十字沸石＋菱沸石	U	[62]

8.3.2　固化放射性核废料

早在 1953 年，美国 Hatch 研究从长期赋存铀的矿物中得到启示[63]，首次提出矿物岩石（材料学家称之为陶瓷）固化放射性核素，并使人造放射性核素能像天然核素一样安全而长期稳定地回归大自然。到 1979 年，澳大利亚国立大学地质学家 Ringwood 等[64] 在 Nature 杂志上发表相关文章后才引起科学家足够的重视。Ringwood 以"回归自然"的理念，创造性提出人造岩石固化法（synthetic rock，SYNROC），依据地球化学、矿物学上的类质同象、矿相取代、低温共熔等原理，用人造岩石晶格固化放射性废物。人造岩石（多晶相陶瓷）主要的矿物包括烧绿石（$A_2B_2O_7$）、碱硬锰矿（$BaAl_2Ti_8O_{16}$）、钙钛锆石（$CaZrTi_2O_7$）及钙钛矿（$CaTiO_3$）等，以及金红石等物理、化学稳定的矿物相。人造岩石是将高放射性废料与天然矿物或人工合成陶瓷基料按照一定化学计量比均匀混合，在专门的固化设备中发生高温反应，经缓慢冷却后得到稳定且包容废物的矿物（陶瓷）固化体，最终贮存在深地质处置库中。人造岩石固化具有许多优于硼硅酸玻璃固化的特性，如优良的地质稳定性、化学稳定性、热稳定性和辐照稳定性，是继玻璃固化之后的第二代高放废物固化体。图 8.4 是烧绿石结构（$A_2B_2O_7$）与离子占位示意图，其中 A 位阳离子半径为 0.087～0.151nm，可被 Na、Ca、Ga、U、Th、Y 与镧系等离子占据；B 位阳离子半径 0.040～0.078nm，可被 Fe、Ti、Zr、Ce、Sn、Ir、Nb、Ta、Hf 等高价态阳离子占据。根据 A、B

位置上不同的占位阳离子，可以理论计算固化体的缺陷形成能，也可以根据密度泛函理论计算固化体的电子结构，预测离子在 A、B 位上优先占位情况。人们对赋存天然放射性元素天然铀矿或铀钍矿进行类比，研制出大量的人造岩石（人工矿物），目前已经有 70 多种人工矿物（陶瓷单相）用于人造岩石开发。

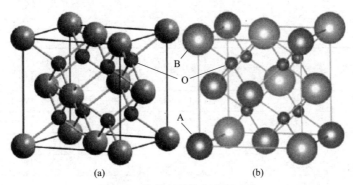

(a)   (b)

图 8.4   烧绿石结构与离子占位

借助固化基材（玻璃、矿物或陶瓷、陶瓷-玻璃等）将放射性核素固定或包容在固化基材之中，再深埋地下处置库中与生物圈尽可能完全隔离。在深地质处置中，有三类核素必须高度关注。第一类是中等寿命的裂变产物，尤其是可辐射 β 射线和 γ 射线的 ^{90}Sr 和 ^{137}Cs，是高放废物中 300a 之内的主要发热源；第二类是长寿命阳离子核素，如锕系核素（U、Th、Np、Pu、Am、Cm）及衰变子体，对高放废物的长期放射毒性贡献较大；第三类是长寿命阴离子放射性核素，如 I^-，IO_3^-（^{129}I-$1.57×10^7$a），Se^{2-}，SeO_3^{2-}，SeO_4^{2-}（^{79}Se-$3.27×10^5$a），TcO_4^-（^{99}Tc-$2.13×10^5$a），这些核素迁移能力十分快，一旦进入生物圈将对生态环境造成严重的危害。关于可能的解决方案，最近研究聚焦以下问题：①放射性和稳定裂变产物同位素在工业和科学中的分离和应用；②将长寿命放射性核素转化为非活性核素或半衰期较短的核素；③在地外空间运输和处置废物；④掩埋或多或少经过处理的高水平废物，涉及词汇如临时或永久埋葬等术语（interim or permanent burial）。放射性固体废物大多采用与处理相应非活性废物类似的方法进行处理。最常用的方法包括破碎、压实和焚烧。固体放射性废物处理的主要目标是减少废物体积，这大大降低了废物处理的成本，并有利于处理和运输。正确分类是安全处理固体废物的基本前提。材料的多样性和测量其放射性的困难要求对废物进行原位分类。所使用的排序技术取决于所选择的处理技术，并且通常在处理之前进行。根据操作性质，固体废物处理方法分为机械方法（破碎和压实）、焚烧和各种特殊方法。碎片化只是通过改变废物的形状来间接减少废物的体积，从而有助于将废物储存在容器中或压实或焚烧。压实直接导致体积减小。

针对乏燃料后处理（spent fuel reprocessing）、核污染废料 RN 的固化形式最多采用无定形（玻璃质）或结晶（陶瓷）硅酸盐或磷酸盐基材料。由于废物的初始成分多种多样且复杂，因此存在许多解决方案，每种解决方案都有广泛的好处和制约因素。通常，选择硅酸盐和磷酸盐是因为它们与废物中存在的大多数阳离子形成的化合物的溶解度和稳定性相对较低。关于将废物转化为硅酸盐，主要是在玻璃制造工业中获得了硅酸盐玻璃形成的经验。在某些情况下，该过程是基于与岩石或矿物成分的类比，如硅酸盐玻璃具有由 SiO_4 四面体的连续晶格形成的晶格。存在于废物中或在该过程中添加的其他元素用作所谓的改性剂和中间元素。改性元素（主要是碱金属）不参与晶格的形成，而只填充骨架中的空位；它们部分破坏键（通过部分氧桥的饱和），从而影响玻璃的物理特性。大多数改性剂浓度的增加导致玻璃形成温度和操作温度范围内玻璃黏度的降低，但也导致机械性能的降低。表 8.6 列举了已知固化处理高危险核污染物的方法、国别、产物、质量分数、操作温度、密度、热导率及浸出率等参数。

表 8.6　固化处理高危险核污染物[3]

方法	国别	产物	质量分数/%	操作温度/K	密度 /(g/cm³)	热导率 /[J/(s·m·K)]	浸出率 /[g/(cm²·dm)]
坩埚煅烧	美国	煅烧物	90	1123~1173	1.2~1.4	$(1.4\sim2.4)\times10^{-4}$	5×10^{-1}
流化床煅烧	美国	粒装煅烧物	100	673~773	1.0~1.7	$(0.9\sim2.4)\times10^{-4}$	5×10^{-1}
喷射煅烧	美国	煅烧物	80~100	1073	—		
膜蒸发煅烧	美国	煅烧物	80~100	1073	—		
喷射固化	美国	磷酸盐玻璃	20~40	1473	3.0	—	$10^{-2}\sim10^{-4}$
磷酸盐固化	美国	磷酸盐玻璃	30	1273	2.6~2.9	5.7×10^{-4}	$10^{-4}\sim10^{-6}$
PHOTO	德国	磷酸盐玻璃	25~35	1273	2.7~3.0	—	$10^{-3}\sim10^{-7}$
单相过程	苏联	磷酸盐玻璃					
ESTER	意大利	硼硅酸盐	20~25	1.173	2.3~3.5		10^{-5}
PIVER	法国	硼硅酸盐	20~30	1.423	2.5~2.9	$(6.7\sim8.6)\times10^{-4}$	$10^{-5}\sim10^{-7}$
HARVEST	英国	硼硅酸盐	25	1.173~1.323	2.8	$(6.0\sim9.6)\times10^{-4}$	$10^{-5}\sim10^{-7}$
VERA	德国	硼硅酸盐	20~30	1.373~1.473	2.5~2.7		$10^{-5}\sim10^{-7}$
LOTES	比利时	磷酸盐陶瓷	30	723	2.1	$(7.2\sim9.6)\times10^{-4}$	$10^{-6}\sim10^{-7}$
THERMALT	美国	铝酸盐			2.273	2.9	$10^{-7}\sim10^{-8}$
STOPPER	美国	硅铝酸盐	上限 500				$10^{-7}\sim10^{-8}$

放射性废物的胶结（cementation of radioactive wastes）是另外一种常见的措施。将放射性废物掺入水泥块是最简单的，多年来一直以各种形式应用[65]。该工艺的基础是将液态放射性浓缩物与水泥混合，生产出一种固体材料，其基本结构由硅酸钙和水铝酸盐的结晶化合物形成。放射性废物中存在的盐被吸附在水泥颗粒的表面上，并通过固体晶格保留在块体中。典型的硅酸盐水泥是水泥胶结中最常用的材料。两类已使用混凝土的其他特性包括：退火损耗 0.90%~1.37%；不溶性残留物 0.76%~1.47%；开始硬化 105~295min；硬化时间 295~390min；加水量 25.3%~27%；28 天后的抗压强度 386~454kgf/cm²；28 天后的抗拉强度 33.9~43.6 kgf/cm²。值得一提的是固结混凝土也掺入一定的盐类，有利于永久埋葬的核辐射泄漏。除总含盐量外，还应考虑胶结过程中某些化合物的最大浓度限制。当超过表 8.7 所示的浓度时，产品的机械性能会显著恶化。

表 8.7　水泥消耗量和水泥废料量对水泥溶液中盐浓度的依赖性[3]

组成	捷克斯洛伐克混凝土	苏联混凝土
SiO_2	22.99~25.60	17~25
Al_2O_3	6.16~9.96	3~8
Fe_2O_3	2.64~2.86	0.3~6

组成	捷克斯洛伐克混凝土	苏联混凝土
CaO	54.22~59.77	60~67
MgO	2.84~5.40	0.1~4.5
SO_3	1.24~1.63	0.3~1
K_2O+Na_2O	—	0.5~1.3
TiO_2		0.2~0.5
P_2O_5		0.1~0.3

根据前面可知，天然无机吸附剂（黏土材料、沸石等）也表现出相对较低的吸附能力，沸石也表现出较低的耐磨性。这些材料倾向于增加体积，黏土材料也表现出胶溶敏感性。沸石很难通过粒度进行机械分类。其他特征包括酸和碱的部分分解以及在低盐或低硅浓度的溶液中的有限稳定性。最近，对某些放射性核素具有改进的容量或选择性的合成离子交换材料越来越多地被使用。然而，即使是这些材料也有缺点。合成离子交换剂的辐射稳定性有限，高辐射剂量会导致容量降低、颜色变化、粒度变化、形状变化等。它们的成本很高；然而，在役期间只记录了少量损失。另一方面，再生所需的化学品的成本很高，并且处理再生溶液也很昂贵。天然有机材料（褐煤、无烟煤、木材、棉花、焦油、坚果壳、橄榄树等）不够稳定，因此很少以其原始形式使用。它们的缺点包括离子交换能力低、体积增加过多且有胶凝倾向、辐射稳定性有限、机械强度低以及被碱分解。

最佳的胶结工艺技术应确保足够高的强度（材料的安全运输和处理）和尽可能好的放射性核素固定（低浸出率）。机械强度是以达到一定的碱性氧化物与酸性氧化物的最佳比例为条件的。因此，基本要求之一是尽可能多地限制盐的添加量。可接受的最小块体强度（$50kgf/cm^2$）是相对于每千克水泥 0.13kg 的盐浓度。根据这些假设，可以确定放射性废物中的盐浓度、水泥消耗量和最终材料体积之间的相关性。如表 8.6 所示，在放射性液体废物的胶结过程中，不希望将废物中的盐浓度提高到 $150kgf/cm^2$ 以上。氢氧化铝或氢氧化铁的沉淀是另一种常见的过程。将铝盐或铁盐添加到废水中，并通过添加石灰、苏打灰或氢氧化钠来提高 pH 值，从而导致金属氢氧化物的沉淀。铝、铝酸钠和铁盐用于处理低水平废水。当使用任何沉淀剂时发生的碱性反应需要碱性环境。得到的沉淀物是氢氧化铝或氢氧化铁。沉淀出许多多价阳离子的氢氧化物和碱性碳酸盐；碱金属和碱土金属残留在溶液中。硫酸盐离子的存在提高了该工艺的效率。苏打灰（$NaHCO_3$）比氢氧化钠产生更好的结果，因为锶和在相当大的程度上其他元素都以碱性碳酸盐的形式被去除。通过添加高岭土和膨润土等黏土矿物，进一步提高了效率。去污因子在 5~10 的范围内。磷酸盐沉淀法已被开发用于低水平废水处理。使用磷酸钠作为沉淀剂，从含有裂变产物混合物的废水中去除 99% 的总 α 活性和约 90% 的总 β 活性。

水泥胶结最常用于处理化学废水中的低水平废物。水泥混合物通常储存在金属或混凝土容器中，防止放射性水泥与地下水或地表水直接接触。该方法也适用于含有 89Sr、90Sr、^{239}Pu 或 ^{242}Am 的污泥，因为这些放射性核素被水泥牢固地结合在一起。另一方面，铯和钌可以很容易地浸出，因此某些废物在胶结之前应该进行适当的处理。在水泥混合物中加入黏土可以最佳地提高锶和铯的保留率。除化学污泥外，蒸发浓缩物、饱和吸附材料和少量高浓度废物也采用了水泥固定。

用于放射性废物胶结的设备类型差异很大。建筑行业中常用的不同类型的水泥或砂浆搅拌机大多被使用。设备连续或间歇运行，水泥混合物被排放到运输集装箱或大型储料仓中。最简单的胶结技术之一最初由布拉格附近 Rei 的核研究所使用。在胶结之前，体积活性为 $0.4\sim4GBq$（$10^{-4}\sim10^{-5}Ci/L$）的小体积污泥含有 $20\%\sim25\%$ 的固相［高岭土、硅藻土、氢氧化铁（Ⅱ）、硫酸钡、六氰高铁酸盐（Ⅱ）化合物、磷酸盐等］。将污泥排放到容量为 $0.1m^3$ 的桶中，用滑盖密封，连接污泥入口软管和水泥入口软管。在加入适量水泥后，搅拌滚筒中的混合物并移除搅拌器。水泥硬化后，滚筒被覆盖并涂上保护涂层。$1.5m^3$ 污泥的胶结每年产生 $4.5m^3$ 的水泥物质，而这一最终体积相当于每年处理 $900m^3$ 的液体废物。这种简单的设备运行相对可靠；唯一的问题是滚筒的密封和搅拌器的清洁。

法国已经大规模使用胶结材料用于核辐射元素防治。格勒诺布尔使用的胶结设备与捷克斯洛伐克 NRI Rez 的胶结设备相似。水泥和蛭石在 $0.4m^3$（400L）混凝土容器或 $0.22m^3$（220L）金属桶中混合。水泥和蛭石都储存在装有气力运输和配料设备的容器中。该设备处理蒸发器浓缩物，该浓缩物含有 $400kg/m^3$ 的盐，其中 98% 为可溶性盐。废物的活性范围为 $4\sim190GBq/m^3$。混合物由 $0.25m^3$ 污泥、300kg 硅酸盐水泥和 40kg 蛭石组成。$0.25m^3$ 污泥的固化产生 $0.4m^3$ 水泥的总体积。将水泥和蛭石称重，用螺旋搅拌机混合，并与来自搅拌机的污泥一起搅拌到容器中。混合物用内摆线搅拌器搅拌。

不同类型的沥青表现出不同的辐射稳定性。通常，所用沥青的氧化水平越高，放射性分解产物的形成速率就越低。与气态辐解产物的形成一起发生氧化和聚合反应。这些过程的强度随着沥青中不饱和烃含量的增加而增加。当照射氧化沥青时，放射性分解产物会引起张力，导致孔隙的形成，从而释放气体。在弹性类型的沥青中，孔隙不会形成，放射性分解产物会留在沥青中，导致体积增加。用沥青进行的辐照实验只能得出关于含有放射性废物的沥青块行为的近似数据。相对短期的强伽马辐射的影响可能与所有类型辐射的低强度长期作用的影响有很大不同。需要补充的是，钴源照射剂量高达 106Gy（108rad）相当于将含有初始体积活度为 $41TBq/m^3$（$1.1\times103Ci/m^3$）的裂变产物混合物的废物储存 100 年。

当放射性物质与土壤接触时，它们将形成放射性核素库，植物根系会长期吸收放射性核素，或渗入地表水或地下水。土壤对放射性物质在生物圈中的运动及其进入人体产生了重大影响。放射性物质被土壤吸收。放射性核素和土壤之间的反应机制可能会有所不同，并受到许多因素的影响，这些因素取决于土壤性质、放射性核素和吸附过程发生的环境。放射性核素在地下的迁移可能忽略不计或非常显著。行进速率越高，给定环境中的放射性核素分散得越多，其浓度降低得越多。另一方面，如果具有高吸附性能的地球含有放射性物质，放射性核素在地面中的传播将较慢。了解各种土壤类型的吸附和解吸特性对于估计每种特定情况下的土壤污染危险、确定污染程度和采取必要措施消除污染是必不可少的。

在不利的地质和水文条件下，一个装有高液位液体废物的容器受损，几立方米的液体泄漏到几十米深的地下，可能会对当地的饮用水和公用事业水资源构成严重威胁。流经受威胁地区的水道也有受到污染的危险。许多矿物和岩石能够有效地控制污染物，从而减缓污染物在含水层中的传播。

放射性物质在土壤剖面中的移动速度不仅取决于其性质，还取决于土壤的性质，即主要取决于吸附复合体的性质和土壤的物理力学性质，如孔隙度、渗透率以及受污染地层岩石的矿物学和岩相学组成。放射性核素的迁移在很大程度上受到土壤水分状况的影响，因为放射性物质在土壤中的移动基本上遵循土壤水流的方向。放射性物质（裂变产物）运动的定量观测极其困难，而且由于最危险的裂变产物以对土壤交换复合体的离子具有离子交换能力的离子形式出现，因此其变得更加复杂。

这一系列详细研究产品见图 8.5。

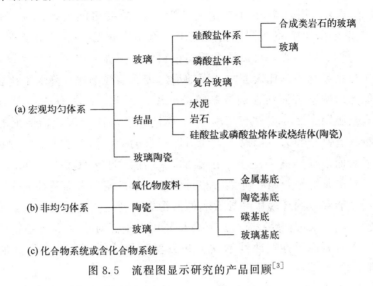

图 8.5　流程图显示研究的产品回顾[3]

重晶石（$BaSO_4$）是水泥工业用矿化剂，在水泥生产中采用重晶石、萤石复合矿化剂对促进 C3S 形成、活化 C3S 具有明显的效果，熟料质量得到了改善，水泥早期强度大约可提高 20%～25%，后期强度约提高 10%，熟料烧成温度由 1450℃降低到（1300±50）℃。重晶石掺量为 0.8%～1.5%时，效果最好。在白水泥生产中，采用重晶石、萤石复合矿化剂后，烧成温度从 1500℃降至 1400℃，游离 CaO 含量低，强度和白度都有所提高。在以煤矸石为原料的水泥生料中加入适量的重晶石，可使熟料饱和比低的水泥强度，特别是早期强度得到大幅度的提高，这就为煤矸石的综合利用，为生产低钙、节能、早强和高强水泥提供了一条有益途径。

钡水泥是以重晶石和黏土为主要原料，经烧结得到以硅酸二钡为主要矿物的熟料，再加适量石膏，共同磨细而成。相对密度较一般硅酸盐水泥高，可达 4.7～5.2。强度标号为 325～425。由于钡水泥密度大，可与重质集料（如重晶石）配制成均匀、密实的防 X 射线混凝土。重晶石砂浆是一种容重较大、对 X 射线有阻隔作用的砂浆，一般要求采用水化热低的硅酸盐水泥，通常用的水泥∶重晶石粉∶重晶石砂∶粗砂配合比为 1∶0.25∶2.5∶1。重晶石混凝土是一种容重较大，对 X 射线具有屏蔽能力的混凝土，胶凝材料一般采用水化热低的硅酸盐水泥或高铝水泥、钡水泥、锶水泥等特种水泥。硅酸盐水泥应用最广。常用的水泥∶重晶石碎石∶重晶石砂∶水的配合比为 1∶4.54∶3.4∶0.5、1∶5.44∶4.46∶0.6、1∶5∶3.8∶0.2 三种。做防射线砂浆及混凝土的重晶石，$BaSO_4$ 含量应不低于 80%，其中含有的石膏、黄铁矿、硫化物和硫酸盐等杂质不得超过 7%。

8.3.3　合成环境矿物材料处理放射性核废料

热处理黏土在吸附有机和无机污染物〔如农药、磺胺甲恶唑、2,4,6-三氯苯酚、表面活性剂、亚甲基蓝和 Eu（Ⅲ）〕方面比未处理黏土更有效。在某些情况下，加热会导致黏土夹层空间坍塌，不利于苯等某些物质的吸附。用酸处理增加了黏土对苯酚、2，4，6-三氯苯酚、抗生素如四环素和多西环素以及 Eu（Ⅲ）的吸附能力。此外，用磷酸处理 PFL-1（坡缕石，美国佛罗里达州加兹登县）、KGa-1b（高岭石，美国佐治亚州华盛顿县）和 SWy-2（富钠蒙脱石，美国怀俄明州克鲁克县），U（Ⅵ）吸附能力分别提高了 9.0、6.7 和 8.9 倍[66]。在某些情况下，用乙酸和过氧化氢处理会降低吸附能力，例如，这种处理将 Pb（Ⅱ）、Cu（Ⅱ）和 Zn（Ⅱ）的吸附能力降低了，但不影响 Cd（Ⅱ）的吸附[67]。黏土的机械改性（剥离、剪切、破碎等）可以提高其对染料的吸附能力。

黏土的酸预处理增加了其比表面积，而随后的表面活性剂嵌入降低了比表面积。所得复合材料的吸附能力取决于表面活性剂烷基链的长度。因此，酸处理膨润土与嵌入的 4-烷基三甲基溴化铵有效吸附了 2,4,5-三氯苯酚[68]。阳离子和阴离子表面活性剂的结合使用使黏土对各种污染物具有高亲和力，阳离子表面活性剂有助于将阴离子表面活性物质包含在层间空间中。阴离子表面活性剂嵌入黏土是困难的，并且只能与 H_3O^+ 或 Na^+ 和 Ca^{2+} 组合实现。这些复合材料能很好地吸附各种染料和对硝基苯酚。使用表面活性剂作为复合材料的组分的缺点是它们可能释放到环境中并导致额外的污染。使用表面活性剂（如溴化十六烷基吡啶）改性聚合物-黏土（如壳聚糖-沸石）复合材料可以提高对 HA 等污染物的吸附能力。在另一项工作中，含有表面活性剂改性的黏土和海藻酸盐珠的复合材料很好地吸附了酚类化合物。

合成沸石 A 和沸石 X 由于对 Ca^{2+} 和 Mg^{2+} 具有高的阳离子交换能力而被用于软化水。在核燃料循环领域，沸石已被尝试用作高放废液（HLLW）中重金属阳离子交换吸附剂（Nishihama 和 Yoshizuka，2009）。Misaelides（2011）综述了沸石在土壤和水系中有害物质的应用。合成或改性沸石用于去除放射性物质见表 8.8。

表 8.8　合成或改性沸石用于去除放射性污染物质举例[46]

吸附剂	元素	来源文献
沸石 13X	Co	[69]
沸石 4A	Co	[70]
沸石 A	Sr	[55]
沸石 A	Cs,Sr	[71]
沸石 A	U	[72]
钙霞石型沸石	Co	[73]
CHA 型沸石	Sr	[74]
沸石 NKF-6	Eu	[75]
褐煤粉煤灰合成沸石	Co	[76]
沸石 X	U	[77]
沸石 ZSM-5	Mo	[78]
沸石(Na)A 和 X	Sr	[79]
沸石 A 和 X	Cs,Sr	[47]
沸石 A、X、Y 和 L	Am	[48]
沸石 L、A 和 X	Eu,Sm	[80]
纳米结晶丝光沸石	Eu	[81]

吸附剂	元素	来源文献
合成丝光沸石	Cs	[82]
合成丝光沸石	Pu,Am	[61]

零价铁[Fe(0)]能实现环境放射性核素铀的富集[83]，从而减轻甚至消除核污染。文献[84]给出很多有益例子。已报道采用纳米零价铁吸附铀的研究[83]、改性纳米零价铁吸附处理环境中铀酰的研究以及复合材料处理环境中铀酰的研究等[85]。在这些材料处理环境中铀酰离子的过程中，材料与铀酰离子的相互作用通常是多种作用互相协同的，即在氧化还原作用的同时也存在吸附和络合作用，或者在吸附络合的同时也伴随着共沉淀。采用纳米零价铁材料或者纳米零价铁复合材料对水溶液体系中的放射性核素铀去除时，对于不同材料和不同水环境体系来说，有时往往是多种机理共同作用。Carroll 等[86] 总结了零价铁材料处理含氯化合物的壳核结构相互作用模型[图 8.6(a)]；而图 8.6(b) 为 Li 等[87] 研究并总结的有关零价铁材料还原吸附 U（Ⅵ）的壳核结构相互作用模型；图 8.6(c) 为 Mukherjee 等[88] 所描述的金属离子与含硫零价铁材料的相互作用机理，表明在氧化还原的同时还存在共沉淀作用。说明纳米零价铁在处理环境中的污染物（包括铀等放射性核素）时，其相互作用过程是复杂多变的，一般情况下是氧化还原作用、共沉淀作用以及吸附作用三者共同进行。

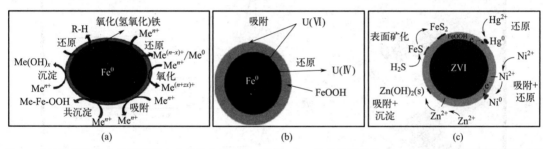

图 8.6 纳米零价铁在处理环境中含氯化合物（a）、铀酰（b）及其他污染物（c）过程中核壳模型作用原理图

研究还发现[90,91]，在还原态的氧化石墨烯复合纳米零价铁材料与环境中低浓度铀酰离子相互作用过程中就同时存在氧化还原作用和吸附作用。如图 8.7(a) 和 8.7(b) 所示，零价铁颗粒将高价 U 还原生成 $UO_2(OH)_2$ 沉淀。与此同时，石墨烯表面的结合位点吸附铀酰离子形成 $SO-UO^{2+}$ （其中 SO—H 为还原态氧化石墨烯），两个作用同时进行显著提高了对铀酰的吸附性能。

复合纳米零价铁的无机黏土矿物材料有高岭石[93]、沸石[94]、蒙脱土[95]、黏土[96]、有机膨润土[97]、累托石[98]、多硫化钙[99]、坡缕石等[100]。采用这一类无机矿物材料复合纳米零价铁可提高纳米零价铁在无机矿物材料体系的分散性和稳定性，降低纳米零价铁颗粒间的团聚；在处理环境中污染物时可富集污染物，防止污染物在自然环境中扩散。以蒙脱石或膨润土为例，Sheng 等[95] 研究了膨润土的纳米零价铁复合材料与环境中铀酰离子的相互作用，如图 8.8 所示，复合材料与铀酰离子的相互作用反应如下所示：

$$UO_2^{2+} + Fe \longrightarrow UO_2 + Fe^{2+}$$

$$UO_2^{2+} + 2Fe^{2+} \longrightarrow UO_2 + 2Fe^{3+}$$

$$3UO_2^{2+} + 2Fe \longrightarrow 3UO_2 + 2Fe^{3+}$$

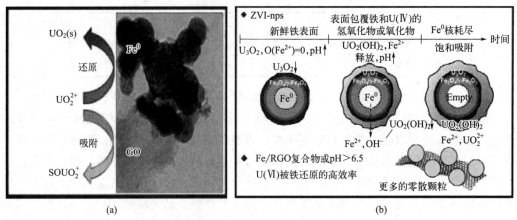

(a)   (b)

图8.7　还原态氧化石墨烯复合纳米零价铁材料的透射电镜图（TEM）

及铀吸附过程示意图（a）[92]，还原态氧化石墨烯复合纳米零价铁

（NZVI/rGO）吸附铀的相互机理图（b）[84,90]

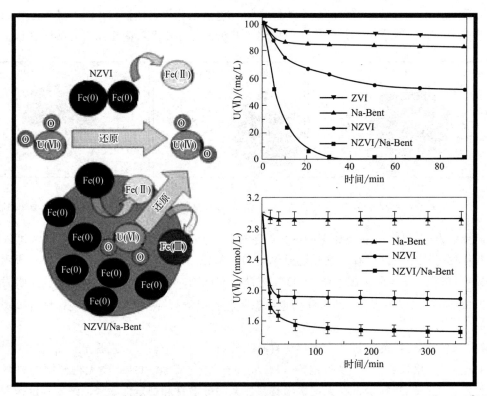

图8.8　纳米零价铁复合膨润土材料与铀酰离子相互作用示意图及时间对不同材料吸附的影响[101]

ZVI—零价铁；Na-Bent—含有钠离子的膨润土；NZVI—纳米零价铁；

NZVI/Na-Bent—纳米零价铁与含钠离子膨润土复合材料

　　膨润土的纳米零价铁复合材料与环境中铀酰离子主要发生氧化还原作用。而图8.8反应时间对吸附的影响图表明，含钠离子膨润土材料可以提高反应速率，基本20min就可以达到吸附平衡。

图 8.9 所示为 Sheng 等[95] 关于纳米零价铁与硅藻土的复合材料在处理环境中铀酰的研究，吸附过程中相互作用机制可以模拟为：纳米零价铁分布于硅藻土表面，铀酰离子在硅藻土表面与纳米零价铁反应。复合后提高了纳米零价铁与铀酰的接触概率，从而提高了纳米零价铁与硅藻土纳米零价铁的反应效率。在吸附过程中占主导的是高价铀酰被还原成 UO_2，单质铁被氧化为 Fe^{2+}；与此同时，硅藻土将 UO_2 固定在其表面。结果表明在两种材料复合后具有较强的协同作用。

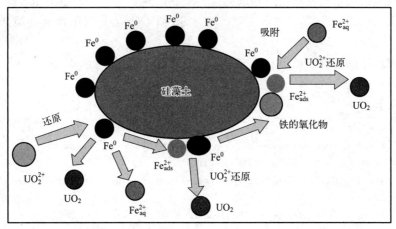

图 8.9　纳米零价铁与硅藻土的复合材料处理铀酰的相互作用图解[102]

纳米零价铁去除核污染的影响因素有溶液 pH、吸附时间、固液比、温度、共存离子强度等。实验条件亦对吸附过程具有重要影响，如 pH 不仅可以影响吸附剂材料表面性能，而且还会影响溶液中离子的物质种类。当 pH 值较低时，零价铁容易被腐蚀，从而形成铁离子，同时生成丰富的 H^+，有益于溶液中的加氢反应；而当 pH 值较高时，零价铁的表层容易形成铁的氢氧化物，同样铁的氢氧化物呈现出更进一步的吸附性能。通常环境中的 pH 值范围是 5.0～9.0，因而在吸附铀的实验过程中吸附条件一般在 pH＝5.0～9.0 范围内，这样可以最大限度地模拟真实环境条件。

纳米零价铁去除核污染的等温线研究从理论方面可以得出热力学参数如 ΔG、ΔS、ΔH等。若要进一步理清吸附剂与吸附质间的相互作用，则需要用吸附模型来拟合，常见用于拟合的吸附模型有 Freundlich、Langmuir、Temkin、Dubinin Radush kevich（D-R）等。在纳米零价铁复合羧甲基纤维材料吸附铀的研究中，采用 Freundlich 模型拟合吸附过程得到相关系数 R 值 0.9945（纳米零价铁复合羧甲基纤维）和 0.9736（羧甲基纤维），表明吸附剂吸附铀的过程符合 Freundlich，且理论吸附容量可达 322.58mg/g（纳米零价铁复合羧甲基纤维）和 185.18mg/g（羧甲基纤维）。通过 D-R 模型核算吸附过程，吸附自由能 E_s 为正值，分别为 1.24kJ/mol（纳米零价铁复合羧甲基纤维）和 1.34kJ/mol（羧甲基纤维），说明两种材料吸附铀的过程是吸热的，即温度在吸附剂吸附环境中铀的过程中有着明显的促进作用。吸附过程中，除了温度和 pH 外，其他因素如固液比、离子强度以及纳米零价铁材料的氧化还原反应等因素对吸附剂与铀酰离子有非常重要的影响。正是这些条件因素的综合作用才能使吸附条件最优化，最优的吸附条件对于吸附剂环境应用至关重要。

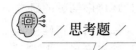

思考题

1. 常用于描述辐射强度和剂量的量和单位有哪些？
2. 放射性核污染对人体的危害主要有哪三方面？
3. 列举一下放射性核污染处理方法（不少于三种）。
4. 举例说明天然或改性矿物处理放射性污染物的典型实例，并给出相关物理化学原理。
5. 说明采用吸附法去除水中的 ^{235}U、^{129}I、^{90}Sr 和 ^{137}Cs，分别用什么环境矿物材料更加合适？
6. 针对钡水泥的设计，给出相关 Seminar 论述或 PPT 讲解。

参考文献

[1] SANTANA L P. Management of radioactive waste：A review [J]. Proceedings of the International Academy of Ecology and Environmental Sciences，2016，6 (2) ：38.

[2] RAHMAN R A，IBRAHIUM H，HUNG，Y-T. Liquid radioactive wastes treatment：a review [J]. Water，2011，3 (2) ：551-565.

[3] DLOUHY Z. Disposal of radioactive wastes [J]. Elsevier，2009.

[4] 华义. 日本执意推进核污染水排海极其自私自利 [EB/OL]. 2022-08-09.

[5] MEUNIER N，DROGUI P，MONTANÉC，et al. Comparison between electrocoagulation and chemical precipitation for metals removal from acidic soil leachate [J]. J. Hazard. Mater.，2006，137 (1) ：581-590.

[6] 崔向前. 核电厂放射性污染安全带去污技术探究 [J]. 科学技术创新，2020 (27)：191-192.

[7] LI X，DU Y，WU G，et al. Solvent extraction for heavy crude oil removal from contaminated soils [J]. Chemosphere，2012，88 (2) ：245-249.

[8] Zondervan E，Roffel B. Evaluation of different cleaning agents used for cleaning ultra filtration membranes fouled by surface water [J]. J. Membr. Sci.，2007，304 (1-2) ：40-49.

[9] 张一梅，聂宇，陆骏，等. 一种被放射性核素 Cs-137 污染的土壤的修复方法：CN104690083B [P]. 2017-08-08.

[10] AGENCY I I A E. Environmental Consequences of the Chernobyl Accident and their Remediation：Twenty Years of Experience [M]. Vienna：International Atomic Energy Agency，2006.

[11] SAHOO S K，KAVASI N，SORIMACHI A，et al. Strontium-90 activity concentration in soil samples from the exclusion zone of the Fukushima daiichi nuclear power plant [J]. Sci. Rep.，2016，6 (1) ：23925.

[12] STEWART B D，MAYES M A，FENDORF S. Impact of uranyl-calcium-carbonato complexes on uranium (Ⅵ) adsorption to synthetic and natural sediments [J]. Environ. Sci. Technol.，2010，44 (3) ：928-934.

[13] BERNHARD G，GEIPEL G，REICH T. Uranyl (VI) carbonate complex formation：Validation of the Ca_2UO_2 $(CO_3)_3$ (aq.) species [J]. Radiochim. Acta，2001，89 (8) ：511-518.

[14] BACHMAF S，MERKEL B J. Sorption of uranium (VI) at the clay mineral – water interface [J]. Environ. Earth Sci.，2011，63 (5) ：925-934.

[15] HU W，LU S，SONG W，et al. Competitive adsorption of U (VI) and Co (Ⅱ) on montmorillonite：A batch and spectroscopic approach [J]. Appl. Clay Sci.，2018，157：121-129.

[16] LI F，GAO Z，LI X，et al. The effect of Paecilomyces catenlannulatus on removal of U (Ⅵ) by illite [J]. J. Environ. Radioactiv.，2014，137：31-36.

[17] COPPIN F，BERGER G，BAUER A，et al. Sorption of lanthanides on smectite and kaolinite [J]. Chem. Geol.，2002，182 (1) ：57-68.

[18] Hartmann E，Geckeis H，Rabung T，et al. Sorption of radionuclides onto natural clay rocks [J]. Radiochimi. Acta，2008，96 (9-11) ：699-707.

[19] LOFTS S, TIPPING E W, SANCHEZ A L, et al. Modelling the role of humic acid in radiocaesium distribution in a British upland peat soil [J]. J. Environ. Radioactiv. , 2002, 61 (2) : 133-147.

[20] PSHINKO G, SPASENOVA L, KORNILOVICH B. Complexation and sorption of europium (III) ions onto clay minerals in the presence of fulvic acids [J]. Adsorpt. Sci. Technol. , 2004, 22 (8) : 669-678. ·

[21] WANG X, CHEN C, DU J, et al. Effect of pH and aging time on the kinetic dissociation of 243Am (III) from humic acid-coated $\gamma\text{-Al}_2\text{O}_3$: A chelating resin exchange study [J]. Environ. Sci. Technol. , 2005, 39 (18) : 7084-7088.

[22] ES-SHABANY H, HSISSOU R, EL HACHIMI M L, et al. Investigation of the adsorption of heavy metals (Cu, Co, Ni and Pb) in treatment synthetic wastewater using natural clay as a potential adsorbent (Sale-Morocco) [J]. Materials Today: Proceedings, 2021, 45 : 7290-7298.

[23] HE M, ZHU Y, YANG Y, et al. Adsorption of cobalt (II) ions from aqueous solutions by palygorskite [J]. Appl. Clay Sci. , 2011, 54 (3) : 292-296.

[24] Abdel-Karim A-A M, Zaki A A, Elwan W, et al. Experimental and modeling investigations of cesium and strontium adsorption onto clay of radioactive waste disposal [J]. Appl. Clay Sci. , 2016 : 132-133, 391-401.

[25] RAFFERTY P, SHIAO S Y, BINZ C M, et al. Adsorption of Sr (II) on clay minerals: Effects of salt concentration, loading, and pH [J]. J. Radioanal. Nucl. Ch. , 1981, 43 (4): 797-805.

[26] MISSANA T, ALONSO U, GARCÍA-GUTIÉRREZ M. Evaluation of component additive modelling approach for europium adsorption on 2: 1 clays: Experimental, thermodynamic databases, and models [J]. Chemosphere, 2021, 272: 129877.

[27] MAYORDOMO N, ALONSO U, MISSANA T. Effects of γ-alumina nanoparticles on strontium sorption in smectite: Additive model approach [J]. Appl. Geochem. , 2019, 100: 121-130.

[28] WU H, LIN S, CHENG X, et al. Comparative study of strontium adsorption on muscovite, biotite and phlogopite [J]. J. Environ. Radioactiv. , 2020, 225: 106446.

[29] PARK C W, KIM S-M, KIM I, et al. Sorption behavior of cesium on silt and clay soil fractions [J]. J. Environ. Radioactiv. , 2021, 233: 106592.

[30] LI X, LIU N, TANG L, et al. Specific elevated adsorption and stability of cations in the interlayer compared with at the external surface of clay minerals [J]. Appl. Clay Sci. , 2020, 198: 105814.

[31] CORNELL R M. Adsorption of cesium on minerals: A review [J]. J. Radioanal. Nucl. Ch. , 1993, 171 (2): 483-500.

[32] KAUSAR A, NAEEM K, HUSSAIN T, et al. Preparation and characterization of chitosan/clay composite for direct Rose FRN dye removal from aqueous media: comparison of linear and non-linear regression methods [J]. J. Mater. Res. Technol. , 2019, 8 (1): 1161-1174.

[33] FAN Q, LI P, PAN D. Chapter 1 - Radionuclides sorption on typical clay minerals: Modeling and spectroscopies [J]. In Interface Science and Technology, Chen, C., Ed. Elsevier, 2019 (29): 1-38.

[34] WILSON I. Applied clay mineralogy. occurrences, processing and application of kaolins, bentonite, palygorskitesepiolite, and common clays [J]. Clays Clay Miner. , 2007, 55 (6): 644-645.

[35] MELL P, MEGYERI J, RIESS L, et al. Sr and I onto argillaceous rock as studied by radiotracers [J]. J. Radioanal. Nucl. Ch. , 2006, 268 (2): 405-410.

[36] SELIMAN A F, LASHEEN Y F, YOUSSIEF M A, et al. Removal of some radionuclides from contaminated solution using natural clay: bentonite [J]. J Radioanal Nucl Chem, 2014, 300 (3): 969-979.

[37] YE W M, HE Y, CHEN Y G, et al. Thermochemical effects on the smectite alteration of GMZ bentonite for deep geological repository [J]. Environ. Earth Sci. , 2016, 75 (10): 906.

[38] NOVIKAU R, LUJANIENE G. Adsorption behaviour of pollutants: Heavy metals, radionuclides, organic pollutants, on clays and their minerals (raw, modified and treated): A review [J]. J. Environ. Manage. , 2022, 309: 114685.

[39] MRABET S E, CASTRO M A, HURTADO S, et al. Competitive effect of the metallic canister and clay barrier on the sorption of Eu^{3+} under subcritical conditions [J]. Appl. Geochem. , 2014, 40: 25-31.

[40] BECERRO A I, MANTOVANI M, ESCUDERO A. Mineralogical stability of phyllosilicates in hyperalkaline fluids: Influence of layer nature, octahedral occupation and presence of tetrahedral Al [J]. Am. Miner. , 2009, 94 (8-9): 1187-1197.

[41] KITAMURA A, FUJIWARA K, MIHARA M, et al. Thorium and americium solubilities in cement pore water containing superplasticiser compared with thermodynamic calculations [J]. J. Radioanal. Nucl. Ch. , 2013, 298 (1): 485-493.

[42] DANIELS K A, HARRINGTON J F, ZIHMS S G, et al. Bentonite permeability at elevated temperature [J]. Geosciences, 2017, 7 (1): 3.

[43] JOSÉ GARCÍA-JIMÉNEZ M, COTA A, OSUNA F J, et al. Influence of temperature and time on the Eu^{3+} reaction with synthetic Na-Mica-n (n=2 and 4) [J]. Chem. Eng. J. , 2016, 284: 1174-1183.

[44] FRALOVA L, LEFÈVRE G, MADÉ B, et al. Effect of organic compounds on the retention of radionuclides in clay rocks: Mechanisms and specificities of Eu (III), Th (IV), and U (VI) [J] . Appl. Geochem. , 2021, 127: 104859.

[45] PAYRA P, DUTTA P K. Zeolites: a primer [J]. Handbook of Zeolite Science and Technology, 2003, 2 (2): 1-19.

[46] JIMÉNEZ-REYES M, ALMAZÁN-SÁNCHEZ P, SOLACHE-RÍOS M. Radioactive waste treatments by using zeolites. A short review [J]. J. Environ. Radioactiv. 2021, 233: 106610.

[47] Nakai T, Wakabayashi S, Mimura H, Niibori Y, Kurosaki F, Matsukura M, Tanigawa H, Ishizaki E. In Evaluation of adsorption properties for Cs and Sr selective adsorbents-13171, WM Symposia, 1628 E [J]. Southern Avenue, Suite 9-332, Tempe, AZ 85282, 2013.

[48] MIMURA H, ISHIHARA Y, AKIBA K. Adsorption behavior of Americium on zeolites [J]. J. Nucl. Sci. Technol. , 1991, 28 (2): 144-151.

[49] SIPOS P, NÉMETH T, MÁTHÉ Z. Preliminary results on the Co, Sr and Cs sorption properties of the analcime-containing rock type of the Boda Siltstone Formation [J]. Central European Geology, 2010, 53 (1), 67-78.

[50] AMES JR L. The cation sieve properties of clinoptilolite [J]. Am. Miner. , 1960, 45 (5-6): 689-700.

[51] DYER A, CHIMEDTSOGZOL A, CAMPBELL L, et al. Uptake of caesium and strontium radioisotopes by natural zeolites from Mongolia [J]. Micropor. Mesopor. Mater. , 2006, 95 (1-3): 172-175.

[52] KOZHEVNIKOVA N, ERMAKOVA E. A study of sorption of samarium (III) ions by natural clinoptilolite-containing tuff [J]. Russ. J. Appl. Chem. , 2008, 81: 2095-2098.

[53] KOZHEVNIKOVA N. Studying the sorption properties of a clinoptilolite-containing tuff with respect to europium (III) ions [J]. Russ. J. Phys. Chem. A, 2014, 88: 393-396.

[54] ZOU W, BAI H, ZHAO L, et al. Characterization and properties of zeolite as adsorbent for removal of uranium (VI) from solution in fixed bed column [J]. J. Radioanal. Nucl. Ch. , 2011, 288 (3): 779-788.

[55] AMES JR L. Characterization of a strontium-selective zeolite [J]. Am. Miner. , 1962, 47 (11-12): 1317-1326.

[56] DING M, KELKAR S, MEIJER A. Surface complexation modeling of americium sorption onto volcanic tuff [J]. J. Environ. Radioactiv. , 2014, 136: 181-187.

[57] CARRERA L, GÓMEZ S, BOSCH P, et al. Removal of ^{60}Co by Zeolites and Clays [J]. Zeolites, 1993, 13 (8): 622-625.

[58] IBRAHIM K M, KHOURY H N, Tuffaha R. Mo and Ni removal from drinking water using zeolitic tuff from Jordan [J]. Minerals, 2016, 6 (4): 116.

[59] GODELITSAS A, MISAELIDES P, FILIPPIDIS A, et al. Uranium sorption from aqueous solutions on sodium-form of HEU-type zeolite crystals [J]. J. Radioanal. Nucl. Ch. , 1996, 208 (2): 393-402.

[60] ABDOLLAHI T, TOWFIGHI J, REZAEI-VAHIDIAN H. Sorption of cesium and strontium ions by natural zeolite and management of produced secondary waste [J]. Environ. Technol. Innov. , 2020, 17: 100592.

[61] RAJEC P, MACÁŠEK F, MISAELIDES P. Sorption of heavy metals and radionuclides on zeolites and clays [J]. Natural Microporous Materials in Environmental Technology, 1999, 353-363.

[62] AL-SHAYBE M, KHALILI F. Adsorption of thorium (IV) and uranium (VI) by tulul al-shabba zeolitic tuff,

Jordan [J]. Jordan J. Earth Environ. Sci. , 2009, 2 (1): 108-109.

[63] HATCH L. Ultimate disposal of radioactive wastes [J]. Am. Sci. 1953, 41 (3): 410-421.

[64] RINGWOOD A E, KESSON S E, WARE N, et al. Immobilisation of high level nuclear reactor wastes in SYNROC [J]. Nature, 1979, 278 (5701): 219-223.

[65] SCHLOSSER K. Development in the management of low and intermediate level radioactive wastes [J]. Oesterreichische Studiengesellschaft fuer Atomenergie GmbH, 1970.

[66] BAO Y, LIU Y, WANG C, et al. Synergistic removal of U (Ⅵ) from aqueous solution by TAC material: Adsorption behavior and mechanism [J]. Appl. Radiat. Isotopes, 2022, 190: 110512.

[67] HAMILTON A R, ROBERTS M, HUTCHEON G A, et al. Formulation and antibacterial properties of clay mineral-tetracycline and -doxycycline composites [J]. Appl. Clay Sci. , 2019, 179: 105148.

[68] ZAGHOUANE-BOUDIAF H, BOUTAHALA M, SAHNOUN S, et al. Adsorption characteristics, isotherm, kinetics, and diffusion of modified natural bentonite for removing the 2, 4, 5-trichlorophenol [J]. Appl. Clay Sci. , 2014, 90: 81-87.

[69] JIN Y, WU Y, CAO J, et al. Adsorption behavior of Cr (Ⅵ), Ni (Ⅱ), and Co (Ⅱ) onto zeolite 13x [J]. Desalin. Water Treat. , 2015, 54 (2): 511-524.

[70] FANG X-H, FANG F, LU C-H, et al. Removal of Cs^+, Sr^{2+}, and Co^{2+} ions from the mixture of organics and suspended solids aqueous solutions by zeolites [J]. Nucl. Eng. Technol. , 2017, 49 (3): 556-561.

[71] EL-KAMASH A. Evaluation of zeolite A for the sorptive removal of Cs^+ and Sr^{2+} ions from aqueous solutions using batch and fixed bed column operations [J]. J. Hazard. Mater. , 2008, 151 (2-3): 432-445.

[72] NIBOU D, KHEMAISSIA S, AMOKRANE S, et al. Removal of UO_2^{2+} onto synthetic NaA zeolite. Characterization, equilibrium and kinetic studies [J]. Chem. Eng. J. , 2011, 172 (1): 296-305.

[73] QIU W, ZHENG Y. Removal of lead, copper, nickel, cobalt, and zinc from water by a cancrinite-type zeolite synthesized from fly ash [J]. Chem. Eng. J. , 2009, 145 (3): 483-488.

[74] LIANG J, LI J, LI X, et al. The sorption behavior of CHA-type zeolite for removing radioactive strontium from aqueous solutions [J]. Sep. Purif. Technol. , 2020, 230: 115874.

[75] CHEN Z, LU S. Investigation of the effect of pH, ionic strength, foreign ions, temperature, soil humic substances on the sorption of $^{152+154}$Eu (Ⅲ) onto NKF-6 zeolite [J]. J. Radioanal. Nucl. Ch. , 2016, 309: 717-728.

[76] PIPÍŠKA M, FLORKOVÁ E, NEMEČEK P, et al. Evaluation of Co and Zn competitive sorption by zeolitic material synthesized from fly ash using ^{60}Co and ^{65}Zn as radioindicators [J]. J. Radioanal. Nucl. Ch. , 2019, 319 (3): 855-867.

[77] AKYIL S, ASLANI M, ERAL M. Sorption characteristics of uranium onto composite ion exchangers [J]. J. Radioanal. Nucl. Ch. , 2003, 256 (1): 45-51.

[78] ZHOU D, MA D, LIU X, et al. A simulation study on the absorption of molybdenum species in the channels of HZSM-5 zeolite [J]. J. Mol. Catal. A, 2001, 168 (1): 225-232.

[79] RAHMAN M L, BISWAS T K, SARKAR S M, et al. Adsorption of rare earth metals from water using a kenaf cellulose-based poly (hydroxamic acid) ligand [J]. J. Mol. Liq. , 2017, 243: 616-623.

[80] MIMURA H, MATSUKURA M, KUROSAKI F, et al. In Multi-Nuclide Separation Using Different Types of Zeolites [C] 2017 25th International Conference on Nuclear Engineering, 2017.

[81] SHARMA P, TOMAR R. Sorption behaviour of nanocrystalline MOR type zeolite for Th (Ⅳ) and Eu (Ⅲ) removal from aqueous waste by batch treatment [J]. J. Colloid Interf. Sci. , 2011, 362 (1): 144-156.

[82] BORAI E, HARJULA R, PAAJANEN A. Efficient removal of cesium from low-level radioactive liquid waste using natural and impregnated zeolite minerals [J]. J. Hazard. Mater. , 2009, 172 (1): 416-422.

[83] ZHANG Z, LIU J, CAO X, et al. Comparison of U (Ⅵ) adsorption onto nanoscale zero-valent iron and red soil in the presence of U (Ⅵ) -CO_3/Ca-U (Ⅵ) - CO_3 complexes [J]. J. Hazard. Mater. , 2015, 300: 633-642.

[84] 陈海军, 黄舒怡, 张志宾, 等. 功能性纳米零价铁的构筑及其对环境放射性核素铀的富集应用研究进展 [J]. 化学学报, 2017, 75 (06): 560-574.

[85] LIU M, WANG Y, CHEN L, et al. Mg (OH)$_2$ supported nanoscale zero valent iron enhancing the removal of Pb

(II) from aqueous solution [J]. ACS Appl. Mater. Interfaces, 2015, 7 (15): 7961-7969.

[86] CARROLL D, SLEEP B, KROL M, et al. Nanoscale zero valent iron and bimetallic particles for contaminated site remediation [J]. Adv. Water Resour., 2013, 51: 104-122.

[87] LI X, ZHANG M, LIU Y, et al. Removal of U (VI) in aqueous solution by nanoscale zero-valent iron (nZVI) [J]. Water Qual Expos. Hea., 2013, 5: 31-40.

[88] MUKHERJEE R, KUMAR R, SINHA A, et al. A review on synthesis, characterization, and applications of nano zero valent iron (nZVI) for environmental remediation [J]. Crit. Rev. Environ. Sci. Technol., 2016, 46 (5): 443-466.

[89] SUN Y, LI Q, CAO J, et al. Characterization of zero-valent iron nanoparticles [J]. Adv. Colloid Interface Sci., 2006, 120 (1-3): 47-56.

[90] POPESCU I-C, FILIP P, HUMELNICU D, et al. Removal of uranium (VI) from aqueous systems by nanoscale zero-valent iron particles suspended in carboxy-methyl cellulose [J]. J. Nucl. Mater., 2013, 443 (1-3): 250-255.

[91] JIANG Z, LV L, ZHANG W, et al. Nitrate reduction using nanosized zero-valent iron supported by polystyrene resins: role of surface functional groups [J]. Water Res., 2011, 45 (6): 2191-2198.

[92] 曹向宇, 李垒, 陈灏. 羧甲基纤维素/Fe_3O_4 复合纳米磁性材料的制备、表征及吸附性能的研究 [J]. 化学学报, 2010, 68 (15): 1461.

[93] CHEN Z, WANG T, JIN X, et al., Multifunctional kaolinite-supported nanoscale zero-valent iron used for the adsorption and degradation of crystal violet in aqueous solution [J]. Journal of colloid and interface science, 2013, 398: 59-66.

[94] KIM S A, KAMALA-KANNAN S, LEE K-J, et al. Removal of Pb (II) from aqueous solution by a zeolite – nanoscale zero-valent iron composite [J]. Chem. Eng. J., 2013, 217: 54-60.

[95] SHENG G, YANG P, TANG Y, et al. New insights into the primary roles of diatomite in the enhanced sequestration of UO_2^{2+} by zerovalent iron nanoparticles: an advanced approach utilizing XPS and EXAFS [J]. Appl. Catal. B, 2016, 193: 189-197.

[96] LI Y, ZHANG Y, LI J, et al. Enhanced reduction of chlorophenols by nanoscale zerovalent iron supported on organobentonite [J]. Chemosphere, 2013, 92 (4): 368-374.

[97] YUAN N, ZHANG G, GUO S, et al. Enhanced ultrasound-assisted degradation of methyl orange and metronidazole by rectorite-supported nanoscale zero-valent iron [J]. Ultrasonics Sonochem., 2016, 28: 62-68.

[98] CHRYSOCHOOU M, JOHNSTON C P, DAHAL G. A comparative evaluation of hexavalent chromium treatment in contaminated soil by calcium polysulfide and green-tea nanoscale zero-valent iron [J]. J. Hazard. Mater., 2012, 201: 33-42.

[99] LI Y, CHENG W, SHENG G, et al. Synergetic effect of a pillared bentonite support on Se (VI) removal by nanoscale zero valent iron [J]. Appl. Catal. B, 2015, 174: 329-335.

[100] FROST R L, XI Y, HE H. Synthesis, characterization of palygorskite supported zero-valent iron and its application for methylene blue adsorption [J]. J. Colloid Interface Sci., 2010: 341 (1), 153-161.

[101] XU J, LI Y, JING C, et al. Removal of uranium from aqueous solution using montmorillonite-supported nanoscale zero-valent iron [J]. J. Radioanal. Nucl. Ch., 2014, 299: 329-336.

[102] HU B, YE F, REN X, et al. X-ray absorption fine structure study of enhanced sequestration of U (VI) and Se (IV) by montmorillonite decorated with zero-valent iron nanoparticles [J]. Environ. Sci-Nano, 2016, 3 (6): 1460-1472.

图 1.1 斜发沸石(a)、菱沸石(b)、方沸石(c)和钙沸石(d)典型照片

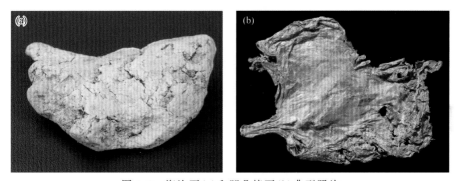

图 1.2 海泡石(a)和凹凸棒石(b)典型照片

图 1.3 蛭石典型照片

图 1.4　黑电气石(a)和锂电气石(b)典型照片

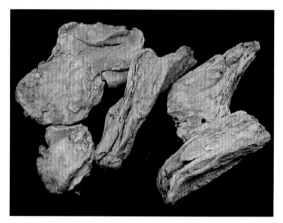

图 1.5　累托石照片

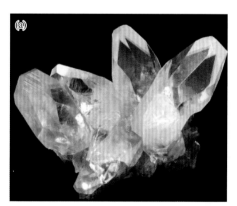

图 1.6　方解石(a)和白云石(b)

图 1.7　重晶石照片

图 1.8　氟磷灰石典型照片

图 1.9　黑锰矿(a)、软锰矿(b)和锰钾矿(c)

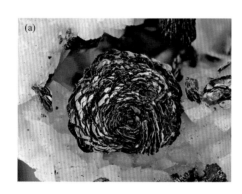

图 1.10　赤铁矿(a)、磁铁矿(b)、水铁矿(c)和针铁矿(d)照片

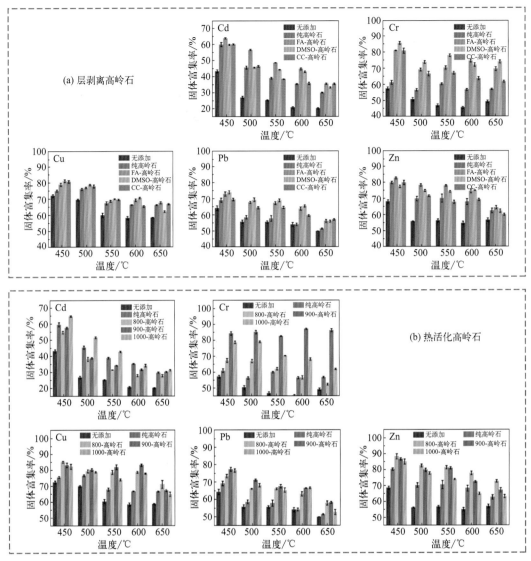

图 4.9　插层改性高岭土和热活化改性高岭土对 Cd、Cr、Cu、Pb、Zn 的吸附保留率